内容简介

本书依据《建设工程监理规范》以及有关现行法律、法规规章，全面系统地介绍了建设工程监理制度的基本理论和方法，并与工程实践相结合，突出建设工程监理的实用性和操作性。主要内容包括：建设工程监理概论，监理工程师和工程监理企业，招标阶段、勘察设计阶段、施工阶段、竣工验收及保修阶段的质量、进度、投资控制，以及合同管理、信息管理和组织协调、典型案例。

本书既是监理工程师执业的案头必备书，同时也可作为其他从事工程建设工作的工程技术人员和管理人员，以及大中专院校工程管理、房地产管理、土木工程专业教师、学生的参考书。

编 写 人 员 名 单

主　　编　韦海民　郑俊耀

副 主 编　顾连胜　蒋建林　杨　震

编写人员　杨双斌　张　平　党军谋　郗信民　石敏洁　张　杰
乔艳妮　郑　伟　谢传敏　王铁钢　杨孝安　李家鹏

前 言

我国从1988年开始建设工程监理制度的试点，虽然到现在推行的时间不长，但在工程建设领域已取得了显著成绩，发挥着愈来愈重要的作用。

为适应我国加入“WTO”后监理行业迅速发展的新形势，迫切要求工程监理企业和监理工程师进一步提高其总体水平。在新形势下，监理从业人员必须熟悉最新的建设监理理论、方法和手段，学会运用科学的方法和手段提高其业务水平和工作效率。本书正是为满足广大监理人员执业的需要而编写的，这也是本书出版的初衷。

本书具有以下特点：

1. 内容新颖。本书以《建设工程监理规范》GB 50319－2000以及相关现行法律法规为依据，同时吸收了建设工程监理行业的一些最新研究成果和实践做法进行编写。

2. 深入浅出。编写过程中努力追求知识性与可操作性相结合，尽量采用图、表代替文字说明，以满足不同层次的有关工程技术与管理人员学习的需要。

3. 全面系统。本书涉及到“三控、两管、一协调”各方面建设工程监理的业务，涵盖了工程建设各个阶段的监理工作，其内容全面系统。

4. 注重实用。书中编入了多个具有一定代表性的建筑工程项目监理应用实例，可供监理行业从业人员实际工作参考。

本书由韦海民、郑俊耀任主编，顾连胜、蒋建林、杨震任副主编。具体编写分工如下：第一、三、五、七章由西安建筑科技大学韦海民撰写，第八、十章由郑俊耀撰写，第四、九、十一章由东华理工学院顾连胜撰写，第二、六章由宁波大学蒋建林撰写，案例部分由郑俊耀、韦海民提供和撰写。全书由韦海民、郑俊耀拟定编写提纲，并对全书统一定稿。

在本书的编写过程中参阅了许多著述，谨向他们的作者表示衷心的感谢。在编写出版过程中，得到了中国计划出版社的领导、编辑及中国华陆工程公司余辉，西安建筑科技大学杨震，西安宏科轻钢工程有限公司党军谋等许多同志的支持和帮助，使本书顺利出版。在此编著者表示诚挚的谢意。

虽然再三推敲修改，但限于编者水平，不妥之处在所难免，敬请专家、同行、广大读者批评指正。

编　者

2005年5月

目　录

1 建设工程监理基本理论

1.1 建设工程监理概述

随着我国改革的不断深化和社会主义市场经济的发展，80年代中后期，出现了一种对工程建设活动更全面、更完善的管理方式，即工程监理制度。我国最早应用这一制度的工程项目是利用世行贷款的鲁布革水电站引水工程。由工程师代表、驻地工程师和若干名检查员组成的专司监理职能的“工程师机构”，按国际合同管理方式代表业主对该合同工程进行现场综合监督管理，取得了较好效果。

通过对我国长期以来的建设工程管理模式进行反思和探索，以及考察国外先进的工程管理制度与方法，在此基础上，建设部于1988年7月发布了“关于开展建设监理工作的通知”，明确提出要建立建设监理制度。建设监理制作为工程建设领域的一项重大改革措施，目的在于改变我国以往对于一般建设工程，由建设单位自已组建筹建机构，自行管理；对于重大建设工程，则从与该工程相关的单位抽调人员组成工程建设指挥部，由指挥部进行管理的工程管理模式，克服了需要建设一项工程临时组建管理机构，导致投资“三超”（概算超估算、预算超概算、结算超预算）、建设工期延长、难于达到项目预定功能的低水平管理状况，也就是“只有一次教训，没有二次经验”的弊端。建立专业化、社会化的建设监理机构，协助建设单位做好项目管理工作，可以提高建设水平和投资效益，确保国家建设计划和工程合同的实施。

建设工程监理制于1988年开始试点，5年后逐步推开，1997年《中华人民共和国建筑法》（以下简称《建筑法》）第三十条以法律制度的形式明确作出规定，国家推行建筑工程监理制度。到目前我国建设工程监理已走过了试点阶段、稳步发展阶段，已在全国范围内进入全面推行阶段。

1.1.1 建设工程监理的含义

建设工程监理是指针对建设工程由具有相应资质的工程监理企业接受业主的委托和授权，根据批准的有关工程建设文件、有关工程建设的法律、法规、规章和标准规范、建设工程委托监理合同和有关的建设工程合同，承担其项目管理工作，并代表建设单位对承建单位的建设行为进行监控的专业化服务活动。

建设单位，也称为业主、项目法人，是委托监理的一方。建设单位在建设工程中拥有确定建设工程规模、标准、功能以及选择勘察、设计、施工、监理企业等建设工程中重大问题的决策权。

工程监理企业是指取得企业法人营业执照，具有相应监理资质证书的依法从事建设工程监理业务的经济组织。

理解建设工程监理的含义着重抓住以下要点：

1. 建设工程监理的行为主体是工程监理企业

《建筑法》第三十一条规定，实行监理的建筑工程，由建设单位委托具有相应资质条件的工程监理企业实施监理。由此可见，建设工程监理只能由具有相应资质的工程监理企业来开展，建设工程监理的行为主体是明确的，即工程监理企业，这是我国建设工程监理制度的一项重要规定。监理企业是具有独立性、社会化、专业化特点的专门从事建设工程监理和其他技术服务活动的组织。

建设工程监理是直接为建设项目提供管理服务的行业，不同于建设行政主管部门的监督管理。具体表现在以下方面：

(1) 性质不同。前者的行为主体是工程监理企业，其行为具有委托授权的特点；后者的行为主体是政府部门，具有明显的强制性，是行政性的监督管理。

(2) 工作广度不同。前者除质量控制外，还包含投资、进度、合同、信息及各种协调工作；后者仅从宏观角度参与工程质量检查验收和重大工程质量事故处理。

(3) 工作深度不同。前者是对工程质量进行微观控制，按业主的委托及授权实施对工程建设的质量监督与管理；后者工程质量监督仅对工程质量抽检及质量等级的审查。

(4) 控制手段不同。前者通过技术手段、经济手段、组织手段、合同管理等手段来控制工程质量；后者采取行政手段进行工程质量控制。

(5) 实施控制的依据不完全相同。前者除依据法规外，还要依据设计文件、合同及建设标准、规范、规程等对工程质量进行控制；后者是以法规为依据从宏观角度上对工程质量进行控制。

同样，作为建设项目管理主体之一的建设项目总承包单位，对分包单位的监督管理也不能视为建设工程监理。因此，非监理企业所进行的监督管理活动一律不能称为建设工程监理。

2. 建设工程监理实施的前提是建设单位的委托和授权

《建筑法》第三十一条规定，建设单位与其委托的工程监理企业应当订立书面建设工程委托监理合同。即建设单位的书面委托监理合同是建设工程监理实施的前提。

建设工程监理只有在建设单位委托的情况下才能进行。只有与建设单位订立书面委托监理合同，明确了监理的范围、内容、权利、义务、责任等，工程监理企业才能在规定的范围内行使监督管理权，合法地开展建设工程监理。工程监理企业在委托监理的工程中拥有一定的管理权限，能够开展管理活动，是建设单位授权的结果。这种授权与被授权的关系，决定了建设单位与监理企业是合同关系，是需求与供给的关系，是一种委托与服务的关系。这种委托与授权方式说明，在实施建设工程监理的过程中，监理工程师的权力主要是由作为建设项目管理主体的业主通过授权而转移过来的。在工程项目建设过程中，业主始终是以建设项目管理主体身份掌握着工程项目建设的决策权并承担着主要风险。

工程监理企业需要根据有关建设工程合同的规定对有关主体的建设行为实施监理。承建单位根据法律、法规的规定和它与建设单位签订的有关建设工程合同的规定，接受工程监理企业对其建设行为进行的监督管理，接受并配合监理是其履行合同的一种行为。例如，我国目前仅委托施工阶段监理的工程，工程监理企业只能根据委托监理合同和施工合同对施工行为实行监理。该工程的施工企业应接受工程监理企业的工程监理。

3. 建设工程监理需具有明确的依据

建设工程监理的依据主要包括：

(1) 建设工程设计文件。包括：批准的可行性研究报告、建设项目选址意见书、建设用地规划许可证、建设工程规划许可证、批准的施工图设计文件、施工许可证等。

(2) 有关的法律、法规、规章和标准、规范。包括《建筑法》、《中华人民共和国合同法》、《中华人民共和国招标投标法》、《建设工程质量管理条例》等法律法规；《工程建设监理规定》等部门规章，以及地方性法规；也包括《工程建设标准强制性条文》、《建设工程监理规范》以及有关的工程技术标准、规范、规程等。

(3) 建设工程委托监理合同和有关的建设工程合同。工程监理企业应当根据这两类合同，即工程监理企业与建设单位签订的建设工程委托监理合同和建设单位与承建单位签订的有关建设工程合同进行监理。例如，委托监理合同的范围是全过程监理，则有关的建设工程合同应当包括咨询合同、勘察合同、设计合同、施工合同以及设备采购合同等。

4. 建设工程监理有具体的范围划分

我国建设工程监理范围可以从以下三方面进行划分：

(1) 工程类别范围。我国按照工程性质和技术特点划分为若干工程类别，包括房屋建筑工程、冶炼工程、矿山工程、化工石油工程、水利水电工程、电力工程、林业及生态工程、铁路工程、公路工程、港口与航道工程、航天航空工程、通信工程、市政公用工程、机电安装工程等。工程监理企业可以根据其资质等级监理经核定的工程类别中相应等级的工程。

(2) 建设阶段范围。建设工程监理可以适用于工程建设投资决策阶段、勘察设计招投标阶段、勘察设计阶段、施工招投标阶段、施工阶段、物资设备采购阶段及工程质量保修阶段。但由于我国建设监理开展时间比较短，在工程建设投资决策阶段及勘察设计阶段上不够成熟和普遍，因此目前主要是在建设工程施工阶段实施监理。工程监理企业应根据监理合同委托的建设阶段进行监理。

(3) 工程范围。为了有效发挥建设工程监理的作用，加大推行监理的力度，根据《建筑法》及《建设工程质量管理条例》，建设部在《建设工程监理范围和规模标准规定》(建设部令第86号) 中，规定我国实行强制性监理的工程范围包括：

1) 依据《国家重点建设项目管理办法》所确定的对国民经济和社会发展有重大影响的国家重点建设工程骨干项目。

2) 项目总投资额在3000万元以上的大中型公用事业工程，具体包括供水、供电、供气、供热等市政工程项目；科技、教育、文化等项目；体育、旅游、商业等项目；卫生、社会福利等项目以及其他公用事业项目。

3) 成片开发建设的建筑面积在5万平方米以上的住宅建设工程。

4) 利用外国政府或者国际组织贷款、援助资金的工程：包括使用世界银行、亚洲开发银行等国际组织贷款资金的项目；使用国外政府及其机构贷款资金的项目；使用国际组织或者国外政府援助资金的项目。

5) 国家规定必须实行监理的其他工程：①学校、影剧院、体育场馆项目；②项目总投资额在3000万元以上关系社会公共利益、公众安全的基础设施项目，包括煤炭、石油、化工、天然气、电力、新能源等项目；铁路、公路、管道、水运、民航以及其他交通运输业等项目；邮政、电信枢纽、通信、信息网络等项目；防洪、灌溉、排涝、发电、引（供）水、滩涂治理、水资源保护、水土保持等水利建设项目；道路、桥梁、地铁和轻轨交通、污水排放及处理、垃圾处理、地下管道、公共停车场等城市基础设施项目；生态环境保护项目以及其他基础设施项目。

1.1.2 建设工程监理的性质

1. 服务性

建设工程监理具有服务性，是由其业务性质定性的。根据建设工程监理的含义，工程监理企业为建设单位提供最好的项目管理服务，承担项目管理工作，通过有效发挥监理的规划、控制、协调作用，力争工程在计划目标内顺利建成并投入使用。

工程监理既不同于承建商的直接生产活动，也不同于业主的直接投资活动。在工程建设过程中，工程监理企业利用自己在工程建设方面的知识、技能和经验、信息等，为客户提供高智能监督管理服务，但不能完全取代建设单位的项目管理活动。因为只是在委托和授权范围内满足建设单位对项目管理的需要，不具有工程建设重大问题的决策权。

需要明确指出的是，我国建设工程监理企业不同于国际上的工程咨询公司，前者只是接受建设单位的委托而开展的技术服务性活动。因此，它的直接服务对象是委托方，也就是项目业主。而后者既可为业主、设计单位、施工企业提供服务，也可以与承包商联合投标承包工程。

2. 科学性

我国《工程建设监理规定》指出：建设工程监理是一种高智能的技术服务，要求从事建设工程监理活动应当遵循科学的准则。

因此科学性是由建设工程监理要达到的基本目的所决定的。这是因为建设工程委托监理的目的是协助建设单位做好项目管理工作，力争在计划的投资、质量和工期目标内建成工程。这就需要工程监理企业建立健全管理制度，具有足够数量的、有丰富的工程建设经验和应变能力、具有科学的工作态度和严谨的工作作风，应用科学的思想、理论、方法和手段的监理工程师来完成工作。

3. 独立性

《建筑法》明确指出，工程监理企业应当根据建设单位的委托，客观、公正地执行监理任务。《工程建设监理规定》和《建设工程监理规范》要求工程监理企业按照“公正、独立、自主”原则开展监理工作。因此独立性是由建设工程监理的工作特点所决定的。建设工程监理独立性的要求是一项国际惯例。国际咨询工程师联合会认为，工程监理企业是“作为一个独立的专业公司受聘于业主去履行服务的一方”，应当“根据合同进行工作”，监理工程师应当“作为一名独立的专业人员进行工作”，工程监理企业“相对于承包商、制造商、供应商，必须保持其行为的绝对独立性，不得从他们那里接受任何形式的好处，而使他的决定的公正性受到影响或不利于他行使委托人赋予他的职责”，监理工程师“不得参与任何妨碍他作为一个独立的咨询工程师工作的有关商务活动”。

按照独立性要求，工程监理企业应当严格地按照有关法律、法规、规章、工程建设文件、工程建设技术标准、建设工程委托监理合同、有关的建设工程合同等的规定实施监理；在委托监理的工程中，与承建单位不得有隶属关系和其他利害关系；在开展工程监理的过程中，必须建立自己的组织，按照自己的工作计划、程序、流程、方法、手段，根据自己的判断，独立地开展工作。

4. 公正性

公正性是社会公认的职业道德准则，是监理企业能够长期生存和发展的基本职业道德准则。在提供监理服务的过程中，监理企业和监理工程师应当排除各种干扰，以公正的态度对待委托方和被监理方，当双方发生利益冲突和矛盾时能够以事实为依据，以有关法律、法规和双方所签订的工程建设合同为准绳，在维护建设单位的合法权益时，不得损害承建单位的合法权益。只有监理企业按照独立、自主的原则，才能成为“公正的第三方”，站在第三方立场上公正地加以解决和处理，做到客观公正地证明、决定或行使自己的处理权。只有这样，才会使工程建设过程中，双方都认真的履行合同，使工程顺利完成。

1.1.3 建设工程监理的作用

虽然我国实施建设工程监理所经历的时间不长，但已经显示出蓬勃的生命力，为政府和社会所认同。建设工程监理的作用主要表现在以下几方面：

1. 有利于提高建设工程投资决策科学化水平

让工程监理企业参与项目投资决策阶段，通过提供专业化的高智能服务，直接从事工程咨询工作，可为建设单位提供科学的建设方案和有价值的建议；也可以协助建设单位选择更为适当的工程咨询机构，监督工程咨询合同的实施，并对项目建议书、可行性研究报告等咨询结果进行较准确评估，这样，可使项目投资更加符合市场需求。从而有利于提高项目投资决策的科学化水平，避免项目投资决策失误，也为实现建设工程投资综合效益最大化打下了良好的基础。

2. 有利于规范工程建设参与各方的建设行为

在建设工程实施过程中，推行建设工程监理制，能对工程建设参与各方的建设行为进行约束，使其符合法律、法规、规章和市场准则。由于在建筑市场中，一方面，工程监理企业作为公正的“第三方”，可依据委托监理合同和有关的建设工程合同对承建单位的建设行为进行有效的监督管理，最大限度地避免不当建设行为的发生，即使出现不当建设行为，也可以及时加以制止，最大限度地减少其不良后果；另一方面，工程监理企业接受业主的授权和委托，具有服务性的性质，向建设单位提出适当的建议，从而避免建设单位对建设工程有关的法律、法规、规章、管理程序和市场行为准则缺少了解而发生不当建设行为，起到一定的约束作用。当然，工程监理企业应当首先规范自身的行为，并接受政府的监督管理。

3. 有利于促使承建单位保证建设工程质量和使用安全

建设工程产品不仅价值大、使用寿命长，而且还关系到人民的生命财产安全、健康和环境。由于工程监理单位是由既懂工程技术又懂经济管理的专业监理工程师组成的企业。因此，在工程实施过程中引入建设监理，可及时发现建设工程实施过程中出现的问题和工程材料、设备以及阶段产品存在的问题，从而避免留下工程质量隐患，对保证建设工程质量和使用安全有着重要作用。

4. 有利于实现建设工程投资效益最大化

在工程建设的前期决策阶段引入建设监理制。工程监理企业接受业主的委托与授权，充分发挥其优势，利用其专业化、高智能的技术服务达到实现工程投资效益最大化的目标：在满足建设工程预定功能和质量标准的前提下，建设投资额最少；或者在满足建设工程预定功能和质量标准的前提下，建设工程寿命周期费用（或全寿命费用）最少；或者建设工程本身的投资效益与环境、社会效益的综合效益最大化。从而大大地提高我国全社会的投资效益，促进我国国民经济的健康持续发展。

1.2 建设工程监理的目的及方法

1.2.1 建设工程监理的目的

任何工程项目的建设都会受到一定的约束条件，例如在一定的投资额度内和一定的投资限制条件下实现项目；受到时间的限制，往往都有明确的项目进度和工期要求；要达到一定的功能要求、使用要求和其他有关的质量标准。上述这些约束条件都是投资建设一项工程最基本的需求。投资项目，进行工程建设并不十分困难，而采用我国传统的项目管理模式，临时组建项目筹建部或工程指挥部，却常常不能使工程项目在计划的投资、进度和质量目标内实现，这就是社会迫切需求社会化、专业化的建设工程监理企业及监理工程师的原因。我国引入建设工程监理制正是为解决这样的困难和满足这种社会需求而出现的。因此建设工程监理的目的就是力求使工程项目能够在计划的投资、预定的进度和质量目标内建成投入使用。需要明确的是，建设工程监理是“力求”实现目标，而不是“保证”实现目标，主要是由于监理企业和监理工程师不是拟建工程的承包人或保证人。工程建设中的基本原则是拟建工程的设计单位、施工单位、供应材料和设备的单位应分别达到预定的目标。这是因为在市场经济条件下，承建单位作为建筑产品的卖方，应当根据工程建设合同的要求，按规定的时间、费用和质量完成工程勘察、设计、施工、供应材料设备的承包任务及风险。建设工程监理是一种技术服务性质的活动。在监理过程中，监理企业只承担服务的责任。它不直接进行设计、施工，也不直接进行材料、设备的采购、供应工作。因此，它不承担设计、施工物资采购方面的直接责任。监理企业只承担建设项目的监理责任，也就是在监理合同中确定的职权范围内的责任。在实现建设项目的过程中，外部环境潜伏着各种风险，受到各种干扰因素。而监理单位和监理工程师能做的只是力争避免或减少这些干扰和风险造成的影响，却并不能完全驾驭。

工程监理企业虽然不能保证工程项目一定实现预定目标，但按照有关法律、法规、规章制度和监理规范、职业道德进行执业，基于社会信誉和经济方面的考虑，要在社会上生存发展，则会为业主努力提供服务，会在预定的投资、进度和质量目标范围内为实现项目而竭尽全力。

1.2.2 建设工程监理的基本方法

要实现建设工程监理的目的，必须采用相应的手段。建设工程监理的基本方法有目标规划、动态控制、组织协调、信息管理和合同管理。

1. 目标规划

要实现目标控制，首先必须对目标进行合理的规划并制定相应的计划。目标规划是目标控制的基础和前提，只有做好目标规划的各项工作才能有效实施目标控制。目标规划和计划越明确、越具体、越全面，目标控制的效果就越好。

要做好目标规划工作，首先必须正确确定建设工程总体投资、进度、质量目标或对已经初步确定的目标进行调整、细化；其次按照目标控制的需要将各目标进行分解，使每个目标都形成满足控制要求的目标分系统，据此进行控制直至建成整个工程。应该认识到，目标规划需要反复进行多次，目标规划和计划与目标控制之间呈现出一种交替出现的循环关系。

2. 动态控制

动态控制是开展建设工程监理活动时采用的基本方法。动态控制工作贯穿于工程项目的整个监理过程中。

所谓动态控制，就是在工程项目实施过程中，通过不断检查建设工程的实际状况，全面、及时、准确地掌握工程建设信息，将实际目标值和工程建设状况与计划目标和状况进行对比，从中得出工程偏离的信息。然后在分析偏差及其产生原因的基础上，通过采取组织、技术、经济、合同等措施纠正，使之能正常实施，实现计划总目标。这是一个不断循环的过程，直至项目建成交付使用。

由于建设工程具有规模庞大、工程结构与工艺技术复杂、建设周期长及相关单位多等特点，决定了工程项目的实现总要受到外部环境和内部因素的各种干扰，因此，监理工程师必须掌握动态控制原理，把握住工程项目运行的脉搏，积极采取主动控制和动态控制，实现对项目的有效控制。

3. 组织协调

在完成工程项目的过程中，监理工程师要善于进行组织协调，力争实现项目的预定目标。

组织协调与目标控制是密不可分的。协调的目的是为了实现项目目标，是项目目标实现不可缺少的方法和手段。为此，在监理过程中，总监理工程师应首先抓好人际关系的协调，激励项目监理机构成员努力工作；其次，监理实践证明，监理目标的顺利实现和与业主协调的好坏有很大的关系。监理工程师应理解建设工程总目标、理解业主的意图，同时做好监理宣传工作，增进业主对监理工作的理解；再者，由于监理工程师对质量、进度和投资的控制都是通过承包商的工作来实现的，所以做好与承包商的协调工作是监理工程师组织协调工作的重要内容。最后，一个建设工程的开展还存在政府部门及其他单位的影响，如政府部门、金融组织、社会团体、新闻媒介等，应做好这些关系的协调，避免建设工程实施受到阻碍。

4. 信息管理

建设工程监理离不开工程信息。在实施监理的过程中，监理工程师要对所需要的信息进行收集、加工整理、储存、传递与应用等一系列工作，这些工作的总称即为信息管理。

信息管理对建设工程监理是十分重要的。监理工程师作为项目管理者，负责收集项目实施情况的信息，做各种信息处理工作，并向上级、向外界提供各种信息。其信息管理的任务主要包括：①组织项目基本情况信息的收集并系统化，编制项目手册。按照项目的实施要求，设计项目实施和项目管理中的信息和信息流。②项目报告及各种资料的规定，例如资料的格式、内容、数据结构要求。③按照项目实施、项目组织、项目管理工作过程建立项目管理信息系统流程，在实际工作中保证这个系统正常运行，并控制信息流。④文件档案管理工作。

为了实现信息管理的任务，就要把握好信息管理的各个环节，并要做到：①了解和掌握信息来源，对信息进行分类；②掌握和正确运用信息管理的手段（如计算机）；③掌握信息流程的不同环节，建立信息管理系统。

5. 合同管理

监理企业在建设工程监理过程中的合同管理主要是根据监理合同的要求对工程承包合同的签订、履行、变更和解除进行监督、检查，对合同双方争议进行调解和处理，以保证合同的依法签订和全面履行。

监理工程师在合同管理中应当着重以下几方面的工作：严格执行建设工程合同管理法律法规；参与合同的谈判和条款拟定，注意风险合理转移；推行合同示范文本制度；弄清每一个合同的各项内容，做好合同分析；设立合同管理机构，配备合格的监理工程师担任合同管理工作，建立合同目录、编码和档案；认真拟订各种工程文件、记录、指示、报告、信件等；工程项目实施过程中，注意工程变更对合同的影响，应当对每一份变更进行可行性分析，防止由此而引起的索赔；合同履行过程中加强监督、检查。

1.3 建设工程监理相关法律法规

1.3.1 建设工程监理的法律法规体系

建设工程法律法规体系是指根据《中华人民共和国立法法》的规定，制定和公布施行的有关建设工程的各项法律、行政法规、地方性法规、自治条例、单行条例、部门规章和地方政府规章的总称。

本节仅简要介绍与建设工程监理有关的建设工程法律、法规、规章。

1. 建设工程法律是指由全国人民代表大会及其常务委员会通过的规范工程建设活动的法律规范，由国家主席签署主席令予以公布。主要有：

(1)《中华人民共和国建筑法》；

(2)《中华人民共和国合同法》；

(3)《中华人民共和国招标投标法》；

(4)《中华人民共和国土地管理法》；

(5)《中华人民共和国城市规划法》；

(6)《中华人民共和国城市房地产管理法》；

(7)《中华人民共和国环境保护法》；

(8)《中华人民共和国环境影响评价法》。

2. 建设工程行政法规是指由国务院根据宪法和法律制定的规范工程建设活动的各项法规，由总理签署国务院令予以公布。主要有：

(1)《建设工程质量管理条例》；

(2)《建设工程安全生产管理条例》；

(3)《建设工程勘察设计管理条例》；

(4)《中华人民共和国土地管理法实施条例》。

3. 建设工程部门规章是指建设部按照国务院规定的职权范围，独立或同国务院有关部联合，根据法律和国务院的行政法规、决定、命令，制定的规范工程建设活动的各项规章。属于建设部制定的，由部长签署建设部令予以公布。主要有：

(1)《工程监理企业资质管理规定》;

(2)《监理工程师资格考试和注册试行办法》;

(3)《建设工程监理范围和规模标准规定》;

(4)《建筑工程设计招标投标管理办法》;

(5)《房屋建筑和市政基础设施工程施工招标投标管理办法》;

(6)《评标委员会和评标方法暂行规定》;

(7)《建筑工程施工发包与承包计价管理办法》;

(8)《建筑工程施工许可管理办法》;

(9)《实施工程建设强制性标准监督规定》;

(10)《房屋建筑工程质量保修办法》;

(11)《房屋建筑工程和市政基础设施工程竣工验收备案管理暂行办法》;

(12)《建设工程施工现场管理规定》;

(13)《建筑安全生产监督管理规定》;

(14)《工程建设重大事故报告和调查程序规定》;

(15)《城市建设档案管理规定》。

上述有关建设工程法律法规规章的效力依次是:法律的效力高于行政法规,行政法规的效力高于部门规章。监理工程师要依法进行监理和规范自己的工程监理行为,需熟悉和掌握其中与监理工作关系比较密切的法律、法规、规章。下面作以下简要分述:

1.3.2《中华人民共和国建筑法》

《建筑法》是我国工程建设领域的一部大法。整部法律分八章共计85条,以建筑市场管理为中心,以建筑工程质量与安全为重点,以建筑活动监督管理为主线形成的。建筑活动是指各类房屋及其附属设施的建造和与其配套的线路、管道、设备的安装活动。

1. 总则

总则是对整部法律的纲领性规定。内容包括:

(1) 立法目的是为了加强对建筑活动的监督管理,维护建筑市场秩序,保证建筑工程的质量和安全,促进建筑业健康发展。

(2) 调整对象是从事建筑活动的单位和个人以及监督管理的主体,适用范围是中华人民共和国境内。

(3) 基本要求是建筑活动应当确保建筑工程质量和安全,符合国家的建筑工程安全标准。

(4) 国家对建筑业的基本政策是扶持建筑业的发展,支持建筑科学研究,鼓励节约能源和保护环境,提倡采用先进技术、先进设备、先进工艺、新型建筑材料和现代管理方式。

(5) 建筑活动当事人的基本权利和义务是任何单位和个人从事建筑活动应当遵守法律、法规,不得损害社会公共利益和他人合法权益,不得妨碍和阻挠依法进行的建筑活动。

(6) 建筑活动监督管理主体是国务院建设行政主管部门。

2. 建筑许可

(1) 建筑工程施工许可制度。建筑工程施工许可制度是建设行政主管部门根据建设单位的申请,依法对建筑工程所应具备的施工条件进行审查,符合规定条件的,准许该建筑工程开始施工，并颁发施工许可证的一种制度。具体内容包括：①建筑工程施工许可的法律规定。《建筑法》第七条规定："建筑工程开工前，建设单位应当按照国家有关规定向工程所在地县级以上人民政府建设行政主管部门申请领取施工许可证；但是，国务院建设行政主管部门确定的限额以下的小型工程除外。按照国务院规定的权限和程序批准开工报告的建筑工程，不再领取施工许可证。"②申请建筑工程施工许可证的条件及法律后果。

（2）建筑工程从业者资格管理规定：①从事建筑活动的建筑施工企业、勘察单位、设计单位和工程监理单位应当具有符合国家规定的注册资本，有与其从事的建筑活动相适应的具有法定执业资格的专业技术人员，有从事相关建筑活动所应有的技术装备，以及法律、行政法规规定的其他条件；②建设行政主管部门依据从事建筑活动的单位的条件划分不同的资质等级，经资质审查合格，取得相应的资质等级证书后，方可在其资质等级许可的范围内从事建筑活动；③从事建筑活动的专业技术人员，应当依法取得相应的执业资格证书，并在执业资格证书许可的范围内从事建筑活动。

3. 建筑工程发包与承包

（1）一般规定。包括发包单位和承包单位应当依法订立书面合同，并应全面履行合同约定的义务；招标投标活动应当遵循的原则，择优选择承包单位；发包和承包单位及其工作人员行为约束；建筑工程造价等方面的规定。

（2）关于建筑工程发包。包括建筑工程发包方式；公开招标程序和要求；建筑工程招标的行为主体和监督主体；发包单位应将工程发包给依法中标或具有相应资质条件的承包单位；政府部门不得滥用权力限定承包单位；禁止将建筑工程肢解发包；发包单位在承包单位采购方面的行为限制等的规定。

（3）关于建筑工程承包。包括承包单位资质管理，关于联合承包方式，禁止转包，以及有关分包等的规定。

4. 关于建筑工程监理

《建筑法》第三十条规定："国家推行建筑工程监理制度。国务院可以规定实行强制监理的建筑工程范围。"

《建筑法》第三十一条规定："实行监理的建筑工程，由建设单位委托具有相应资质条件的工程监理单位监理。建设单位与其委托的工程监理单位应当订立书面委托监理合同。"

《建筑法》第三十二条规定："建筑工程监理应当依据法律、行政法规及有关的技术标准、设计文件和建筑工程承包合同，对承包单位在施工质量、建设工期和建设资金使用等方面，代表建设单位实施监督。工程监理人员认为工程施工不符合工程设计要求、施工技术标准和合同约定的，有权要求建筑施工企业改正。工程监理人员发现工程设计不符合建筑工程质量标准或者合同约定的质量要求的，应当报告建设单位要求设计单位改正。"

《建筑法》第三十三条规定："实施建筑工程监理前，建设单位应当将委托的工程监理单位、监理的内容及监理权限，书面通知被监理的建筑施工企业。"

《建筑法》第三十四条规定："工程监理单位应当在其资质等级许可的监理范围内，承担工程监理业务。工程监理单位应当根据建设单位的委托，客观、公正地执行监理任务。工程监理单位与被监理工程的承包单位以及建筑材料、建筑构配件和设备供应单位不得有隶属关系或者其他利害关系。工程监理单位不得转让工程监理业务。”

《建筑法》第三十五条规定：“工程监理单位不按照委托监理合同的约定履行监理义务，对应当监督检查的项目不检查或者不按照规定检查，给建设单位造成损失的，应当承担相应的赔偿责任。工程监理单位与承包单位串通，为承包单位谋取非法利益，给建设单位造成损失的，应当与承包单位承担连带赔偿责任。”

5. 建筑安全生产管理

在以下方面都作了相关规定：

(1) 建筑工程安全生产管理的方针和制度。

(2) 建筑工程设计应当保证工程的安全性能。

(3) 建筑施工企业：①在编制施工组织设计时应制定和采取安全技术措施；②在施工现场应当采取安全防护措施；③应采取保护施工现场环境的措施；④安全生产管理和安全生产责任制的规定；⑤对施工现场安全负责；⑥应建立健全劳动安全生产教育培训制度；⑦对安全生产的义务并应为从事危险作业的职工办理意外伤害保险。

(4) 建设单位：①应保护施工现场地下管线的义务；②应办理施工现场特殊作业申请批准手续。

(5) 建设行政主管部门对建筑安全生产的职责；劳动行政主管部门监察。

(6) 作业人员在有关安全生产方面的义务和权利。

(7) 涉及建筑主体和承重结构变动的装修工程设计、施工规定。

(8) 拆除房屋有关安全生产的规定。

(9) 施工中发生事故应采取紧急措施和报告制度的规定。

6. 建筑工程质量管理

在以下方面作了明确规定：

(1) 建筑工程勘察、设计、施工质量必须符合国家有关建筑工程安全标准。

(2) 国家对从事建筑活动的单位推行质量体系认证制度。

(3) 建设单位不得以任何理由要求设计单位和施工企业降低工程质量。

(4) 建筑工程总承包单位和分包单位的工程质量责任。

(5) 建筑工程勘察、设计单位对其勘察、设计的质量负责。

(6) 设计单位对设计文件选用的建筑材料、构配件和设备不得指定生产厂、供应商。

(7) 建筑施工企业对工程的施工质量负责。

(8) 建筑施工企业对进场材料、构配件和设备进行检验，不合格的不得使用。

(9) 关于建筑物在合理使用寿命内和工程竣工时的工程质量要求。

(10) 建筑工程竣工验收。

(11) 建筑工程实行质量保修制度。

(12) 任何单位和个人对建筑工程质量事故、缺陷有权进行检举、控告、投诉。

7. 法律责任

《建筑法》第六十九条规定：“工程监理单位与建设单位或者建筑施工企业串通，弄虚作假、降低工程质量的，责令改正，处以罚款，降低资质等级或者吊销资质证书；有违法所得的，予以没收；造成损失的，承担连带赔偿责任；构成犯罪的，依法追究刑事责任。工程监理单位转让监理业务的，责令改正，没收违法所得，可以责令停业整顿，降低资质等级；情节严重的，吊销资质证书。”

另外，《建筑法》对以下行为都规定了法律责任：

（1）未取得施工许可证或者开工报告未经批准擅自施工的。

（2）将工程发包给不具备相应资质条件的承包单位或者将工程肢解发包的；未取得资质证书或者超越资质等级承揽工程的；以欺骗手段取得资质证书的。

（3）建筑施工企业转让、出借资质证书或者以其他方式允许他人以本企业名义承揽工程的。

（4）承包单位将承包的工程转包，或者违反法律规定进行分包的。

（5）在工程发包与承包中索贿、受贿、行贿的。

（6）涉及建筑主体或者承重结构变动的装修工程，违反法律规定，擅自施工的。

（7）建筑施工企业违反法律规定，对建筑安全事故隐患不采取措施予以消除的；管理人员违章指挥、强令职工冒险作业，因而发生重大伤亡事故或者造成其他严重后果的。

（8）建设单位要求设计单位或者施工企业违反工程质量、安全标准，降低工程质量的。

（9）建筑设计单位不按照工程质量、安全标准进行设计的。

（10）建筑施工企业在施工中偷工减料，使用不合格的建筑材料、建筑构配件和设备的，或者有其他不按照工程设计图纸或者施工技术标准施工行为的。

（11）建筑施工企业违反法律规定，不履行保修义务或者拖延履行保修义务的。

（12）违反法律规定，对不具备相应资质等级条件的单位颁发该等级资质证书的。

（13）政府及其所属部门的工作人员违反法律规定，限定发包单位将招标发包的工程发包给指定承包单位的。

（14）有关部门及其工作人员对不符合施工条件的建筑工程颁发施工许可证的，对不合格的建筑工程出具质量合格文件或者按合格工程验收的。

（15）在建筑物的合理使用寿命内，因建筑工程质量不合格受到损害的，有权向责任者要求赔偿。

1.3.3《建设工程质量管理条例》

《建设工程质量管理条例》（以下简称《质量管理条例》）自 2000 年 1 月 30 日起施行，本条例以建设工程质量责任主体为基线，规定了建设单位、勘察单位、设计单位、施工单位和工程监理单位的质量责任和义务，明确了工程质量保修制度、工程质量监督制度等内容，并对各种违法违规行为的处罚作了原则规定。

1. 总则

包括以下内容：

（1）制定目的和依据：为了加强对建设工程质量的管理，保证建设工程质量，保护人民生命和财产安全，制定根据《中华人民共和国建筑法》。

（2）调整对象和适用范围：凡在中华人民共和国境内从事建设工程的新建、扩建、改建等有关活动及实施对建设工程质量监督管理的；建设工程指土木工程、建筑工程、线路管道和设备安装工程及装修工程。

（3）建设工程质量责任主体：建设单位、勘察单位、设计单位、施工单位、工程监理单位。

（4）建设工程质量监督管理主体：县级以上人民政府建设行政主管部门和其他有关

部门。

(5) 从事建设工程活动，必须严格执行基本建设程序，坚持先勘察、后设计、再施工的原则。县级以上人民政府及其有关部门不得超越权限审批建设项目或擅自简化基本建设程序。

(6) 基本政策：国家鼓励采用先进的科学技术和管理方法，提高建设工程质量。

2. 建设单位的质量责任和义务

内容包括：工程发包；工程招标；提供与建设工程有关的原始资料的具体要求；工程发包过程中的行为；施工图设计文件审查制度；委托监理以及必须实行监理的建设工程范围；办理工程质量监督手续；采购建筑材料、建筑构配件和设备的要求，以及对施工单位使用建筑材料、建筑构配件和设备方面的约束；涉及建筑主体和承重结构变动的装修工程；竣工验收程序、条件和使用；建设项目档案管理等的规定。

条例第十二条规定：实行监理的建设工程，建设单位应当委托具有相应资质等级的工程监理单位进行监理，也可以委托具有工程监理相应资质等级并与被监理工程的施工承包单位没有隶属关系或者其他利害关系的该工程的设计单位进行监理。

下列建设工程必须实行监理：国家重点建设工程；大中型公用事业工程；成片开发建设的住宅小区工程；利用外国政府或者国际组织贷款、援助资金的工程；国家规定必须实行监理的其他工程。

3. 勘察、设计单位的质量责任和义务

内容包括：市场准入的条件和行为要求；质量责任；勘察成果质量基本要求；应当根据勘察成果进行工程设计和设计文件应当达到规定深度并注明合理使用年限；设计文件中应注明材料、构配件和设备的规格、型号、性能等技术指标，质量必须符合国家规定的标准；除特殊要求外，不得指定生产厂和供应商；应就施工图设计文件向施工单位进行详细说明；对工程质量事故处理方面的义务等的规定。

4. 施工单位的质量责任和义务

内容包括：市场准入条件和行为；对建设工程施工质量负责和建立质量责任制，以及实行总承包的工程质量责任；关于总承包单位和分包单位工程质量责任的承担；有关施工依据和行为限制，以及对设计文件和图纸方面的义务；使用材料、构配件和设备前必须进行检验；关于施工质量检验制度和隐蔽工程检查；有关试块、试件取样和检测；工程返修；关于建立、健全教育培训制度等的规定。

5. 工程监理单位的质量责任和义务

本条例分别从市场准入和市场行为；工程监理单位与被监理单位关系的限制性；工程监理单位对施工质量监理的依据和监理责任；监理人员资格要求及权力等方面做出明确规定。具体是：

第三十四条规定：工程监理单位应当依法取得相应等级的资质证书，并在其资质等级许可的范围内承担工程监理业务。

禁止工程监理单位超越本单位资质等级许可的范围或者以其他工程监理单位的名义承担工程监理业务。禁止工程监理单位允许其他单位或者个人以本单位的名义承担工程监理业务。

工程监理单位不得转让工程监理业务。

第三十五条规定：工程监理单位与被监理工程的施工承包单位以及建筑材料、建筑构配件和设备供应单位有隶属关系或者其他利害关系的，不得承担该项建设工程的监理业务。

第三十六条规定：工程监理单位应当依照法律、法规以及有关技术标准、设计文件和建设工程承包合同，代表建设单位对施工质量实施监理，并对施工质量承担监理责任。

第三十七条规定：工程监理单位应当选派具备相应资格的总监理工程师和监理工程师进驻施工现场。

未经监理工程师签字，建筑材料、建筑构配件和设备不得在工程上使用或者安装，施工单位不得进行下一道工序的施工。未经总监理工程师签字，建设单位不拨付工程款，不进行竣工验收。

第三十八条规定：监理工程师应当按照工程监理规范的要求，采取旁站、巡视和平行检验等形式，对建设工程实施监理。

6. 建设工程质量保修

内容包括：建设工程实行质量保修制度；承包单位在提交竣工验收报告时，出具质量保修书应明确的内容；在正常使用条件下，建设工程的最低保修期限；施工单位应当履行保修义务和承担责任；建设工程在超过合理使用年限后需要继续使用的，应进行鉴定和采取的措施等的规定。

7. 监督管理

内容包括：

(1) 国家实行建设工程质量监督管理制度。

(2) 国务院建设工程质量监督管理部门应当加强对有关建设工程质量的法律、法规和强制性标准执行情况的监督检查。

(3) 国务院发展计划部门和经济贸易主管部门分别对国家出资的重大建设项目和国家重大技术改造项目实施监督。

(4) 建设工程质量监督管理，可以由建设行政主管部门或者其他有关部门委托的建设工程质量监督机构具体实施。

(5) 县级以上地方人民政府建设行政主管部门和其他有关部门应当加强对有关建设工程质量的法律、法规和强制性标准执行情况的监督检查及有权采取的措施。

(6) 建设工程竣工验收备案制度。

(7) 有关单位和个人对县级以上人民政府主管部门和其他有关部门进行的监督检查应当支持和配合。

(8) 供水、供电、供气、公安消防等部门或单位不得明示或者暗示建设单位、施工单位购买其指定的生产供应单位的建筑材料、建筑构配件和设备。

(9) 建设工程发生质量事故，有关单位应当报告。

(10) 任何单位和个人对建设工程的质量事故、质量缺陷都有权检举、控告、投诉。

8. 罚则

分别规定了建设单位、勘察单位、设计单位、施工单位和工程监理单位对违反本条例的行为将追究法律责任。其中涉及工程监理单位的有：

第六十条规定："违反本条例规定，勘察、设计、施工、工程监理单位超越本单位资质等级承揽工程的，责令停止违法行为，对勘察、设计单位或者工程监理单位处合同约定的勘察费、设计费或者监理酬金1倍以上2倍以下的罚款；对施工单位处工程合同价款2%以上4%以下的罚款，可以责令停业整顿，降低资质等级，情节严重的，吊销资质证书；有违法所得的，予以没收。

未取得资质证书承揽工程的，予以取缔，依照前款规定处以罚款；有违法所得的，予以没收。

以欺骗手段取得资质证书承揽工程的，吊销资质证书，依照本条第一款规定处以罚款；有违法所得的，予以没收。"

第六十一条规定："违反本条例规定，勘察、设计、施工、工程监理单位允许其他单位或者个人以本单位名义承揽工程的，责令改正，没收违法所得，对勘察、设计单位和工程监理单位处合同约定的勘察费、设计费和监理酬金1倍以上2倍以下的罚款；对施工单位处工程合同价款2%以上4%以下的罚款，可以责令停业整顿，降低资质等级；情节严重的，吊销资质证书。"

第六十二条规定："工程监理单位转让工程监理业务的，责令改正，没收违法所得，处合同约定的监理酬金25%以上50%以下的罚款；可以责令停业整顿，降低资质等级；情节严重的，吊销资质证书。"

第六十七条规定："工程监理单位有下列行为之一的，责令改正，处50万元以上100万元以下的罚款，降低资质等级或者吊销资质证书；有违法所得的，予以没收；造成损失的，承担连带赔偿责任：

（一）与建设单位或者施工单位串通，弄虚作假、降低工程质量的；

（二）将不合格的建设工程、建筑材料、建筑构配件和设备按照合格签字的。"

第六十八条规定："违反本条例规定，工程监理单位与被监理工程的施工承包单位以及建筑材料、建筑构配件和设备供应单位有隶属关系或者其他利害关系承担该项建设工程的监理业务的，责令改正，处5万元以上10万元以下的罚款，降低资质等级或者吊销资质证书；有违法所得的，予以没收。"

第七十二条规定："违反本条例规定，注册建筑师、注册结构工程师、监理工程师等注册执业人员因过错造成质量事故的，责令停止执业1年；造成重大质量事故的，吊销执业资格证书，5年以内不予注册；情节特别恶劣的，终身不予注册。"

第七十四条规定："建设单位、设计单位、施工单位、工程监理单位违反国家规定，降低工程质量标准，造成重大安全事故，构成犯罪的，对直接责任人员依法追究刑事责任。"

第七十七条规定："建设、勘察、设计、施工、工程监理单位的工作人员因调动工作、退休等原因离开该单位后，被发现在该单位工作期间违反国家有关建设工程质量管理规定，造成重大工程质量事故的，仍应当依法追究法律责任。"

1.3.4《建设工程安全生产管理条例》

《建设工程安全生产管理条例》（以下简称《安全生产管理条例》）自2004年2月1日起施行，本条例以建设工程安全责任主体为基线，规定了建设单位、勘察单位、设计单位、工程监理单位和施工单位的安全责任和义务，明确了监督管理、生产安全事故的应急救援和调查处理等内容，并对各种违法违规行为的处罚作了规定。

1. 总则

内容包括：

（1）制定目的：加强建设工程安全生产监督管理，保障人民群众生命和财产安全。

（2）依据《中华人民共和国建筑法》、《中华人民共和国安全生产法》制定本条例。

（3）适用地域：在中华人民共和国境内从事建设工程及实施安全生产的监督管理，必须遵守本条例。

（4）方针：安全第一、预防为主。

（5）对象：建设单位、勘察单位、设计单位、施工单位、工程监理单位及其他与建设工程安全生产有关的单位。

（6）国家鼓励科学技术研究和先进技术的推广应用，推进建设工程安全生产的科学管理。

2. 建设单位的安全责任

内容包括：

（1）应当向施工单位提供施工现场及毗邻区域内真实、准确、完整资料的规定。

（2）不得对勘察、设计、施工、工程监理等单位提出不符合建设工程安全生产的要求，不得压缩合同约定的工期的规定。

（3）编制工程概算时，应确定建设工程安全作业环境及安全施工措施所需费用。

（4）不得明示或者暗示施工单位购买、租赁、使用不符合安全施工要求的安全防护用具、机械设备、施工机具及配件、消防设施和器材。

（5）申请领取施工许可证时，应当提供建设工程有关安全施工措施的资料；依法批准开工报告的建设工程，应将保证安全施工的措施报送有关部门进行备案。

（6）建设单位应当将拆除工程发包给具有相应资质等级的施工单位。

3. 勘察、设计、工程监理及其他有关单位的安全责任

内容包括：

（1）勘察单位进行勘察，应满足建设工程安全生产的需要的规定。

（2）设计单位进行设计，应防止因设计不合理导致生产安全事故的发生的规定。

（3）禁止出租检测不合格的机械设备和施工机具及配件的规定。

（4）在施工现场安装、拆卸施工起重机械和整体提升脚手架、模板等自升式架设设施，必须由具有相应资质的单位承担的规定。

（5）施工起重机械和整体提升脚手架、模板等自升式架设设施的使用达到国家规定的检验检测期限的，必须经具有专业资质的检验检测机构检测。经检测不合格的，不得继续使用的规定。

（6）检验检测机构对检测合格的施工起重机械和整体提升脚手架、模板等自升式架设设施，应当出具安全合格证明文件，并对检测结果负责的规定。

其中条例对工程监理单位作出重要规定：

第十四条规定："工程监理单位应当审查施工组织设计中的安全技术措施或者专项施工方案是否符合工程建设强制性标准。

工程监理单位在实施监理过程中，发现存在安全事故隐患的，应当要求施工单位整改；情况严重的，应当要求施工单位暂时停止施工，并及时报告建设单位。施工单位拒不整改或者不停止施工的，工程监理单位应当及时向有关主管部门报告。

工程监理单位和监理工程师应当按照法律、法规和工程建设强制性标准实施监理，并对建设工程安全生产承担监理责任。"

4. 施工单位的安全责任

内容包括：

(1) 从事建设活动应当具备国家规定相应条件，并在依法取得相应等级的资质证书许可的范围内承揽工程的规定。

(2) 主要负责人依法对本单位的安全生产工作全面负责的有关规定。

(3) 对列入建设工程概算的安全作业环境及安全施工措施所需费用，不得挪作他用的规定。

(4) 应当设立安全生产管理机构，配备专职安全生产管理人员并明确职责的规定。

(5) 建设工程总承包单位对施工现场的安全生产负总责，总承包单位应当自行完成建设工程主体结构的施工。总承包单位和分包单位对分包工程的安全生产承担连带责任的规定。

(6) 特种作业人员，必须经过专门的安全作业培训，并取得操作资格证书后，方可上岗作业。

(7) 应当在施工组织设计中编制安全技术措施和施工现场临时用电方案，对达到一定规模的危险性较大的分部分项工程编制专项施工方案，并附具安全验算结果，经施工单位技术负责人、总监理工程师签字后实施，由专职安全生产管理人员现场监督的规定。

(8) 建设工程施工前，负责项目管理的技术人员应当对有关安全施工的技术要求向施工作业班组、作业人员作出详细说明，并由双方签字确认。

(9) 应在施工现场的危险部位，设置符合国家标准的安全警示标志的规定。

(10) 施工现场的办公、生活区域作业区的选址和距离应符合安全性要求的规定。

(11) 在施工现场应采取措施，遵守有关环境保护法律、法规的规定。

(12) 在施工现场建立消防安全责任制度的规定。

(13) 确保作业人员施工安全的义务和作业人员安全施工的权利和义务的规定。

(14) 采购、租赁的安全防护用具、机械设备、施工机具及配件，应当具有生产(制造) 许可证、产品合格证，并在进入施工现场前进行查验，由专人管理，定期进行检查、维修和保养，建立相应的资料档案，并按照国家有关规定及时报废的规定。

(15) 在使用施工起重机械和整体提升脚手架、模板等自升式架设设施的相关规定。

(16) 主要负责人、项目负责人、专职安全生产管理人员应当经有关部门考核合格后方可任职的规定；对管理人员和作业人员进行安全生产教育培训的规定。

(17) 应当为施工现场从事危险作业的人员办理意外伤害保险费用、期限的规定。

5. 监督管理

内容包括：

(1) 建设工程安全生产工作实施综合监督管理的部门规定。

(2) 建设行政主管部门在审核发放施工许可证时，应当对建设工程是否有安全施工措施进行审查，并不得收取费用的规定。

(3) 县级以上人民政府负有建设工程安全生产监督管理职责的部门在各自职责范围内履行安全监督检查职责时，有权采取措施的规定。

(4) 建设行政主管部门或者其他有关部门可以将施工现场的监督检查委托建设工程安全监督机构具体实施的规定。

(5) 国家对严重危及施工安全的工艺、设备、材料实行淘汰制度的规定。

（6）建设工程生产安全事故的调查、对事故责任单位和责任人的处罚与处理的规定。

6. 法律责任

条例分别对县级以上人民政府建设行政主管部门或者其他有关行政管理部门的工作人员、建设单位、勘察单位、设计单位、出租提供机械设备和配件的单位、施工单位及其主要负责人、项目负责人的行为违反本条例的规定，明确了应承担的法律责任。

其中涉及工程监理单位的条款有：

第五十七条规定："违反条例规定，工程监理单位有下列行为之一的，责令限期改正；逾期未改正的，责令停业整顿，并处 10 万元以上 30 万元以下的罚款；情节严重的，降低资质等级，直至吊销资质证书；造成重大安全事故，构成犯罪的，对直接责任人员，依照刑法有关规定追究刑事责任；造成损失的，依法承担赔偿责任：

（一）未对施工组织设计中的安全技术措施或者专项施工方案进行审查的；

（二）发现安全事故隐患未及时要求施工单位整改或者暂时停止施工的；

（三）施工单位拒不整改或者不停止施工，未及时向有关主管部门报告的；

（四）未依照法律、法规和工程建设强制性标准实施监理的。"

第五十八条规定："注册执业人员未执行法律、法规和工程建设强制性标准的，责令停止执业 3 个月以上 1 年以下；情节严重的，吊销执业资格证书，5 年内不予注册；造成重大安全事故的，终身不予注册；构成犯罪的，依照刑法有关规定追究刑事责任。"

1.4 建设程序与建设工程监理

1.4.1 我国工程建设程序的内容

建设程序是指一项建设工程从设想、提出、评估到决策，经过设计、施工、验收，直至投产或交付使用的整个过程中，应当遵循的内在规律。

新中国建立以来，我国在工程建设领域发生了一系列变化。其中，关键性的变化有：①在投资决策阶段实行了项目决策咨询评估制度；②实行了公平竞争的工程招标投标制度；③在项目实施阶段实行了建设工程监理制度；④投资项目实行了项目法人责任制度。相应地，我国工程建设程序也在不断完善。按现行规定，我国一般大中型及限额以上投资项目的工程建设程序如图 1-1 所示。

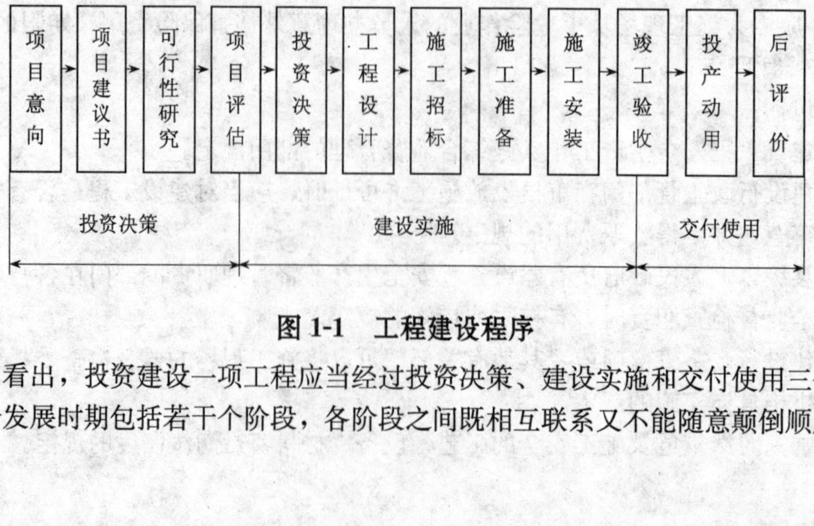

图 1-1 工程建设程序

可以看出，投资建设一项工程应当经过投资决策、建设实施和交付使用三个发展时期。每个发展时期包括若干个阶段，各阶段之间既相互联系又不能随意颠倒顺序，每个阶段又包含许多各异的工作内容，形成一个有序的工作过程。进行工程建设活动，必须根据各项工作的先后顺序关系，严格执行建设程序。

1. 项目建议书阶段

项目建议书主要是对投资机会进行研究，形成项目建设设想，并向国家有关部门提出申请建设该项目的建议文件。其包括的基本内容：

(1) 拟建项目的必要性和依据。

(2) 产品方案、建设规模和建设地点的初步设想。

(3) 资源条件、建设条件、协作关系等的初步分析。

(4) 投资估算和资金筹措设想。

(5) 项目进度初步安排。

(6) 效益估算。

2. 可行性研究阶段

项目建议书通过主管部门批准后，项目法人即可组织进行该项目下一步的可行性研究工作。

可行性研究是指在项目决策之前，通过调查、研究、分析与项目有关的工程、技术、经济等方面的条件和情况，对可能的多种方案进行比较论证，同时对项目建成后的环境影响、经济效益和社会效益进行预测和评价的分析活动，为项目投资决策提供科学的依据。

可行性研究的成果是可行性研究报告，通常包括以下主要内容：

(1) 总论。主要说明项目提出的背景、概况、建设条件以及问题与建议。

(2) 市场预测。主要包括市场现状调查、产品供需预测、价格预测、竞争力分析、营销策略制定及市场风险分析。

(3) 资源条件评价。主要论述资源可利用量、资源品质情况、资源赋存条件、资源开发价值。

(4) 建设规模与产品方案。主要内容有：建设规模与产品方案构成、建设规模与产品方案的比选、推荐的建设规模与产品方案、技术改造项目推荐方案与原企业设施利用的合理性。

(5) 场（厂）址选择。内容包括：场（厂）址现状及建设条件描述、场（厂）址方案比选、推荐的场（厂）址方案、技术改造项目场（厂）址与原企业的依托关系。

(6) 技术设备工程方案。内容包括：技术方案选择、主要设备方案选择、工程方案选择、技术改造项目技术设备方案与改造前比较。

(7) 原材料燃料供应。包括主要原材料供应方案选择、燃料供应方案选择。

(8) 总图运输与公用辅助工程。主要内容为：总图布置方案、场（厂）内外运输方案、公用工程与辅助工程方案、技术改造项目与原企业设施的协作配套。

(9) 节能措施。主要内容为：节能措施、能耗指标分析（技术改造项目应与原企业能耗比较）。

(10) 节水措施。主要内容为：节水措施、水耗指标分析（技术改造项目应与原企业水耗比较）。

(11) 环境影响评价。主要内容为：环境条件调查、影响环境因素分析、环境保护措施、技术改造项目与原企业环境状况比较。

（12）劳动安全卫生与消防。主要内容为：危险因素和危害程度分析、安全防范措施、卫生保健措施、消防设施、技术改造项目与原企业的比较。

（13）组织机构与人力资源配置。主要内容为：组织机构设置及其适应性分析、人力资源配置、员工培训。

（14）项目实施进度。主要内容为：建设工期、实施进度安排、技术改造项目的建设与生产的衔接。

（15）投资估算。主要内容为：投资估算范围与依据、建设投资估算、流动资金估算、总投资额及分年投资计划。

（16）融资方案。主要内容为：融资组织形式选择、资本金筹措、债务资金筹措及融资方案分析。

（17）财务评价。主要内容为：财务评价基础数据与参数选取、销售收入与成本费用估算、编制财务评价报表、盈利能力分析、偿债能力分析、不确定性分析及财务评价结论。

（18）国民经济评价。主要内容为：影子价格及评价参数的选取、效益费用范围调整、效益费用数值调整、编制国民经济评价报表、计算国民经济评价指标及国民经济评价结论。

（19）社会评价。主要内容为：项目对社会影响分析、项目与所在地互适性分析、社会风险分析及社会评价结论。

（20）风险分析。主要内容为：项目主要风险、风险程度分析及防范与降低风险对策。

（21）研究结论与建议。主要内容为：推荐方案总体描述、优缺点描述、主要对比方案及结论与建议。

经批准的可行性研究报告是项目最终决策文件。可行性研究报告经有关部门审查通过，拟建项目正式立项，进入项目实施阶段。

3. 设计阶段

国家规定，工业与民用建设项目设计一般按初步设计和施工图设计两个阶段进行；技术上复杂而又缺乏设计经验的项目，可按初步设计、扩大初步设计和施工图设计三个阶段进行。

（1）初步设计。初步设计是根据批准的可行性研究报告和设计基础资料，对工程进行系统研究，概略计算，作出总体安排，拿出具体实施方案。其编制深度应满足施工图设计文件的需要。

初步设计文件一般包括：①设计说明书（包括设计总说明和各专业设计说明）；②有关专业的设计图纸；③工程概算书。初步设计不得随意改变批准的可行性研究报告所确定的建设规模、产品方案、工程标准、建设地址和总投资等基本条件。

（2）施工图设计。在初步设计或技术设计基础上进行施工图设计，施工图设计文件的编制深度应满足设备材料的采购、非标准设备制作和施工安装的需要。

施工图设计文件一般包括：①合同要求所涉及的所有专业的设计图纸（含图纸目录、说明和必要的设备）以及图纸总封面；②合同要求的工程预算书。其设计应结合实际情况，完整、准确地表达出建筑物的外形、内部空间的分割、结构体系以及建筑系统的组成和周围环境的协调。

4. 建设准备阶段

建设准备阶段的主要工作包括：组建项目法人；征地、拆迁；做到“三通一平”；组织设备、材料订货；建设工程报建；委托工程监理企业；组织施工招标投标；择优选择施工单位等，须切实做好各项准备工作。

具备下列条件建设单位即可申请领取施工许可证或开工报告，办理施工许可证等。经批准，项目便进入施工安装阶段：①已经办理该建筑工程用地批准手续；②在城市规划区的建筑工程，已经取得规划许可证；③需要拆迁的，其拆迁进度符合施工要求；④已经确定建筑施工企业；⑤有满足施工需要的施工图样及技术资料；⑥有保证工程质量和安全的具体措施；⑦建设资金已经落实；⑧法律、行政法规规定的其他条件。

5. 施工安装阶段

在施工安装阶段，施工承包单位应当做好图纸会审工作，参加设计交底，了解设计意图，明确质量要求；选择合适的材料供应商，使用合格的材料设备；认真编制切实可行的施工组织设计，并用来指导施工；建立技术管理、质量管理体系和质量保证体系并做好落实；严格把好中间质量验收和竣工验收环节，完善隐蔽工程资料。此阶段的主要任务就是按设计和合同要求进行施工安装，建成工程实体。

6. 竣工验收阶段

建设工程竣工验收是检验项目管理好坏和项目目标实现程度的关键阶段，也是项目从实施到投产动用的衔接转换阶段。

建设单位组织竣工验收时，应达到以下条件：①完成建设工程设计和合同规定的内容；②有完整的技术档案和施工管理资料；③有工程使用的主要建筑材料、建筑构配件和设备的进场试验报告；④有勘查、设计、施工、工程监理等单位分别签署的质量合格文件；⑤按设计内容完成，工程质量和使用功能符合规范规定的设计要求，并按合同规定完成了协议内容。

竣工验收合格后，建设工程方可交付使用。

竣工验收后，建设单位应及时向建设行政主管部门或其他有关部门备案并移交建设项目档案。

1.4.2 建设程序与建设工程监理的关系

我国现行的建设程序与建设工程监理具有密切的关系，具体体现在以下五个方面：

1. 建设程序为建设工程监理提出了规范化的建设行为标准

建设程序既对建筑市场主体的行为做出了规定，又对工程建设的内在规律进行了揭示。因此工程监理企业和监埋工程师应当根据建设程序的有关规定进行监理。

2. 建设程序为建设工程监理提出了监理的任务和内容

遵循建设程序，就要求工程建设按照先勘察、后设计、再施工的基本顺序做好各阶段相应的工作。建设工程监理接受业主的委托和授权从事项目管理，因此就必须在对应的各阶段进行监督管理，做好投资、进度、质量控制以及合同管理和组织协调工作。

3. 建设程序明确了工程监理企业在工程建设中的重要地位

我国现行的建设程序体现了在工程建设中实行建设工程监理制的要求。而且随着国家经济体制和投资管理体制的深化改革，工程监理企业在工程建设中的地位将越来越重要。

4. 坚持建设程序是监理人员的基本职业准则

监理工程师遵循科学的准则提供高智能的技术服务，就必须坚持建设程序，掌握和严格按照建设程序监理。

5. 严格执行我国建设程序是结合中国国情推行建设工程监理制的具体体现

我国从计划经济时期发展到社会主义市场经济体制，基本建设程序也进行了调整和完善。严格按照我国建设程序的要求开展好建设监理的各项工作，本身就是结合中国国情的体现。

1.5 我国建设工程监理发展趋势

1.5.1 现阶段建设工程监理的特点

1. 建设工程监理的服务对象具有单一性

我国的相关法规规定，工程监理企业只接受建设单位的委托，即仅为建设单位服务，从事项目管理。而国际上，建设项目管理既可为建设单位，也可为承包商服务，进行项目管理。

2. 建设工程监理属于强制推行的制度

我国的建设工程监理是为适应建设工程管理体制改革的需要而提出的一项新制度，主要依靠行政手段和法律手段开展。目前我国不仅在有关的法律、法规、规章中明确提出国家推行建设工程监理制度，而且各级政府部门设立专门机构主管建设工程监理有关工作。

3. 建设工程监理的特殊地位

我国的工程监理企业与工程承建单位虽然无任何经济关系，但根据建设单位的委托和授权，不仅有权对承建单位的建设行为进行监督，而且还须对施工过程和施工工序的质量进行监督、检查和验收。

4. 市场准入的双重控制

我国对建设工程监理的市场准入采取企业资质和人员资格的双重控制：要求监理人员执业前要取得资格证书，不同资质等级的工程监理企业须有一定数量的取得资格证书并经注册的监理工程师。

1.5.2 建设工程监理的发展趋势

虽然我国的建设工程监理取得了很大发展，对工程建设行为的规范化，建设水平的提高都起到了促进作用。但应该看到，目前仍处在发展的初期阶段，还存在很多问题。为使我国的建设工程监理取得良好效果，在工程建设领域发挥更大的作用，尚应做好如下五方面的工作：

1. 建设工程监理应向规范化、法制化发展

我国目前颁布的法律法规中有关建设工程监理的条款不少，尤其作为国家标准的《建设工程监理规范》GB 50319—2000，对规范施工阶段的监理行为具有明显效果。但整体上法制建设还比较薄弱，突出表现在市场规则和市场机制方面。市场规则特别是市场竞争规则和市场交易规则还不健全。工程监理企业承接项目存在不正当竞争，大幅压

低报价，使监理酬金低于所花的费用，必然导致监理人员数量不能保证，难于吸引高素质的人员加入，监理不到位、不规范，长期看不利于监理行业的发展。同时监理工程师合同管理意识不强，合同违约率较高，无法可依、有法不依的现象较普遍。因此，建设工程监理应向规范化、法制化发展。

2. 建设工程监理向全方位、全过程监理发展

目前我国的工程建设监理主要是施工阶段的监理，且仅从事质量控制者居多，在工作性质、工作内容上与发达国家的为业主提供的管理咨询服务都有很大区别。当然造成这种状况的原因很多。然而，随着实行项目法人责任制，建设单位会日益关心工程投资的综合效益，而工程前期决策阶段以及设计阶段对项目的质量、投资的多少具有决定性的影响。迫切需要一大批高素质的监理工程师来提供高智能的服务；同时不仅要进行质量监理，还要进行投资和进度控制，做好合同管理、信息管理和组织协调工作，因为彼此是对立统一的关系，相互影响。因此，代表建设单位进行全方位、全过程的工程项目管理，将会是我国工程监理行业发展的趋势。

3. 工程监理企业结构应向多层次、多方向发展

由于建设单位对建设工程监理的需求是多样的，因此工程监理行业应逐步建立综合性监理企业与专业性监理企业相结合，大中小型不同规模的监理企业相结合的合理结构。按工作内容分，逐步建立起能承担全过程、全方位监理任务的综合性监理企业与能承担某一专业监理任务的监理企业相结合的企业结构。按工作阶段分，逐步建立起能承担工程建设全过程监理的大型监理企业与能承担某一阶段工程监理任务的中型监理企业和只提供旁站监理劳务的小型监理企业相结合的企业结构。应有一小部分工程监理企业组建为大型股份有限公司，从而有能力承接大型建设项目的管理，也有能力抵御可能的风险。同时工程监理企业应该不断进行服务创新，提供多样化、有特色的服务。这样，既能满足建设单位的各种需求，又能使各类监理企业在建筑市场中有自己的发展空间。

4. 监理工程师应向高层次、高素质发展

目前我国绝大多数监理工程师能满足施工阶段质量控制工作的需要。但应清醒看到，我国一部分监理从业人员的学历不高，缺少工程技术、法律、经济、项目管理方面的丰富经验，人员素质不高，难于适应全方位、全过程监理的要求，迫切需要提高。从业人员的素质是整个工程监理行业发展的基础。因此一方面应通过多渠道吸引有能力、高层次的优秀人才从事工程监理业务；另一方面，通过加强学习，多种形式的培训，不断提高监理从业人员的素质。只有这样，才可能迎接挑战，胜任监理事业的需要。

5. 建设工程监理向国际化发展、走向世界市场

我国已经加入“WTO”，建设工程监理领域要向国际市场开放，同时我国的工程监理企业也要走向世界市场，与国外同行公平竞争。要在竞争中取胜，一方面必须凭借实力、业绩、信誉；另一方面，还必须掌握国际上通行的规则，善于学习和利用国际惯例。我国的监理工程师和工程监理企业应当提早做好充分准备，认真学习和研究国际上被普遍接受的规则，为我国的建设工程监理向国际化发展打好基础。

2 监理工程师

2.1 监理工程师概述

工程建设监理是一种高智能的技术服务。而监理工程师是监理活动的主体，监理单位的服务水平主要由监理工程师的水平所决定。由于监理业务是一种集经济、管理、技术和法律知识为一体的综合性活动，因此对监理工程师的业务水平和素质应有较高的要求。

2.1.1 监理工程师的含义

监理工程师是指经全国统一考试合格并经注册取得《监理工程师岗位证书》的建设监理人员。一般，必须同时具备三个条件：①从事工程建设监理工作的人员；②监理工程师执业资格考试合格，取得国家确认的《监理工程师资格证书》；③经省、自治区、直辖市建委（建设厅）或由国务院工业、交通等部门的建设主管单位核准、注册取得《监理工程师岗位证书》。

监理工程师是一种岗位职务和执业资格，不同于国家现有的专业技术职称。此外，监理工程师也不是一个终身的岗位职务，对于不从事监理业务、不在职的监理工程师或不符合条件者，由相关部门注销注册，并收回《监理工程师岗位证书》。

2.1.2 监理工程师应具备的素质

由于工作岗位特性，决定了监理工程师要比一般的工程师具有更高的素质要求。可归纳为以下四方面：

1. 较高的学历、技术职称和全面的知识

一个工程项目的建设，往往涉及多个学科的知识，需要多专业、多工种的相关人员相互配合，协调完成。监理工程师的职责是对工程建设进行监督和管理，要胜任工作成为高智能的复合型人才，则必须具有较高的学历、技术职称，以及全面的专业知识。

2. 掌握监理工作的方法和技能，具有丰富的工程实践经验

工程项目的监理工作是十分复杂的一个系统工程，需要做很多工作。监理工程师要运用工程、管理、法律、金融保险等各方面知识和技能，提出解决问题的方法和意见。

监理业务具有很强的实践性，实践经验对于监理工程师处理实际问题至关重要。工程建设中的失误，往往与工程技术人员的实践经验不足有关，而实践经验又与工作年限和工程阅历有关。因此，我国规定必须是具有高级专业技术职称，或取得中级专业技术职称后具有 3 年以上工程设计或施工管理实践经验的人员方可参加监理工程师资格考试。

3. 工程建设过程中善于协调各种关系

在工程建设过程中，监理工程师不仅要和业主、承包商、政府建设相关职能部门、材料供应商等许多单位打交道，也要处理资源、质量、进度、投资、安全等各种事和物。在监理工作过程中，各种关系错综复杂，相互联系和制约，不易处理。

因此监理工程师在工作中应建立良好的人际关系；掌握处理各种关系的技术方法；具有良好的文字和口头表达能力。努力提高协调、处理各种关系的能力。

4. 要有健康的体魄和充沛的精力

在施工阶段从事监理，监理工作现场性强、任务繁忙、工作条件和生活条件差，而且工程中出现的问题往往要求限时处理、解决。这就要求监理工程师拥有健康的身体和充沛的精力，并能够适应施工现场的工作环境。因此，我国对年满65周岁的监理人员不再进行注册。

2.1.3 监理工程师的职业道德和纪律

监理工程师应具有良好的品德。热爱监理工作，具有强烈的事业心和责任感。

我国监理工程师应严格遵守的职业道德守则如下：

(1) 维护国家的荣誉和利益，按照“守法、诚信、公正、科学”的准则执业。

(2) 执行有关工程建设的法律、法规、规范、标准和制度，履行监理合同规定的义务和责任。

(3) 努力学习专业技术和建设监理知识，不断提高业务能力和专业水平。

(4) 不以个人名义承揽监理业务。

(5) 不同时在两个以上监理单位注册和从事监理活动，不在政府部门和施工、材料设备生产供应等单位兼职。

(6) 不为所监理项目指定承建商、建筑构配件、设备、材料生产厂家和施工方法。

(7) 不收受被监理单位的任何礼品。

(8) 不泄露所监理工程各方认为需要保密的事项。

(9) 坚持独立自主地开展工作。

我国监理工程师的工作纪律如下：

(1) 遵守国家的法律和政府的有关条例、规定和方法等。

(2) 认真履行工程建设监理合同所承诺的义务和承担的约定的责任。

(3) 坚持公正的立场，公平的处理各方的争议。

(4) 坚持科学的态度和实事求是的原则。

(5) 在坚持按监理合同的规定向业主提供技术服务的同时，帮助被监理者完成所担负的建设任务。

(6) 不以个人的名义在报刊上刊登承揽监理业务的广告。

(7) 不得损害他人名誉。

(8) 不泄露所监理的工程需保密的事项。

(9) 不在任何承建商或材料设备供应商中兼职。

(10) 不擅自接受业主额外的津贴，也不接受被监理单位的任何津贴。不接受

导致不公的报酬。

监理工程师违背职业道德或违反工作纪律，由政府主管部门没收非法所得，

《监理工程师岗位证书》，并可处以罚款。监理单位还要根据企业内部的规章制度给予处罚。

在国外，监理工程师的职业道德准则，由其协会组织制定并监督实施。国际咨询工程师联合会（FIDIC）通用道德准则包括对社会和职业的责任、能力、正直性、公正性、对他人的公正5个问题14个方面，具体如下：

对社会和职业的责任：

（1）接受对社会的职业责任。

（2）寻求与确认的发展原则相适应的解决办法。

（3）在任何时候，维护职业的尊严、名誉和荣誉。

能力：

（4）保持其知识和技能与技术、法规、管理的发展相一致的水平，对于委托人要求的服务采用相应的技能，并尽心尽力。

（5）仅在有能力从事服务时方才进行。

正直性：

（6）在任何时候均为委托人的合法权益行使其职责，并且正直和忠诚地进行职业服务。

公正性：

（7）在提供职业咨询、评审或决策时不偏不倚。

（8）通知委托人在行使其委托权时可能引起的任何潜在的利益冲突。

（9）不接受可能导致判断不公的报酬。

对他人的公正：

（10）加强“按照能力进行选择”的观念。

（11）不得故意或无意地做出损害他人名誉或事务的事情。

（12）不得直接或间接取代某一特定工作中已经任命的其他咨询工程师的位置。

（13）通知该咨询工程师并且接到委托人终止其先前任命的建议前不得取代该咨询工程师的工作。

（14）在被要求对其他咨询工程师的工作进行审查的情况下，要以适当的职业行为和礼节进行。

2.2 监理工程师执业资格考试、注册和继续教育

为保障监理工程师队伍的素质，适应政府建设行政主管部门加强对监理工程师队伍管理的需要，我国建立并实施了监理工程师的考试和注册制度。

1992年6月，建设部发布了《监理工程师资格考试和注册试行办法》（建设部第18号令），我国开始实施监理工程师资格考试。1996年8月，建设部、人事部下发了《建设部、人事部关于全国监理工程师执业资格考试工作的通知》[建监（1996）462号]，从1997年起，全国正式举行监理工程师执业资格考试。

2.2.1 监理工程师执业资格考试

执业资格是政府对某些责任较大、社会通用性强、关系公共利益的专业技术工作实

行的市场准入控制，是专业技术人员依法独立开业或独立从事某种专业技术工作所必备的知识、技术和能力标准。

为了适应建立社会主义市场经济体制的要求，加强工程建设项目监理，确保工程建设质量，提高工程建设监理人员素质和工程建设监理工作水平，建设部、人事部在监理工程师执业资格考核认定、考试试点工作的基础上，决定自1997年起，在全国举行监理工程师执业资格考试，并将此项工作纳入全国专业技术人员执业资格制度实施规划。监理工程师是我国建国以来在工程建设领域首批设立的执业资格。

1. 考试组织管理

建设部和人事部共同负责全国监理工程师执业资格制度的政策制定、组织协调、资格考试和监督管理工作。建设部负责组织拟定考试科目，编写考试大纲、培训教材和命题工作，统一规划和组织考前培训。人事部负责审定考试科目、考试大纲和试题，组织实施各项考务工作；会同建设部对考试进行检查、监督、指导和确定考试合格标准。监理工程师执业资格考试实行全国统一大纲、统一命题、统一组织的办法。考试每年举行一次，考试时间一般安排在5月中旬。原则上只在省会城市设立考点。

考试以两年为一个周期，参加全部科目考试的人员需在连续两个考试年度内通过全部科目的考试。免试部分科目的人员需在一个考试年度内通过应试科目。监理工程师执业资格考试合格者，由各省、自治区、直辖市人事（职改）部门颁发人事部统一印制，人事部和建设部共同用印的《中华人民共和国监理工程师执业资格证书》，该证书在全国范围有效。

2. 考试报名条件

凡中华人民共和国公民，遵纪守法，具有工程技术或工程经济专业大专以上（含大专）学历，并符合下列条件之一者，可申请参加监理工程师执业资格考试。

（1）具有按照国家有关规定评聘的工程技术或工程经济专业中级专业技术职务，并任职满3年。

（2）具有按照国家有关规定评聘的工程技术或工程经济专业高级专业技术职务。

对从事工程建设监理工作并同时具备下列四项条件的报考人员，可免试《工程建设合同管理》和《工程建设质量、投资、进度控制》两科。

（1）1970年以前（含1970年）工程技术或工程经济专业大专以上（含大专）毕业。

（2）具有按照国家有关规定评聘的工程技术或工程经济专业高级专业技术职务。

（3）从事工程设计或工程施工管理工作15年以上（含15年）。

（4）从事监理工作1年以上（含1年）。

申请参加监理工程师执业资格考试，需提供下列证明文件：

（1）监理工程师执业资格考试报名表。

（2）学历证明。

（3）专业技术职务证书。

参加考试，由本人提出申请，所在单位推荐，持报名表到当地考试管理机构报名。考试管理机构按规定程序和报名条件审查合格后，发给准考证。考生凭准考证在指定的时间和地点参加考试。中央和国务院各部门及其直属单位的报考人员，按属地原则报名参加考试。

3. 考试科目

考试设 4 个科目，具体是：《工程建设监理基本理论与相关法规》、《工程建设合同管理》、《工程建设质量、投资、进度控制》、《工程建设监理案例分析》。其中，《工程建设监理案例分析》为主观题，在试卷上作答；其余 3 科均为客观题，在答题卡上作答。

考试分 4 个半天进行，《工程建设合同管理》、《工程建设监理基本理论与相关法规》的考试时间为 2 个小时；《工程建设质量、投资、进度控制》的考试时间为 3 个小时；《工程建设监理案例分析》的考试时间为 4 个小时。

2.2.2 监理工程师的注册管理

申请监理工程师注册者，必须具备下列条件：

(1) 热爱中华人民共和国，拥护社会主义制度，遵纪守法，遵守监理工程师职业道德。

(2) 经全国监理工程师执业资格统一考试合格，取得《监理工程师资格证书》。

(3) 身体健康，能胜任工程建设的现场监理工作。

(4) 为监理企业的在职人员，年龄在 65 周岁以下。

(5) 在工程监理工作中没有发生重大监理过失或重大质量责任事故。

取得《监理工程师执业资格证书》者，需按规定向所在省（区、市）建设部门申请注册。申请监理工程师注册，按照下列步骤办理：

第一步，申请人向聘用监理企业提出申请，并填写“监理工程师注册申请表”，见表2-1；

第二步，监理企业同意后，连同“监理工程师注册申请表”、《监理工程师资格证书》、职称证书、身份证书等材料，向省、自治区、直辖市注册主管部门或中央管理的部委（总公司）提出申请；

第三步，省、自治区、直辖市注册主管部门或中央管理的部委（总公司）初审合格后，报建设部监理工程师注册管理部门；

第四步，建设部监理工程师注册管理部门对初审意见进行审核，对符合条件者准予注册，并颁发建设部统一制作的《监理工程师岗位证书》。

取得《监理工程师执业资格证书》的监理人员一经注册，即表明获得了政府对其以监理工程师名义从业的行政许可，从而具有了相应的工作岗位的权利和责任。注册是监理人员以监理工程师名义执业的必要环节，仅取得执业资格以及已经取得《监理工程师资格证书》但未经注册的人员，都不得以监理工程师的名义从事工程建设监理业务。已经注册的监理工程师，必须受聘于有法人资格的监理单位方能从事监理业务活动；不得以个人名义承接工程建设监理业务，也不得同时在两个或两个以上的监理单位受聘执业。

监理工程师注册有效期为 5 年。有效期满前 3 个月，持证者须按规定到注册机构办理再次注册手续。监理工程师退出、调出所在的工程建设监理单位或被解聘，须向原注册机关交回其《监理工程师岗位证书》，核销注册。核销注册不满 5 年再从事监理业务的，须由拟聘用的工程建设监理单位向本地区或本部门监理工程师注册机关重新申请注册。国家行政机关现职工作人员，不得申请监理工程师注册。监理工程师注册机关每 5 年对持《监理工程师岗位证书》者复查一次。对不符合条件的，注销注册，并收回《监理工程师岗位证书》。

表 2-1 监理工程师注册申请表

姓名		性别		出生年月	
职称		专业		职称证号	
执业资格证书编号				发证时间	
身份证号				健康状况	
工作单位					
监理业绩情况： 本人签字：					
所在监理企业意见： 年 月 日（盖章）					
省、自治区、直辖市（部门）注册管理部门意见： 年 月 日（盖章）					
建设部注册管理部门意见： 年 月 日（盖章）					

2.2.3 监理工程师的继续教育

建设工程领域不断涌现新技术、新工艺、新材料、新设备，项目管理的方法和手段不断的发展，国家的法律法规也在不断的颁布和完善，如果监理工程师仍停留在原来的知识水平上，就会难以胜任监理工作，不能提供高智能的技术服务，也就无法继续执业。为了不断提高建设工程监理水平、监理工程师的职业道德和技术业务能力，保证工程质量与安全，实现项目的预定目标，我国规定注册监理工程师每年必须接受一定学时的继续教育。继续教育可以有脱产学习、集中授课、参加研讨会、撰写专业论文等多种形式。如上海规定，监理工程师继续教育两年一轮，每年不少于 80 学时，其中必修课 32 学时，选修课 48 学时。凡参加国内外学术交流研讨活动、发表专业论文或著作、参加继续教育授课、参加执业资格考试出题或阅卷的，可折合上述课时。

监理工程师每年完成继续教育的情况，将作为执业注册的许可条件之一。

2.3 监理工程师的职责

监理工程师的工作不同于普通的工程技术人员。他们不仅要处理和解决工程建设中的技术、经济、管理问题，还要调解工程建设过程中出现的争议等。

2.3.1 监理工程师的权力

监理工程师的权力应在监理委托合同中明确表述，并正式通知施工单位。为便于监理工程师开展工作，业主一般赋予监理工程师如下权力：

（1）施工技术上的核定权。

（2）材料设备和工程质量上的确认与否决权。

（3）计划进度与建设工期上的确认与否决权。

（4）工程款支付与结算上的确认与否决权。

（5）施工组织协调上的主持权。在某些特殊情况下，如出现了危及生命或财产安全的紧急事件时，监理工程师有权指令承建单位实施解除这类危险的作业或采取其他必要的措施。除在建设工程施工合同或监理合同中明确规定外，监理工程师无权解除合同规定的承建单位的任何权利和义务。

2.3.2 项目监理机构人员组成

监理单位根据所承担的监理任务，组建工程建设监理机构进驻施工现场。项目监理机构的监理人员应包括总监理工程师、专业监理工程师和监理员，必要时可配备总监理工程师代表，可分为以下三个层次：

第一层次包括总监理工程师及总监理工程师代表。总监理工程师是由监理单位法定代表人书面授权，全面负责委托监理合同的履行、主持项目监理机构工作的监理工程师。总监理工程师在项目监理过程中，扮演着一个很重要的角色，是监理单位派往项目监理组织的全权负责人，是项目、工作的总指挥，全面负责和领导项目的监理工作，承担着履行监理委托合同的最终责任。因此，对总监理工程师的素质要求很高，他应具有公正的职业道德，广博的专业技术知识，丰富的工程管理经验和较强的组织协调能力，并且是已经取得了《监理工程师资格证书》和经过注册的建设监理人员。总监理工程师应由具有 3 年以上同类工程监理工作经验的人员担任，一般只宜担任一项委托监理合同的项目总监理工程师工作。当需要同时担任多个项目的总监理工程师工作时，需经建设单位同意，且最多不得超过 3 项。

总监理工程师代表是经监理单位法定代表人同意，由总监理工程师书面授权，代表总监理工程师行使其部分职责和权力的项目监理机构中的监理工程师。总监理工程师代表应由具有 2 年以上同类工程监理工作经验的人员担任。

第二层次是各种专业监理工程师。专业监理工程师是根据项目监理岗位职责分工和总监理工程师的指令，负责实施某一专业或某一方面的监理工作，并具有相应监理文件签发权的监理工程师。他们是已取得监理工程师资格，并且具有一定实际工作经验的各类中级以上的工程技术人员和经济管理人员；职责是执行总监理工程师下达的任务，分别从自身专业的角度监督、检查工程建设项目的实施，达到控制目标。专业监理工程师应由具有 1 年以上同类工程监理工作经验的人员担任。

第三层次是监理员。监理员是经过监理业务培训，具有同类工程相关专业知识，从事具体监理工作的监理人员，他们是专业监理工程师领导下的工作人员。监理员的工作内容是不间断地巡查工程，检查、记录工程实施中详细情况；随时与主管监理工程师保持联系，沟通信息。这类工作应由现场工作经验丰富，具有很强的责任心和一定技术专长的人承担。

2.3.3 总监理工程师的职责

总监理工程师应履行以下职责：

（1）确定项目监理机构人员的分工和岗位职责。

（2）主持编写项目监理规划、审批项目监理实施细则，并负责管理项目监理机构的日常工作。

（3）审查分包单位的资质，并提出审查意见。

（4）检查和监督监理人员的工作，根据工程项目的进展情况可进行监理人员调配，对不称职的监理人员应调换其工作。

（5）主持监理工作会议，签发项目监理机构的文件和指令。

（6）审定承包单位提交的开工报告、施工组织设计、技术方案、进度计划。

（7）审核签署承包单位的申请、支付证书和竣工结算。

（8）审查和处理工程变更。

（9）主持或参与工程质量事故的调查。

（10）调解建设单位与承包单位的合同争议、处理索赔、审批工程延期。

（11）组织编写并签发监理月报、监理工作阶段报告、专题报告和项目监理工作总结。

（12）审核签认分部工程和单位工程的质量检验评定资料，审查承包单位的竣工申请，组织监理人员对待验收的工程项目进行质量检查，参与工程项目的竣工验收。

（13）主持整理工程项目的监理资料。

2.3.4 总监理工程师代表的职责

总监理工程师代表应履行以下职责：

（1）负责总监理工程师指定或交办的监理工作。

（2）按总监理工程师的授权，行使总监理工程师的部分职责和权力。

根据《建设工程监理规范》GB 50319—2000，总监理工程师不得将下列工作委托总监理工程师代表：

（1）主持编写项目监理规划、审批项目监理实施细则。

（2）签发工程开工/复工报审表、工程暂停令、工程款支付证书、工程竣工报验单。

（3）审核签认竣工结算。

（4）调解建设单位与承包单位的合同争议、处理索赔、审批工程延期。

（5）根据工程项目的进展情况进行监理人员的调配，调换不称职的监理人员。

2.3.5 专业监理工程师的职责

专业监理工程师应履行以下职责：

（1）负责编制本专业的监理实施细则。

（2）负责本专业监理工作的具体实施。

（3）组织、指导、检查和监督本专业监理员的工作，当人员需要调整时，向总监理工程师提出建议。

（4）审查承包单位提交的涉及本专业的计划、方案、申请、变更，并向总监理工程师提出报告。

（5）负责本专业分项工程验收及隐蔽工程验收。

（6）定期向总监理工程师提交本专业监理工作实施情况报告，对重大问题及时向总监理工程师汇报和请示。

（7）根据本专业监理工作实施情况做好监理日记。

（8）负责本专业监理资料的收集、汇总及整理，参与编写监理月报。

（9）核查进场材料、设备、构配件的原始凭证、检测报告等质量证明文件及其质量情况，根据实际情况认为有必要时对进场材料、设备、构配件进行平行检验，合格时予以签认。

（10）负责本专业的工程计量工作，审核工程计量的数据和原始凭证。

2.3.6 监理员的职责

监理员应履行以下职责：

（1）在专业监理工程师的指导下开展现场监理工作。

（2）检查承包单位投入工程项目的人力、材料、主要设备及其使用、运行状况，并做好检查记录。

（3）复核或从施工现场直接获取工程计量的有关数据并签署原始凭证。

（4）按设计图及有关标准，对承包单位的工艺过程或施工工序进行检查和记录，对加工制作及工序施工质量检查结果进行记录。

（5）担任旁站工作，发现问题及时指出并向专业监理工程师报告。

（6）做好监理日记和有关的监理记录。

3 工程监理企业

工程监理企业是指具有工程监理企业资质证书，从事工程监理业务的经济组织，它是监理工程师的执业机构。工程监理企业为业主提供技术咨询服务，属于从事第三产业企业。

3.1 工程监理企业的组织形式

工程监理企业的组织形式是指其组织经营的形态和方式。在市场经济条件下，工程监理企业作为一种经济组织，必须是一个赢利的经济单位。因此工程监理企业只有选择了合理的组织形式，才有可能充分地调动各方面的积极性，使之充满生机和活力。

3.1.1 工程监理企业组织形式的种类

根据我国现行法律法规的规定，监理企业的组织形式大致有三种，即个人独资监理企业、合伙制监理企业和公司制监理企业。

1. 个人独资监理企业

个人独资监理企业是指依法设立，由一个自然人投资，财产为投资人个人所有，投资人以其个人财产对监理企业债务承担无限责任的经营实体。

个人独资监理企业特点：①只有一个出资者；②出资人对企业债务承担无限责任；③一般而言，独资监理企业并不作为企业所得税的纳税主体，其收益纳入所有者的其他收益一并计算交纳个人所得税，通常易于组建。

2. 合伙监理企业

合伙监理企业是依法设立，由各合伙人订立合伙协议，共同出资，合伙经营，共享收益，共担风险，并对监理企业债务承担无限连带责任的营利组织。

合伙监理企业特点：①有两个以上所有者（出资者）；②合伙人对企业债务承担连带无限责任，包括对其他无限责任合伙人集体采取的行为负无限责任；③合伙人通常按照其出资比例分享利润或分担亏损；④合伙监理企业本身一般不交纳企业所得税，其收益直接分配给合伙人。

3. 工程监理有限责任公司

公司制监理企业，又可分为有限责任公司和股份有限公司。

工程监理有限责任公司是依法设立，股东以其出资额为限对公司承担责任，公司以其全部资产对公司的债务承担责任的企业法人。其特点是：①有 2～50 个出资者；②股东对公司债务承担有限责任；③监理公司交纳企业所得税。

4. 工程监理股份有限公司

工程监理股份有限公司是依法设立，其全部股本分为等额股份，股东以其所持股份为限对公司承担责任，公司以其全部资产对其债务承担责任的企业法人。工程监理股份有限公司是与其所有者即股东相独立和相区别的法人。

工程监理股份有限公司与独资监理企业和合伙监理企业相比，具有以下特点：①有限责任。股东对公司债务承担有限责任，倘若公司破产清算，股东的损失以其对公司的投资额为限。而后者，其所有者可能损失更多，甚至个人的全部财产。②永续存在。前者的法人地位不受某些股东死亡或转让股份的影响，因此，其寿命较之后者更有保障。③可转让性。一般而言，前者的股份转让比后者的权益转让更为容易。④易于筹资。工程监理股份有限公司永续存在以及举债和增股的空间大，因此就筹集资本的角度而言，是最有效的企业组织形式。⑤对公司的收益重复纳税。作为一种企业组织形式，工程监理股份有限公司也有不足，最大的缺点是公司的收益先要交纳公司所得税；税后收益以现金股利分配给股东后，股东还要交纳个人所得税。

上述监理企业组织形式都属于现代企业的范畴，都具有明晰的产权，体现了不同层次的生产力发展水平和行业的特点。

3.1.2 工程监理企业组织形式选择的影响因素

工程监理企业组织形式的确定，与许多因素有关，主要有以下几个方面：

1. 监理企业的出资者及产权

它决定了建立企业的财产关系、责任关系和组织关系，是决定监理企业组织形式的最根本因素。在我国，由于工程监理制实行之初，许多工程监理企业是由国有企业或教学、科研、勘察设计单位按照传统的国有企业模式设立的，普遍存在产权不明确、政企不分等一系列阻碍监理企业和监理行业发展的情况。因此，在考虑监理企业的组织形式时，重要的一点就应该是理顺关系，明晰产权。

2. 建设监理行业的自身特点

每个行业都有自身的经营特点，企业的组织形式必须适应行业的特点，否则就会制约企业的发展。工程监理行业的特点可概括为：高素质、小企业、责任重。因此，选择监理单位的组织形式应能适应这种特点。目前在监理行业，存在企业组织形式和行业特点不相适应的问题，使得该行业的某些问题长期难于解决，从而也在一定程度上制约了监理的发展。

3. 监理企业的权责及风险

监理企业的利润如何分配、责任和风险由谁来承担，和企业的产权息息相关，是企业组织形式的本质内容。目前我国大多数的监理企业中，监理工程师在工作中承担的社会责任和风险与不拥有企业的产权，无法享受企业的利润不对称。因此监理企业的利润和风险如何分担，是选择组织形式时应该解决的问题。

总之，工程监理企业组织形式的选择，一方面要符合我国的社会性质，适应社会主义市场经济的要求；另一方面要能充分体现工程监理行业特点。

3.1.3 国有监理企业组织形式的改革

国有监理企业改制，选择新的企业组织形式是关键。我国监理企业体制改革应分两步走。第一步，将国有独资的监理企业改制为有限责任公司。打破我国公有制监理企业单一投资体制的格局，理顺产权关系，规范监理公司的行为。发展和建立一批规模较大、水平较高的监理企业。不过这类监理企业不应该成为我国监理企业组织的主要形式。因为监理企业规模小，运作无需大量资金，有限责任公司和股份公司在筹集资金、扩大生产规模方面的优越性得不到充分体现。第二步，结合国际惯例，鼓励监理工程师以合伙制的模式组成新的监理企业，使监理企业组织形式多元化，适应业主的不同需要。

3.2 工程监理企业的资质管理

对工程监理企业实行资质管理，是我国政府为了维护建筑市场秩序，保证建设工程的质量、工期和投资效益的发挥，实行市场准入控制的有效手段。工程监理企业应当按照其拥有的注册资本、专业技术人员和工程监理业绩等资质条件申请资质。经相关部门审查合格，并取得相应的资质证书后，方可在其资质等级许可的范围内从事工程监理活动。

根据建设部颁布的《工程监理企业资质管理规定》、《工程监理企业资质管理规定实施意见》，我国对工程监理企业的资质管理主要内容包括：①对监理企业的设立、定级、升级、降级、变更和终止等资质审查、批准、证书管理；②对监理企业经营业务的管理；③对工程监理企业实行资质年检制度，以及年检工作的内容、程序等。

3.2.1 工程监理企业资质管理的机构

我国工程监理企业资质管理的原则是“分级管理，统分结合”，按中央和地方两个层次进行管理。中央这一层次是国务院建设行政主管部门负责全国工程监理企业资质的归口管理工作；国务院铁道、交通、水利、信息产业、民航等有关部门配合国务院建设行政主管部门实施相关资质类别工程监理企业资质的管理工作。地方的这一层次是省、自治区、直辖市人民政府建设行政主管部门负责本行政区域内工程监理企业资质的归口管理工作；省、自治区、直辖市人民政府交通、水利、通信等有关部门配合同级建设行政主管部门实施相关资质类别工程监理企业资质的管理工作。

3.2.2 工程监理企业的资质等级和业务范围

工程监理企业应当按照经批准的工程类别范围和资质等级承接监理业务。根据工程性质和技术特点可以分为房屋建筑工程、冶炼工程、矿山工程、化工与石油工程、水利水电工程、电力工程、林业及生态工程、铁路工程、公路工程、港口与航道工程、航天航空工程、通信工程、市政公用工程、机电安装工程 14 个工程类别。每个工程类别又可按照工程规模或技术复杂程度将其分为一、二、三等。按照《工程监理企业资质管理规定》的要求，工程监理企业资质相应地分为 14 个工程类别。工程监理企业可以申请一项或者多项工程类别资质。申请多项资质的工程监理企业，应当选择一项为主项资质，其余为增项资质，并且工程监理企业的增项资质级别不得高于主项资质级别。此外，工程监理企业申请多项工程类别资质的，其注册资金应达到主项资质标准，并且从事其增项专业工程监理业务的注册监理工程师人数应当符合国务院有关专业部门的要求。

工程监理企业可分为甲、乙、丙三个资质等级，各资质等级标准如下：

1. 甲级

(1) 企业负责人和技术负责人应当具有 15 年以上从事工程建设工作的经历，企业技术负责人应当取得监理工程师注册证书。

（2）取得监理工程师注册证书的人员不少于25人。

（3）注册资本不少于100万元。

（4）近3年内监理过5个以上二等房屋建筑工程项目或者3个以上二等专业工程项目。

甲级工程监理企业可以监理经核定的工程类别中一、二、三等工程。

2. 乙级

（1）企业负责人和技术负责人应当具有10年以上从事工程建设工作的经历，企业技术负责人应当取得监理工程师注册证书。

（2）取得监理工程师注册证书的人员不少于15人。

（3）注册资本不少于50万元。

（4）近3年内监理过5个以上三等房屋建筑工程项目或者3个以上三等专业工程项目。

乙级工程监理企业可以监理经核定的工程类别中二、三等工程。

3. 丙级

（1）企业负责人和技术负责人应当具有8年以上从事工程建设工作的经历，企业技术负责人应当取得监理工程师注册证书。

（2）取得监理工程师注册证书的人员不少于5人。

（3）注册资本不少于10万元。

（4）承担过2个以上房屋建筑工程项目或者1个以上专业工程项目。

丙级工程监理企业可以监理经核定的工程类别中的三等工程。

3.2.3 工程监理企业资质申请和审批

1. 资质申请

工程监理企业申请资质，一般应当向企业注册所在地的县级（含县级）以上地方人民政府建设行政主管部门申请。

新设立的工程监理企业，应先到工商行政管理部门登记注册，取得企业法人营业执照后，方可到建设行政主管部门办理资质申请手续。向建设行政主管部门申请资质时，应提供下列资料：①工程监理企业资质申请表，企业法定代表人需在《工程监理企业资质申请表》上签字，对申请材料的真实性负责；②企业法人营业执照；③企业章程；④企业负责人和技术负责人的工作简历、监理工程师注册证书等有关证明材料；⑤工程监理人员的监理工程师注册证书；⑥需要出具的其他有关证件、资料。新设立的工程监理企业，应符合丙级监理企业标准的前三项要求，企业技术负责人和监理工程师应当具有《监理工程师执业资格证书》。其资质等级按照最低等级核定，并设1年的暂定期。

当工程监理企业申请资质升级时，除向建设行政主管部门提供上述六方面资料外，还应当提供下列资料：①企业原资质证书正、副本；②企业的财务决算年报表；③《监理业务手册》及已完成代表工程的监理合同、监理规划及监理工作总结。

2. 资质审批

甲级工程监理企业资质申请，经省、自治区、直辖市人民政府建设行政主管部门审核同意后，由国务院建设行政主管部门组织专家评审，并提出初审意见；其中涉及铁道、交通、水利、信息产业、民航工程等方面工程监理企业资质的，由省、自治区、直辖市人民政府建设行政主管部门商同级有关专业部门审核同意后，报国务院有关部门初审，国务院建设行政主管部门根据初审意见审批。甲级工程监理企业申请甲级增项资质，其申请、审批程序与资质升级同上；甲级工程监理企业申请乙、丙级增项资质，由企业注册所在地的省、自治区、直辖市人民政府建设行政主管部门负责审批，并于每年的年检工作完成后通过“中国工程建设信息网”报建设部备案。

乙、丙级工程监理企业资质，由企业注册所在地省、自治区、直辖市人民政府建设行政主管部门审批；其中交通、水利、通信等方面的工程监理企业资质，由省、自治区、直辖市人民政府建设行政主管部门征得同级有关部门初审同意后审批。

3.2.4 工程监理企业资质年检

建设行政主管部门对工程监理企业资质实行年检制度。年检的内容是检查工程监理企业资质条件是否符合资质等级标准，是否存在质量、市场行为等方面的违法违规行为。这是政府对监理企业实行动态管理的重要手段。

2001年8月29日建设部令第102号发布的《工程监理企业资质管理规定》中明确工程监理企业不能发生下列行为：①与建设单位或者工程监理企业之间相互串通投标，或者以行贿等不正当手段谋取中标的；②与建设单位或者施工单位串通，弄虚作假、降低工程质量的；③将不合格的建设工程、建筑材料、建筑构配件和设备按照合格签字的；④超越本单位资质等级承揽监理业务的；⑤允许其他单位或个人以本单位的名义承揽工程的；⑥转让工程监理业务的；⑦因监理责任而发生过三级以上工程建设重大质量事故或者发生过两起以上四级工程建设质量事故的；⑧其他违反《建筑法》等有关法律法规所禁止的行为。

建设行政主管部门对工程监理企业进行年检，其结论分为合格、基本合格、不合格三种。当已核定为甲级、乙级或丙级的工程监理企业在年检之日前1年具备的资质条件符合相应级资质等级标准，且未发生上述所列行为之一的，年检结论为合格；当已核定为甲级、乙级或丙级的工程监理企业在年检之日前1年具备的资质条件中监理工程师注册人员数量、经营规模未达到相应资质标准，但不低于其相应资质等级标准的80%，其他各项均达到相应资质等级标准要求，且未发生上述所列行为之一的，其年检结论为基本合格；当工程监理企业在年检之日前1年具备的资质条件中监理工程师注册人员数量、经营规模的任何一项未达到相应资质等级标准的80%，或者其他任何一项未达到相应资质等级标准；或者发生上述所列行为之一的，其资质年检结论将为不合格。

甲级工程监理企业资质，由国务院建设行政主管部门负责年检；其中铁道、交通、水利、信息产业、民航等方面的工程监理企业资质，由国务院建设行政主管部门会同国务院有关部门联合年检。乙、丙级工程监理企业资质，由企业注册所在地省、自治区、直辖市人民政府建设行政主管部门负责年检；其中交通、水利、通信等方面的工程监理企业资质，由建设行政主管部门会同同级有关部门联合年检。

工程监理企业资质年检按照下列程序进行：

(1) 工程监理企业在规定时间内向建设行政主管部门提交《工程监理企业资质年检表》、《工程监理企业资质证书》、《监理业务手册》以及工程监理人员变化情况及其他有关资料，并交验《企业法人营业执照》。

(2) 建设行政主管部门会同有关部门在收到工程监理企业年检资料后40日内，对工程监理企业资质年检作出结论，并记录在《工程监理企业资质证书》副本的年检记录栏内。

在规定时间内没有参加资质年检的工程监理企业，其资质证书自行失效，且一年内不得重新申请资质。工程监理企业资质年检不合格或者连续两年基本合格的，建设行政主管部门应当重新核定其资质等级。新核定的资质等级应当低于原资质等级，达不到最低资质等级标准的，取消资质。工程监理企业连续两年年检合格，方可申请晋升上一个资质等级。

3.3 工程监理业务的承接

3.3.1 取得工程监理业务的基本方式

1. 业主直接委托取得监理业务

通常在以下情况，监理企业可以通过业主直接委托取得监理业务：

(1) 不宜公开招标的机密工程。

(2) 没有投标竞争对手的工程。

(3) 规模比较小、监理业务比较单一的工程。

(4) 原工程监理企业续用。

其监理业务不需要通过公开投标竞争承接，而是由建设单位或其委托代理人直接委托监理单位监理，经过协商，达成协议。要获得直接委托监理业务，一是要靠自身雄厚的监理实力和优异的监理业绩；二是要靠同建设单位在长期合作共事中赢得信誉，建立了被信赖的良好关系。在竞争激烈的建筑市场中，作为一个监理企业能获得直接委托监理，必须珍惜这种机遇，把承担的此类监理业务做好，力争取得更多的直接委托监理业务。

2. 投标竞争取得监理业务

2005年5月1日国家发展计划委员会第3号令《工程建设项目招标范围和规模标准》中，明确了工程监理的招标范围和规模标准：第一是监理单项合同估算价在50万元人民币以上的；第二是单项合同估算价虽低于50万元，但项目总投资额在3000万元人民币以上的。只要满足这两个条件之一的，就必须通过招标来选择监理单位。目前，建设单位（业主）采用招标投标方式选择建设监理单位的日渐增多。招标投标包括招标和投标两方面的内容，是一种带有明显竞争性的经济活动。工程监理招标投标在选择满足工程项目要求的优秀监理单位，提高监理服务质量，保证工程项目的质量，保护国家利益和社会公共利益以及业主合法权益等方面发挥着巨大作用。

3.3.2 工程监理招标投标的特性

由于工程监理是一种高智能的技术服务，它与工程建设中的其他各类招标活动有很大的区别。监理企业不承担物质生产任务，只是受业主委托对生产建设过程提供监督、管理、协调、咨询等服务。监理招标投标具有特殊性，它的标的是“监理服务”。因此，工程监理招标选择中标人的基本原则是“基于能力的选择”，侧重于投标人履行监理合同的能力，这也是监理行业的特点所决定的。

1. 监理招标以投标人的技术能力为中标的主要考虑因素

监理服务是监理单位的高智能投入，其服务工作的完成依赖于监理单位对项目的管理水平和技术水平，取决于参与监理工作人员的业务专长、经验、对问题的判断能力和处理能力，以及履约意识和风险意识。监理服务的水平和质量，直接影响整个工程管理水平，影响到工程的质量、进度和投资。因此，在招标选择监理单位时，侧重监理单位技术能力的竞争，而不是价格竞争。工程监理企业的投标应以作出科学、合理、公正、务实而又能最大程度地满足业主需要的监理大纲为主。

2. 监理招标以投标人的报价为辅助因素

由于监理招标是基于能力的选择，当监理价格过低时监理单位很难派出高素质的监理人员，很难把招标人的利益放在第一位或者无法保证监理人员数量，也就无法提供优质服务。因此，监理招标应该在满足国家取费标准范围内来进行评价。从另一个角度来看，服务质量好坏与监理收费高低之间存在对应关系，所以招标人应在能力相当的投标人之间再进行价格比较。投标人的报价应作为监理招标的次要考虑因素。

3.3.3 监理企业投标文件的编制

1. 编制监理业务投标文件

监理业务投标文件一般由两部分组成：一部分为技术标，另一部分为商务标。

(1) 投标技术文件，要根据招标文件的内容、附件及建设单位提供的图纸等资料进行编制。它是反映监理企业对工程理解深度和对策水平的重要材料。在编制时要将针对性和概括性结合起来，明确如何完成质量、进度和投资三项指标的控制任务；提出科学、合理、可行、务实同时又合乎业主需求的方案，以充分表明企业的经验、能力和水平。除此之外，业主对驻现场监理班子也是十分关注的。因为他们知道其愿望和要求主要通过监理企业派出的总监理工程师、监理工程师和监理员去实现。他们对这些人员，特别是对总监理工程师的素质要求很高。例如，有些业主在招标文件中明确要求注册监理工程师上岗，还有些业主则是通过答辩方式对项目总监理工程师进行考核选择。因此，建设监理单位应该根据工程规模、工程技术复杂程度和业主提出的素质条件选派符合业主需求的总监理工程师，并配置水平较高的监理工程师、监理员组成配套的项目监理机构。实践证明，选派业务水平高，经验丰富，认真负责又符合业主需求的总监理工程师及其领导的监理班子，是投标成功的关键因素之一。

(2) 商务标中，监理费的报价是投标能否成功的又一重要环节。有的建设监理单位在这个问题上走入了误区，它们向业主报价时，为了能揽到业务，不论工程的具体情况，一律采取低价报出的策略，以低价争取中标，这是很不可取的。

2. 监理投标书主要内容

(1) 投标综合说明。

(2) 附“监理大纲”。

(3) 拟组建项目监理部及监理人员一览表（其中应确定项目总监理工程师及主要专业监理工程师）。

(4) 监理人员应持有的岗位证书、职称证书复印件。

(5) 用于工程监理的工程检测设备、仪器一览表，或委托有关单位进行检测的协议书。

(6) 近三年来的监理工程一览表及奖惩情况。

(7) 监理费报价。

投标书通常由工程监理企业市场经营部门主管编制，工程部参与，总经理审查批准。

3. 监理大纲的编制要点

监理大纲是监理企业为投标承接监理业务编写的方案性文件。编制监理大纲的作用，一是使建设单位认可采用大纲中的监理方案能实现项目的意图；二是为了承接工程监理业务后开展项目监理工作制定框架性方案。监理大纲编制的目的是要使建设单位信服地确认项目监理机构采用此监理大纲，能够实现其投资目标和建设意图，从而在竞争中获胜。

由以上可看出，“监理大纲”是为监理企业经营目标服务的，是承揽监理任务的主要文件，是投标文件的重要组成部分。

由于监理大纲（监理方案）、监理投标书编写是处于监理项目的招标阶段，它在评标综合计分中占的比重大，因而在编写方法和手段上应下大功夫。

(1) 监理大纲的编写要求：

1) 要充分理解和全面满足招标书明确的各项条件。认真阅读和领会招标文件中有关监理工程项目的阐述和监理项目业务范围与内容以及招标设计图纸及说明（或信息）等，以便制定相应措施，它是编写监理大纲（监理方案）的先决条件。

2) 要突出重点，有的放矢。常规性监理工作内容，大多数从业人员应会的内容，在监理方案中可少写或不写，把大量篇幅用于那些有针对性问题的描述。

3) 要尽量显示本监理企业的特色。监理方案是监理企业技术水平和行业经验的体现。在编写监理方案的过程中，要能够展现工程监理企业的监理特色，回答建设单位“我们应该做什么”，“我们将怎么做”。

4) 要结合监理企业及工程项目实际情况。监理方案是投标人作出的庄严承诺，同时也是指导中标后监理工作的指导性文件，监理规划便是在此基础上编写出来的。如果监理方案与本监理企业自身的实际情况有脱节，或者与该项目的实际脱节，那么有可能中不了标，即使侥幸中标，脱离实际的监理方案也会给日后的监理工作带来无尽的烦恼。

(2) 监理大纲的主要内容：

1) 项目概况。简要叙述监理工程项目的基本情况、工作内容，并对工程的难点、重点、关键工序及技术要点予以阐述。

2) 监理工作指导思想、监理工作的目标、依据和监理范围。

3) 项目监理部的组织机构，以及监理班子与建设单位的关系和承包单位的关系。工程监理企业应结合所投监理工程项目的工作内容及工程特征，简述拟派监理人员（总监、各专业监理工程师）的素质及其专业，提出适应该项目的组织机构及人员配置。

4) 项目监理部的人员情况介绍。

5) 造价控制的目标与方法。阐述在工程计量与支持方面的具体方案，确保工程计量与支持的正确性，避免滥用职权，对不合格工程重复计量、超前交付、超量支付等情况的发生，确保建设单位的利益不受损失。

6）进度控制的目标与方法。阐述在工程进度控制方面的具体方案及拟采取什么手段，使施工单位按照工程总进度要求，在合同工期内全面完成工程的施工任务。

7）质量控制的目标与方法。着重阐述在质量控制方面的独到见解和行之有效的方案。针对该工程项目实施过程中可能发生的质量问题，拟采取的对策及预控方案。

8）合同管理的目标与方法。针对该项目特点及项目实施过程中可能出现的各种合同问题，提出行之有效的管理办法，避免重点工程变更、索赔事件的发生，减少工程延期发生的可能性，避免合同纠纷，确保工程顺利进行。

9）信息管理的目标与方法。根据该项目的具体要求，制定出信息管理办法，确保信息资料收集的真实性。信息传递途径畅通，查阅简便，资料齐全，使建设单位在整个项目实施过程中能够及时获得各种管理信息，对工程实现全面的监督与控制。

10）组织协调的目标与方法。工程监理企业应展示较强的协调各方关系的能力，在监理方案中应充分阐述监理工程师工作方法的原则性，策略性，灵活性和多样性，并能在项目实施过程中充分体现。

11）安全文明工地监督管理方法。阐述监督检查施工单位安全文明施工的具体方案，对文明施工和安全生产提出监理监督检查的具体措施。

12）监理报告目录和主要监理报告格式等。提交给建设单位的阶段性成果文件有：监理规划；监理实施细则；监理月报、年报、工程质量监理评估报告等。

13）监理设施配备。

14）监理建议。工程监理企业可结合该项目的实际情况，就管理模式、工程质量、进度、造价控制、合同管理等方面，向建设单位提出某些合理化建议。

（3）监理大纲的主要描述范围：

1）工作纲要。监理企业在当前的条件下，如何开展委托工程项目的监理工作和现实保证措施。

2）人员组成。为完成该项工程的监理任务，监理企业将选派多少人，主要由谁承担该项目的监理任务。

3）工作计划。工程进展中各个阶段的工作实施计划，每个阶段中如何控制项目目标。

4）工作方法。为实现造价、进度、质量三大控制，监理企业如何应用经济、合同、技术、组织措施达到控制目标。

5）监理报告。监理活动进展过程中，监理企业向建设单位提供监理报告的目录，如项目总情况报告、质量月报、工程进度月报告、暂定金额支付月报告、应扣款月报告、进度计划与实际完成对比报告、施工进度产值计划与实际完成情况报告等。

3.3.4 合同签订与管理过程中应注意的问题

监理合同的签订，意味着委托代理关系的形成，委托与被委托方的关系也将受到合同的约束。因而签订合同是件严肃的事情，必须是由双方法人代表或经授权的代表签署并监督执行，履行各自的权利和义务。

在监理合同签订与管理过程中应注意以下几个问题：

1. 要坚持按法定程序签署合同

经过评定确定中标人后15日内，招标人应向中标人发出经招标投标管理机构审核备案的《中标通知书》。《中标通知书》发出后 30 日内招标人和中标人依据招标文件、投标书及有关规定签订《监理合同》，并报招投标管理机构备案。

《监理合同》签订时，建设单位应将自己的授权执行人及其所授权力以书面形式通知工程监理企业。中标的监理企业也应将拟派往该项目的总监理工程师及其他监理人员的情况告知招标人。《监理合同》签订之后，建设单位应将合同中监理工程师的权限写入与承包商签订的《施工合同》中，为监理工程师开展工作创造条件。

2. 对替代性的信函要重视

对一些小型项目或某些项目另外增加的内容，一般认为没必要正式签订一份合同。适时可采用信函来确认，以替代繁杂的合同文件；它也可以帮助确认双方的关系，以及双方对项目的有关理解和意图，以免将来出现分歧而否认双方口头协议。这种替代性的信函内容，包括建设单位提出的要求和承诺；它同时也是双方承担责任，履行义务的书面证据，因此应予以足够重视。

3. 合同的变更

在工程建设过程中难免出现一些不可预见的事项，因而经常会出现要求修改《监理合同》，口头协议或临时性交换信函都是不可取的。可以采取正式文件、信件协议或委托单，如变动内容过大重新签订一份新合同，以便于执行，避免纠纷。防止因缺乏合法性和可行性而造成一方的损失。

4. 其他注意事项

《监理合同》在签署过程中双方都应认真负责，在执行过程中对各自的权利、义务应相互理解。因此要注意以下几个方面：

(1) 合同文字要简洁、清晰，每个措词都应经过双方充分讨论，确保对工作范围、工作方式方法，以及双方应有的权利和义务都能够理解。

(2) 对于某项要求特别紧迫的任务，在签订合同之前，双方可以通过使用意图性信件进行交流。工程监理企业对意图性信件的用词不达意要认真审查，尽量使建设单位容易理解和接受。

(3) 在合同签订和履行中，要注意充分利用有效的法律法规。委托监理合同的法律性很强，工程监理企业应配备有关专家，这样在准备合同范本、检查补充条款和其他文件时，才不至于出现失误。

附录一　某项目建设监理招标投标案例

××置业发展有限公司
天天家园小区工程监理

投　标　书

投标单位：××建设监理有限责任公司

二零零×年×月×日

目　录

一、投标书

致：××置业发展有限公司：

1. 我们收到并研究了贵公司的招标邀请，愿意按照贵方的要约承担“××小区”工程全过程的监理业务，严格履行所承诺的责任和义务；

2. 我们承认投标书、监理大纲及附件为我们投标书之组成部分；

3. 如果我公司中标，我们保证按贵方的要求，与项目法人签订工程监理合同，成立项目监理部，选派总监理工程师及有关专业监理工程师，参加项目初步设计审查、施工图会审并进驻施工现场履行监理合同；

4. 在签订和履行正式合同之前，本投标文件连同贵方书面的中标通知书具有等同于我们双方合同的约束力。

法人代表：

授权代表：

投标单位：　　　　　　　　　　（公章）

地　　址：

电　　话：

二、监理费报价

致：××置业发展有限公司：

经慎重研究贵公司“××小区”工程监理招标文件，考虑工程规模（五栋，75909.34 ㎡）、工期 24 个月，我们决定以工程总造价（暂按 9109 万元人民币算）的______%作为投标报价，作为全部房建工程（至初装修完成）和室外工程共计贰拾陆个月（共 26 个月）实际工期的监理费用。

投标人：

法定代表人：

授权代理人：

地　　址：

电　　话：

三、公司简介

××建设监理有限责任公司（资质：房屋建筑工程甲级；冶炼工程乙级），主管上级为××建筑材料工业总公司。我公司是××省唯一的水泥工程监理公司，同时将一般工业与民用建筑工程建设监理作为同等重要的业务方向，几年来的工作赢得了社会各界的广泛好评。

公司现有工程技术、工程经济及材料试验检测人员 68 人。其中注册监理工程师 30 人，注册建筑师 1 人，注册结构工程师 1 人，注册造价工程师 1 人。人员结构中，高级工程师、高级经济师 41 人，占 60%。

公司中心实验室，同时也是××省质量技术监督局授权的“××省水泥产品质量监督检验站”和“××省装饰装修材料质量监督检验站”的实验室，对外承接两大类产品的试验检测工作。实验室目前有一百余台（套）一流的试验设备。

公司的主要技术依托为××建筑材料工业设计研究院（公司主要股东）。技术人员队伍具有较高的学历、多学科专业知识和丰富的工程建设实践经验、良好的品德、健康的体魄和充沛的精力，敬业、勤奋、严谨，以辛勤的工作为公司赢得了广泛的赞誉。

水泥工程由于生产设备本身的特点，其建筑物、构筑物不同于一般民用建筑，建筑物荷载大且分布不均、设备动荷载、热应力等不确定影响因素多，生产工艺本身的特点要求工程监理人员具有较高的理论水平及丰富的施工、安装、调试经验，这正是我们专业监理公司的优势。

我公司监理队伍主要由精通设计并熟悉施工的人员组成，熟悉相关规范，能够深刻理解设计意图，深入剖析设计图纸，发现和纠正图纸中的错误和不足，把问题消灭在施工之前；通过试验手段有效地控制占工程造价60%以上的建筑材料的质量，使其符合设计和规范要求，从根本上保证工程质量，这也是我们的优势所在。

多年来，我公司技术人员参与监理（或施工管理）的所有工业项目，受到广泛好评；完成监理的所有民用工程，质量优良，也赢得了业主及用户的信任和赞扬。

本着守法、诚信、公正、科学的准则，我公司热忱期望与新老客户精诚合作，共同建设精品工程，为我国的建设事业做出应有的贡献。

四、公司资质

1. 营业执照副本（复印件）
2. 资质证书副本（复印件）

五、委托授权书

本委托书声明：在本书上签字的××建设监理有限责任公司的法人代表××董事长代表本单位授权：在本书上签字的××总经理为本单位的合法代理人，就××置业发展有限公司××小区工程建设监理事宜，以本单位名义签署投标文件，进行洽谈及签署合同。

特签字如下，以资证明

授权人：

代理人（被授权人）：

单位名称：××建设监理有限责任公司

地　　址：

时　　间：

六、承诺书

××置业发展有限公司：

我们期待着荣幸地承担贵公司“××小区”工程建设监理任务，以优良的高素质服务，组织和配合各方共同工作，在限定的投资额度和时限内，按既定的质量标准，安全高效地完成建设任务，使项目按时发挥效益。我方承诺：

1. 我们愿以优惠的价格（详见监理费报价）来承接此项监理任务。
2. 我们承认贵公司批准的《监理规划》作为合同书的附件。
3. 我们作为具有30年历史的设计单位的监理公司，应该发挥我们的技术优势，一方面可就设计方案、施工、质量、安全等重大问题向我院技术委员会的专家们咨询，听取意见，正确决策；另一方面，要严格图纸审查，将其可能出现的问题消灭在施工之前，避免返工，避免浪费，避免工期延误。

4. 利用省水泥质量监督检验站和省装饰装修材料质量监督检验站的技术优势，严把材料质量关。

5. 我们将把安全和质量放在同等重要的地位加以监理，确保建设工程万无一失，圆满竣工。

6. 监理工作中涉及的设计文件中标明的标准图集我方自备，无需业主方负担。

7. 我公司以严格的管理措施，确保现场监理人员作为“独立的第三方”的公正性，不允许存在任何可能影响监理工程师公正执业的行为，让现场监理人员时时意识到既是在业主委托授权下执行监理业务，又是在代表国家和社会执行建设领域的法律，提高使命感和自豪感，对业主负责，对社会负责。

8. 无偿配合甲方完成设计、施工、材料、设备等招标工作，并愿受甲方委托，监督合同的执行。

法人代表（董事长）：××
××建设监理有限责任公司
时间：

七、拟派总监理工程师简介（主要业绩）表：

姓　名	出生年月	专　业	职　称
业　绩			

八、拟派现场项目监理部人员组成及简介表：

1. 拟派现场项目监理部人员组成：

序号	姓名	年龄	学历	职称	从事专业	拟担任的监理工作	任职资格	备　注
1								
2								
…								

2. 总监理工程师代表××简介

姓　名	出生年月	专　业	职　称
业　绩			

3. 专业监理工程师××简介

姓　名	出生年月	专　业	职　称
业　绩			

4. 略

九、公司技术装备一览表

编号	设备名称	规格型号	设备净值	台数	备注
01	干燥箱	101－1	2400.00	1	
02	箱式电阻炉	SX－5－12	3680.00	1	
03	电子天平	125A	2160.00	1	
…	…	…	…		

十、监理工作回访调查表

为了不辜负业主的委托，更好地做好现场监理工作，规范监理行为，提供满意服务，实现合同承诺的质量方针的认真贯彻，我公司实行监理工作回访调查表，由公司经营部按季回访，希望各业主单位充分发表意见，以便进一步改进我们的工作：

1. 总监综合素质	完全满足需要	基本满足需要	不能满足需要
标准:包括专业技术水平、监理业务水平、组织协调能力、工作责任制			
2. 专业监理工程师	土建、设备、电气监理工程师		
标准:能否满足监理需要	能满足	基本满足	不能满足
3. 监理工作规范化	规范	基本规范	不规范
标准:执行合同、专业配套、原材料检验、分部分项验收、隐蔽工程验收			
4. 重大的违纪和投诉			
5. 监测器具设施、办公及精神面貌	检测器具	能满足	不能满足
	办公环境	良好	一般
	精神面貌	良好	一般
6. 对监理工作整体评价			

业主：　　　　　　　　　　　　年　　月　　日

十一、监理大纲（见附录二）

附录二　某小区工程监理大纲

一、工程项目概况及特点

1. 项目概况

（1）工程名称：××小区

（2）建设单位：××置业发展有限责任公司

（3）建设地点：

（4）工程规模：建筑面积 75909.34 ㎡

（5）开工时间：2004 年 11 月

（6）建设工期：24 个月

2. 工程特点

（1）由总平面示意图可知，此项目处于交通要道及居住稠密区，施工对周围环境的影响必须予以高度重视。

（2）施工工期要求严格。

（3）施工质量和投资必须严格控制。

二、项目目标

工期目标、质量目标、投资控制目标见附表 1。

附表 1

序　　号	项目名称	工期目标	质量目标	投资目标
1	4# 楼	24 个月	合格	2059.9 万元
2	5# 楼	24 个月	合格	2024.7 万元
3	6# 楼	24 个月	合格	377.6 万元
4	7# 楼	24 个月	合格	1909.1 万元
5	8# 楼	24 个月	合格	2039.1 万元

三、监理任务范围

监理的阶段：施工阶段。

任务范围：自土方开挖、主体工程至初装修完成。

四、监理组织机构

针对本项目特征，组建如下监理班子。根据业主的授权及工程的进展情况，将进行适当的补充和调整。

1. 监理组织机构见附图 1

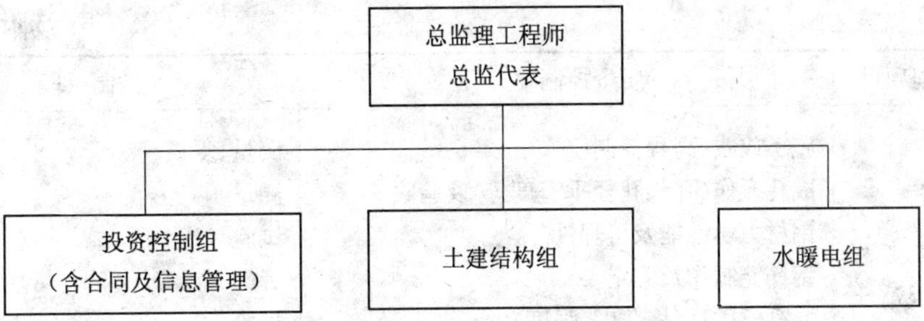

附图 1　监理组织结构图

2. 驻地监理人员构成见附表 2

附表 2

序号	姓名	年龄	学历	职称	从事专业	拟担任的监理职务	任职资格	备　　注
1								
2								
3								
…								

五、监理工作内容

1. 施工阶段的质量控制

(1) 质量的事前控制：

1) 熟悉和掌握质量控制的技术依据。

2) 施工场地的质量检查验收。

3) 审查施工队伍的资质。

4) 工程所需原材料、半成品的质量控制。

5) 施工机械的质量控制。

6) 审查施工单位提交的施工组织设计和施工方案。

7) 审查生产环境、管理环境改善的措施。

(2) 质量的事中控制：

1) 施工工艺过程质量控制以及模板、钢结构、高程控制：针对监理项目的具体情况，施工工艺过程的质量控制以及模板、钢结构、高程控制可分别参照附表 3～附表 6 的内容组织实施。

附表 3　施工工艺过程质量的控制

序号	工程项目	质量控制要点	控制手段
1	土石方工程	开挖范围及边线(从中线向两侧量测)高程	测量 测量

续附表 3

序号	工程项目	质量控制要点	控制手段
2	桩基工程（钢混凝土灌柱桩）	施工放线、高程控制 成孔操作（孔长孔径垂直度等）及验收 钢材力学性能及可焊性 钢筋笼制作及固定 混凝土质量（坍落度、强度） 混凝土灌注（导管法） 充盈系数 成桩（桩身完整性、桩体混凝土强度）质量	测量、复核 测量 试验 旁站 试验 旁站 旁站 检测
3	基础工程	位置（轴线及高度） 外形尺寸 与柱连接钢筋型号、直径、数量 混凝土强度 地下管线预留孔道及预埋	测量 现场检查 现场检查、现场取样制作试件、审核试验报告 审核配合比、现场取样制作试件、审核试验报告 现场检查、量测
4	现浇钢筋混凝土主体结构工程	轴线、高程及垂直度、断面尺寸 钢筋：材质检验、数量、直径、位置、接头、锚固、施工缝处理 混凝土强度：配合比、坍落度、强度 预埋件：型号、位置、数量、锚固 预留洞：尺寸、位置	测量 现场检查 审核配合比、现场取样制作试件、审核试验报告 现场检查、量测 现场检查、量测
5	砌砖工程	进场砖抽检 砌承重墙的砂浆强度等级（配合比） 灰缝、错缝 门窗孔位置 预埋件及埋设管线	试验 砂浆配合比试验 旁站 量测 现场检查、量测
6	室内初装修	材料配合比 室内抹灰厚度、平整度、垂直度 室内地坪厚度、平整度	试验 要求作样板间 要求作样板间
7	门窗工程	木门窗：位置、尺寸 铝合金门窗：填嵌、定位、安装、关闭、开关	检查、量测 检查、量测
8	屋面防水工程	找平层：厚度、坡度、平整度、防裂纹 保温层：厚度、平整度 防水面层：填嵌、粘结、平整 水落管：安装、接头、排水	观察、量测 观察、量测 观察 观察

序号	工程项目	质量控制要点	控制手段
9	室内给水排水管道安装工程	安装位置及坡度、接头 管阀连接位置、接头 水压试验 水表、消火栓、卫生洁具、器件 自动喷洒、水幕、位置、间距、方向 水泵安装位置、标高、试运转轴承温升 排水系统通水试验	观察、量测 观察、量测 水压试验 观察、量测 观察、量测 观察、量测 通水试验
10	通风空调系统安装工程	冷冻机组安装:位置、标高 风管、风机盘管:位置、标高、坡向坡度、接头 风管、制冷管道保温措施 空调器及风机安装:位置、标高 管道窝工过墙或楼板套管、缝隙填嵌严密 阀闸安装位置、方向	观察、量测 观察、量测 试验 观察、量测 观察、量测 观察、量测
11	室内电气线路安装工程	变配电设备安装:位置、标高、线路连接 屏柜、附件及线中安装 绝缘、接地	观察、量测 观察、量测 观察、量测
12	弱电工程(电话、有线电视、宽带、保安监控、火灾监控及报警系统等)	设备安装:位置、标高、线路连接线路及附件安装	观察、量测 观察、量测
13	电梯安装工程	导轨:位置、垂直度、内表面间距 轿箱、层门:垂直度、平层精度、门窗开关 电气系统安装牢固、线路连接 控制系统调试	量测 观察、量测 观察、量测 测试
14	安装管线及道路工程	管线位置、标高、坡向、坡度 管道安装、接头 阀闸、量表安装位置、接头 道路路基、路面 堡坎、挡土墙位置、尺寸、强度	观察、量测 观察 观察、试压 观察、量测 观察、量测、试验

附表 4　模板工程的控制要点及手段

模板工程质量控制要点	控制手段
墙、柱支模前应先在基底弹线，以弹线校正钢筋位置，并为合模后，检查位置提供准确的依据	旁站、量测
为防止胀模、跑模、错位造成结构断面尺寸超差、位置偏差、漏浆形成的蜂窝麻面，模板支撑应符合模板设计要求	观察、量测
对模板拼缝、节点位置模板支搭情况及加固情况，应认真检查，防止漏浆及缩颈现象	观察、量测
梁、板底模跨度大于 4m 时应起拱，设计无具体要求时，一般起拱高度宜为全跨长度的 1/1000～3/1000	观察、量测
预埋件、预留孔洞的位置、标高、尺寸应复核；预埋件固定方法应可靠，防止位移	旁站、量测
模板在下列情况要开洞：一次支模过高，浇捣困难；有大的预留洞口；洞口下难以浇筑；有暗梁或梁穿过；钢筋密集，下部不易浇筑	观察、量测
合模前钢筋隐检已合格，模内已清扫干净，应剔凿部位已剔凿合格；合模后核验模板位置、尺寸及钢筋位置、垫块位置与数量均符合要求才能浇筑混凝土	旁站、测量
模板涂刷隔离剂时首先应清除模板表面的尘土和混凝土残留物，再涂刷，涂刷应均匀，不得漏刷或沾污钢筋	观察
混凝土整体结构的拆模： ①底模混凝土强度已达到设计要求，一般均应达到设计强度的 75%以上；结构跨度大于 8m 的梁、板、拱壳和大于 2m 的悬臂构件应达到 100%； ②侧模混凝土强度能保证其表面及棱角不因拆模而损坏； ③冬季施工要遵照现行混凝土工程及验收规范中的有关冬季施工规定进行拆模； ④对于大体积混凝土的拆模时间，除应满足混凝土强度要求外，还应考虑产生温度裂缝的可能性。一般应采取保温或降温措施，使混凝土内外温差降低到 25°C 以下时方可拆模	旁站、测量

附表 5　钢结构工程质量控制要点及手段

钢结构质量控制要点	控制手段
材料的检查：应有钢材合格证明，钢材的编号，尺寸、重量、拉伸、弯曲试验及化学试验的结果	材料三证检查、取样送检、审核检验报告
大样图检查：应进行专题会审。对主要尺寸、上拱度、主要部分的连接构造，要检查与设计计算及设计图是否相符以及施工上是否有不合理的地方	图样会审
螺栓、焊工及焊接器材的检查：应由材料供应、劳动和技术部门人员共同检查。焊工要有上岗考核，持证上岗。螺栓、焊条要有合格证	检查、审核

续附表 5

钢结构质量控制要点	控制手段
焊接部位检查：(分焊前、焊中、焊后三个阶段) ①施焊前，检查坡口尺寸是否正确，表面形状是否规整、焊接面的清扫是否干净等； ②施焊中，检查焊接顺序、焊接条件、铲根； ③焊接后，必须对外购、裂纹、咬边、加强焊缝高度等进行评定检查	观察、测量（X 射线探伤仪）
试拼装检查： ①全长、跨度； ②主梁的高度及中心距、上拱度； ③工地接头状态、构件外形尺寸； ④外观等	观察、测量
现场架设、安装： ①进行柱轴线、跨度的测量； ②下部结构预埋位置的测量； ③墩、台顶面高程的测量； ④对装运中产生缺陷和变形的杆件，进行矫正、处理或更换； ⑤检查柱的垂直度、标高； ⑥防止构件拼装时扭曲、构件起拱不准确	旁站、测量 审核施工方案
在钢构件全部组拼、高强螺栓栓合妥当后，要经过检验、洗刷、除锈及干燥。先将未经涂底漆或已涂漆而部分剥落者补涂底漆，再进行全部涂漆工作，并检查涂料的厚度、平整度	观察、量测（干漆膜测厚仪）

附表 6　工程的高程控制措施要点及手段

整体高程控制要点	控制手段
1. 严格审核承包单位的测量控制方案和技术措施	检查、审核
2. 选择坐标控制等级，应不低于设计要求	审核
3. 使用测量仪器的控制：要求用精度在 2 秒以上经纬仪和自动安平水准仪	测量、观察
4. 审核测量工作人员的资质：均应持证上岗，并要求有专业的工程测量工程师总体负责	审核
5. 要在施工方案中明确坐标控制系统，并绘制控制网详图，坐标点、水准点的测量、设置要严格按测量规范标准执行	审核
6. 主要标高点、水准点、要定期检查记录，主要轴线、各层变换标高时，要重点复查并记录	审核、检查

表中列出的“控制手段”：

观察——指以“目标”、“目测”进行的检查监督；

现场检查、旁站——指现场巡视、观察及量测等方式进行的检查监督；

量测——指用简单的手持式量尺、量具、量器（表）进行的检查监督；

测量——指借助于测量仪器、设备进行的检查；

试验——指通过试件、取样进行的试验检查或通水、通电、通气进行的试验等。

2）工序交接检查。坚持上道工序不经检查验收不准进行下道工序施工的原则。上道工序完成后，先由施工单位进行自检、专职检，认为合格后再通知现场监理工程师或其代表到现场会同检查。检验合格后签署认可，方能进行下道工序。其工作流程如附图 2 所示。

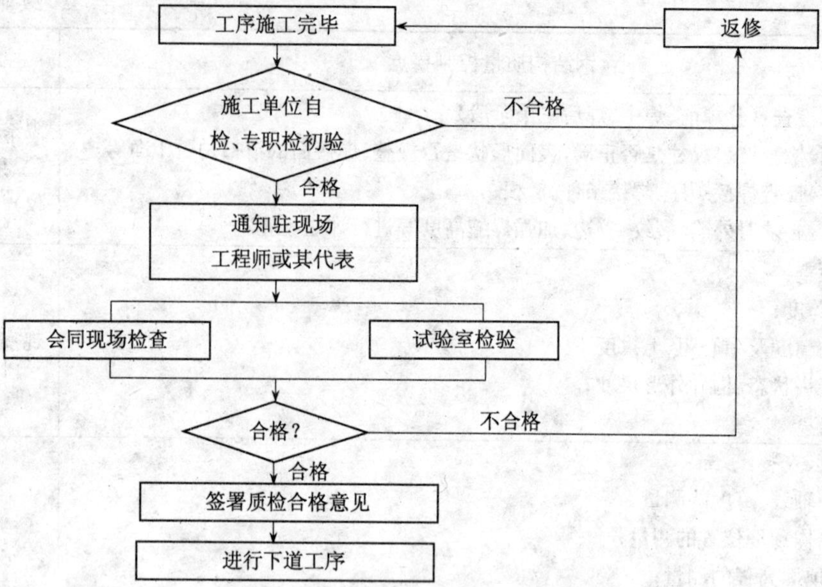

附图 2　工序交接检验程序图

注：①施工单位初验后向现场监理员报告请予检验；主要工序如浇筑混凝土前的工序检验，应报告现场监理工程师。

②工序检验一般由监理方会同乙方进行。必要时约请设计单位、市质量监督站派员参加。

③工序质量检验意见由监理方参加检验人员签署。

3）隐蔽工程检查验收。隐蔽工程完成后，先由施工单位自检、专职检，初验合格后填报隐蔽工程质量验收通知单，报告现场监理工程师检查验收。

4）工程变更和处理。施工单位提出工程变更的处理流程如附图 3 所示。

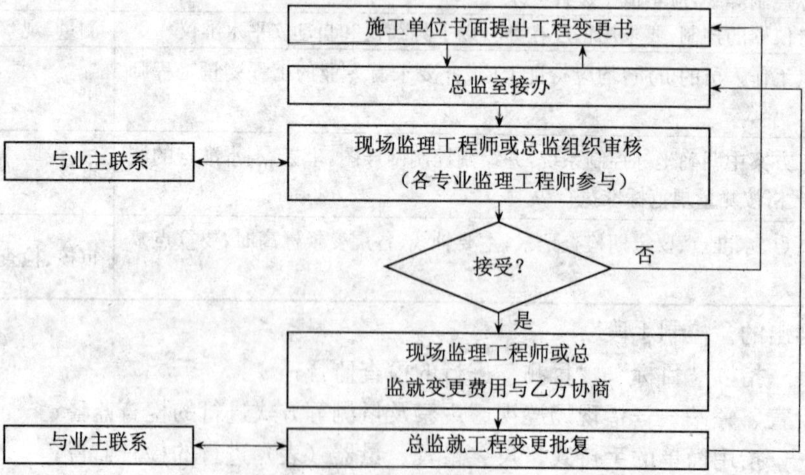

附图 3　工程变更处理流程图

5）设计变更或技术核定的处理。由业主原因提出的设计变更或技术核定的处理流程如附图 4 所示。

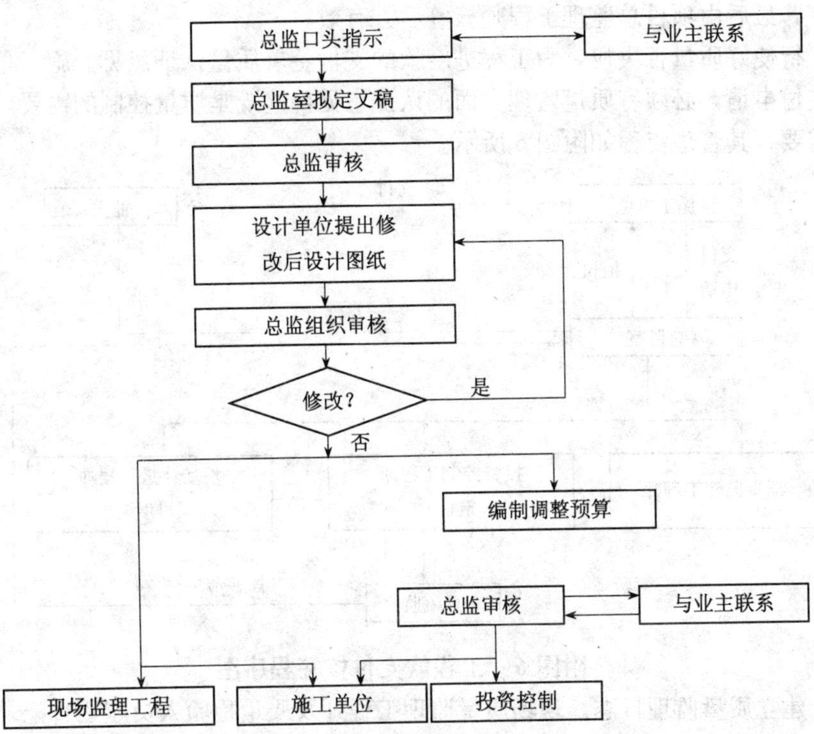

附图 4　设计变更处理流程图

6）工程质量事故处理。包括质量事故原因、责任的分析；质量事故处理措施的商定；批准处理工程质量事故的技术措施或方案；处理措施效果的检查。

7）行使质量监督权，下达停工指令。为了保证工程质量，出现下述情况之一者，监理工程师有权指令施工单位立即停工整改。①未经检验即进行下道工序作业者；②工程质量下降经指出后，未采取有效改正措施，或采取了一定措施，而效果不好，继续作业者；③擅自采用未经认可或批准的材料；④擅自变更设计图纸的要求；⑤擅自将工程转包；⑥擅自让未经同意的分包单位进场作业者；⑦没有可靠的质量保证措施贸然施工，已出现质量下降征兆者；⑧其他。

8）严格单项工程开工报告和复工报告审批制度。凡单项工程开工及停工后工程复工，均应遵照附图 5 规定的管理流程。

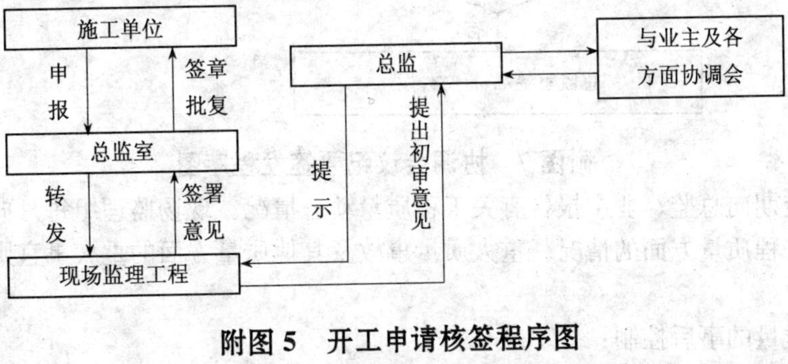

附图 5　开工申请核签程序图

9）质量、技术签证。凡质量、技术问题方面有法律效力的最后签证，只能由项目总监理工程师一人签署。专业监理工程师、现场监理员可在有关质量、技术方面原始凭证上签字，最后由项目总监理工程师核签后方有效；

10）行使好质量否决权，为工程进度款的支付签署质量认证意见。施工单位工程进度款的支付申请，必须有质量监理方面的认证意见，这既是质量控制的需要，也是投资控制的需要，其管理流程如附图 6 所示。

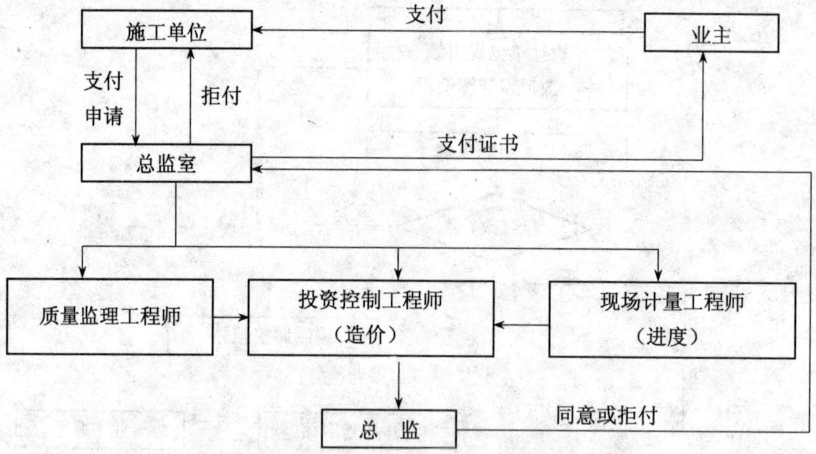

附图 6　工程款支付核签程序图

11）建立质量监理日志。现场质量监理工程师及质量检验人员应逐日记录有关工程质量动态及影响因素的情况。

12）组织现场质量协调会。现场质量协调会一般由现场监理工程师或总监主持。协调会后应印发会议纪要，其纪要的签发管理流程如附图 7 所示。

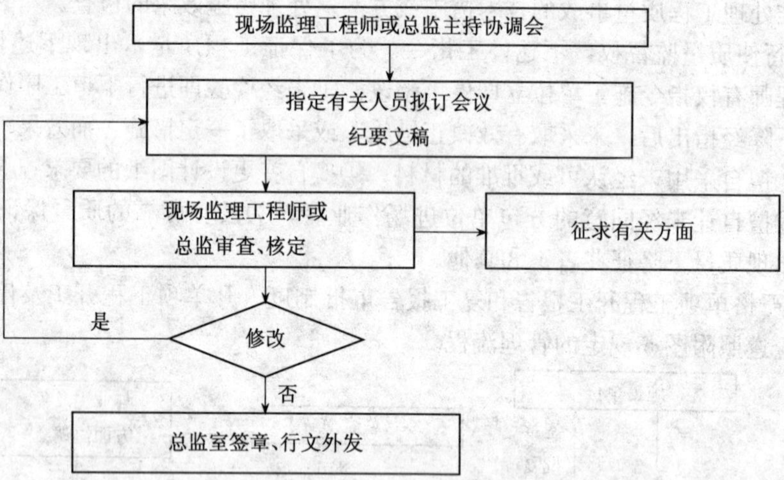

附图 7　协调会议纪要签发程序图

13）定期向总监、业主报告有关工程质量动态情况。现场监理组每月向总监及业主报告有关工程质量方面的情况。重大质量事故及其他质量方面的重大事宜则应及时提出报告。

（3）质量的事后控制：

1）单位、单项工程竣工验收。凡单位、单项工程完工后，施工单位初验合格再提出验收申报表，其流程如附图 8 所示。

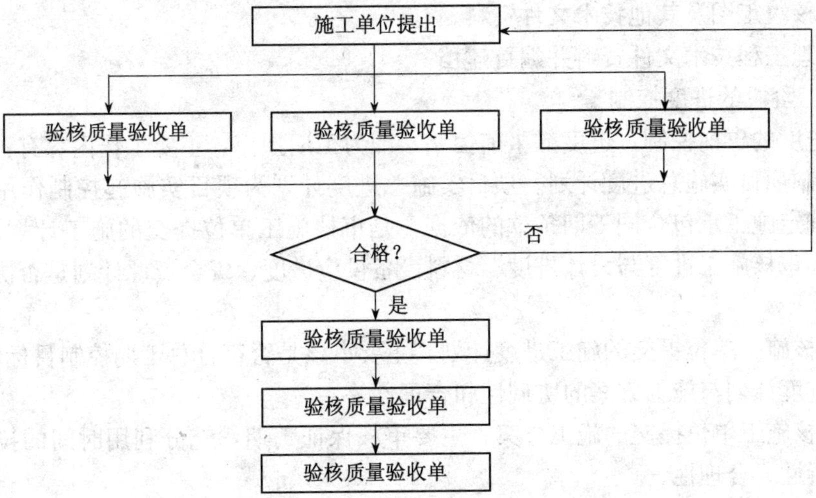

附图 8　单位、单项工程验收程序图

2）项目竣工验收。项目竣工验收的流程如附图 9 所示。

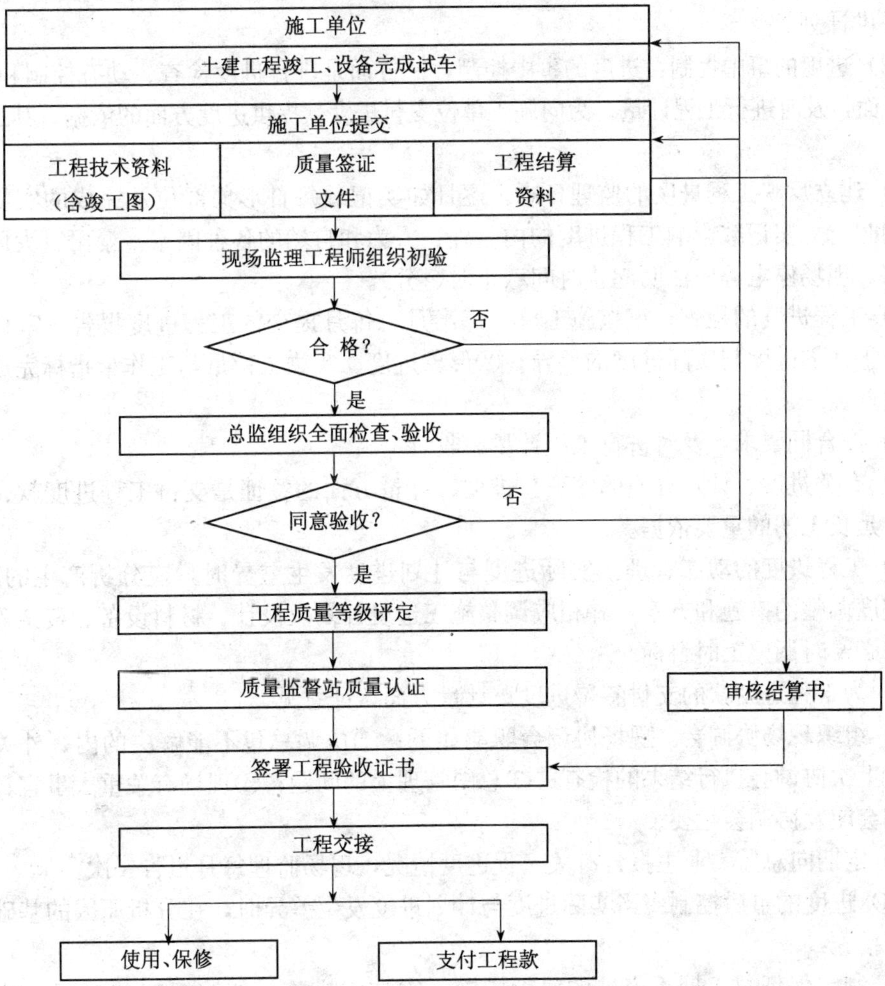

附图 9　项目竣工验收程序图

3）审核竣工图及其他技术文件资料。

4）整理工程技术文件资料并编目建档。

2. 施工阶段的进度控制

（1）进度的事前控制：进度的事前控制，即为工期预控，主要工作内容有：

1）编制项目实施总进度计划。项目实施总进度计划为项目实施起控制作用的工期目标，是确定施工承包合同工期条款的依据，是审核施工单位提交的施工计划的依据，也是确定和审核施工进度与设计进度、材料设备供应进度、资金资源计划是否协调的依据。

2）审核施工单位提交的施工进度计划。主要审核是否符合总工期控制目标的要求；审核施工进度计划与施工方案的协调性和合理性等。

3）审核施工单位提交的施工方案。主要审核保证工期，充分利用时间的技术组织措施的可行性、合理性。

4）审核施工单位提交的施工总平面图。主要审核施工总平面图与施工方案、施工进度计划的协调性和合理性。

5）制定由业主供应材料、设备的需用量及供应时间参数，编制有关材料、设备部分的采供计划。

（2）进度的事中控制：进度的事中控制，一方面是进行进度检查、动态控制和调整；另一方面，及时进行工程计量，为向施工单位支付进度款提供进度方面的依据。其工作内容有：

1）建立反映工程进度的监理日志。逐日如实记载每日形象部位及完成的实物工程量。同时，如实记载影响工程进度的内、外、人为和自然的各种因素。暴雨、大风、现场停水、现场停电等应注明起止时间（小时、分）。

2）工程进度的检查。审核施工单位每半月、每月提交的工程进度报告。审核的要点是：①计划进度与实际进度的差异；②形象进度、实物工程量与工作量指标完成情况的一致性。

3）按合同要求，及时进行工程计量验收。

4）有关进度、计量方面的签证。进度、计量方面的签证是支付工程进度款、计算索赔、延长工期的重要依据。

5）工程进度的动态管理。实际进度与计划进度发生差异时，应分析产生的原因，提出进度调整的措施和方案，并相应调整施工进度计划及设计、材料设备、资金等进度计划；必要时调整工时目标。

6）为工程进度款的支付签署进度、计量方面认证意见。

7）组织现场协调会。现场协调会职能如下：①协调总包不能解决的内、外关系问题；②上次协调会执行结果的检查；③总图管理上的问题；④现场有关重大事宜；⑤现场协调会印发协调会纪要。

8）定期向总监、业主报告有关工程进度情况，现场监理每月报告一次。

（3）进度的事后控制：当实际进度与计划进度发生差异时，在分析原因的基础上采取以下措施：

1）制定保证总工期不突破的对策措施：①技术措施：如缩短工艺时间、减少技术间歇期、实行平行流水立体交叉作业等；②组织措施：如增加作业队数、增加工作人数、增加工作班次等；③经济措施：如实行包干奖金、提高计件单价、提高奖金水平等；④其他配套措施：如改善外部配合条件、改善劳动条件、实施强有力调度等。

2）制定总工期突破后的补救措施。

3）调整相应的施工计划、材料设备、资金供应计划等，在新的条件下组织新的协调和平衡。

3. 施工阶段的投资控制

（1）投资的事前控制：投资事前控制的目的是进行工程风险预测，并采取相应的防范性对策，尽量减少施工单位提出索赔的可能。

1）熟悉设计图纸、设计要求、标底标书，分析合同价构成因素，明确工程费用最易突破的部分和环节，从而明确投资控制的重点。

2）预测工程风险及可能发生索赔的诱因，制定防范对策，减少向业主索赔的发生。

3）按合同规定的条件，如期提交施工现场，使其能如期开工、正常施工、连续施工，不要违约造成索赔条件。

4）按合同要求，如期、如质、如量地供应由业主负责的材料、设备到现场，不要违约造成索赔条件。

5）按合同要求，及时提供设计图纸等技术资料，不要违约造成索赔条件。

（2）投资的事中控制：

1）按合同规定，及时签复施工单位提出的问题及配合要求，不要造成违约和对方索赔的条件。

2）施工中主动搞好设计、材料、设备、土建、安装及其他外部协调、配合，不要造成对方索赔的条件。

3）工程变更、设计修改要慎重，事前应进行技术经济合理性预分析。

4）严格经费签证。凡涉及经济费用支出的停窝工签证、用工签证、使用机械签证、材料代用和材料调价等的签证，由项目总监理工程师核签并上报业主同意后正式核签。

5）按合同规定，及时对已完工程量进行验方，不要造成未经监理验方认可就承认其完成量的被动局面。

6）按合同规定，及时向对方支付进度款，不要造成违约被处以罚款的条件。

7）完善价格信息制度，及时掌握国家调价的范围和幅度。

8）检查、监督施工单位执行合同情况，使其全面履约。

9）定期向总监、业主报告工程投资动态情况。

10）定期、不定期地进行工程费用超支分析，并提出控制工程费用突破的方案和措施。

（3）投资的事后控制：

1）审核施工单位提交的工程结算书。

2）公正地处理施工单位提出的索赔，其处理程序如附图 10 所示。

六、各级人员的职责与权限

（同 2.3 节）

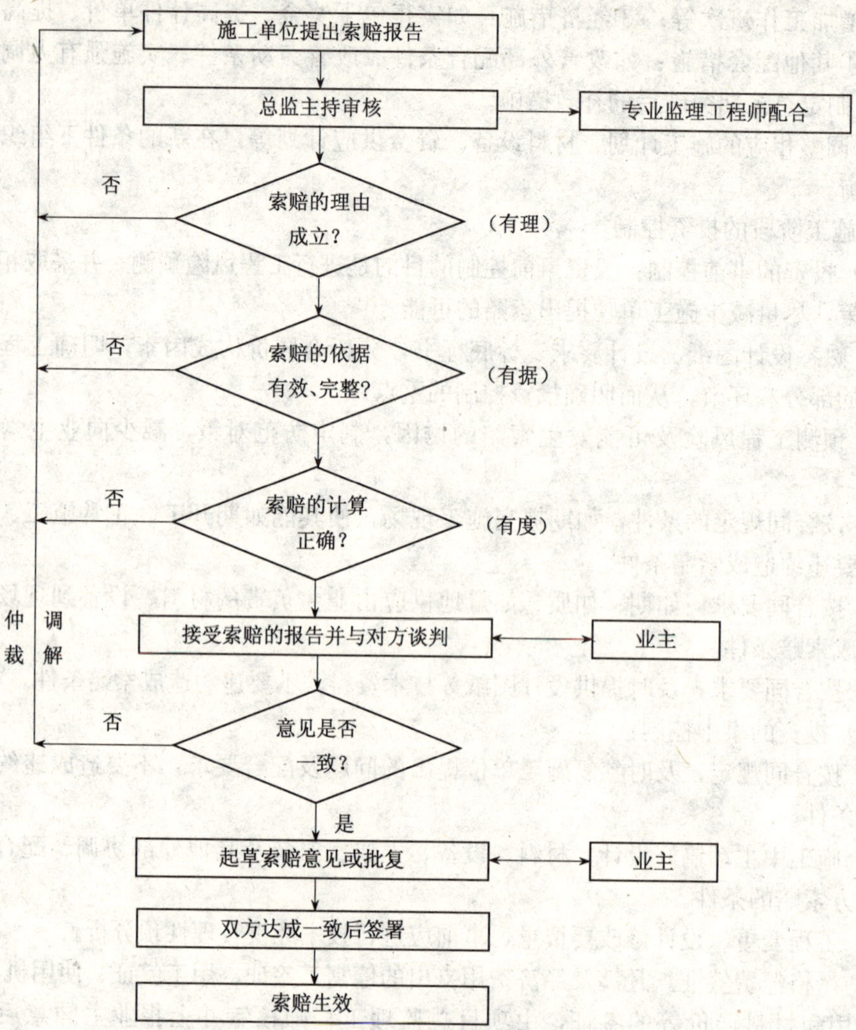

附图 10　索赔处理程序图

注：①调解、仲裁程序，由双方商定。一般先由监理工程师调解，若调解不成，由政府建设主管机构进行调解。若仍调解不成，由仲裁委员会进行调解或仲裁。

②索赔协议或处理意见由造价控制和合同管理监理工程师组织起草，由总监理工程师核签。

七、监理工作制度

1. 设计文件、图纸审查制度
2. 技术交底制度
3. 开工报告审批制度
4. 材料、构件检验及复验制度
5. 变更设计制度
6. 隐蔽工程检查制度
7. 工程质量监理制度

8. 工程质量检验制度
9. 工程质量事故处理制度
10. 施工进度监督及报告制度
11. 投资监督制度
12. 监理报告制度
13. 工程竣工验收制度
14. 监理日志和会议制度
15. 略

八、监理措施

1. 投资控制

组织措施：建立健全监理组织，完善职责分工及有关制度，落实投资控制的责任。

技术措施：审核施工组织设计和施工方案，合理开支施工措施费，以及按合理工期组织施工，避免不必要的赶工费。

经济措施：及时进行计划费用与实际开支费用的比较分析。

合同措施：按合同条款支付工程款，防止过早、过量的现金支付，全面履约，减少对方提出索赔的条件和机会，正确地处理索赔等。

2. 质量控制

组织措施：建立健全监理组织，完善职责分工及有关质量监督制度，落实质量控制责任。

技术措施：严格事前、事中和事后的质量控制措施，见“监理工作制度”。

经济措施及合同措施：严格质量检验和验收，不符合合同规定质量要求的拒付工程款。

3. 进度控制

组织措施：落实进度控制的责任，建立进度控制协调制度。

技术措施：建立施工作业计划体系；增加同进作业的施工面；采用高效能的施工机械设备；采用施工新工艺、新技术，缩短工艺过程间和工序间的技术间歇时间。

经济措施：对由于承包方的原因拖延工期者进行必要的经济处罚，对工期提前者实行奖励。

合同措施：按合同要求及时协调有关各方的进度，以确保项目形象进度的要求。

九、监理管理工作

1. 监理工作标准

(1) 施工准备阶段：

1) 审查施工单位选择的分包单位的技术资质。

2) 监督检查施工单位质量保证体系及安全技术措施，完善质量管理程序与制度。

3) 检查设计文件是否符合设计规范及批准的技术设计。施工图纸是否能满足施工需要，协助做好优化和改善设计工作。

4) 参加设计单位向施工单位的技术交底。

5) 审查施工单位上报的实施性施工组织设计，重点对施工方案、劳动力、材料、机械设备的组织及保证工程质量、安全、工期和控制造价等方面的措施进行监督，并向建设单位提出监理意见。

6）单位工程开工前检查施工单位的复测资料，特别是两个相邻施工单位之间的测量资料、桩橛等是否交接清楚，手续是否完善，质量有无问题，并对贯通情况、中线及水准桩的设置、固桩进行审查。对重点工程部位的中线、水平控制桩进行复查。

7）监督落实各项施工条件，审批一般单项工程、单位工程的开工报告，并报业主项目部核备。

（2）施工阶段：

1）工程质量监理：①对所有隐蔽工程在进行隐蔽以前进行检查和办理签证，对重点工程要派监理人员驻点跟踪监理，签署重要的分项工程、分部工程和单位工程质量评定表。②对施工测量、放样等进行随机抽查。如发现问题应及时通知施工单位纠正，并做出监理记录。③检查确认运到现场的工程材料、构件和设备质量，并应查验试验、化验报告单、出厂合格证是否合格、齐全，监理工程师有权禁止不符合质量要求的材料、设备进入工地和投入使用。④监督施工单位严格按照施工规范、设计图纸要求施工，严格执行承发包合同。对工程主要部位、主要环节及技术复杂工程加强检查。⑤检查施工单位的工程自检工作，数据是否齐全，填写是否正确，并对施工单位质量评定自检工作做出综合评价。⑥施工单位的检验测试仪器、设备、度量衡定期检验工作进行全面监督，不定期地进行抽验，保证度量资料的准确。⑦监督施工单位对各类土工和混凝土试件按规定进行检查和抽查。⑧监督施工单位认真处理施工中发生的一般质量事故，并认真做好监理记录。对大、重大质量事故以及其他紧急情况，应及时报告总监理工程师和通知业主方。

2）工程进度监理：①监督施工单位严格按照《施工承包合同》规定的工期组织施工。对控制工期的重点工程，审查施工单位提出的保证进度的具体措施，如发生延误，应及时分析原因，采取措施。②监理部建立工程进度台账，核对工程形象进度，按月、季向业主项目部报告施工计划执行情况、工程进度及存在的问题。

3）工程投资监理：①审核施工单位申报的季、年度验工报表，认真核对其工程数量，做到不超验、不漏验，严格按现行文件规定办理验工计价签证。保证验工签证的各项质量合格、数量准确。签证上报业主项目部据以拨款。②建立验工计价台账，每季度向业主项目部报送一次，每季末与施工单位核对清算一次，核对清算后资料报业主项目部一份。③不符合质量标准的工程，未经返工处理达标前，不予验工计价。④按业主项目部和监理合同的规定审核变更设计。⑤监理单位负责组织审批Ⅲ类变更设计，并建立台账，每月列表报指挥部（附审批变更设计通知单）。⑥会同设计、施工单位对Ⅰ、Ⅱ类变更设计进行会审后，提出审查意见，并报指挥部审批。

（3）竣工验收阶段：

1）督促、检查施工单位及时整理竣工文件和验收资料，受理单位工程竣工验收报告，提出监理意见。

2）根据施工单位的竣工报告，提出工程质量检验报告。

3）负责工程初检，并参加指挥部组织的竣工交接验收工作，审查工程初验报告，提出监理意见。

4 建设工程招标监理工作实务

4.1 建设工程招标概述

4.1.1 基本概念

建设工程招标投标制，又称为建设工程招标承发包制，是指业主（即建设单位，发包方，简称甲方）以招标方式来择优选择承包单位（勘察、设计、施工、监理等单位，简称乙方或承包方）；或者承包方以投标方式来争取建设任务的一种建设管理制度。

4.1.2 建设工程招标的方式

按照《中华人民共和国招标投标法》的规定，通常采用的招标方式有公开招标和邀请招标两种方式。

1. 公开招标

公开招标，是指招标人以招标公告的方式邀请不特定的法人或者其他组织投标。

2. 邀请招标

邀请招标，是指招标人以投标邀请书的方式邀请特定的法人或者其他组织投标。

4.1.3 建设工程招标投标的程序

建设工程招标投标的程序如图 4-1 所示。该程序适用于工程项目勘察、设计、施工、监理、重要设备及材料采购等的招标投标活动。

1. 招标准备阶段

招标人应根据招标项目特点做好招标前的各项准备工作，其中包括：

（1）申请批准招标。当招标人已经具备招标条件时，如招标项目按国家有关规定已经履行了项目审批手续；招标项目的相应资金或资金来源已经落实；项目的建设条件已经具备时，招标人则可向政府建设主管部门提出项目招标的申请报告。经审查批准，可以开展项目招标的各项工作。

（2）建立招标组织机构。申请招标被批准后，招标人可以根据自身组织招标的实际能力，自行建立招标组织机构或是招标人委托招标代理机构办理招标事宜。

招标代理机构是从事招标代理业务并提供相关服务的社会中介组织，应依法成立并由建设行政主管部门对招标代理机构进行资质认定。招标代理机构应具备的资质条件是：有从事招标代理业务的营业场所和相应资金；有能够编制招标文件和组织评标的相应专业力量；有可以作为评标委员会成员人选的技术、经济等方面的专家库。

（3）拟定招标文件。招标人可以自身或委托招标代理机构，根据招标项目特点和建设要求编制招标文件。招标文件中应包括项目的技术要求；对投标人资格审查的标准；投标报价要求及评标标准等所有实质性要求和条件；以及拟签合同的主要条款等。但在招标文件中对招标项目标底应严加保密；不能要求标明特定的生产供应者，以及含有倾向或排斥潜在投标人的其他内容。

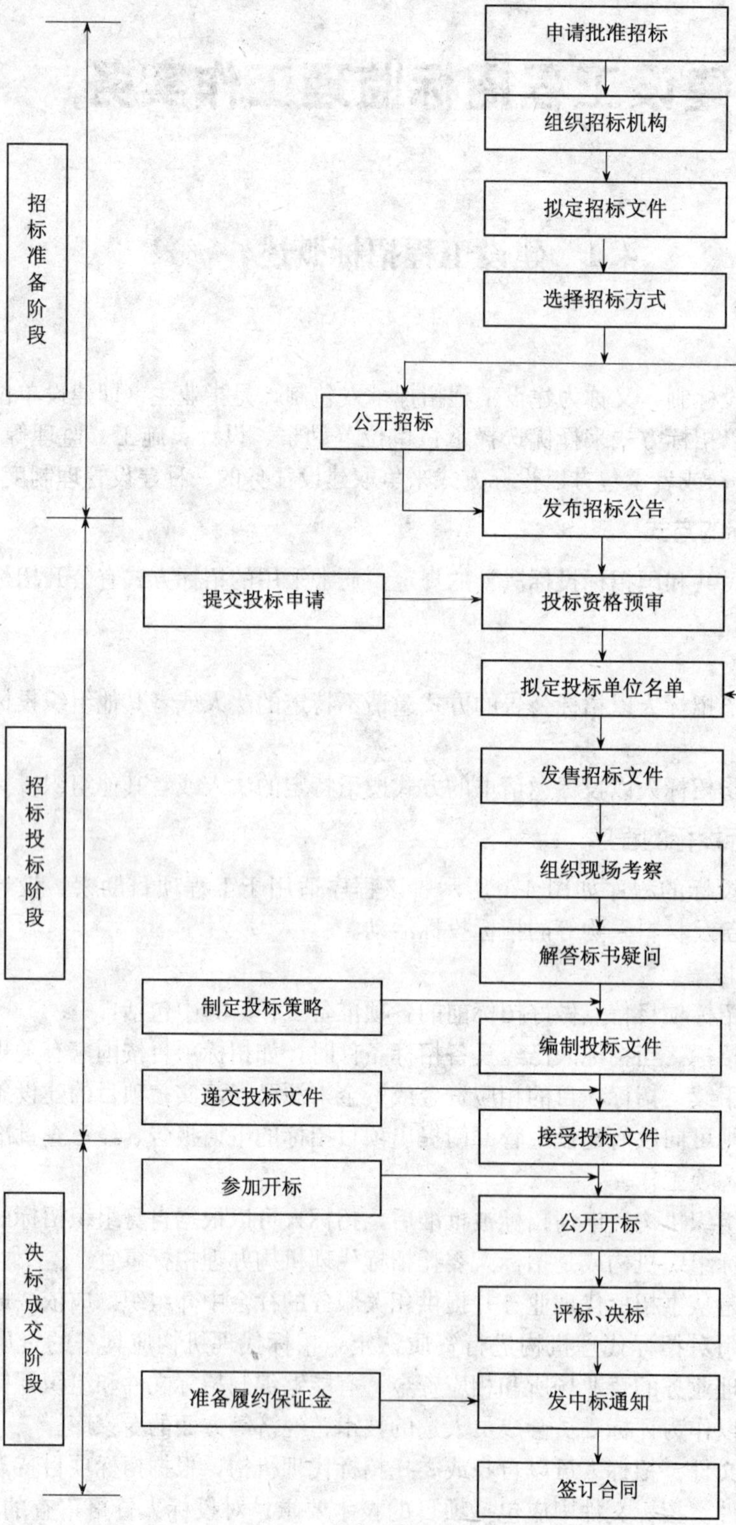

图 4-1　建设工程招标投标程序

(4) 选择招标方式。招标人应按国家的有关规定，选择适当的招标方式，是公开招标或是邀请招标。若采用公开招标则应通过报刊、广播、电视等媒体发布招标公告；若采用邀请招标则应以投标邀请书的方式特定向具有相应资质等级的三个以上邀请的法人或其他组织投标。

采用邀请招标方式时，必须强调按规定经过有关部门的批准，并且所邀请的具备相应条件投标企业的数量不少于3个；采用公开招标方式时，其招标公告的发布、评标标准与方法的公开与科学、中标人的选择等必须符合有关规定。否则，可以将其行为界定为规避招标，并给予相应惩处，以确保建设工程招标投标机制的确立。

2. 招标投标阶段

在招标投标阶段中，招标人和投标人应组织完成各自的招标和投标的工作任务。招标投标阶段的主要工作内容如下：

(1) 投标资格预审。投标人按招标公告规定的要求（以公开招标为例），应按规定时间向招标组织机构提交投标申请书。投标申请书内容包括应表明投标人自愿参加投标，以及提供资格预审资料，并说明投标人所具有的人力、物力、财力状况，投标人主要工作业绩、社会资信等方面的材料。招标组织机构按招标资格预审标准，严格审查投标申请书及相关材料，认定投标人资格预审是否合格，然后拟定参与投标的投标人名单。

(2) 发售招标文件、组织现场考察、解答标书疑问。招标人应按规定时间向预审合格的投标人发售招标文件，并组织现场考察。投标人应仔细研究招标文件的要求，对招标文件若有疑问，可在规定期限内由招标人组织标前会议解答投标人的质疑问题，但对标底在开标前都应严格保密。

(3) 编制投标文件。编制投标文件（又称为标函），是投标人参与投标竞争的一项重要工作任务。投标文件应根据招标文件要求的内容和格式，结合招标项目的特点和投标竞争对手的可能竞争态势，以及投标人自身承担招标项目在技术、经济、装备和组织管理等方面的能力进行编制。编制投标文件的重点工作是确定招标项目的投标报价。对投标报价应做到全面的盈亏预测及其相应的风险评估，结合投标的竞争态势，制定相应的投标策略，以充分发挥投标人的竞争优势。

对不同的招标项目，除应按招标文件中规定的编制投标文件的要求及格式外，一般还应包括下述几方面的内容：投标文件的综合说明；投标项目清单、单价及总价；重要的技术方案及措施；对招标项目实施的投资、进度和质量控制目标及措施；项目投入与产出效果及主要技术经济指标等。投标文件编好后，应由投标人审查。合格后按招标文件规定的时间、地点和方式，密封加盖投标人的印鉴送招标组织机构。

3. 决标成交阶段

决标成交阶段的主要工作内容有：开标、评标、决标及签订合同。

(1) 开标。开标是指把所有投标者递交的投标文件启封揭晓，亦称揭标。

1) 开标的时间和地点。开标时间是在招标文件确定的提交投标文件截止时间后的同一时间公开进行。开标的地点应当为招标文件中预先确定的地点。招标机构鉴于某种原因，有权变更开标日期和地点，但必须以书面的形式提前通知所有的投标者。

2) 开标的组织。开标由招标人或其委托的组织（公司）主持，有的还规定应邀请公证机构的代表及其他有关部门人员参加，否则，开标在法律上无效。

开标前，应由招标人或其他推选的代表或由招标人委托的公证机构检查投标文件的密封情况；经确认无误后，由工作人员当众拆封，宣读投标人名称、投标报价和投标文件的其他主要内容。招标人在招标文件要求提交投标文件的截止时间前收到的所有投标文件，开标时都应当众予以拆封、宣读。开标过程应当做好记录，并存档备查。

在开标中，对有下列情况之一情形，不得进入评标：①投标人未带营业执照、企业资质等级证书、项目经理资质证书及法定代表或者企业法定代表人授权委托书等有效证件；②标函未密封。在启封时应检查密封是否完好，在有投标者参加开标会议时，应请投标者检查自己的投标文件的密封是否原样无损；③投标文件中的投标标函未加盖法人单位公章和法人代表或者企业法定代表人委托代理印鉴；④不符合招标文件有关规定和要求，这些要求都在招标文件的投标者须知中明确规定；⑤逾期送达。对未按规定送达的标书，应视为废标，原封退还。但对于因非投标者的过失（因邮政、战争、罢工等原因）而在开标之前未送达的，招标单位应考虑接受该迟到的投标书；⑥投标文件的主要内容（包括投标报价、工期、质量）未填写或者字迹模糊，辨认不清。

公开开标后，可以采用当场宣布中标人，也可以采用当场只宣布可能中标的投标人，并组织专家评标。

（2）评标。评标由招标人依法组建的评标委员会负责。评标委员会的成员人数为5人以上的单数，可由招标人的代表、有关技术经济等方面的专家组成，其中技术经济专家不少于成员总数的2/3。评标委员会成员名单在中标结果确定前应当保密。招标人应当采取必要措施，保证评标在严格保密情况下进行。

评标委员会应当按照招标文件确定的评标标准和方法，对投标文件进行评审和比较。设有标底的，应当参考标底。评标委员会完成评标后，应当向招标人提出书面评标报告，并推荐合格的中标候选人。评标委员会经审查，认为所有投标都不符合招标文件要求的，可以否决所有的投标人，并重新组织招标。

（3）决标及签订合同。招标人根据评标委员会提出的书面评标报告和推荐的中标候选人确定中标人；招标人也可以授权评标委员会直接确定中标人。决标就是确定中标人的过程。决标的条件应是符合下列条件之一：①能够最大限度地满足招标文件中规定的各项综合评定标准；②能满足招标文件的实质性要求，并且经审查的投标报价最低（但投标报价低于成本的除外）。

中标人确定后，招标人应当向中标人发出中标通知书，并同时将中标结果通知所有未中标的投标人。

中标通知书对招标人和中标人都具有法律效力。招标人和中标人应当自中标通知书发出之日起三十日内，按照招标文件和中标人的投标文件签订书面合同。

4.2 监理工程师在勘察、设计招标阶段的工作

工程建设项目勘察、设计的招标投标应严格遵守我国《招标投标法》中的有关规定执行。招标人可以采取对工程勘察和工程设计独立招标，也可以采取对工程勘察、设计一次性招标。监理工程师在勘察、设计招标阶段应协助建设单位做好以下工作：

4.2.1 落实建设工程勘察、设计招标的条件

按照国家颁布的有关法规的规定，实行工程建设项目勘察、设计招标必须具备如下

条件：

（1）具有完备的工程建设项目立项的审批手续，其中包括建设项目立项报告、可行性研究报告、项目选址报告和设计任务书等的审批手续及政府建设行政主管部门的批文。

（2）招标人对工程建设项目的资金来源已经落实或建设资金充足，项目已列入国家或地方的建设投资计划。

（3）招标人已具备开展勘察、设计必须的可靠基础资料。

（4）招标人已建立了招标组织机构。

监理工程师应督促招标人落实以上条件后，协助招标人向建设行政主管部门申请工程建设项目勘察设计招标，经批准可开展招标工作。

4.2.2 协助对投标人的资格审查

对投标人的资格审查主要是下述几方面问题：

1. 对投标人持有的证书审查

国家和地方对工程勘察设计资格颁发的证书分为“工程勘察证书”和“工程设计证书”两种。如果把勘察任务合并在设计招标中，应同时审查投标人的“工程勘察证书”和“工程设计证书”，缺一不可。

2. 对投标人持有证书级别的审查

我国工程勘察和工程设计资格分为甲、乙、丙、丁四级，不允许低资质单位承接高等级工程的勘察和设计任务。各级证书的适用范围是：

（1）持有甲级证书的单位，可以在全国范围内承担证书规定行业大、中、小型工程建设项目的工程勘察或设计任务。

（2）持有乙级证书的单位，可以在本省、市范围内承担证书规定行业中、小型工程建设项目的工程勘察或设计任务。

（3）持有丙级证书的单位，可以在本省、市承担证书规定行业小型工程建设项目的工程勘察或设计任务。

（4）持有丁级证书的单位，只能在单位所在地的市或县范围内承担证书规定行业小型工程建设项目的工程勘察或设计任务。

3. 证书规定允许承接任务的范围

工程设计资格按归口部门分为电力行业、轻工行业、建筑工程等28类行业；工程勘察资格又分为地质勘察、岩土工程、水文地质勘察和工程测量4个专业。因此，对工程勘察或工程设计投标申请单位，除应审查证书类别、证书级别，还要审查证书规定允许承接任务的范围。申请投标单位所持证书在以上三个方面任何一项与承担工程建设项目的工程勘察或工程设计任务不符合，都应被淘汰投标资格。

4. 能力审查

能力审查包括对技术人员的技术能力和主要设备的装备能力审查。经审查，以判明投标申请单位是否有能力来承担工程建设项目的工程勘察或工程设计任务。

5. 经验审查

审查工程勘察、设计招标的投标申请单位业绩和信誉，考查投标申请单位是否具备招标工程类似工程勘察和工程设计的经验，以确保工程勘察和工程设计质量和进度。

除对上述5个方面的审查外，还可以要求投标人报送有关其他工程勘察和工程设计资料，作为对投标申报的预审内容。资格预审合格的投标申请单位可以参加工程勘察或工程设计的投标；对资格预审不合格的投标申请单位，也应及时发出有关通知。

4.2.3 协助编制招标文件

监理工程师应根据拟建招标工程特点和要求，协助建设单位编制招标文件，以便指导投标人能够正确地进行投标。

工程设计招标文件应包括以下几方面的内容：

(1) 投标须知。

(2) 经过批准的设计任务书及有关文件的复印件。

(3) 项目说明书，包括对工程内容，设计范围和深度，图纸内容、张数和图幅，建设周期和设计进度等的要求。

(4) 合同的主要条件和要求。

(5) 设计资料供应内容、方式和时间，设计文件的审查方式。

(6) 组织现场踏勘和进行招标文件答疑的时间和地点。

(7) 投标起止时间。

在设计招标文件中，招标人应对项目的设计提出具体明确的要求，应编制工程设计要求文件（简称为设计大纲），作为工程设计招标的指导性文件。

工程设计大纲的主要内容有下列几个方面：

(1) 设计文件编制的依据。

(2) 国家或地方有关行政主管部门对规划方面的要求。

(3) 技术经济指标。

(4) 平面布局及立面造型。

(5) 结构形式方面的要求；结构设计方面的要求。

(6) 设备及技术工艺路线方面的要求。

(7) 特殊工程及配套工程方面的要求。

(8) 其他有关方面的要求等。

对工程勘察招标，应根据工程勘察专业的要求，并结合招标工程特点，编制有关工程勘察招标文件。若工程勘察与工程设计一同招标，在招标文件中应分别说明对工程勘察和工程设计的具体要求及提供的资料等。编制工程勘察招标文件的格式与编制工程设计文件类同。

4.2.4 协助评标与决标

勘察设计招标自发出招标文件到开标，最长时间不得超过半年。开标、评标至确定中标单位，一般不得超过一个月。确定中标单位后，双方应在一个月内签订工程勘察设计合同。

开标、评标及决标应严格按《招标投标法》执行。监理工程师在编制评标规则时，对工程设计投标文件评定及确定中标单位的标准一般包含下面几个方面：

1. 设计方案的优劣

对设计方案优劣的评价内容有：

(1) 设计的指导思想是否正确。

(2) 设计方案的技术先进性及经济合理性是否协调。

(3) 总体布置及场地利用是否合理。

(4) 设备、工艺是否先进适用。

(5) 主要建筑物、构筑物的结构是否合理。

(6) 建筑造型是否具有时代特色，是否与建筑环境保持协调美观。

(7) 环境治理及“三废”处理方案是否有效。

(8) 有关设计方案的其他技术经济指标是否满足等。

2. 投入产出及经济效益好坏

对投入产出及经济效益评价主要有下述内容：

(1) 建设标准是否合理。

(2) 投资估算是否超过投资限额。

(3) 新工艺、新技术、新材料、新设备、新方法带来的投资回报效益。

(4) 实施方案可能产出的经济效益的估算及所需外汇额的估算。

3. 设计进度

投标文件中拟定的设计进度是否与工程建设总进度保持一致性，以及设计成果出图时间是否满足工程建设进度的要求等。

4. 报价的合理性

在方案水平相当、报价统一的基础上进行设计报价的比较，不仅要评定总价，还应审查各分项取费的合理性。

5. 设计资历和社会信誉

对没有设置资格预审程序的邀请招标，在评标时应对投标人的设计资历和社会信誉进行评定。

对工程勘察招标，评标标准的拟定应根据工程勘察任务的内容及特点制定。

4.3 监理工程师在施工招标阶段的工作

工程建设项目施工招标与投标应按我国《招标投标法》中的有关规定组织实施。招标人可以采取公开招标或邀请招标的形式，组织对工程建设项目的招标工作。监理工程师在施工招标阶段应协助建设单位做好以下工作：

4.3.1 协助具备工程建设项目施工招标的条件

按照有关建设法规的规定，只有当工程建设项目初步设计完成后，招标人具备下列施工招标条件，并向有关建设行政主管部门申请，经审查批准后才可进行施工招标。

1. 招标人的资质能力条件

招标人必须满足下列资质条件和具有招标能力，才可以进行施工招标：

(1) 招标人是法人或依法成立的其他组织。

(2) 招标人具有与招标工程相适应的经济、技术管理人员。

(3) 招标人具有审查投标单位资质的能力。

(4) 招标人有组织编写招标文件的能力。

(5) 招标人有组织开标、评标、定标的能力。

如果招标人不具备第二条至第四条的招标组织能力，按我国《招标投标法》的有关规定，招标人可以依法委托招标代理机构组织招标的有关事宜。

2. 招标人应具备施工准备条件

招标人应具备以下施工准备条件，以便能使工程建设项目施工正常进行，保证工程建设项目施工承包合同的实施。

(1) 有已被批准的工程概算；工程建设项目已正式列入国家或地方的年度固定资产投资计划。

(2) 取得了建设用地的使用权，征用土地及拆迁安置已经完成。

(3) 有能够满足施工进度需要的施工图纸及相关的技术资料。

(4) 建设资金、主要建筑材料和设备的来源已经落实，且能按工程施工进度提供。

(5) 已经建设项目所在地的规划部门批准；施工现场“三通一平”或“七通一平”已经完成。

监理工程师在协助招标人完全具备了上述招标条件，才能申请招标。

4.3.2 协助编制工程建设项目施工招标的有关文件

监理工程师在施工招标过程中应协助招标人编制招标公告；资格预审文件；招标文件；协议书及评标方法、标准等相关文件；也可帮助招标人委托招标代理机构完成有关招标事项。

1. 招标公告

招标公告的具体格式可以自定，内容一般应包括：业主及招标单位名称；工程项目概况；购买资格审查文件的地点、时间、价格；承包方式；投标人应提供的资格审查材料；报名截止日期等。

2. 资格预审文件

资格预审文件通常由资格预审须知和资格预审表组成。资格预审须知的主要内容有：总则；投标人应提供的资料及有关证明资格预审要求的强制性条件（如施工企业等级等)；对联营体提供资格预审的要求及有关其他规定。资格预审表由投标人填报，主要内容有：申请企业名称和地址；企业成立时间；企业主要业务概况；组织机构；财务状况表；人员情况表；施工机械设备情况说明表；执行合同的分包计划；工程业绩及经验调查表；申请企业或联营体合伙人目前涉及的诉讼情况调查表及与资格预审有关的其他资料。

审查的主要内容有：企业法人营业执照和企业资质等级证书；主要施工经历及信誉；技术力量情况；施工机械装备情况；正在施工的工程项目；资金及财务状况。

3. 招标文件

招标文件是投标人制定投标书的重要依据，必须使文件中各项目内容明确、具体，以最大限度地减少对招标文件的误解和可能产生的争议。招标文件通常由下述几个方面文件组成，即投标须知，合同条件，技术规范，投标文件要求及评标的标准及方法说明等。

投标须知：项目简述；承包方式，组织投标人现场踏勘和召开标前会议的时间、地点及有关事项，填写投标书的有关事项，投标保证金；投标文件的递送；投标有效期；

开标、评标的时间、地点、程序及评标原则；业主接受或拒绝任何投标书的权力及授予合同。

合同条件：招标文件中应说明合同条件和合同格式，但对设有标底的，在说明合同条件时应严格保密。

技术规范：招标文件中应说明使用的有关技术规范及其要求。

对投标文件的要求：招标文件中应对投标人编制的投标文件提出具体要求。

标底编制：编制标底是招标文件编制的一项重要工作任务。编制标底的要求是：应具有先进性、准确性和合理性；要能反映未来施工的水平；要能真正起到衡量招标效果的作用。标底应由有关部门审定，经审批的标底应保密封存至开标时，不得泄露。但是，现在建筑市场存在多种招标方式，有些招标文件中不需要编制标底，如合理低价中标、无标底招标等。

4.3.3 协助确定工程建设项目施工招标的评标标准

工程施工招标应根据工程特点和招标人的意向来确定招标的评标指标体系。一般应包括下述几个方面的招标评标指标：

1. 技术指标

技术指标方面包括施工总平面布置、施工进度计划、施工方法及技术措施、材料及设备性能与质量、技术建议及替代方案、质量及安全措施等方面。

2. 价格指标

工程量单价及其总报价、资金流量表、财务及付款优惠条件等方面。

3. 管理和技术能力指标

施工组织机构的模式、管理人员及技术人员的能力、施工技术装备的配备、质量保证体系等方面的条件。

4. 商务法律指标

投标书与招标文件偏离程度、合同文件修改条款采用的价值、替代方案的可行性、商务优惠条件的实用价值等。

4.4 监理工程师在材料、设备采购招标阶段的工作

工程项目建设过程中所需物资和设备的采购是工程项目招标投标的重要内容。根据工程项目特点和施工进度要求，物资和设备的采购可以划分为大宗建筑材料和定型生产的中小型设备的采购。主要的采购类型包括生产、运输、安装、调试等各阶段的综合采购和大型复杂设备交钥匙采购，即指完成设计、设备制造、土建施工、安装调试等实施阶段全过程工作的采购。

工程项目施工过程中的物资和设备的采购，一般可由业主和施工单位按工程承发包合同的有关规定分别进行。在材料设备的招标采购过程中，监理工程师应当当好建设单位的参谋和帮手，把好设备订货合同中技术标准、质量标准的审查关，主要工作如下：

（1）掌握设计对材料设备的要求，协助建设单位起草招标文件；并审查材料设备投标单位的资质情况以及投标单位的设备供货能力，做好资格预审工作。

（2）参加对材料设备供货厂商或投标单位的考察，提出建议，与建设单位一起做出

考察结论。

（3）参加评标、定标会议，帮助建设单位进行综合比较并确定中标单位，评标时对设备的制造质量、设备的使用寿命和成本、是否满足施工安装进度要求、维修的难易其备件的供应、安装调试、投标单位的生产管理、技术管理、质量管理和企业的信誉等几个方面做出评价。

（4）协助建设单位向中标单位或设备供应厂商移交必要的技术文件。

4.4.1 选择物资和设备采购的方式

物资和设备采购的主要方式有：

1. 招标选择供货商

这种采购方式多适用于采购工程的大型物资或永久性设备、标的金额较大、市场竞争激烈的情况，可以采取公开招标和邀请招标来选择供货商。

2. 询价选择供货商

这种方式的采购程序由询价—报价—签合同三步组成。一般适用于采购建筑材料或价值较低的标准规格产品。

3. 直接订货

直接订货是一种非竞争性订货方式，一般适用于下列几种情况：

（1）为了使设备或配件标准化，向原经过招标或询价选择的供销商增加购货，以便适应现有设备。

（2）所需设备具有专卖性质，并只能从一家制造商获得。

（3）负责工艺设计的承包单位要求从指定供货商处采购关键性部件，以此作为保证工程质量的条件。

4.4.2 协助考虑分标原则

若采用公开招标来采购工程建设项目所需要的物资和设备，则可以采取分标招标的方式，有利于吸引众多的投标人参与投标，以便达到降低货物价格、保证供货时间和质量的目的，但应同时考虑到有利于招标工作的管理。

所谓分标就是把工程项目所需要的各种货物，按需求时间和货物品种的不同划分为若干个标的，分别编制招标文件，进行招标。业主在进行分标采购时，应注意下述几方面的问题：

1. 应与招标项目的规模相适应

应根据工程项目所需各种货物之间的关系，预计金额的大小进行适当的分标和分包（即同类货物只发给一个合同包或划分成几个合同包进行发包）。如果标和包划分过大，一般中小供货商无力问津。因有实力参与竞争的供货商少，其报价必然增高。反之，若标和包分得过细，虽能吸引众多的中小供货商，但对有实力的供货商的吸引较弱，同时也会增加招标的工作量。

2. 货物性质和质量要求

工程项目建设中所需的物资、材料、设备等可以划分为通用产品和专用产品两大类。通用产品可有较多的供货商参与竞争，则可按货物品种来分标；专用产品由于对产品性能和质量有特殊要求，则可按行业的专业性质来分标。对于成套设备一般划分为一个标；对于国产设备进行国内招标；国内制造有困难的设备，可以进行国际招标。

3. 工程进度与供货时间

按时保质供货是工程项目施工顺利进行的基础。因此，在对工程项目建设货物订货时，要求供货时间、供货数量必须与工程项目施工进度保持一致性。

4. 供货地点

如果工程施工点比较分散，则应根据供货商的供货能力、运输条件、仓储条件等进行分标，以利于保证供应降低成本。

5. 市场供应情况

应根据市场供应情况进行分析，以便制定分批采购的招标策略。

6. 资金来源

由于建设项目投资主体的多元化，资金来源可能有多种渠道，应根据资金流通计划来制定分标计划。

4.4.3 协助做好资格审查

采购招标时，对投标人的资格审查与设计和施工招标对投标人的资格审查有一定的差别。监理工程师在采购招标阶段，协助招标人对投标人的资格审查包括有：投标人的资格审查和所提交货物的合格性审查。

投标人在递交投标申请书时，应填报“资格证明文件”，并提交下列有关的资格审查资料：

（1）营业执照复印件。

（2）法人代表的授权书或制造厂家的授权信。

（3）银行出具的资信证明。

（4）产品证书和生产许可证。

（5）产品荣获国优、部优的荣誉证书。

（6）制造厂家的资格证明，包括有：名称、地址、注册时间、职工情况、资产负债表、生产能力调查、货物销售情况、营业额、易损件供应保证及其他等。

4.4.4 做好物资、设备招标的评审

物资、设备招标的评标指标的差异性较大，应根据不同的采购对象及使用要求建立相应的评标指标体系。对物资、设备招标评标指标体系建立，一般应考虑下面几个方面的评价指标：

（1）投标价，又称报价，包括产品出厂价格、售后服务价格等。

（2）运输费，包括运费、保险费和其他费用等。

（3）交付期，以招标文件的交付期为标准，评价投标书中提出的交付期的效果。

（4）物资、设备的性能与质量，主要评价物资技术性能、设备的生产能力和生产效率是否达到招标文件的要求，以及设备运营费用高低的比较。

（5）备件价格，对各类备件，特别是易损备件价格是否低廉。

（6）支付要求，合同规定的支付条件，投标人是否在投标文件中提出了更为优惠的条件。

（7）售后服务，包括维修、安装、调试、备件提供及人员培训的可能性和经济性。

(8) 其他与招标文件规定偏离过大的不符合因素等。

4.5 评标、定标方法

监理工程师在协助建设单位进行评标、定标时，应注意以下事项：

4.5.1 评标组织

评标要设立临时的评标委员会或评标小组。在国内，评标组织是招标办、建设单位、建设单位主管部门及有关技术专家组成。在国外一般由业主负责组织，由总经济师、总工程师、咨询单位及有关技术专家组成。评标组织提出评审结果并对中标者提出建议，交由建设单位（业主）批准确定。也可以由评标组织直接决定中标者。因此，评标组织的主要任务是制定评标办法，负责评标，按照评标办法推荐或决定中标者。

评标组织一般应报当地招标管理机构或办事机构审查批准，保证评标决标办法公正、科学、合理和合法，防止建设单位（业主）只注重工程造价、招标压价的倾向，使评标组织与招标工程的规模、技术要求相适应，确保每个成员能够胜任该工程的评标工作。

4.5.2 评标中应注意的几个问题

1. 标价合理

当前一般是以标底价格为中准价，也就是投标单位的报价价格必须在标底价格的一定范围内才为有效的标书，采用接近标底的价格的报价为合理报价。如果采用低的报价中标者，应弄清楚下列情况：是否采用了先进技术确实可以降低造价或有自己的廉价建材采购基地，能保证得到低于市场价的建筑材料，或是在管理上有什么独到的方法；了解企业是否出于竞争的长远考虑，在一些非主要工程上让利承包，以便提高企业知名度和占领市场为今后在竞争中获利打下基础。

2. 工期适当

国家规定的建设工程工期定额是建设工期参考标准，对于盲目追求缩短工期的现象要认真分析，是否经济合理。要求提前工期，必须要有可靠的技术措施和经济保证。要注意分析投标企业是否为了中标而迎合业主无原则要求缩短工期的情况。

3. 注意尊重业主的自主权

在社会主义市场经济的条件下，特别是在建设项目实行业主负责制的情况，业主不仅是工程项目的建设者、投资的使用者，而且也是资金的偿还者。评标组织是业主的参谋，要对业主负责。业主要根据评标组织的评标建议作出决策，这是理所当然的。但是评标组织要防止来自行政主管部门和招标管理部门的干扰。政府行政部门，招投标管理部门应尊重业主的自主权，不应参加评标决标的具体工作，主要是从宏观上监督和保证评标决标工作公正、科学、合理和合法，为招投标市场的公平竞争创造一个良好的环境。

4. 注意研究科学的评标方法

评标组织要依据本工程的特点，研究科学的评标办法，保证评标不“走过场”，防止假评暗定等不正当行为。

4.5.3 评标的方法

对于通过资格预审的投标者，对他们的财务状况、技术能力和经验及信誉在评标时可不必再评审。评标时主要考虑报价、工期、施工方案、施工组织、质量保证措施、主要材料用量等方面的条件。

评标方法的科学性对于实施平等的竞争，公正合理的选择中标者是极其重要的。评标涉及的因素很多，应在分门别类，有主有次的基础上，结合工程的特点确定科学的评标方法。

评标的方法，目前国内外采用较多的是专家评议法、低标价法和打分法。

1. 专家评议法

采用这种方法是由评标小组或评标委员会拟定评标的内容，例如工程报价、工期、主要材料消耗、施工组织设计、工程质量保证、安全措施、企业信誉等，分项进行认真分析比较或调查，进行综合评议，各路专家共同协商和评议，选择其中各项条件都较优良者为中标单位。

这种方法是一种定性的优选法，能深入听取各方面的意见，但容易产生意见难于统一的问题。

2. 低标价法

这种方法，是在通过严格的资格预审和其他评标内容的要求都合格的条件下，评标只按投标报价来定标的一种方法。世行贷款项目多采用此种评标方法。

这种评标办法有两种方式，一种方式是将所有投标者的报价依次排队，取前 3 个，对其低报价的投标者进行其他方面的综合比较，择优定标。另一种方式是“A＋B 值评标法”，即以低于标底一定百分数内的报价的算术平均值为 A，以标底或评标小组确定的更合理的标价为 B，然后以“A＋B”的均值为评标标准价，选出低于或高于这个标准价的某个百分数的报价的投标者进行综合分析比较，择优选定。

3. 打分法

这种方法是由评标委员会事先将评标的内容进行分类，并确定其评分标准，然后由每位委员无记名打分，最后统计投标者的得分。得分超过及格标准分最高者为中标单位。这种定量的评标方法，是在评标因素多而复杂，或投标前未经资格预审就投标时，常采用的一种公正、科学的评标方法，能充分体现平等竞争、一视同仁的原则，定标后分歧意见较小。

各阶段招标的评价指标的标准评分值选取建议为：

对设计招标，评标指标的标准评分值可取为：设计方案标准分值为 30～40 分；经济效益标准分值为 25～35 分；设计进度标准分值为 15～20 分；设计资历和社会信誉标准分值为10～20 分；其他条件的标准分值为 5～10 分。各项评价指标的标准分值总和取为 100 分。

对施工招标，评标的标准分值可取为：工程造价的标准分值为 20～30 分；工期的标准分值为 20～30 分；工程技术方案及措施（含质量、安全）标准分值为 15～25 分，材料消耗的标准分值为 15～25 分；社会信誉的标准分值为 10～15 分；附加条件的标准分值为 0～10 分等。各项评标指标的标准分值总和为 100 分。

对采购招标，评标的标准分值可取为：报价的标准分值为 60～70 分；零配件价格的标准分值为 5～10 分；技术性能、维修、运行费的标准分值为 5～20 分；售后服务的标准分值为 5～10 分；标准备件等的标准分值为 5～10 分。各项评价指标的标准分值之和为 100 分。

4.5.4 定标和签订合同

评标结束后，评标组织应写出评标报告，提出中标单位的建议，交业主或其主管部门审批。中标人确定后，招标人应当向中标人发出中标通知书，并同时将中标结果通知所有未中标的投标人。

招标人和投标人应当自中标通知书发出之日起 30 日内，按照招标文件和中标人的投标文件订立书面合同。招标人和中标人不得再行订立背离合同实质性内容的其他协议。

若对第一中标者未达成签订合同的协议，可参考与第二中标者谈判签订合同。若缺乏有效的竞争和其他正当理由，招标人有权拒绝所有的投标，并对投标者造成的影响不负任何责任，也无义务向投标者说明原因。拒标的原因一般是所有投标的主要项目均未达到招标文件的要求，经建设主管部门批准后方能拒绝所有的投标。一旦拒绝所有的投标，招标人应立即研究废标的原因，考虑是否对技术规格（规范）和项目本身进行修改，然后进行重新招标。

5 建设工程勘察设计阶段监理工作实务

5.1 勘察设计阶段监理概述

勘察设计阶段监理，是指监理单位接受建设单位的书面委托，在其建设项目的选址勘察、初步勘察、详细勘察、初步设计、施工图设计各个阶段中，对勘察设计单位进行确认，对勘察设计过程进行监控，对勘察设计成果进行审查的工作。其目的就是保证参与工程建设的勘察设计单位具备相应的资质和能力，控制勘察设计的进度、概算符合整个工程建设的计划，保障勘察质量满足安全可靠、经济适用的要求。

在工业发达的国家，勘察设计阶段的监理开展得极为普遍，而且取得了实际的效果，我国目前也正在努力推广。

5.1.1 建设工程勘察设计阶段的特点

在勘察设计阶段，通过勘察设计将业主的基本需求具体化了，同时从各方面衡量了需求的可行性，并经过勘察设计过程中的反复协调，使业主的需求变得更加科学、合理。

1. 勘察设计阶段是影响投资多少的关键阶段

通过勘察设计阶段，使项目的地址、规模、标准、功能、结构、组成、构造等各方面都确定下来，从而也就确定了它的基本工程价值。总的趋势是随着阶段性设计工作的进展，工程项目构成状况一步步地明确，可以优化的空间越来越小，各阶段性工作对投资程度影响逐步下降。其中，方案设计阶段影响最大，初步设计阶段次之，施工图设计阶段影响已明显降低。据统计，投资决策阶段和勘察设计阶段对一个工程项目投资的影响高达75%左右，但到了施工阶段大约仅有10%左右。

2. 勘察设计阶段为制定项目控制性进度计划提供了基础条件

实施有效进度控制，不仅需要确定项目进度的总目标，还需要明确各级分目标，而各级进度分目标的确定有赖于勘察设计输出的工程信息。随着勘察设计不断深入，使各级子项目逐步明确，从而为子项目进度目标的控制提供了依据。计划部门根据勘察设计提供的信息确定关键性的分目标，为制定控制性进度计划提供条件。同时勘察设计文件能够确定各项工作的先后顺序等各种逻辑关系以及各项工作的工程量，就为制定可行而又优化的进度计划提供了充分的条件。所以，在设计阶段完全可以制定出完整的项目进度目标规划和控制性进度计划，为施工阶段的进度控制做好准备。

3. 勘察设计质量对项目总体质量具有决定性影响

通过勘察设计将对项目建设方案和项目总体质量目标进行具体落实。项目实体质量要求、功能和使用价值质量要求都通过设计明确确定下来。实际调查表明，设计质量对整个工程项目总体质量的影响是决定性的。

目前，已建成的工程项目中质量问题最多的当属功能不齐全，使用价值不高，满足不了业主和使用者对项目功能和使用的要求。例如，有的项目，生产能力长期达不到设计的水平；有的项目，空间布置不合理，既不便于生产又不便于生活，等等。

工程项目实体质量的安全可靠性在很大程度上决定于勘察设计的质量。在那些严重的工程质量事故中，由于勘察设计错误引起的倒塌事故占有不小的比例。

5.1.2 勘察设计阶段建设监理的依据

勘察设计监理的依据主要有：

1. 国家或地方的有关法规或规定

(1)《中华人民共和国建筑法》；

(2)《建设工程质量管理条例》；

(3)《建设工程勘察设计管理条例》；

(4)《建设工程勘察设计市场管理条例》（建设部第65号令）；

(5)《建设工程勘察设计企业资质管理规定》（建设部第93号令）；

(6)《工程勘察资质分级标准》（建设部设计司发22号文件）；

(7)《工程设计资质分级标准》（建设部设计司发22号文件）。

目前，随着建设监理工作的深入推进，各种监理法规正在不断完善，这些监理法规是监理工作开展的主要依据之一。遗憾的是，目前有关勘察设计监理方面的专门法规跟不上工作的需要。

2. 勘察设计监理合同文件

包括构成合同文件的监理合同、勘察设计监理大纲或规划以及各种谈判备忘录。

3. 各种设计规范

包括各种有关的国家或地方建筑、结构、工艺等各方面的设计规范，它们是设计监理单位审查方案或设计的主要依据之一。

4. 项目已经批准的各种文件

如可行性研究报告、合法的建设用地规划许可证、设计任务书、地质勘探报告等。

5. 国家或地方有关的建筑经济指标或定额

如设计监理审查设计概算时，就要使用到概算定额或有关建筑经济指标。

5.1.3 勘察设计监理的工作阶段及内容

勘察设计阶段的监理工作分为勘察阶段、设计准备阶段和设计阶段三部分。勘察阶段指工程项目立项之后到设计准备阶段之前的时间段；设计准备阶段指正式设计（初步设计或扩大初步设计）开始之前的时间段；设计阶段指从初步设计或扩大初步设计开始至施工图设计结束的时间段。但对于一些特殊项目，勘察和设计可能会同时开始。

1. 勘察阶段

(1) 建立项目监理机构。

(2) 编制勘察监理规划。

(3) 审核满足相应设计阶段要求的勘察实施方案（勘察纲要），提出审核意见。

(4) 定期检查勘察工作的实施，控制其按勘察实施方案的程序和深度进行。

(5) 控制其按合同约定的期限完成。

(6) 按规范有关文件要求检查勘察报告内容和成果，进行验收，提出书面验收报告。

(7) 组织勘察成果技术交底。

(8) 编制勘察阶段监理工作总结报告。

2. 设计准备阶段

(1) 拟定“设计监理大纲”。

(2) 拟定“设计大纲”或“设计纲要”，内容包括：①提出投资、质量、进度控制目标；②规定相应的主要设计指标和设计参数；③规定设计工作程序。

(3) 拟定设计承包合同，参与讨论、修改合同文本。

(4) 组织设计前的交底工作。

(5) 落实外部条件，收集有关设计的基础资料。

3. 设计阶段

(1) 正确贯彻工程建设项目意图，随时纠正设计中可能出现的偏差。

(2) 审核设计方案，特别注意项目各部分之间的协调，项目的整体水平。

(3) 控制设计进度。

(4) 组织或协助设计单位开展方案技术经济分析，推行优化设计。

(5) 配合设计进度，协调设计单位与外部有关部门之间的工作。

4. 设计工作完成后的工作

(1) 审核图纸和设计文件。

(2) 审核设计概算。

(3) 组织专家对设计进行评审。

5.2 勘察阶段的监理工作

5.2.1 勘察各阶段的工作要求和监理程序

工程勘察的主要任务是按勘察阶段的要求，正确反映工程地质条件，提出岩土工程评价，为设计、施工提供依据。工程勘察工作一般分三个阶段，即可行性研究勘察、初步勘察、详细勘察。当工程地质条件复杂或有特殊施工要求的重要工程，应进行施工勘察，勘察各阶段的工作要求如下：

(1) 可行性研究勘察，又称选址勘察，其目的是要通过搜集，分析已有资料，进行现场踏勘。

(2) 初步勘察是指对场地内建筑地段的稳定性做出岩土工程评价，并为确定建筑总平面布置、主要建筑物地基基础方案及对不良地质现象的防治工作方案进行论证，满足初步设计或扩大初步设计的要求。

(3) 详细勘察应对地基基础处理与加固、不良地质现象的防治工程进行岩土工程计算与评价，满足施工图设计的要求。

对于施工勘察，不仅是在施工阶段对与施工有关的工程地质问题进行勘察，提出相应的工程地质资料以制定施工方案，也包括对工程竣工后进行的一些必要的勘察工作(如检验地基加固效果等)。

勘察阶段监理工作程序如图 5-1 所示：

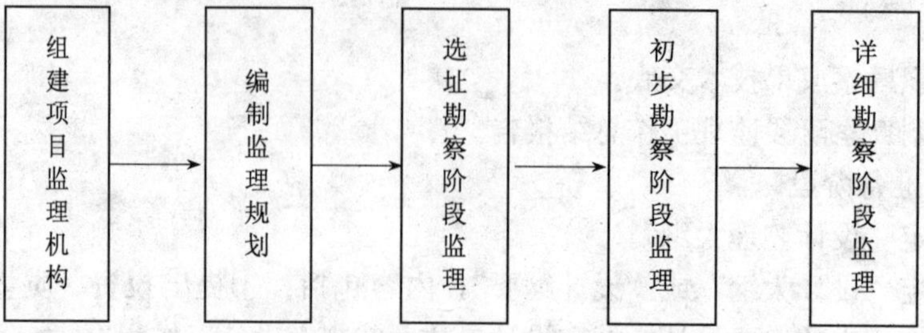

图 5-1　勘察阶段监理工作程序图

5.2.2 勘察阶段监理工作的主要内容

1. 协助业主编制勘察任务书

在项目监理机构中，由总监理工程师组织各专业工程监理工程师广泛收集和审核有关文件和资料，审核本项目的内容、特点及关键问题，提出本专业的勘察要求和质量标准。

总监理工程师根据各专业工程监理工程师的研究结果，组织编制“勘察任务书”，报送建设单位。经建设单位签认后的“勘察任务书”将作为建设项目勘察和设计工作的指导性文件。

2. 勘察工作方案审查和控制

工程勘察单位在实施勘察工作之前，应结合各勘察阶段的工作内容和深度要求，按照有关规范、规程的规定，结合工程的特点由项目负责人主持编制勘察工作方案（勘察纲要），勘察单位技术负责人审批签字并加盖公章。

监理工程师应根据勘察合同和勘察任务书，对勘察单位编制的勘察工作方案进行认真审查：应要求如实反映现场的地形和地质概况，满足任务书上深度和合同工期的要求，工程勘察等级明确，勘察方案合理，人员、机具配备满足需要，项目技术管理制度健全，各项工作质量责任明确。最后向勘察单位提交经总监理工程师签认的书面审查意见。

3. 勘察阶段质量控制

（1）勘察现场作业的质量控制：

勘察工作期间，监理工程师应重点检查并要求做好以下几个方面的工作：

1）现场作业人员应进行专业培训，重要岗位要求实施持证上岗制度，并严格按签认的“勘察工作方案”及有关“操作规程”的要求开展现场工作并留下印证记录。

2）原始资料取得的方法、手段及使用的仪器设备应当正确、合理，勘察仪器、设备、试验室应有明确的管理程序，现场钻探、取样、机具应通过计量认证。

3）原始记录表格应按要求认真填写清楚，并经有关作业人员检查、签字。

4）项目负责人应始终在作业现场进行指导、督促检查，并对各项作业资料检查验收签字。

（2）勘察文件的质量控制：

监理工程师首先应对勘察成果的符合性检查和审核：

1）工程勘察资料、图表、报告等文件是否有完备的审核、审批程序及签字。

2）成果是否齐全、可靠，是否满足有关法规、技术标准及合同规定的要求。

其次监理工程师应对最后递交的工程勘察报告，针对不同的勘察阶段勘察任务书和相应设计阶段的要求，检查内容和深度是否满足要求。

4. 勘察阶段进度控制

(1) 应协助建设单位向勘察单位及时提供勘察设计的基础资料和相关文件，为勘察工作的正常开展和确保进度创造有利条件。

(2) 应按照勘察工作方案确定进度控制点。对勘察工作要重点控制进场时间，每天的勘探工作量、室内土工试验的合理安排、勘察报告的编制及审核的交接等。

(3) 监理工程师应深入到勘察现场，掌握勘察实际进展情况，发现问题及时要求其管理人员进行协调解决，以保证勘察进度符合要求。

(4) 项目监理机构应时常监测计划执行情况，比较实际进度与计划进度，如出现进度差，就应分析原因，要求勘察单位采取针对性措施进行整改。

5.3 设计准备阶段的监理工作

5.3.1 设计准备阶段监理的工作流程

在设计准备阶段监理的工作很多，但主要是进行项目总目标的论证，对方案设计进行比较分析，并协助业主选定设计方案。对于方案设计，可以举行设计方案竞赛，也可以采用设计招标方式。本章重点讨论举行方案竞赛的情形。图 5-2 是举行方案竞赛情形下设计准备阶段监理的工作流程图。如果采用设计招标方式，整个流程图类似，只需将方案竞赛流程换成设计招标流程。

5.3.2 设计准备阶段监理的工作内容和方法

1. 熟悉项目原始资料

监理工程师在接受设计监理委托后，首先要核查各项原始资料，包括可行性研究报告、项目评估报告、征地批文等是否完备，能否满足设计要求的基本条件，并对这些原始资料研读、熟悉、了解；其次，监理工程师应对建设项目的性质和内容进行全面深入的了解、掌握，也就是要领会业主的意图，这一点至关重要。

2. 项目总目标的论证

要进行项目控制，就必须要有一个合理的目标。因此，对业主提出的项目总投资、总进度及总质量目标有必要进行分析论证，论证内容包括：

(1) 在确定的总投资额限定下，可否完成业主提出的总进度、总质量目标？

(2) 要实现业主提出的进度、总质量目标，估算总投资额需要多少？

论证的主要依据有：

(1) 类似工程的投资数据、各种经济指标和进度情况。结合工程的实际环境情况，与已建成的类似工程的各种经济、进度指标进行对比。

(2) 进行市场询价。采用当时当地的人、财、物价格。

(3) 预测物价变化趋势。考虑建设周期内因物价上涨可能对工程投资带来的影响。

(4) 进行风险分析。采用风险管理方法，来分析能达到项目目标的可能性。也就是要预测日后项目建设中可能遇到的风险及其对项目投资、进度、质量目标的影响。

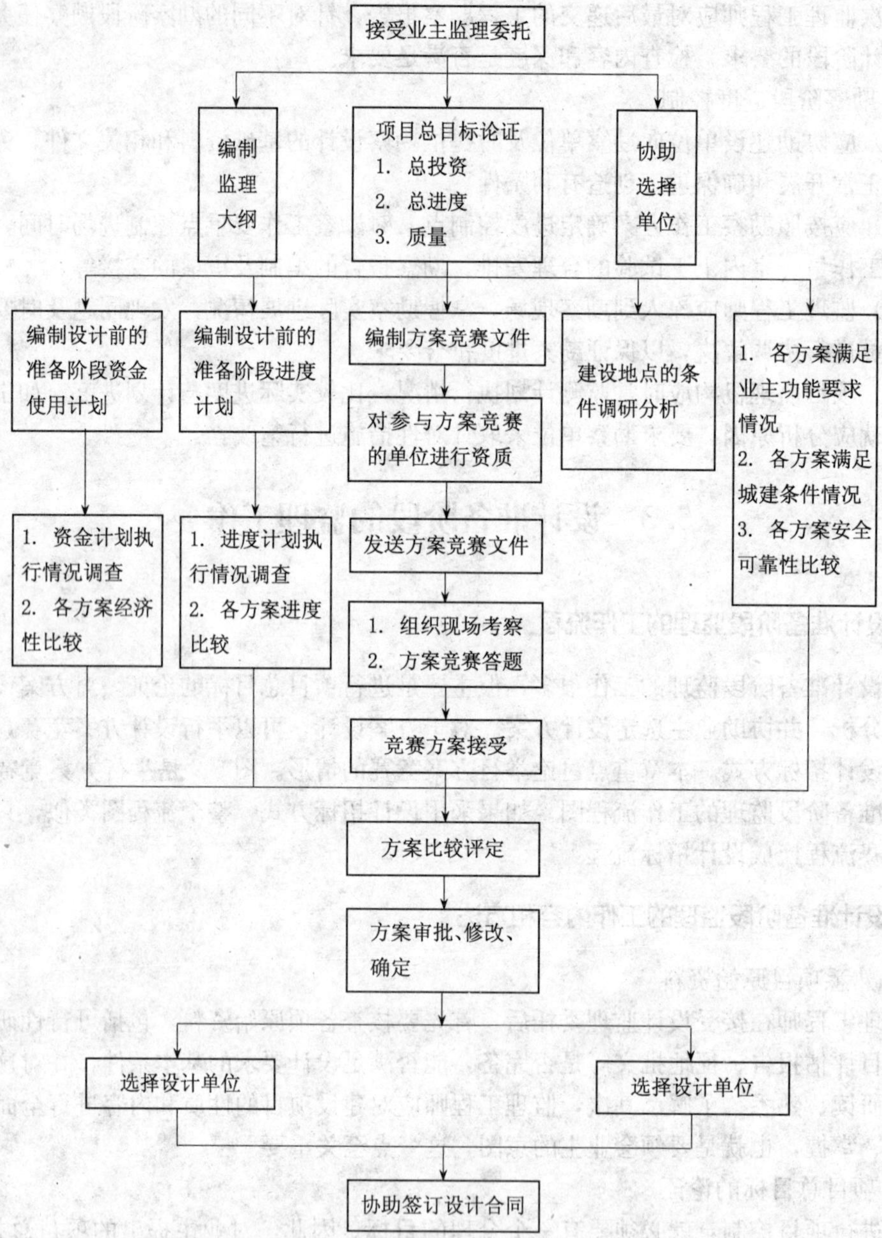

图 5-2　设计准备阶段监理工作流程图

3. 进行投资规划和进度规划

在对总投资额、总工期、总建筑面积及质量要求进行分析论证后，设计监理可以深入分析业主的建设意图和建设要求，从而进行投资、进度的规划。投资规划，就是依据业主提出的总投资额来规划方案设计、初步设计的设计概算、技术设计的修正概算、施工图设计预算及施工的期限；进度规划，就是依据业主提出的总工期，即至某年某月某日要求达到竣工投产或开业的目标，来规划方案设计的期限、初步设计、施工图设计及施工的期限。

另外，如果业主需要，设计监理还可就基础处理方案等专题进行分析咨询。

4. 协助业主组织设计方案竞赛

组织设计方案竞赛，引入竞争机制，有利于选择外观美、功能强、经济性好的设计方案。设计监理要协助业主组织设计方案竞赛，具体工作有：

（1）协助编制设计方案竞赛文件。

（2）协助审查方案竞赛参加者的资质，包括审查竞赛参加者的工程设计经历、技术人员状况、综合实力、社会信誉等。

（3）发送设计方案竞赛文件。

（4）组织竞赛参加者现场考察，并举办答疑会。

（5）接收竞赛方案。

（6）协助组织方案评定。

（7）协助确定方案。

5. 其他监理工作：

（1）编制设计准备阶段资金使用计划。

（2）控制资金使用计划的执行。

（3）编制设计准备阶段进度计划并跟踪执行。

（4）协助业主选择设计单位。

（5）协助业主编制设计任务书。

（6）协助起草设计合同、参与设计合同谈判、协助签订设计合同。

认真起草设计合同条款，充分考虑设计质量、设计费用的支付及双方经济责任的条款，最好能在合同中写明“要求设计人员进行限额设计”的类似语句。在国外，被业主要求进行限额设计是顺理成章之事，不然，超过预定投资谁来支付？在国内，实行限额设计，可能一下子不适应，但现在推行市场经济，今后业主对投资包死将逐步重视，因此开展限额设计就十分必要。当然，需要指出的是，限额设计不等于限制设计人员的设计思想，有关这一点，在下面的限额设计中我们还要讨论。

5.4 设计阶段的监理工作

5.4.1 设计阶段监理的流程和工作内容

设计监理并不是工程监理企业接受业主委托自行设计，而是对设计单位从事本项目的设计工作进行监督管理，其主要工作是：

（1）尽可能将业主的建设意图和要求反映到设计中。

（2）及时按图 5-3 进行设计概算，协助业主匡算投资，检查执行情况。

（3）对结构方案等进行经济分析，协助改进设计经济性。

（4）参与安排并检查设计进度，确保设计按期完成。

（5）审查设计文件的质量。

（6）协调各设计单位之间的关系。

（7）协调设计与外部有关部门之间的工作。

通常，一个项目的设计包括建筑、结构、水、暖、电、设备、工艺等多种专业设计。因此，项目监理机构应由各专业工程师构成。当然，他们可根据需要逐步就位，不必一步到位。

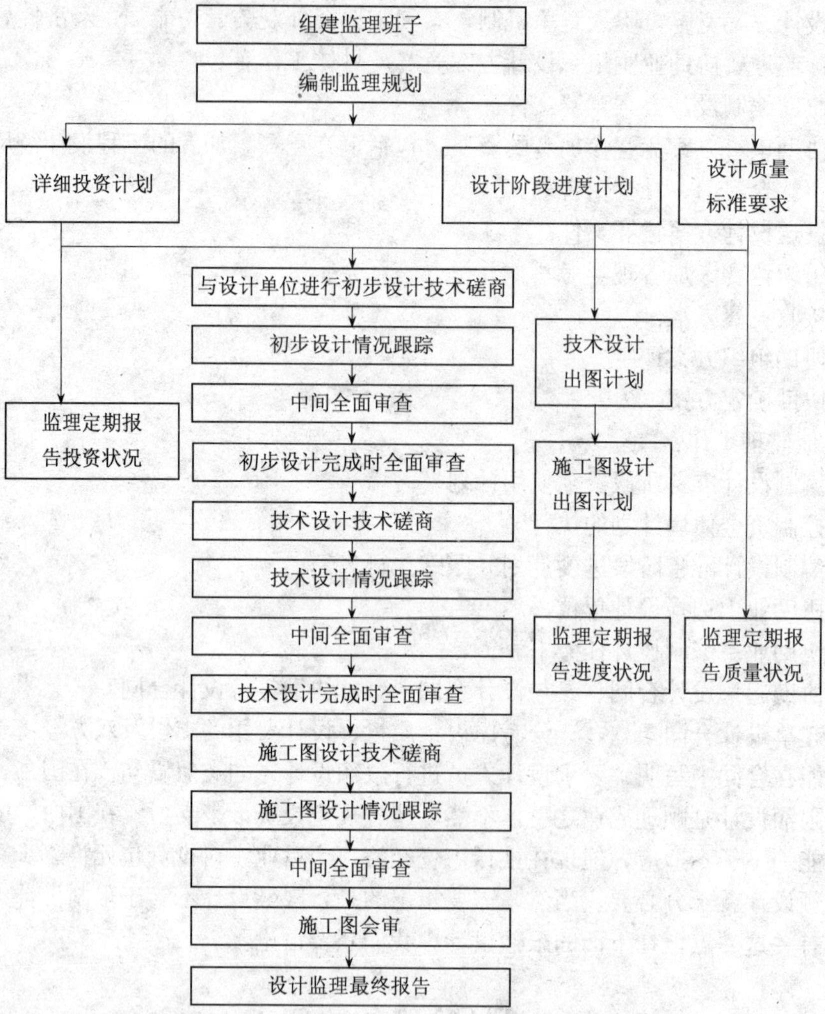

图 5-3　为设计阶段监理工作流程图

5.4.2 设计阶段监理对投资的控制

设计阶段项目投资控制的中心思想是采取预控手段，促使设计在满足质量及功能要求的前提下，不超过计划投资，并尽可能地实现节约。为此，就要以初步设计开始前的项目计划投资（估算）为目标，在设计过程中，一方面监理工程师要及时对设计图纸工程内容进行估价和设计跟踪、审查概算、修正概算和预算，如发现超过投资，要向业主提出建议，在业主的指示下通知设计单位修改设计；另一方面，监理工程师要对设计进行技术经济比较，通过比较寻求设计挖潜的可能性。

设计阶段投资控制方法主要有三种：一是进行限额设计；二是利用价值工程对设计方案进行优选；三是对设计概算进行审核。

1. 限额设计

限额设计就是按照批准的投资估算控制初步设计，按照批准的初步设计总概算控制施工图设计，同时各专业在保证达到使用功能的前提下，按分配的投资限额控制设计，严格控制技术设计和施工图设计的不合理变更，保证总投资限额不被突破。

（1）限额设计的目标设置：

1）限额设计要以国家批准的可行性研究报告为依据，以国家核准的总投资额为控制投资的目标。

2）严格维护投资估算的严肃性，克服拟建项目投资不打足的倾向，以免造成投资缺口。

3）限额设计体现了设计标准、规模、原则的合理确定以及有关概算基础资料的合理取定。

4）限额设计作为衡量设计工作质量的综合标志，始终是设计质量的管理目标。

5）设计时应对设计者进行限额投资的约束，必须根据建设单位下达的投资限额进行设计。若因设计者的责任，突破投资限额，设计必须修改、返工，并承担由此带来的损失。

（2）限额设计的控制：

1）纵向控制。纵向控制就是对项目设计的各个阶段进行控制，每个阶段严格按上一阶段确定的方案向下进行。

2）横向控制。限额设计横向控制的主要工作是健全和加强设计单位对建设单位以及设计单位内部的经济责任制，而经济责任制的核心则是正确处理责、权、利三者之间的关系。①设计单位的责任范围：a. 永久建筑工程，永久机电设备及安装工程和金属结构设备及安装工程项目的工程量、设备数量的增减，型号、规格的变动造成投资增加；b. 根据国家规定的现行政策、制度、定额、费用标准确定投资额度，设计单位未经审批单位同意，违反规定，擅自提高建设和永久机电设备及金属结构标准，增加初步设计范围以外的工程项目等原因造成的投资增加；c. 由于初步设计工作深度不够，或设计标准选用不当，其提出的主要设计方案与工程量虽经上级主管部门审查原则同意，但在下一设计阶段，工程量、机电设备、金属结构数量及型号、规格仍有较大变动，且未经原审查部门同意导致投资增加；d. 未经原审批部门同意，其他部门要求设计单位提高工程建设标准，增加建设项目，并经设计单位出图增加的投资。②对设计单位导致的投资超支的处罚。根据原国家计委规定，凡因设计单位设计错误、漏项或扩大规模和提高标准而导致工程静态投资超支，要扣减设计费。

（3）限额设计的不足：

1）限额设计的本质特征是投资控制的主动性，因而贯彻限额设计，重要的一环是在初步设计和施工图设计前，就对各工程项目、各单位工程、各分部工程进行合理的投资分配，以控制设计，体现控制投资的主动性。一旦设计完成后发现超支，再进行变更，以满足限额设计，则会使投资控制处于被动地位，也会降低设计的合理性。

2）限额设计由于突出强调了其重要性，使价值工程中“造价提高，功能有更大程度提高”的原则不能充分适用，限制了设计人员在这方面创造性的发挥。

3）限额设计中包括对投资估算、设计概算、设计预算等的限额，均是指建设项目一次性投资，而对项目建成后的维护使用费，项目使用期满后的报废拆除费用则考虑较少，这样就可能出现限额设计效果较好，但项目的全寿命费用不一定很经济的现象。

2. 价值工程

价值工程，又称价值分析，是运用集体智慧和有组织的活动，着重对产品进行功能分析，使之以最低的总成本，可靠地实现产品的必要功能，从而提高产品价值的一套科学的技术经济分析方法。

这里的“价值”，是功能和实现这个功能所耗费用（成本）的比值，如式（5-1）。

$$V=\frac{F}{C} \tag{5-1}$$

式中 V——价值系数；

F——功能系数（功能指一种产品所具有的特定职能和用途）；

C——成本系数（成本指从为满足用户提出的功能要求进行研制、生产到用户使用所花费的全部成本）。

（1）价值工程的主要特征：

1）目标上的特征：着眼于提高价值，以最低的寿命周期实现必要的功能。

2）方法上的特征：功能分析，针对产品及零部件，系统地分析和比较其功能，发现问题，寻求解决办法。功能分析是价值工程的核心。

3）活动领域上的特征：侧重于在产品的研制与设计阶段开展工作，寻求技术上的突破。

4）组织上的特征：依靠集体智慧有组织地开展活动，依靠各方面的专家和有经验的设计人员，运用多学科的知识与经验，群策群力，努力提高产品价值。

（2）价值工程的工作步骤和方法：

1）价值工程的工作步骤大致分为八步：①价值工程对象选择；②收集资料；③功能分析；④功能评价；⑤提出改进方案；⑥方案的评价与选择；⑦试验证明；⑧决定实施方案。

针对价值工程研究的对象，应逐步深入而又合乎逻辑地提出一些问题，并寻找答案，以解决问题。这些问题是：①价值工程的对象是什么？②它是干什么用的？③其成本是多少？④其价值是多少？⑤有无其他方法实现同样功能？⑥方案成本是多少？⑦方案能满足功能要求吗？

2）几种具有代表性的方法：①价值标准评价方法。这种方法是找出实现某一功能评价值（也称最低成本或目标成本）并与实现功能的目前成本相比较，根据其比值（即功能价值），对这一功能进行评价。这里，把功能转变为货币形式表示，如理论价值标准法、实际价值标准法。②功能重要性系数评价方法。这种方法是对功能进行比较，依其重要程度评分，得出功能评价系数，并与其成本系数相比较，确定功能评价系数。③“最适合区域”法。这种方法实际上仍是利用价值系数大小来选择改进对象，只是在考虑价值系数相同或相近的零件时，应根据零件功能系数与成本系数绝对值的大小区别对待。绝对值大的从严控制（允许的“区域小”），绝对值小的可适当放宽（允许的“区域大”）。

（3）提高产品价值的途径：全面正确地认识价值工程的特征，有助于把握其本质，发挥其优势，在设计阶段要有效地控制投资，从价值与功能、费用的关系式中可以看出有五条基本途径可以提高产品的价值。

1）保持产品的功能不变，降低产品成本，以提高产品价值；

2）在产品成本不变的条件下，提高产品功能，以提高产品价值；

3）产品成本虽有增加，但功能提高幅度更大，相应提高产品价值；

4）在不影响产品功能的前提下，针对用户的特殊需要，适当降低一些次要功能，大幅度降低产品成本，相应提高产品价值。

5）运用新技术，革新产品，既提高功能又降低成本，以提高产品价值。

3. 监理工程师对设计概算的审查

审查设计概算，有利于合理分配投资资金，加强投资计划管理；可以促进概算编制单位严格执行国家有关概算的编制规定和费用标准，从而提高概算的编制质量；有助于促进设计的技术先进性与经济合理性；可以使建设项目总投资力求做到准确、完整，防止任意扩大投资规模或出现漏项，从而减少投资缺口，缩小概算与预算之间的差距，避免故意压低概算投资，搞“钓鱼”项目，最后导致实际造价大幅度地突破概算。

（1）设计概算的审查内容：

1）审查设计概算编制的依据：①国家综合部门的文件（设计概算的编制方法、管理办法和设计标准等）；②国务院主管部门和各省（市）、自治区根据国家规定或授权制定的各种规定及办法等；③建设项目的设计文件。

2）审查设计概算编制的重点：①编制依据的合法性：是否经国家或授权机关批准的编制规定；②编制依据的时效性：是否根据国家有关部门规定的现行标准执行；③编制依据的适用范围：所依据的法规标准是否适用于该专业，定额取费标准适用的地区。

3）审查设计概算的构成：①单位工程概算的审查。根据初步设计图纸、概算定额、工程量计算规则和施工组织设计要求，审查工程量、设计定额或指标、材料预算价格、各项费用，结合项目特点，搞清各项费用所包含的具体内容，避免重复计算或遗漏；②设备及安装工程概算的审查。标准设备原价的审查；非标准设备原价的审查（价格估算的依据、方法）；设备运杂费的审查（费率标准、重复取费问题）；进口设备费用的审查；设备安装工程概算的编制依据，编制方法的审查；③综合概算和总概算的审查。概算的编制是否符合国家方针、政策的要求；概算文件反映的设计内容必须完整，概算所反映的建设规模、建筑结构、建筑面积、建筑标准、总投资是否符合计划任务书和设计文件要求；总图布置是否符合生产和工艺要求，应全面规划，符合规划指标的占地要求；生产工艺流程应合理安排，避免造成生产、运输和管理上的困难以及人力、物力的浪费；项目的环境设计应符合“三废”治理要求，避免造成新的污染源；项目的投资效果，应从社会效果、建设周期、原材料供应、生产条件、产品销路、资金回收、赢利等因素综合考虑。

（2）设计概算的审查方式和步骤。

审查方式：

1）由会审单位分头审查，然后集中共同研究定案；

2）组织有关部门，组成专门审查班子，分专业进行审查，然后集中讨论。

审查步骤：

1）熟悉设计概算的组成内容：编制的依据和方法、建设项目的规模、设计能力和工艺流程、设计图纸说明书的主要内容、概算所列工程项目费用的构成、概算图表和设计文字说明之间的相互关系、概算定额、标准及有关文件的收集。

2）利用规定的概算定额或指标及有关技术经济指标与设计概算进行分析对比，根据所列工程性质、结构类型、建筑条件、费用构成、投资比例、占地面积、生产规模、建筑面积、设备数量、造价指标、劳动定员等项目与同类工程规模进行对比分析。

3）在审查概算中所遇到的一些新问题、新情况，要在技术经济指标分析找出差距的基础上，深入现场调查研究，弄清工程建设的内外条件；了解设计是否经济合理；概算采纳的标准是否符合现行规定和施工现场实际；有无扩大规模情况；有无多估投资和预留缺口情况。

4）对所发现的问题，应逐部分整理清楚，向上级主管部门报告，经会审决定调整概算，并报原批准单位下达文件。

5.4.3 设计阶段监理对进度的控制

设计阶段进度控制的主要任务是出图控制，也就是要采取有效措施促使设计人员如期完成初步设计、技术设计、施工图设计。为此，设计监理要审定设计单位的工作计划和各工种的出图计划，并经常检查计划执行情况，对照实际进度与计划进度，并及时调整进度计划。如发现出图进度拖后，监理工程师要敦促设计方加班加点，增加设计力量，加强相互协调与配合来加快设计进度。

1. 进度计划的制定

设计监理工程师要会同有关设计负责人依据总的设计时间来安排初步设计、技术设计、施工图设计完成的时间，同时要考虑各自阶段设计的特点和各工种设计的难易程度、复杂程度，以此来安排各工种设计的出图时间、完成计划，并且在实际设计过程中，根据前面的实际进度情况来对各出图计划进行及时的调整。在审核设计单位提供的各工种设计的出图计划时，一定要详细分析各自的工作量、各自设计的难度，看看各专业设计人员是否合理、人员是否满足进度要求，检查各工种设计的进度搭接的紧凑性，尽量把困难估计在前面，不要使设计进度前松后紧，前面拖拖拉拉，导致后面时间来不及，这样既影响设计的如期完成，也影响设计质量。同时，因为匆匆赶工，难有时间多思考，设计也难免不尽人意。

2. 进度计划的审批

监理工程师在设计单位提交设计进度计划后，应组织有关人员进行审查，并应在合同规定的或监理工程师与设计单位协商的合理时间内审查和批复进度计划。审批工作程序，如图 5-4 所示。

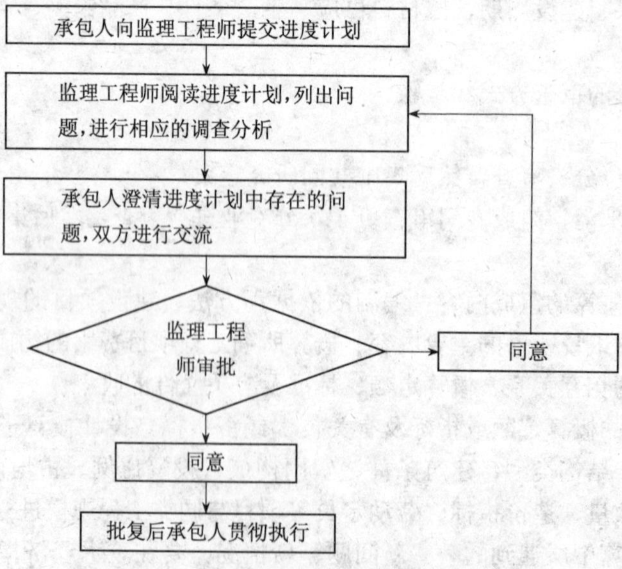

图 5-4　进度计划的审批程序图

（1）工期和时间安排的合理性。①设计总工期的安排应符合合同工期。②设计各阶段或单位工程的时间安排应与项目建设工期总目标相协调。③假日、准备、出图印刷等时间，应有适当扣除，并留有足够余地。

（2）计划目标与设计能力的适应性。①设计各阶段或单位（单项）工程计划完成的任务量与设计单位设计能力的实际状况是否相适应。②工程项目所应用的技术是否与设计单位的技术水平和设计经验相适应。③设计采用的技术和设备，施工单位能否满足要求，是否有能力达到设计的标准要求。

3. 设计进度实施的控制

在以往的实践中，业主常常把设计任务委托给某设计单位并请求或要求在什么时间完成，极少过问设计单位具体的设计进度安排，也极少审查设计单位的进度计划安排。在设计过程中，业主也常缺乏控制进度的手段。有时，为了加快设计进度，常常只采取给设计加班费的办法，其实，这样对业主来讲是很被动的。设计加班费不是唯一的办法，而且不应属于主要办法，它较明显的特点是对业主而言比较被动。

对于设计监理而言，不是代替设计单位去制定各专业具体的设计进度，而是要根据项目总体进度的安排，参与、审查设计单位主要设计进度节点的计划开始时间、计划结束时间，核查各专业设计进度安排的合理性、可行性，满足设计总进度情况。

（1）进度计划的检查。工程进度计划的检查，主要是进行实际完成值与计划值之间的比较，收集、整理、汇总和分析计划执行情况，以便及时发现偏差，及时采取措施，确保进度计划的按时完成。

1）工程进度计划检查记录的主要内容：①每月实际完成及累计完成任务量、工作量各占计划值的百分率；②每月实际参加设计工作的人力、设备及生产效率；③本月发生影响设计进度的特殊事件及原因；④其他有关问题等。

2）工程进度报告的主要内容：工程进度报告由设计单位、驻设计单位监理人员分别填写，由进度控制监理工程师进行统计、分析和汇总，并每月上报给总监理工程师及业主，其内容主要包括：①概况或说明，对进度计划的执行情况及实际值与计划值的对比结果进行必要的说明；②任务量完成情况及与计划值的对比分析；③工作量完成情况及资金需要量情况说明；④各工期控制点和单项工程设计完成情况及与计划值的对比分析；⑤合同执行情况的说明；⑥其他特殊事项，应报告影响设计进度或可能造成延误的因素及计划采取的措施。

3）进度计划的检查方法：设计阶段进度计划的编制常用的是横道图和网络计划方法，因此其常用的检查方法是实际记载法，即定期对进度计划的完成情况直接在横道图或网络图计划上进行标注，记载的内容包括各项工作的开始时间、持续时间、完成时间等，根据完成情况的比例与计划值相比确定是提前、落后还是恰好。

（2）进度计划的调整。

1）通常进度计划调整的原因有以下情形：①设计交图的时间变动；②建设项目投资费用目标的变动；③建设项目设计规范的变动；④国家政策的变动；⑤设计各工作持续时间估计值的变动及修改；⑥工作之间的关系安排不准确、造成工期的变动，需修改；⑦不能按原定计划利用资源（如：技术人员不能达到计划要求或其他原因造成人员减少，设备不能按期到货或不能满足设计的计划要求等）；⑧未曾预料到的技术困难（如：设计方案难以确定，新技术或专利技术不能按期提供，原定的技术方案承包人无能力实施等)；⑨业主未按期支付设计款；⑩监理工程师的组织、人员情况不能完全满足设计进度的需要；⑪业主或监理工程师提出的设计变更；⑫实际进度的提前或落后，需要修改或调整某些工作的持续时间等。

2）进度计划调整的类型：①进度基本符合计划。在设计期间，如果检查后其实际进度与计划进度基本相符时，监理工程师不应干预设计单位对进度计划的执行，而应尽量提供和创造各种有利于执行计划的条件，及时调查和处理影响设计进度的不利因素，促进设计按计划期限完成。②进度有较大偏差。当监理工程师检查发现实际进度落后或提前计划进度较多时，应要求设计单位调整设计工作进度计划，以使进度计划符合实际进展情况。调整后的进度计划仍要由监理工程师审批，其工期应在合同规定的设计期限内。③进度严重滞后。当监理工程师检查发现实际进度比原定进度计划落后较多，有可能导致延期，且设计单位无任何理由取得合理的延期时，应要求设计单位采取加快进度的措施，以保证设计进度计划的总目标和各阶段进度目标的按期实现。设计单位应提出加快设计进度的措施，并经监理工程师审批后付诸实施。④设计不能按期完成。当由于设计单位的责任，造成设计进度的延误，而且设计单位拒绝接受监理工程师加快设计进度的指令，或虽然采取了加快设计进度的措施，但仍然不能赶上预期的设计进度并将使设计在合同工期内难以完成时，监理工程师应对设计单位的设计能力重新进行审查，并应及时向业主提出书面报告，提出处理建议，供业主参考或做出决定。

5.4.4 设计阶段监理对质量的控制

设计阶段对于项目质量具有决定性影响，因此监理工程师应在建设单位与设计单位间充分发挥桥梁和纽带作用，要通过各种方式了解建设单位意图，再以书面或口头形式与设计人员交换意见，进行磋商，对设计做好质量控制。

1. 初步设计阶段的质量监理

(1) 设计方案优化。初步设计的第一个任务是根据设计准备阶段推荐的方案，进行完善和充实之后确定一个设计方案，作为设计方案的优选。监理工程师应参与方案的比较和筛选工作，要求设计承包人保证方案比较的深度，保证确定的设计方案具有较高质量。

(2) 保证质量总目标的实现。监理工程师要求设计承包人严格按设计任务书的要求进行，监理要审查和了解设计过程中各种质量指标是否满足设计任务书的要求，监理有权了解和调阅设计计算资料。由于投资或其他原因需改变设计任务书中某项的局部质量目标，应征得监理工程师的同意，并报业主批准。

(3) 设计的挖潜工作。初步设计阶段，可以对设计方案讨论研究，在保证质量总目标不变的情况下，尽量降低造价，提高投资效益，保证其经济合理，充分发挥设计工作的潜能是十分必要的，也是可行的。监理工程师应认真审查设计计算书、工程量估算等项目，保证实现质量总目标。

(4) 初步设计审查。初步设计结果要由业主主持组织审查，监理工程师应做好以下工作：

1）保证设计文件齐全、准确、符合设计任务书提出的要求；

2）保证设计工作的充分性，能够解答工程项目中应考虑到的各种问题；

3）提前交送各部门预审（包括业主上级主管，政府部门，有关专家，施工、监理单位等）；

4）征求完各部门的意见后，进行修改、补充、加深，要求设计单位按审查意见继续完成后再组织审查。

初步设计审查一旦批准通过，则应报主管部门批准立项，并开始准备进行施工图设计、筹集资金、组织施工。

2. 施工图阶段的质量监理

（1）中间阶段的审查。在进行施工图设计时，总监理工程师应会同建设单位对每个单项工程的设计进行中间审查，落实设计要求，避免返工。经审查合格后由总监理工程师及建设单位签字确认，由设计单位继续完成设计工作。中间审查的主要内容有：

1）设计标准及主要技术参数是否正确；

2）能否满足使用功能；

3）地基处理与基础形式的选择是否合理；

4）结构选型及抗震设防体系是否合理；

5）建筑防火，安全疏散，环境保证及卫生的要求；

6）特殊要求，如工艺流程，人防，暖通，防腐蚀，防尘，防噪音，防微振，防辐射，恒温，恒湿，防磁，防电波等；

7）其他需要专门审查的内容。

（2）设计图纸的审核。设计图纸是设计工作的最终成果，是工程施工的直接依据，所以，设计阶段质量控制任务，最终体现在设计图纸的质量上。

监理工程师在施工图阶段必须逐张对图纸进行审查，并签字认可。审图工作应分专业进行，必要时可查阅计算书等其他设计资料。对施工图的审查，应注重反映使用功能及质量要求是否得到满足。

1）建筑施工图，主要审核平面尺寸、使用功能、门窗及装饰材料的选用等是否满足设计任务书的要求。

2）结构施工图，主要审核结构布置、材料选用、施工质量等。

3）给排水施工图，主要审核工艺、设备和管道布置走向、材料的选用、加工安装质量等。

4）采暖施工图，主要审核供热、采暖、空调等设备的布置，管网走向、材料选用及安装质量等。

5）电气施工图，主要审核供、配电设备，灯具及电器设备的布置、材料选用及安装质量等。

（3）设计分包。监理工程师应对设计合同的转包、分包进行控制。承担设计的单位应完成设计工作的主要部分，小部分工作（如勘察工作、计算工作等）可以分包出去，但需经监理工程师的批准。监理工程师在批准之前，应对分包单位的资质技术能力进行调查、审核，并做出评价，决定是否能胜任设计任务。

6 施工准备阶段的监理工作实务及实例

6.1 项目监理组织

6.1.1 项目监理组织的含义

所谓项目监理组织，就是为了达到委托监理合同确定的目标，全体参与的监理人员通过分工与协作，以及设置不同层次的权力和责任制度而构成的能够一体化运行的对项目监督管理的人工系统。它包含四层意思：

(1) 目标是监理组织存在的前提。监理组织机构设置的根本目的在于确保项目目标的实现。因此，在建立监理组织机构时，应当因目标而设事，因事而设人、设机构、分层次，因事而定岗定责，因责而授权。

(2) 项目监理组织内部既有分工又有协作。为提高管理专业化程度及提高工作效益，将监理组织的任务和目标划归给各监理职能组以及监理个人，明确他们各自应做的工作，以及采用的手段、方式、方法和相互间的协调关系和配合方法。

(3) 项目监理组织必须对不同层次的权力与责任进行划分。在监理组织内部，要建立明确的职权、控制幅度或范围以及集权、分权等人与人相互影响的机制。

(4) 监理组织是一个人工系统。它是由总监理工程师组建起来的群体结构，带有一定的主观意识。

监理企业要承担业主委托的建设工程监理或其他工程咨询服务的任务，必须建立一定的组织机构及其相应的制度，项目监理组织是从事工程建设监理活动的基础。建设工程项目监理机构是监理单位接受业主建设工程监理委托后，根据监理合同委托的建设监理任务和授权，选任总监理工程师，由总监理工程师根据监理合同规定的监理范围、监理授权和建设工程承包合同的种类和组成选择项目监理机构的组织形式，配备监理人员和监理工器具，组建项目监理机构，并派驻建设工程现场的监理班子。一般来说，一个项目监理机构只能承担一项监理合同的监理任务。

6.1.2 项目监理组织结构模式

建设工程项目监理组织结构的确定，应遵循集权与分权统一、专业分工与协作统一、管理跨度与管理层次统一、权责一致、才职相称、效率和弹性的原则。同时，还应考虑工程项目的特点、工程项目的承发包模式、业主委托的任务以及监理企业自身的条件。常见的监理组织结构有以下四种模式：

1. 直线式项目监理组织

直线式项目监理组织结构是最简单，也是目前施工阶段监理常见的组织形式。它适用于监理项目分为若干相对独立子项目的大、中型建设项目，也适用于全过程监理的项目，如图 6-1 所示。总监理工程师负责项目的规划、组织和领导，并负责项目的协调工作。子项目监理组织分别负责子项目的目标值控制，具体领导现场专业或专项监理组的工作。对于小型建设工程，监理企业也可以采用按专业内容分解的直线式监理组织模式，如图 6-2 所示。

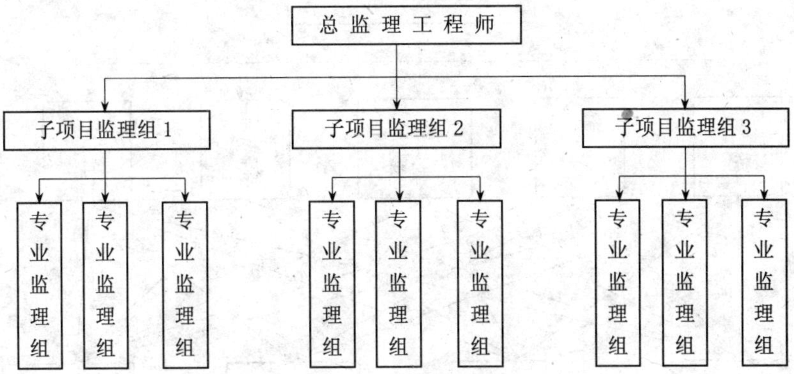

图 6-1　按子项目分解的直线式监理组织模式

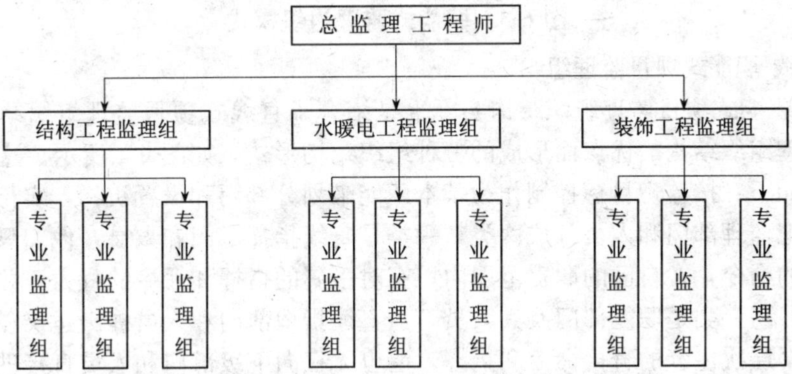

图 6-2　按专业内容分解的直线式监理组织模式

其特点是：一个下级接受一个上级的指令，一级对一级负责，指挥管理统一，责任和权限明确，决策迅速。缺点是：领导管理面宽，指挥面广，不利于专业分工。这就要求领导层能力强、各级职责明确、管理跨度适当、并有适当的授权。

2. 职能式项目监理组织

职能式项目监理组织结构，是在总监理工程师下设一些职能机构，分别从职能角度对基层监理组进行业务管理，这些职能机构可以在总监理工程师授权的范畴内，就其主管的业务范围，向下下达命令和指示，实际上是直线式的一种演变。如图 6-3 所示。这种组织结构的特点是领导者的放权，其优点是：

（1）把相应的监理职责和权力授予各职能部门或专业负责人，从而减轻了总监理工程师的负担，使他有可能集中精力履行自己的职责。

（2）各职能部门或专业负责人在职权的范围内，直接指挥下级单位，有利于发挥他们工作的积极性。

（3）各职能部门目标控制分工明确，有利于发挥他们的专业管理作用，专家参加管理，提高管理效率。

缺点是：由于多头领导，下级有可能遇到来自若干上级相矛盾的命令而无所适从；

责权不易分明，同级专业管理上的矛盾的协调也较难。因此在实际工作中很少有完全的职能式组织结构。

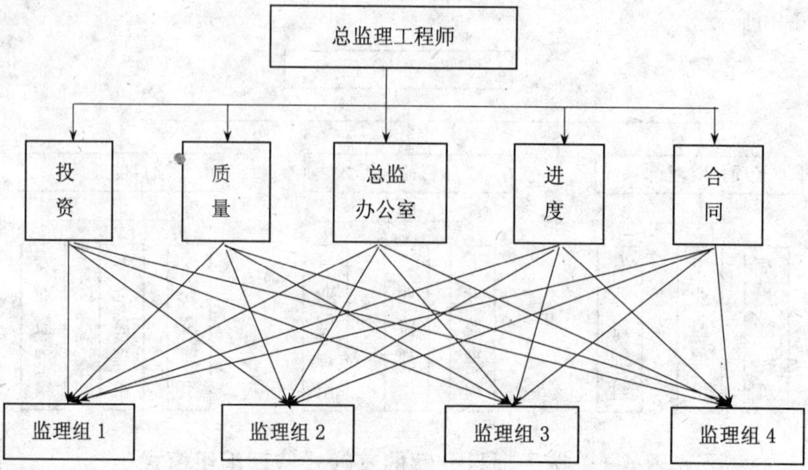

图 6-3　职能式监理组织模式

3. 直线-职能式项目监理组织

直线-职能式项目监理组织结构实际上是结合了直线式项目监理组织结构和职能式项目监理组织结构的优点而形成的一种组织结构形式，如图 6-4 所示。这种组织结构的特点如下：按监理目标控制作为基本职能来划分部门和设置机构，实行职能分工监理。即把监理部门和人员分成两类，一类是直线指挥部门和人员，他们只接受一个上级主管的命令，在自己的职责范围内，有对下属的指挥和命令的权力，并对自己的部门负责；另一类是职能部门及其人员，为直线指挥部门和人员提出建议和咨询，他们不接受同层次主管的直接命令和指挥，但也无权向下级部门和人员直接进行指挥和发布命令。

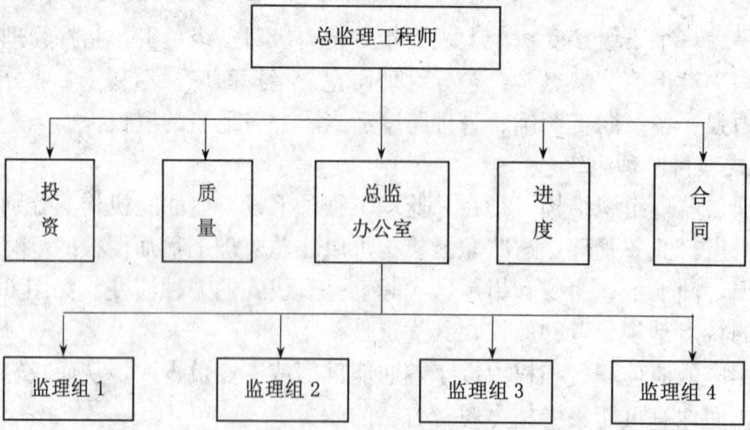

图 6-4　直线—职能式监理组织模式

这种组织结构保持了直线式组织实行直线领导、统一指挥、职责清楚的优点，另一方面又保持了职能式组织目标管理专业化的优点；其缺点是职能部门和指挥部门易产生矛盾，信息传递路线长，不利于互通情报。

4. 矩阵式项目监理组织

矩阵式项目监理组织结构是由纵横两套管理系统组成的矩阵式组织结构，一套是纵向的职能系统，另一套是横向的子项目系统，如图 6-5 所示。这种模式适用于大中型工程项目的管理中同时有若干个项目要完成，而每个项目又需具有不同专业或专长的人共同完成的情况。由于矩阵式组织是按项目或任务进行组织的，所以各部门之间的配合和信息交流较密切，避免了直线式职能机构中相互脱节的缺点。但是对于项目的参与者，由于命令源来自纵、横两个方面而不是唯一的；此外，矩阵式结构造成双重领导，项目负责人必须与各部门配合好，才能使工作顺利进行。所以矩阵式监理组织系统的运行必须明确以哪一方面为主，由谁起决定性作用。可以考虑由职能管理部门负责标准化、统一化工作，而具体业务由项目管理部门负责。

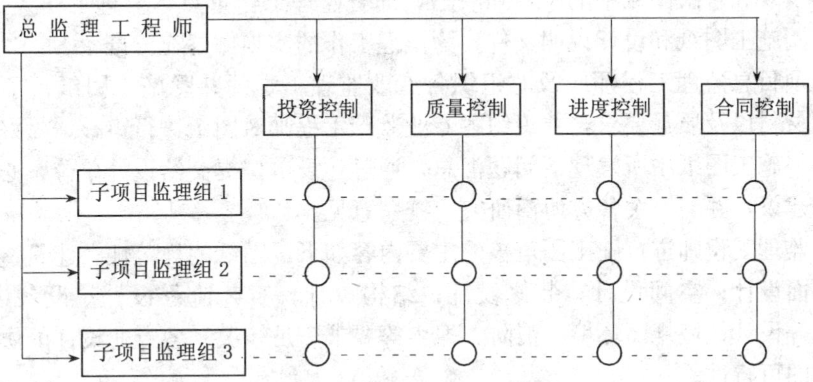

图 6-5　矩阵式监理组织模式

这种模式的优点是加强了各职能部门的横向联系，具有较大的机动性和适用性，把上下左右集权和分权实行最优的结合，有利于解决复杂难题，有利于监理人员业务的培养。缺点是纵横向协调工作量大，处理不当会造成扯皮现象，产生矛盾。

6.1.3 组建项目监理机构

(1) 项目监理机构总监理工程师由工程监理企业总经理任命并书面授权。项目总监理工程师任职应考虑以下因素：监理工程师资格证及注册岗位证持有情况；对法规政策、技术业务掌握的水平程度；组织协调、处理复杂事务的能力。

总监理工程师代表可根据工程项目需要配置，由项目总监理工程师提名，经监理企业总经理批准任命，在总监理工程师临时不在现场时，行使部分职责和权力。

(2) 项目监理机构由总监理工程师、总监理工程师代表（必要时增设）、专业监理工程师、监理员组成。

项目监理机构的规模根据工程建设监理合同规定的服务内容，考虑工程的规模、结构类型、技术复杂程度等因素确定。

项目监理机构组成成员一般应不少于 3 人，并应满足施工监理各专业的需要。所有从事现场监理工作的人员，均应通过正式培训并持证上岗。

(3) 项目总监理工程师在项目监理过程中应保持稳定。必须调整时，应征得业主的同意；项目监理人员也宜保持稳定，但可以根据工程进展的需要进行调整，并书面通知业主。

6.2 施工准备阶段的监理工作

施工准备阶段是指承包单位进驻施工现场开始进行施工的各项准备工作的阶段。项目监理机构进驻现场后到工程正式开工前这一阶段的监理工作即为施工准备阶段的监理工作。

6.2.1 熟悉和审核施工图

施工图纸是监理工作的重要依据之一，为了能预先了解工程的情况，掌握工程的特点，及早发现和解决图纸中的矛盾和缺陷，部署监理工作重点，监理工作人员应全面、细致地审阅施工图纸和设计说明文件，为监理工作的实施做好充分准备。

（1）项目总监理工程师应及时组织各专业监理工程师熟悉施工图纸，了解工程特点、所用材料以及质量要求，并组织各专业监理工程师对图纸进行审核，做好记录。

（2）将施工图纸中所发现的问题汇总，通过建设单位提交给设计单位，必要时应提出监理的建议，并与有关各方协商研究，统一意见。

（3）监理工程师进行施工图审核的主要内容如下：图纸的规范性；建筑造型与立面设计；平面设计；空间设计；装修设计；结构设计；工艺流程设计；设备设计；水、电、自控等设计；城规、环境、消防、卫生等要求满足情况；各专业设计的协调一致情况；施工的可行性。

6.2.2 设计交底与组织图纸会审

通常在设计文件完成后，设计单位将设计图纸移交建设单位，建设单位发给承担施工监理的监理单位和施工单位。由监理单位组织参建各方进行图纸会审，并整理成会审问题清单，在设计交底前一周交设计单位。

由建设、设计、监理、施工等单位参加，首先设计单位向施工及监理等相关参建单位进行交底，并由设计单位整理会议纪要；然后转入图纸会审问题解释，确定存在的图纸和各种技术问题的解决方案，最后由施工单位整理会议纪要，与会各方会签。

项目监理人员参加设计技术交底及施工图会审应了解的基本内容如下：

（1）设计主导思想、建筑艺术构思和要求，采用的设计规范、抗震等级、防火等级、基础、结构、内外装饰及机电设备设计等。

（2）对主要建筑材料、构配件和设备的要求。所采用的新技术、新工艺、新材料、新设备的要求以及施工中应特别注意的事项等。

图纸会审的主要内容：

（1）施工图纸审批签认手续是否齐全，是否符合政府有关批文和有关规定。

（2）图纸和设计文件是否完整，是否与图纸目录相符。

（3）施工图纸内容是否满足设计的要求，如抗震设防烈度、防火等级等。

（4）地基基础的设计是否符合工程地质、水文地质勘察资料。

（5）图纸中所用的材料、构配件、设备是否符合现行规范、规程的要求，来源是否有保证。

（6）所采用的新材料、新技术、新工艺，有无主管部门鉴定和确认的批准文件。

（7）施工图纸和说明文件中制定使用的规范、规程、标准图册是否现行有效。

（8）施工图纸中规定的施工工艺是否合理、是否符合实际、是否存在不便施工或不易保证工程质量的问题。

（9）施工图纸中有无遗漏、差错或相互矛盾之处（如各部分尺寸、标高、位置、地上地下之间、上下楼层之间、各专业之间等）。

（10）各专业的设计图纸是否符合现行政策、法令、法规的规定；环保、消防、人防、绿化、保安等；各种使用功能是否满足要求。

6.2.3 审查施工组织设计

施工组织设计是承包单位为了实现建设工程的合同目标，对投入的人力、物力、资金、技术等方面的部署，是建设工程施工的全局性的安排。施工组织设计的编制质量，直接反映承包单位对建设工程的工期、造价、质量的目标控制。因此，需要严格审查。

1. 审查程序

依据《建设工程监理规范》，项目监理机构审查施工组织设计应遵循以下程序：

（1）承包单位填写《施工组织设计（方案）报审》，使用A2表。

（2）施工组织设计（方案）由总监理工程师组织专业监理工程师审查。

（3）专业监理工程师负责对报送的本专业施工组织设计（方案）进行审核，提供审查意见。

（4）施工组织设计（方案）符合有关规定后，由总监理工程师审定批准。

（5）发现施工组织设计（方案）中存在问题，需要承包单位修改时，由总监理工程师签发书面的意见，退回承包单位修改后再报审，总监理工程师重新审定。

（6）已审定的施工组织设计由项目监理机构报送建设单位。

（7）对规模大、结构复杂或属新结构、特种结构的工程，项目监理部应在审查施工组织设计（方案）后，报送监理企业总工程师审查。其审查意见由总监理工程师签发。必要时与建设单位协商，组织有关专家会审。

2. 审定要点

（1）对施工组织设计的整体要点审定：

1）承包单位的审批手续是否齐全，审批手续不全的退回补充完善；

2）施工组织设计应加盖承包单位的印章和有技术总负责人的签字，否则退回；

3）施工组织设计的内容，应基本齐全，主要内容不能缺少，否则应退回补齐；

4）施工组织设计中质量保证体系是否健全，否则退回要求完善体系。

（2）对施工准备的审定要点：

1）图纸会审及设计交底；

2）水准点引测、控制网建立及测量定位状况，审定测量放线方案及施工测量放线报验的认可；

3）编制施工组织设计及技术交底等；

4）近期使用的材料、半成品的定货及供应；

5）场地雨水、污水管线的设置，引导市政管线接口的落实，混凝土及砂浆搅拌机附近必须设污水池；

6）场区道路的修建与布置的合理性：道路的最小宽度必须小于3.5m，满足消防要求；道路宜设成环形或与市政道路形成环形，使道路畅通；

7）施工用水的管线敷设：现场主水管的管径不得小于100mm，消火栓的布置应满足消防要求，距道路边不大于2.5m，消火栓周围直径3m内不得堆物，并有明显标记。

8）施工现场供电：①审核建设单位配给的电容量是否满足施工要求，当时总用电量大于配给量时，如果建设单位不能增容，监理工程师应与承包单位协商，合理减容或增加自备发电机。②施工用电量应根据使用机械设备的功率、照明用电量进行计算，并选用变压器及电线截面。配电线路的布置应符合施工临时用电的有关规范要求，保证安全用电。③现场临时用电线路应按三相五线制（三支火线一支零线一支地线）布置。

9）临设工程：临时房屋的布置，既要便于管理，还要符合消防要求。

10）施工机械进场情况：施工机械应按施工进度需要及计划进场，监理人员应掌握施工机械进场、退场的变化和机械的运转情况并应有记载。

（3）施工方案审定要点：施工方案是施工组织设计的重要内容，施工方案反映了施工部署、技术应用和施工方法的确定，有些内容还涉及工程费用、工程造价的增加，这些内容应严加控制，并要征得建设单位的认可。

1）施工方法的确认：在主要施工过程的施工方法审定时，应注意施工方法是否适用于本项目的工程条件，即适用性。如：轻型井点与管井井点；地下防水施工可选用外贴法或内贴法；结构吊装可选用分件吊装或综合吊装；现浇框架结构施工选用硬架支模等都只能在一定条件下，才能达到预期的目标。

监理工程师要集中审定基础（含土方、降水、基坑边坡护坡）、主体结构、装修、屋面与地下防水、水、暖、卫、空调、电等设备方面的施工方法的合理性，施工过程可选用几种不同的施工方法完成。然而，取得的效果不一定相同，可通过相对比较或施工经验确定优劣。因此监理工程师应通过比较几种施工方法的技术合理性、安全可靠性及进度、质量、设备、投入费用等方面的参数综合分析，确定施工方法。

2）施工机械设备的确认：审定主要施工机械（如土方机械、起重机械、泵送混凝土机械、大型搅拌机械等），其原则是施工机械的性能是否能满足施工的要求（如起重机的幅度、起重机、挖掘机的挖土半径、挖土深度等性能参数），机械生产率能否得到发挥，设备来源、费用等。

监理工程师还应关注机械的可靠性、安全性、保证工程质量的程度、生产率（涉及进度工期）及其费用是否超过承包合同约定的成本等。

3）流水施工段的划分审定：对于建筑物的施工，流水施工是比较好的施工组织方法，划分流水施工段是为了进行合理地安排施工进度。

监理工程师对流水施工段的审查主要有两点：①施工段的数量。合理的施工段数量应与施工过程数量相同，至少要使施工段数量大于施工过程数，否则在一定程度上造成人员的窝工，主体结构施工通常划分3～4段适宜，对于塔式高层住宅施工段可以划分为两段，装修阶段宜按自然结构层划分施工段，施工段的划分还与施工工作面大小有关，作业面过小会影响工人的生产效率和工程质量。②施工段之间的相接部位是否合理。各施工段之间的结合部，很自然形成施工缝，特别是主体结构。施工缝是结构的薄弱部位，施工缝宜设在结构受剪力较小部位。

4）施工程序、施工流向的审定：施工程序、施工流向的确定与建筑物的结构特点、施工工艺与施工安全、工程质量以及施工工期要求有关，监理工程师在审定时可以从这些方面提出自己的意见。

5）施工顺序的审定：完成单位工程的各施工过程的先后顺序（简称施工顺序）应考虑施工工艺的要求；施工方法、施工机械的要求；施工组织要求；施工质量要求；当地气候条件；安全技术要求。

监理工程师在审定施工顺序时，要注意承包单位是否由于考虑上述因素的影响不足，而造成施工顺序的不合理，如不合理时应提出建设性意见。

（4）施工进度计划的审定：承包单位在施工组织设计中的进度计划，一般是控制的，不完全是实施性的，在实施过程中会随着客观条件的变化，随时进行修改、调整。

1）对进度计划的总控制：①总工期、竣工日期是否符合承包合同约定的工期，是否留有余地。②施工阶段工期：基础、主体结构、装修、设备安装的工期控制是否满足顾客提出的目标控制要求及各部位、各阶段相互的影响，季节影响，审定其合理性。

2）网络计划的审定要点：①网络计划的施工顺序是否合理；②网络计划中的逻辑关系是否正确，双代号网络图中的虚工作运用是否合理；③网络计划中是否明确表示关键线路；④网络计划中，各施工过程是否进行了时间参数计算并表示在网络计划图上。

3）进度计划水平图表的审定要点：①施工顺序（施工过程）是否合理；②施工流水和施工过程搭接的合理性；③施工的技术间歇是否满足工艺、技术方面的要求，如现浇混凝土楼板在施工时，混凝土浇筑完毕后，其强度必须达到 1.2MPa 以上才能上人，屋面找平层干燥后才能铺贴卷材等方面要求的停歇时间；④工作方面是否能满足劳动人数安排的要求，否则影响生产效率及正常施工；⑤劳动力动态曲线图要避免在短时间内出现过高的峰值，劳动力不均衡系数不宜超过 2。

（5）资源需要计划的审定：审核要点是：比较劳动力需要量计划与施工进度计划的劳动力需要量，出入较大时应要求调整。材料、构配件需要量计划审核时，注意其总需要量及进场时间是否与进场计划相一致，校核需要量与设计图纸的一致性。机械设备需要量计划审核时，注意其与施工方案的一致性。资源需要量计划应用表格的形式表达，并附相应的说明。

（6）施工总平面图的审定：

1）审核总平面图的说明。

2）审核平面图是否符合布置的基本要求。①在满足施工的条件下，布置紧凑，有利于现场管理、文明施工；②最大限度地缩短工地内部运输距离，尽可能避免场内二次搬运；③在保证施工正常进行的条件下，可以利用已有建筑物、构筑物和各种管道、道路为施工服务，尽量减少临设工程数量，节约施工费用；④要符合安全技术、环保和防火的有关规定。

3）审核起重机械的布置：起重机械所在的位置，首先要满足吊装的要求。对于塔式起重机，要考虑选择回转半径（幅度）能满足在吊装构件或材料时不出现死角，能将材料和构件直接运输到任何施工部位。

多台塔式起重机在作业时，要避免相互干扰、相撞、相互之间要保持一定距离或高低错开。

塔吊附近有高压线时，要保持安全距离。

塔吊在深基坑边（基础尚未回填）安装时，要注意边坡及塔吊的稳定性。

4）确定现场搅拌站、仓库和材料、构件堆放的位置。应尽量靠近使用地点或在起重能力范围内，并考虑到运输和装卸的方便。

5）审核运输道路的布置：现场道路布置时，要注意保证行使畅通，道路的回转半径要满足要求，一般情况双行道 R＝12m，单行道 R＝9m，大型拖车通过的 R＝12m；道路宽度一般不小于 3.5m，道路做法要做到基本坚实，有条件的现场主要道路要利用永久性道路。

6）工地临时房屋（如工地办公室、工人休息室、仓库、加工棚等）的布置，应便于管理，以安全为前提，要特别注意防火及用电安全。

7）审核水电管网：①施工用的临时给水管在城市内，施工用水由建设单位提供与市政给水管网的接口位置或由建设单位的干管接到用水工她。管径的大小和龙头数目设置根据需要由计算确定。消防干管管径应不小于 100mm，工地内设置的消火栓数量及位置应能满足消防要求，拟建的建筑物应在消火栓的服务半径内，高层建筑内要设消防竖管、高压水泵，防火重点是易燃的生产、生活工棚、施工的建筑物，施工现场要设有地表水和地下水的排汇系统，施工现场凡是用水部位都应布置到位，并有阀门。②施工现场供电管网。现场供电的电源入口由建设单位指定，入口处设置的变压器除容量经计算确定外，还应满足国家有关安全规定；架空线路临空临设房屋时应满足安全距离；现场机械设备应接地；现场临时供电应符合国家和地方的有关法规。

(7) 审定施工措施：施工措施一般包括保证质量的技术措施、冬雨期施工措施、节约措施以及安全措施等。

1）保证质量的技术措施：监理工程师在审核时要注意技术措施的必要性、安全性、经济性和内容的完整性。高层建筑施工，安全网、出入口的防护棚应按有关规定设置，不应遗漏。

2）节约措施：节约措施是承包单位为降低工程成本而采取的措施，对建设单位无直接影响，监理工程师应关注这些措施是否影响工程质量施工安全。对于影响工程质量的节约措施应制止。

3）冬雨期施工措施：冬期施工的审定要点如下：①对影响工程质量的作业，特别要给予关注。如：混凝土浇筑从原材料、外加剂、配合比的施工过程都要进行控制，砌体结构要控制胶合料的质量，其施工方法及措施必须符合国家的有关规定，油漆工程要控制作业的环境和温度。②冬期施工要注意施工安全，措施要得力，安全管理体系要有效。

雨期施工措施的审定要点如下：①现场排水要有效；②设备要接零接地，要有漏电保护装置，要防雷电；③高空作业要防滑，要有安全保护措施；④根据材料性质，存放时要有防雨防潮措施。

(8) 技术经济措施指标：监理工程师对技术经济指标的控制主要是对指标严重超过有关规定或经验控制指标时，要提醒承包单位。

6.2.4 审查分包单位资格

如在施工合同中未指明分包单位，项目监理工程师不应对该分包单位的资格进行审查。审查程序是：

(1) 承包单位填写《分包单位资格报审表》，使用 A3 表。

(2) 专业监理工程师负责对报送的本专业分包单位资格报审表和分包单位有关资质

资料进行审查，提出审查意见。

(3) 分包单位资格符合有关规定后，由总监理工程师予以签认。

6.2.5 查验桩、线，审核测量成果

(1) 承包单位填写《施工测量成果报验申请表》，使用 A4 表。

(2) 专业监理工程师负责对报送的施工测量放线控制成果及保护措施进行检查，符合下列要求时，由专业监理工程师签认：①检查承包单位专职测量人员的岗位证书及测量设备鉴定证书；②复核控制桩的校核成果，控制桩的保护措施以及平面控制网、高程控制网和临时水准点的测量成果；③现场查验桩、线的准确性及桩点、桩位保护措施的有效性。

6.2.6 审核工程开工报告

(1) 承包单位填写《工程开工报审表》，使用 A1 表。

(2) 专业监理工程师负责对报送的工程报告表及相关资料进行审查，是否具备如下条件：①施工许可证已获政府主管部门批准；②征地拆迁能满足工程进度的需要；③施工组织设计（方案）已获总监理工程师批准；④承包单位现场管理人员已到位，机具、施工人员已进场，主要工程材料已落实；⑤场地平整，水、电、路、通信等已满足开工要求。

(3) 具备开工条件后，由总监理工程师签发开工报审表，并报送建设单位备案。

6.2.7 参加建设单位主持召开的第一次工地会议

(1) 工地会议的主要内容：①建设单位、承包单位、监理单位分别介绍各自驻现场的组织机构、人员及其分工；②建设单位根据委托监理合同宣布对总监理工程师的授权；③建设单位介绍施工准备情况；④承包单位现场管理人员已到位，机具、施工人员已进场，主要工程材料已落实；⑤建设单位和总监理工程师对施工准备情况提出意见和要求；⑥总监理工程师进行监理交底；⑦研究确定各方在施工过程中参加“工地例会”的主要人员、召开工地例会周期、地点及主要议题。

(2) 工地会议纪要由项目监理部负责起草整理，并经与会各方代表会签。

(3) 工地会议纪要发与会各方各一份。

6.3 建设工程监理规划的编制

6.3.1 建设工程监理规划

建设工程监理规划是监理单位根据监理委托合同所确定的监理工作范围，结合项目的具体情况，在广泛收集工程信息的情况下编制的指导项目监理机构全面开展监理业务工作的纲领性文件。

监理规划应由总监理工程师负责组织项目监理机构人员在监理合同签订及收到设计文件后编制，必须经监理企业技术负责人批准，在召开第一次工地会议前报送业主及有关部门。另外，在监理工作实施过程中，如实际情况或条件发生重大变化而需要调整监

理规划时，应由总监理工程师组织专业监理工程师研究修改，按原报审程序经过批准后报建设单位。

监理规划的编制：应符合《建设工程监理规范》的规定；针对项目的实际情况，明确项目监理机构的工作目标；应确定具体的监理工作制度、程序、方法和措施，并具有可操作性。

6.3.2 监理规划编制的依据

建设工程监理规划必须根据监理委托合同的监理项目的实际情况来制定。编制前应收集有关资料作为编制的依据。见表 6-1。

表 6-1　监理规划的编制依据

编制依据	资料名称	
反映项目特征的资料	设计阶段监理	1. 可行性研究报告或计划任务书 2. 项目立项批文 3. 规划红线范围 4. 用地许可证 5. 设计条件通知书
	施工阶段监理	1. 设计图纸和施工说明书 2. 地形图
反映顾客对项目监理要求的资料	监理委托合同中的监理工作范围和内容、工期要求、监理工程师的权利和义务，以及顾客的正当要求（合同职责范围内）	
反映项目建设条件的资料	1. 当地的气象资料和工程地质及水文资料 2. 当地建筑材料供应状况的资料 3. 当地勘查设计和土建安装力量的资料 4. 当地交通、能源和市政公用设施的资料	
反映当地工程建设政策、法规方面的资料	1. 工程建设程序 2. 招投标和建设监理制度 3. 工程造价管理制度等	
建设规范、标准	勘察、设计、施工、监理质量评定等方面的规范、规程标准等	

6.3.3 建设工程监理规划的内容

建设工程监理规划通常应包括以下 12 项主要内容：

1. 建设工程概况

主要进行三方面的描述：

（1）建设项目简介：工程名称与建设地址；建设工程的组成与规模；主要建筑结构类型；建设工程特点的简要描述。

（2）建设项目预计目标：工程总投资额目标；建设工期目标：用日历月或日历天表示，或者自__年__月__日开工到__年__月__日竣工；工程质量目标。

（3）参建单位名称：建设单位；设计单位；勘察、设计单位；施工承包单位；监理单位；质量监督站。

2. 监理工作范围

以《建设工程监理委托合同（示范文本）》GF—2000—0202 规定的监理服务范围

为准。可参考以下监理范围和具体工作内容：

(1) 勘察设计阶段监理：

1) 结合项目特点，收集设计所需技术经济资料；

2) 编写设计大纲；

3) 组织方案竞赛和设计招标、选择好设计单位；

4) 拟订和商谈设计委托合同；

5) 向设计单位提供设计所需资料；

6) 配合设计单位开展技术经济分析，搞好设计方案比选，优化设计；

7) 配合设计进度、组织设计部门与有关部门（如消防、环保、人防、防汛、园林以及供水、供电、供气、供热、电信等）的协调工作；

8) 组织各设计单位之间的协调工作；

9) 参与主要设备、材料的选型；

10) 组织对设计方案的评审或咨询；

11) 审核工程估算、概算；

12) 审核主要设备、材料清单；

13) 审核施工图纸；

14) 检查和控制设计进度；

15) 组织设计文件的报批。

(2) 施工招标阶段监理：

1) 拟订项目招标方案（应征得建设单位同意）；

2) 办理招标申请；

3) 编写招标文件；

4) 编写标底（标底经顾客认可后报地方建设主管部门审核）；

5) 组织投标；

6) 组织现场踏勘，并回答投标人的问题；

7) 组织开标、评标与决标工作；

8) 与中标单位签订承包合同。

(3) 材料、物资供应的监理（主要对建设单位负责供应的材料和物资）：

1) 制订材料物资供应计划和相应的资金需求计划；

2) 对材料、设备等物资的供应厂商，要进行比选；在重要设备供应商确定前，还应访问使用该设备的现有用户，并考察该设备生产厂家的质量保证系统和生产条件；

3) 拟订并商签材料、设备的订货合同。

(4) 施工阶段的质量控制、进度控制、投资控制：

1) 目标分解；

2) 工作流程；

3) 风险分析；

4) 工作制度。

(5) 合同管理：

1) 拟订本项目合同体系及合同管理制度（包括合同草案的拟定；会签、协商、修改、审批、保管等工作制度及流程）；

2）协助建设单位拟定项目的各类合同条款，并参与各类合同的商谈；

3）合同执行情况的分析和跟踪管理；

4）协助建设单位处理与项目有关的索赔及合同纠纷事宜。

（6）其他委托监理（另有委托时）：

1）协助建设单位办理项目报建手续；

2）协助建设单位办理项目申请供水、供电、供气、电信线路等协议或批文；

3）协助建设单位制订商品房营销方案等。

3. 监理工作内容

以《建设工程监理委托合同（示范文本）》GF—2000—0202 规定的监理服务范围为准。可参考以上所述工作范围。

4. 监理工作目标

（1）质量控制：整个项目的质量目标。

（2）工期控制：××个月或从__年__月__日到__年__月__日。

（3）造价控制：以__年预算为基价，静态投资额为__万元。

5. 监理工作依据

（1）国家及省、市关于工程建设的政策、法令、法规、规范、标准。

（2）建设单位上级主管部门对本工程的批准条件。

（3）建设单位招标文件及建设单位与第三方签订的涉及监理业务的合同。

（4）正式的工程项目施工图纸及有关文件。

（5）本工程的委托监理合同、施工承包合同、订货合同和其他有关合同等。

（6）本工程的水文地质、工程地质勘查报告。

（7）本工程的设计概（预）算及施工（概）预算。

6. 项目监理机构的组织形式

（1）直线制监理形式。

（2）职能制监理组织。

（3）直线职能制监理组织。

（4）矩阵监理组织形式。

监理组织形式应根据工程项目的特点，工程项目承发包模式，顾客委托的任务以及监理单位自身情况而确定。

7. 项目监理机构的人员配备计划

总监、总监代表、专业监理工程师及监理员要符合资格的要求，专业应配备，数量应满足工作的需求。项目监理机构的人员配备计划填入表 6-2，并注明所属的具体职能部门或监理组。

表 6-2　项目监理机构的人员配备计划表

序号	姓名	性别	年龄	职称或职务	专业特长及监理资质	本工程担任岗位	备注
1							
2							
…							

8. 项目监理机构人员岗位职责

应说明项目监理机构职能部门的职责分工，以及各个岗位人员的职责。明确总监理工程师、总监理工程师代表、专业监理工程师及监理员在监理工作中的职责。总监理工程师授权应明确，否则，就可能在工作中造成职责不清的现象。

9. 监理工作程序

根据不同的监理工作分别制定相应的监理程序，以框图的形式明确主要监理工作流程。一般包括以下内容：

(1) 监理工作的总程序。

(2) 图纸会审程序。

(3) 进场材料、设备质量控制程序。

(4) 施工进度监理程序。

(5) 施工阶段投资控制程序。

(6) 分部分项工程验收程序。

(7) 隐蔽工程监理程序。

(8) 月工程计量及工程款支付审核签认程序。

(9) 工程款竣工结算的基本程序等等。

10. 监理工作方法及措施

(1) 造价控制：

1) 组织措施：建立健全监理组织，完善职责分工及有关监理制度，落实造价控制的责任。

2) 技术措施：在设计阶段推行限额设计和优化设计；在招投标阶段合理确定标底和合同价；在材料、设备供应阶段对质量、价格进行比选，合理确定供应商；在施工阶段通过审核施工组织设计和施工方案，合理开支施工措施费。按合理工期组织施工，避免不必要的赶工费。

3) 经济措施：及时对计划费用与实际费用进行对比分析；对原设计或施工方案提出合理化建议并产生经济效益者，予以奖励。

4) 合同措施：按合同条款支付工程款，防止过早、过量的现金支付；全面履约，减少对方提出索赔的条件和机会，正确处理索赔。

(2) 质量控制：

1) 组织措施：建立健全监理组织，完善职责分工及有关监理制度，落实质量控制的责任。

2) 技术措施：协助设计单位开展优化设计和完善设计质量保证体系；协助被选择的材料、设备供应厂家，完善质量保证体系；在施工中严格执行事前、事中和事后质量控制；确定关键部位和关键工序，并提出旁站监理措施。

3) 经济措施：严格质检和验收，对质量优者，支付质量补偿金或奖金或优质优价。

4) 合同措施：按形象进度和合同规定的质量要求验收并支付工程款，凡不符合要求者，拒付工程款或扣除质量保证金。

(3) 进度控制：

1) 组织措施：建立健全监理组织，完善职责分工及有关监理制度，落实进度控制的责任。

2）技术措施：建立多级网络计划和施工作业计划体系；增加同时作业的施工面；建设施工单位采用高效能的施工机械和施工新工艺和新技术，缩短工艺过程和工序间的技术间歇时间。

3）经济措施：对工期提前者实行奖励，对应急工程实行较高的计件单价或给予赶工费，并确保资金的及时供应。

4）合同措施：按合同要求及时协调有关各方的进度，以确保项目形象进度要求。

（4）合同管理。制订合同管理制度，加强合同保管；加强合同执行情况的分析和跟踪管理；协助建设单位处理与项目有关的索赔事宜及合同纠纷事宜。

（5）信息管理。统一信息管理格式，各层次设立信息管理人员，及时收集信息资料。

（6）安全管理：审查施工组织设计中安全技术措施或者专项施工方案是否符合工程强制性标准；经常检查、督促施工单位做好安全文明施工，发现存在安全事故隐患，及时书面通知要求施工单位整改；情况严重的，应要求施工单位暂停止施工并报告建设单位。施工方拒不整改或不停工消除隐患，应及时报政府质量安全监督部门。

11. 监理工作制度

根据不同阶段的要求制定相应的工作制度，以保证监理工作有章可依，责任明确。

12. 监理设施

根据工程的实际需要、投标书的承诺以及监理委托合同的约定配备满足监理工作需要的相应的办公设施、照录像设备、检测仪器设备和工具，以及标准规范等技术资料。此外还包括由建设单位按照合同提供的并在完成监理工作后移交建设单位的设施。应根据不同阶段的需要配备相应的监理设施。

附录　某小区工程监理规划

一、工程概况

该工程位于××市建工路以南，公园南路延伸段以西。本工程由四栋18层、一栋6层、一栋11层共6栋楼组成，分别为3＃、4＃、5＃、6A、6B、7＃，每栋均设一层地下室，并且设有地下车库，2层裙房为商业用房。

建设单位：××房地产开发有限公司

结构型式：剪力墙结构

设计年限：50年

建筑面积：68698.99m^2

设计单位：××设计院

施工单位：××建设公司

监理单位：××建筑装饰监理有限责任公司

二、监理依据

1. 国家和××省有关工程建设的有关法律、法规，政策和相应规定

2.《建设工程监理规范》GB 50319—2000

3. 依据的主要验收规范

(1)《建筑地基与基础工程施工质量验收规范》GB 50202—2002；

(2)《钢筋混凝土结构工程施工质量验收规范》GB 50204—2002；

(3)《地下防水工程施工质量验收规范》GB 50208—2002；

(4)《屋面工程质量验收规范》GB 50207—2002；

(5)《砌体工程施工质量验收规范》GB 50203—2002；

(6)《钢筋焊接及验收规范》JGJ 18—96；

(7)《建筑装饰装修工程施工质量验收规范》GB 50209—2002；

(8)《外墙饰面砖工程施工验收规范》JGJ 126—2000；

(9)《建筑电气工程施工质量验收规范》GB 50303—2002；

(10)《建筑给排水及采暖工程施工质量验收规范》GB 50242—2002。

4. 本工程地质勘探及施工图

5. 本工程的建设工程监理合同，业主与承包商签订的施工合同及其他合同等

三、监理工作

根据本工程监理合同的约定，实施本工程建筑、安装施工阶段的工程监理。

四、监理工作目标

1. 质量目标

严格按照国家颁发的施工验收规范及工程设计图纸要求进行施工监理。工程质量达

到国家或专业质量检验评定标准的要求。本工程要求质量等级为合格。

2. 工期目标

施工工期330天。

五、项目监理组织

总监理工程师：××

总监理工程师代表：××

监理工程师：××

六、投资、进度、质量控制工作内容

1. 投资控制

按照已完成合格工程计量控制工程款支付。

2. 进度控制

对工程进度实施事前、事中、事后控制：

(1) 审核施工单位编制的总进度计划。

(2) 审核施工进度计划与施工方案的协调性和合理性。

(3) 检查监督计划的执行情况，审核进度调整的措施和方案。

3. 质量控制

(1) 组织措施：建立健全监理组织，完善职责分工及有关质量监督制度，落实质量控制的责任。

(2) 技术措施：严格事前、事中和事后的质量控制措施，根据工程特点，制定质量预控措施。

(3) 经济与合同措施：严格质量检验和验收，不符合合同规定质量要求的拒付工程款，严格控制现场签证。

(4) 事前控制：主要采取对人、机械、材料、方法、环境等五大环节的事前控制。

(5) 事中控制：

1) 施工工艺过程质量控制；

2) 工序交接检查，坚持上道工序不经检查验收不得进行下一道工序；

3) 隐蔽工程检查验收：隐蔽工程完成后，先由施工单位自检、专职检、初检合格后填报隐蔽工程质量验收通知单，报现场监理工程师检查验收。

(6) 质量的事后控制：

1) 单位、单项工程竣工验收；

2) 整理工程技术文件资料并编目建档。

(7) 质量控制要点：见附表1。

附表1　质量控制要点表

质量控制要点	控制主要项目	预控措施	检验方法程序
控制测量及结构放样	1. 规划局定位放线； 2. 确定室外地坪； 3. 确定±0.000	1. 加强对临时坐标水准点的保护检测、复核； 2. 注重测量资料的积累； 3. 保存好定位放线资料	1. 施工单位测量资料必须报监理工程师检查复核； 2. 对所有测量放线结果必须进行审核

续附表1

质量控制要点	控制主要项目	预控措施	检验方法程序
地基基坑土方开挖工程	1. 平面位置； 2. 几何尺寸(长、宽、边坡)； 3. 基坑土基； 4. 基地标高； 5. 基坑排水措施	1. 边坡必须稳定； 2. 基坑土质须符合设计要求； 3. 基坑排水措施应落实； 4. 基坑的尺寸便于下一道工序开展	基坑是重要隐蔽工程，施工单位自检后必须同时附资料报监理验收，监理工程师进行必要的复测
模板工程	1. 刚度、强度、稳定性； 2. 几何尺寸； 3. 内测平整度、垂直度； 4. 预留孔、预埋件位置	刚度强度稳定性应有详细计算方法及计算式	1. 复核计算结果； 2. 关键部位(如中轴线及标高)用经纬仪控制
钢筋混凝土结构工程	1. 钢筋规格、间距保护层； 2. 钢筋的焊接； 3. 钢筋的锈蚀污染； 4. 混凝土配合比计量、搅拌、浇捣、养护； 5. 混凝土强度； 6. 混凝土外观质量； 7. 混凝土浇筑缝	1. 严格模板工程质量，确保混凝土结构的几何尺寸、外观平整度、垂直度、光洁度； 2. 钢筋混凝土组长进行质量教育，负责考核； 3. 备料应保证混凝土浇筑的连续性，并加强浇筑前工序检查； 4. 控制拆模时间； 5. 冬雨高温季节施工措施； 6. 加强养护	1. 严格钢筋隐蔽工程验收； 2. 混凝土计量工作监督； 3. 搅拌时间骨料入仓顺序，振捣时间监督； 4. 进行混凝土外观质量检查，及时总结质量问题
砌筑工程	1. 砖的品种标号必须符合设计要求； 2. 砂浆品种符合设计强度要求； 3. 砌体砂浆必须密实饱满； 4. 外墙砌筑转角严禁留直槎，拉结筋不得少于规范要求	1. 观察进场砖是否同批产品，是否有出厂合格证，尺寸厚度符合标准； 2. 检查砂浆同批试块，砂浆配合比； 3. 轴线尺寸，洞口尺寸及砌筑高度； 4. 检查砌筑直槎与拉结筋数量及长度	1. 检查出厂合格证及试验报告； 2. 观察抽查试验配合比强度； 3. 抽查每步架不少于三处，粘结面不小于85%，复核几何尺寸； 4. 现场抽查； 5. 抽查平整度、垂直度
地面与楼面工程	1. 垫层、构造层(保温层、防水层、防潮层、找平层、结合层)的材质、强度、密实度等必须符合设计要求； 2. 标高、平整度	1. 垫层、构造层必须严格按施工规范规定； 2. 防水层必须与墙体、地漏、管道门口等处结合严密，无渗漏	1. 检查出厂合格证和试验记录； 2. 观察及检查试验记录
门窗工程(木门窗及铝合金门窗)	1. 木门窗的树种、材质等级、含水率和防腐、防虫防火处理； 2. 门窗柜扇棱槽和胶合板必须牢固； 3. 铝合金门窗及附件必须符合设计要求； 4. 安装必须牢靠，预埋件数量、位置，埋设连接方法必须符合门窗设计要求	1. 符合设计要求和施工规范规定； 2. 观察检查做测定记录，审核加工单位资质及设备情况； 3. 检查安装的位置开启方向，必须符合设计要求； 4. 柜与墙体间缝填塞前观察并检查隐蔽记录	1. 抽查并测定记录； 2. 必须严格审查产品出厂合格证； 3. 检查铝合金门窗出厂合格证及产品验收凭证

续附表1

质量控制要点	控制主要项目	预控措施	检验方法程序
屋面工程	1. 屋面施工的原材料及配合比,必须符合设计要求和规范规定; 2. 保温材料的标号强度、导热系数和含水率及配合比必须符合设计要求及规范规定; 3. 混凝土屋面板的强度必须符合设计要求,严禁有断裂和漏筋缺陷	1. 检查产品出厂合格证和配合比; 2. 检查出厂合格证; 3. 混凝土屋面板进场观察抽检。屋面防水层及细部做法符合设计要求	1. 施工前检查试验配合比及实验报告; 2. 审核厂家资质,检查实验报告; 3. 水落管的安装接头、排水; 4. 注水试验
装饰工程	1. 装饰工程所选用的材料品种颜色和图案必须符合设计要求和现行材料标准; 2. 各抹灰层之间及抹灰层与基体之间必须粘结牢固,无脱落、空鼓裂缝等缺陷; 3. 混色油漆严禁脱皮、漏刷和反锈; 4. 刷浆严禁掉皮、漏刷和透底	1. 检查出厂合格证; 2. 饰面砖的品种颜色规格和图案必须符合设计要求,安装必须牢固无歪斜、缺棱角和裂缝等缺陷; 3. 材料配合比	1. 试样检查合格后,方可使用; 2. 观察检查; 3. 用小锤轻击; 4. 油漆观察,手摸或尺量检查; 5. 喷漆观察,手摸或灯光检查; 6. 砂浆试验
室内电气安装工程	1. 穿管配线导线间和导线对地间绝缘电阻值必须符合要求; 2. 配电箱安装必须符合设计要求和规范规定; 3. 灯具和吊扇等配件必须符合设计要求且预埋牢固; 4. 防雷接地装置的接地线必须符合设计要求; 5. 所用材料必须符合设计要求	1. 检查绝缘电阻测试记录(抽查5次); 2. 配电箱内线路整齐回路编号齐全、正确,管子与箱体有专用紧锁螺母,导线进入绝缘保护良好; 3. 原材料检验检查出厂合格证; 4. 全数检查接地必须直接与接地干线相连,严禁串联连接; 5. 绝缘接地	1. 观察通电检查位置、标高、线路连接; 2. 施工单位测试监理审核; 3. 电阻测试; 4. 检查电气隐蔽工程记录及简图; 5. 实测或检查接地电阻测试记录
室内给排水安装工程	1. 给排水安装必须符合设计要求和规范规定; 2. 给水管隐蔽管道和给水、防火系统的水压试验和坡度必须符合设计要求和施工规范规定; 3. 隐蔽工程的排水和雨水管道的灌水试验结果必须符合设计要求和施工规范规定; 4. 管道附件及卫生器具安装,位置及尺寸符合设计要求(包括消防要求)	1. 材料抽检、检查出厂合格证; 2. 观察检查或检查隐蔽工程记录及试验记录; 3. 管线位置、标高、坡向、坡度; 4. 管道的安装接头阀闸、量表安装位置、接头	1. 用水准仪、水平尺、拉线尺量,分段由施工单位测试监理审核; 2. 水压测试; 3. 检查给排水隐蔽工程、记录及简图

七、监理工作制度

1. 工程开工、竣工申请制度

（1）开工申请制度：

1）单位工程开工，在正式开工前由施工单位办理开工申请报告。

2）具备下列条件方可申请开工：①三通一平满足施工需要；②施工图纸已经通过会审并已组织过设计交底；③施工组织设计已被批准；④已签订承包合同；⑤原材料已部分进场，质量合格，满足施工要求，后续材料供应计划已落实；⑥设备、机具已进场，试运行正常，需鉴定、校验的，已出具相应的证明；⑦施工人员已陆续进场，并已进行必要的技术、安全教育，特殊工种（电焊工、架子工、卷扬机操作工等）持有相应的上岗证；⑧永久性或半永久性坐标和水准点已设置；⑨施工许可证已办理。

（2）竣工申请制度：

1）施工单位在设计范围内的工程量全部完成后，向监理单位提交竣工报验单。

2）向监理单位提交内业资料，并组织竣工前检测。

3）工程具备下列条件方可组织初验：①经监理单位确认，合同和设计图纸规定的工程量已全部完成，工程质量满足设计及有关规范要求，满足功能上的要求；②技术档案资料真实、齐全并满足有关规定；③场地清理工作已基本完成；④监理同意验收并出具施工质量监理评估报告；⑤施工单位提出竣工报告，并经建设单位批准。

4）由施工单位组织业主、设计、监理、质检等单位进行初检，确认符合竣工验收要求后由业主组织竣工终验。

2. 设计交底制度

（1）工程开工前监理协助业主进行设计交底工作。

（2）总监理工程师组织监理成员认真参阅施工图纸，并在设计交底时澄清疑问，确保设计图纸在工程施工过程中的贯彻。

（3）对设计交底中提出的问题，设计交底会议纪要和设计变更等内容，以书面形式形成，经业主、设计、监理等单位签署后下发并落实于施工中。

3. 施工组织设计审核制度

（1）督促承包单位在设计交底后，立即修订施工组织设计和施工方案交监理工程师审定。

（2）施工组织设计和施工方案必须由承包单位技术负责人审定、签字、盖公章后，方可报审。

（3）施工组织设计应符合建设单位意见和设计意图。

（4）施工组织设计要求有详细的质量安全保障制度、措施和预检方案，针对质量通病制定专门预防措施。

（5）施工进度计划应详细、合理，并绘制出网络图。

（6）施工组织设计必须由总监理工程师审核并签署审定意见。

（7）施工过程中必须按审批的施工组织设计和施工方案进行施工，如要变动已审批过的施工方案必须向监理工程师提交书面申请书，等批复后再实施。

（8）监理部定期组织检查施工单位施工组织设计实施情况。

（9）未编制施工组织设计或施工组织设计未经审定或审定不符合要求的工程不准开工。

4. 原材料、半成品及构配件进场报验制度对工程所需原材料、半成品及构配件的质量进行检查与控制。凡进厂的原材料、半成品及构配件都应有产品合格证或技术说明书。水泥按进场批量（或代表批）出具厂家3天龄期试验报告。补报28天出厂试验报告，进场后按取样频率见证取样进行复试合格后，施工单位填报水泥报验单，经监理工程师核准后，方可用于工程。钢材、砖、砂、石子等原材料进场前，必须按批量见证取样进行复试及材料试验。经监理工程师核准后方可用于工程。对于不符合标准的材料应予以拒绝。任何工程中使用了未经测试和批准的材料，一切后果都由承包商承担，并由承包商自费拆除。

5. 隐蔽工程验收制度

隐蔽工程完工后，先由施工单位班组自检、互检、专职检，检查合格后，填报隐蔽工程质量验收报验单，报现场监理工程师检查验收。经检查合格后，办理隐蔽工程检验签证手续，列入工程档案。监理人员在隐蔽工程验收过程中提出的质量问题，施工单位要认真进行处理，处理后需经监理人员复核，并写明处理情况。未经检验或检验不合格的隐蔽工程，不能进行下道工序施工和覆盖。

6. 工程报验制度

坚持上道工序不经检查验收不准进行下道工序的原则。上道工序完成后，先由施工单位班组自检、互检、专职检，报现场监理工程师审核后。办理有关交接手续，方可进行下道工序。

7. 设计变更处理制度

(1) 业主提供的施工图纸，在施工前或施工中如果发现与设计条件差别较大，或发现施工图纸中有矛盾、错误以及要求不易满足等情形、在不改变原设计原则的条件下，经设计单位同意后，可以对施工图纸作局部变更。

(2) 业主、施工单位提出变更要求，都应以书面形式和监理工程师联系处理。

(3) 设计单位提出的设计变更。如果属纠正错误，补充遗漏的合理方案，则变更图纸应无条件纳入施工图范围，其他原因均应详细说明变更理由、细节，并附上有关变更图纸。

(4) 设计单位收到监理工程师的变更建议后，应在合理的时间内给予答复，若设计单位同意，则报经业主批准。

(5) 施工单位按正式变更图纸施工。

(6) 监理工程师应尽量控制设计变更，以免引起索赔和延误工期。

8. 质量事故处理制度

(1) 及时组织监理、施工等单位（重大事故还需会同建设、设计、质监等单位）对工程质量事故调查处理，以便确定事故范围、性质、影响和原因等，为事故的分析处理提供依据。

(2) 事故的分析要建立在调查的基础上，避免情况不明就主观分析、推断。只有对调查提供的数据、资料进行详细分析，才能去伪存真，找到造成事故的主要原因。

(3) 事故的处理要建立在原因分析的基础上，本着安全可靠、不留隐患，满足建筑物的功能和使用要求，提出技术可靠、经济合理、施工方便的处理方案，经审批后，监督其实施。

(4) 对于不按设计图纸施工或违反施工安装验收规范施工等所造成的质量问题，及时向施工单位提出，并要求其返工或改进，改进不力或不听劝告者，应签发监理通知单，通知其整改，问题严重者，征得业主同意后签发停工通知单。

9. 工程质量检验制度

监理工程师对施工单位的施工质量有监督管理责任。监理工程师在检查工作中发现的工程质量缺陷，应及时记入监理日志，指明质量缺陷部位、问题及整改意见，限期纠正复验。对较严重的质量问题或已形成隐患的问题，应由监理工程师正式填写“不合格工程项目通知”，通知施工单位，施工单位应按要求及时做出整改，纠正缺陷后通知监理工程师复验签认。如所发现工程质量问题已构成工程事故时，应按规定程序办理。

(1) 如检查结果不合格，或检查所填写内容与实际不符，监理工程师有权不予签证，并将意见记入监理日志内，待改正并重验合格后才能签证，方可进行下道工序施工。

(2) 隐蔽工程检查合格后，经长期停工，在复工前应重新组织检查签证，以防意外。

10. 施工进度监督及报告制度

(1) 审查施工单位编制的实施性施工组织设计，要突出重点，并使各单位、各工序进度密切衔接。

(2) 监督施工单位严格按照合同规定的计划进度组织实施。监理工程师每月以月报的形式向业主和公司工程部报告各项工程实际进度和计划进度的对比及形象进度情况。

11. 阶段验收制度

工程施工按质量评定标准有关规定，分部分项、分阶段进行验收，由监理会同设计、质监、施工等单位对地基与基础工程、主体工程、地面与楼面工程、门窗工程、装饰工程、屋面工程、室内给排水、室内电气安装工程等分部工程进行阶段竣工验收，上一阶段验收不合格或不经验收的，不准进行下一阶段施工（其主体工程按楼层划分，在评定工程质量时，各层分项工程均应参加评定）。

12. 工程竣工验收制度

(1) 竣工验收的依据是批准的设计文件（包括变更设计）、施工规范、工程质量验收标准以及合同及协议文件等。

(2) 施工单位按规定编写和提出验收交接文件是申请竣工验收的必要条件，竣工文件不齐全，不正确清晰，不能验收交接。

(3) 施工单位在验收前将编好的全部竣工文件及绘制的竣工图，提供给监理组一份，审查确认完整后，报建设单位。其余分发有关接管、使用单位保管，交接竣工文件的内容如下：①全部设计文件一份（包括变更设计）；②全部竣工文件一份（图表及清单）一份；③各项工程施工记录一份；④工程小结；⑤主要机械及设备的技术证书一份。

13. 监理例会、监理日志及监理月报制度

(1) 监理例会制度：

1) 按监理工作需要和信息管理的要求，工地例会是监理工作的一种重要手段，主要包括第一次工地例会和施工中正常性工地例会，也包括监理工程师召集的协调会等。

2) 第一次工地例会。在正式开工前举行，会上应澄清业主、工地监理部、施工单位、分包单位的组织关系，并明确其中主要的人员，明确监理工作主要程序，下发解释有关表式，确定驻工地工程师进场日期。

3) 经常性的工地会议。一般每周星期一下午固定时间召开，检查本周监理工作，沟通情况，进行当周质量、进度技术、合同、变更及有关管理等情况总结，商讨难点问题，进行下周进度和质量预测，布置下周监理工作，不断提高监理水平。经常性工地会

议，由总监理工程师主持。建设单位代表和施工单位有关人员参加。

4）必要的其他会议。主要视工程的技术、合同、进度、质量、协调需要，由总监理工程师组织有关单位参加。

5）工地会议均应由驻工地监理工程师整理会议纪要，纪要应言简意赅，便于信息储存，但关键性的意见应忠于会议发言者，录用原话，确保记录的真实性，一般会议纪要，由参加会议的各方负责人签名确认。重要会议应签署公章。

（2）监理日志制度：

1）项目监理部应当认真详细记录监理工作日志，监理日志由驻地监理工程师记录，项目总监理工程师要负责检查监理日志的质量。

2）监理日志的内容应包括但不限于以下内容：①现场每天的天气记录；②主要施工情况（进度、材料、机械、人员、变更等）；③工程质量情况；④监理工作纪要（意见、通知、指令、协议等）；⑤其他有关内容。

3）监理日志应每日及时记录，忠于事实，尽可能详细。

4）对主要事件或重大问题，应按有关汇报制度要求，迅速向项目总监理工程师与工程部汇报。

5）监理日志涉及的内容，如需有关单位确认，则应采用专门的表式。

6）监理日志中提出的问题，应在日后的记录中前后对应，将处理结果和落实情况加以说明。

7）监理日志应有记录人签名，记录人对监理日志的真实性、完整性应负责。

8）监理日志是考核驻地监理人员工作质量的重要组成部分。

（3）监理月报制度：

1）驻地监理工程师必须在每月 28 日前将上月报表送达业主与公司工程部各一份。

2）月报内容包括：①完成工作量；②材料进场及耗用情况；③进度比较；④质量描述；⑤设计变更；⑥施工中存在的问题；⑦监理活动；⑧各种会议；⑨下月监理工作会议；⑩签订的各种合同和协议。

14. 旁站监理制度

对工程施工的关键部位、关键工序实行旁站监理。

旁站监理人员职责如下：

（1）检查施工企业现场质检人员到岗，特殊工种人员上岗证，以及施工机械、建筑材料准备情况。

（2）在现场跟班监督关健部位，关键工序的施工执行方案以及工程建设强制性标准化情况。

（3）检查建筑材料、建筑配件、设备和商品混凝土的质量报告等，并可在现场监督施工企业进行检验或委托具有资格的第三方进行复验。

（4）做好旁站记录和监理日志，保存好原始资料。

（5）及时发现和处理旁站过程中出现的质量问题，准确地做好旁站监理记录。

（6）旁站监理人员要实施监理时，发现施工企业有违反工程建设强制性标准行为时，责令施工企业立即整改；发现其施工活动已经或可能危及工程质量的，及时向监理工程师或总监理工程师报告。

15. 监理值班制度

施工期间，节假日及双休日监理人员轮流值班，施工高峰期保证昼夜有监理人员值班。

16. 质量报验程序

如附图 1～附图 3 所示。

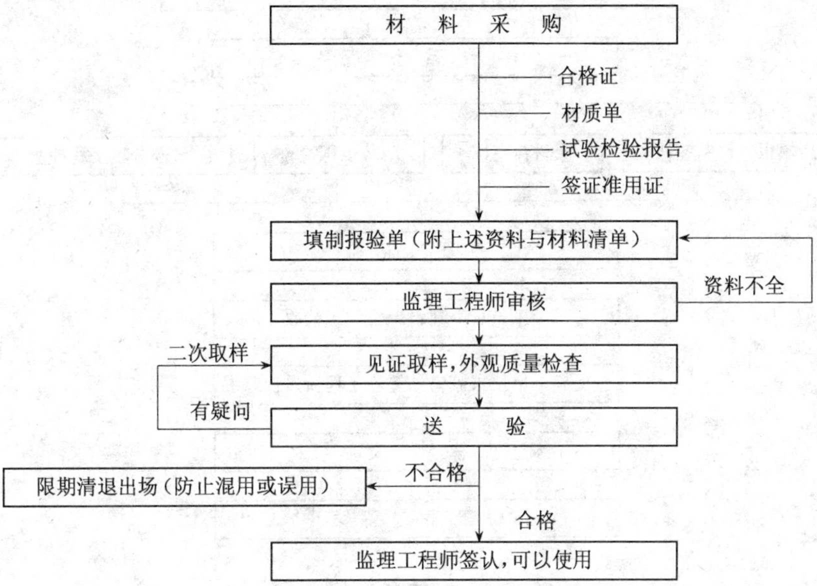

附图 1　材料报验程序

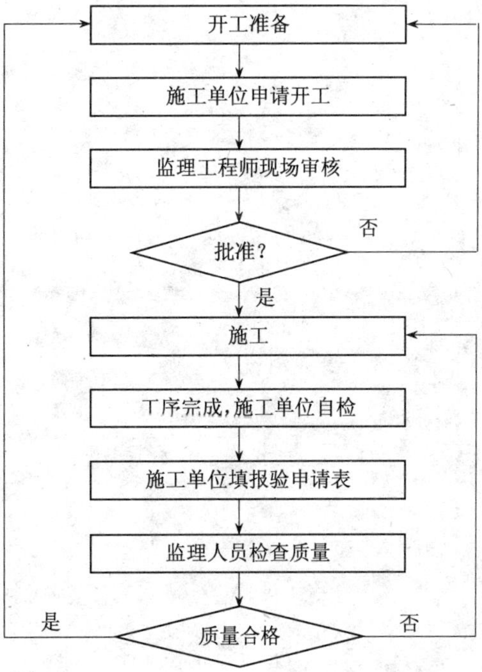

附图 2　工序质量控制程序

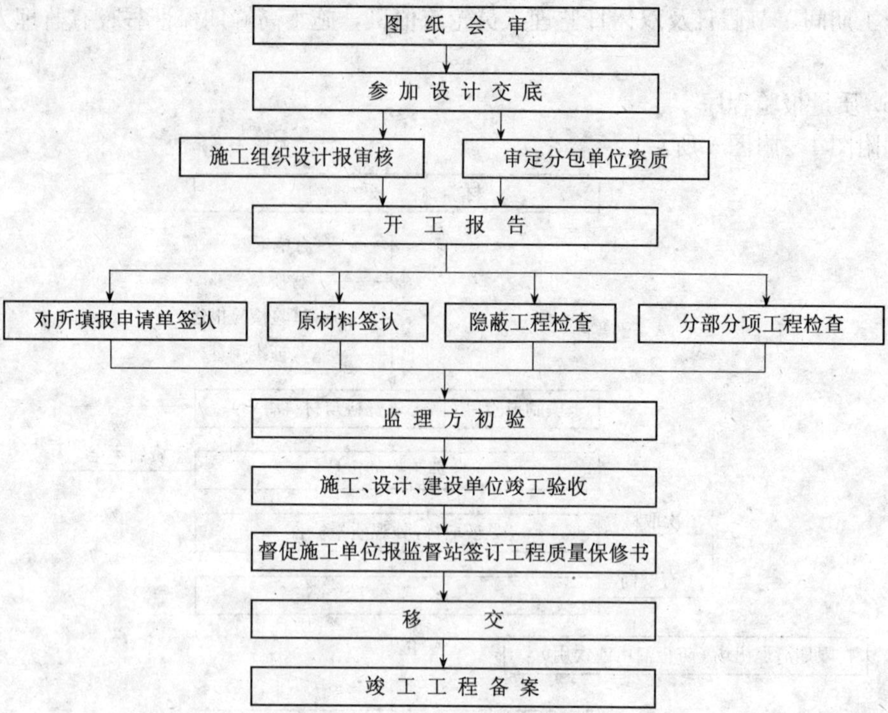

附图 3　工程质量控制程序

7 施工阶段的监理工作实务及实例

7.1 监理工程师在施工阶段监理概述

建设项目经批准开工，即进入了施工阶段。施工阶段是业主的决策实施、项目发挥效益的关键环节；是设计意图得以实现并形成工程实体的阶段；也是最终确定工程产品质量和形成工程使用价值的阶段。

施工阶段监理是项目全过程监理的重要组成部分，其主要任务就是在施工过程中，通过动态控制、组织协调、合同管理，使项目施工质量、施工进度和投资达到目标规划和计划的要求，按时交付业主，投入运营。

质量、投资、进度这三个控制目标是一个系统，既对立又统一，单独控制某一个目标很难取得理想的效果。比如提高工程质量往往会导致工期延长或投资增加，而缩短工期也往往是以降低质量或提高投资为代价。另一方面，适当追加投资并提高质量或缩短工期，可能使项目提前运行，从而使业主的项目总体效益提升。因此，监理工程师应从系统的角度出发进行目标控制，在矛盾中求得目标的统一。

监理目标控制可分为主动控制和被动控制两大类。主动控制又称预控、事前控制，就是指对建设工程的工序或单项工程施工时的投入要素，分析和控制其影响因素，以期在其结束时，其实际质量、投资和进度达到合理的预期范围。被动控制是指在计划实施过程中，对已出现的偏差采取相应的控制措施，可分为事中控制和事后控制两种。其中，事中控制是指在建设工程生产过程中，对工序或单项工程的实际质量、投资和进度水平进行跟踪检查，并把实际目标值和计划目标值进行比较，对超出允许范围的监理目标偏差，诊断其原因，并制定控制策略，对下一工序或单项工程的质量、投资和进度施以有效控制。事后控制是指在每道工序或单项工程结束时，将其实际质量、投资和进度与其计划质量、投资和进度进行比较，对大于允许偏差的监理目标必须采取相应的控制策略，使在后续活动中按计划目标进行。监理工程师在工作过程中，要将主动控制与被动控制紧密地结合起来进行动态控制，如图 7-1 所示。两大控制缺一不可，力求加大主动控制在控制中的比例。

7.1.1 施工阶段的质量控制

施工阶段是项目质量的实际形成阶段，施工阶段的质量控制是整个项目质量控制的重点控制阶段。施工阶段监理质量控制的主要任务是通过建立健全有效的质量监督工作体系，以及对施工投入、施工和安装过程、产成品进行全过程控制，同时对影响工程质量的五个主要方面（参加施工的单位和人员资质、材料和设备、机械、施工方案和方法、施工环境）实施全面控制，以使工程达到预定的施工质量标准和质量等级。

监理工程师在施工阶段质量控制的主要工作包括：

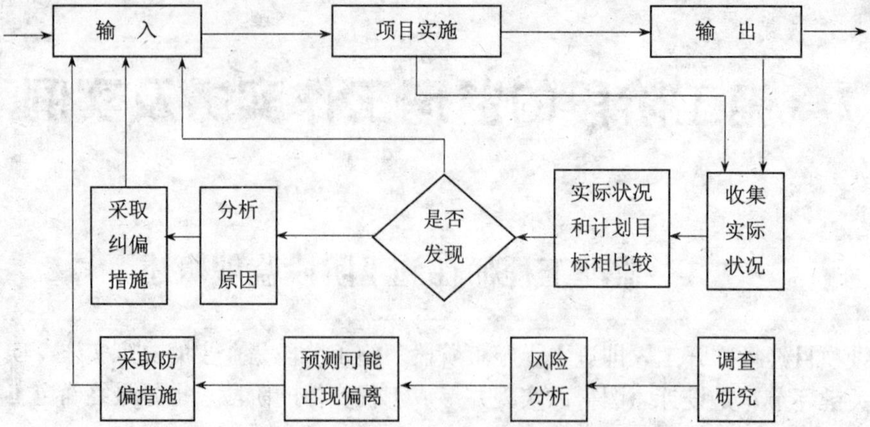

图 7-1　监理的动态控制过程

（1）督促承包单位推行全面质量管理，实施质量保证体系，做到开工有报告，施工有措施，技术有交底，定位有复查，材料、设备有试验报告，隐蔽工程有记录，质量有自检、专检，交工有资料。

（2）做好材料、设备，以及施工机械、机具等的检查工作，确认其能保证施工质量。

（3）制定实施一套具体、细致的施工质量监督措施，特别是质量预控措施。

（4）进行施工工艺过程质量控制作用，并做好各项隐蔽工程的检查工作。

（5）检查工序质量，严格工序交接检查制度，并做好中间质量验收准备工作。

（6）做好工程变更方案的比选，保证工程质量。

（7）进行质量监督，行使质量监督权，认真做好质量签证工作，行使质量否决权。

（8）检查并协助搞好各项生产环境、劳动环境、管理环境条件。

（9）协助做好付款控制，组织质量协调会等。

7.1.2 施工阶段的投资控制

施工阶段是资金大量投入的阶段，业主对项目建设所需资金的筹措和运用，与施工阶段的全面策划和进度安排息息相关。施工阶段监理投资控制的主要任务不同于承包单位的成本控制，而是在形成合理合同价款的基础上，通过工程付款控制、新增工程费控制、预防并处理好费用索赔、挖掘节约投资潜力来努力实现实际发生费用不超过计划投资。

监理工程师在施工阶段投资控制的主要工作包括：

（1）制定实施本阶段资金使用计划。

（2）严格进行付款控制，按合同支付工程款，做到不多付、不少付、不重复付。

（3）严格控制工程变更，尽量减少因变更等因素所造成的工程费用增加，控制工程造价在承包价款内。

（4）研究确定预防费用索赔措施，全面履约，以避免、减少对方提出索赔的机会。

（5）及时处理费用索赔，并协助业主进行反索赔。

（6）根据项目业主责任制和有关合同的要求，协助做好应由业主完成的，与工程进展密切相关的各项工作，如按质、按量、按期提供材料和设备等工作。

(7) 做好工程计量工作等。

7.1.3 施工阶段的进度控制

施工阶段是工程实体的形成阶段，施工阶段的进度控制是整个项目进度控制的重点控制阶段，很大程度上决定了项目的建设工期和进度。施工阶段监理进度控制的主要任务是通过建立健全以事前控制为主的进度控制工作体系，以及完善项目控制性进度计划、审查施工单位施工进度计划、做好各项动态控制工作、协调各单位关系、预防并处理好工期索赔，以求实际施工进度达到计划施工进度的要求。

监理工程师在施工阶段进度控制的主要工作包括：

(1) 根据施工招标和施工准备阶段的工程信息，进一步完善项目控制性进度计划，并据此进行施工阶段进度控制。

(2) 严格审查施工单位编制的施工进度计划，要求编制网络计划，确认其可行性并满足项目控制性进度计划要求。

(3) 制定实施业主方材料和设备供应进度计划并进行控制，为施工单位创造有利条件，使其满足施工要求。

(4) 检查落实施工单位劳动力、机具设备、周转料、原材料的准备情况。

(5) 要求施工单位编制月施工作业计划，将进度按日分解，以保证月计划的落实。

(6) 审查施工单位进度控制报告，督促施工单位切实按计划组织施工，做好施工进度控制。

(7) 对施工进度进行追踪，掌握施工动态；检查施工进度落实情况，按网络计划控制，做好计划统计工作，制定工程形象进度图表，每月检查一次上月的进度和安排下月的进度。

(8) 研究制定预防工期索赔措施，做好处理工期索赔工作。

(9) 在施工过程，做好对人力、材料、机具、设备等的投入控制以及转换控制工作、信息反馈工作、对比和纠正工作，使进度控制定期连续进行。

(10) 开好进度协调会议，及时协调有关各方关系，使他们相互配合、相互支持和搞好衔接，确保工程施工顺利进行。

(11) 利用工程付款签证权、监督施工单位按计划完成任务。

7.2 建设项目监理实施细则的编制

建设项目监理实施细则是在项日监理规划基础上，由项目监理组织的各有关部门，根据监理规划的要求，在部门负责人或专业监理工程师的主持下，针对所分管的具体监理任务和工作，结合项目具体情况和掌握的工程信息，制定的具有较强针对性和操作性的指导具体监理业务实施的文件。

建设项目监理实施细则是根据实际情况对各项监理工作的实施和操作的具体化。它与项目监理规划的关系可以比作施工图纸与初步设计的关系。是进一步完善项目监理组织，落实监理责任。

监理实施细则一般具有以下作用：

(1) 指导本专业或本子项目具体监理业务开展的文件与备忘录。现场监理人员可以根据监理实施细则中所列的控制内容和措施，以及规定的控制点和相应的检查方法、质量通病和预控措施，在工作中做到有的放矢，有效地实施工程质量控制。此外，现场监理人员工作繁忙，难免有所遗漏，监理实施细则可以起到备忘录的作用。

（2）可以起到工作联系单或通知书的作用。监理单位把监理实施细则提供给施工单位，通过监理实施细则中控制点及监理人员具体工作的交待，使施工单位除了清楚强制性标准要求的内容之外，还能提示有哪些工序和部位要求监理人员必须到位，从而能在控制点施工时及时通知监理方，避免由于事前交底不清而引发的纠纷，同时也起到了监理事中控制的作用。

（3）对施工单位起到提醒与警示作用。通过监理实施细则，能有效地提示施工单位对工程中可能出现的质量通病采取积极的预防手段，提醒施工单位对施工过程中可能出现的问题采取相应的应急措施，以避免和减少不必要的损失。

（4）从监理角度来看，实现了事前预控的目的。因为监理实施细则包含了针对施工单位可能采取不正规的操作方法（包括偷工减料）所要采取的预防措施等。

监理大纲、监理规划以及监理实施细则都是建设工程监理工作文件的组成部分，相互间既有联系又相互区别，其关系如表 7-1 所示。

表 7-1　监理大纲、监理规划以及监理实施细则关系

项　目	监理大纲	监理规划	监理细则
编制依据	施工图纸及招标文件	监理大纲及工程具体情况	监理规划、施工组织设计及专业工程相关的标准、设计文件和技术资料
编制阶段	承揽监理业务的投标过程中	接受业主委托并与业主签订监理合同后	滞后于项目监理规划，并要求在相应分部工程施工开始前
编制人	监理单位的指定人员或技术管理部门组织编写	总监理工程师主持	项目监理组织各部门的负责人或专业监理工程师主持编写
审核人	监理单位技术负责人	监理单位技术负责人	总监理工程师
侧重内容	侧重于说明针对监理任务的人员安排、监理方案、保证措施以及本监理单位在解决某些问题上的专长	监理任务的具体化及其实施的具体措施。包括目标规划、目标控制、组织协调、合同管理、信息管理	完成某一专业或某一方面任务和工作的具体方法、手段、措施在内的详细的、可操作的监理计划文件

7.2.1 监理实施细则的编制方法和要求

专业监理工程师首先要认真熟悉图纸、施工组织设计，了解施工部位专业工程的具体情况，并分析其特点，有针对性地制定监理流程及监理工作措施，书面形成监理实施细则。要根据该部位该专业工程的特点编制监理的流程图及工作措施，如对该分部工程开工前承包方的准备工作检查的主要流程及检查的具体内容等。根据该部位该专业工程的具体情况（包括设计要求和施工方案），专业监理工程师在熟悉相关施工规范具体要求的基础上，进一步分析该部位该专业工程的重点、难点、预测可能出现的问题。在一些按强制性要求验收的项目中必须设置停止点，另外还应在工程的重点、难点以及容易出质量问题的地方设置见证点或停止点，配上相应的检查、监督方法。在监理实施细则中，具体写明在哪里设置见证点，哪里设置停止点，以及该控制点到来时监理人员需要检查、验收的具体内容和操作方式。

监理实施细则要突出写该专业工程的重点、难点的质量如何控制，监理如何进行监督、控制、检查；对可能出现的异常情况如何处理，以及对承包方可能出现的不正规做法（如偷工减料等）的预防及应对措施。该部位该专业工程的监理实施细则编制完成后，报总监理工程师审批，审批同意后下发给本专业的监理人员及承包单位执行。监理实施细则应在施工部位的专业工程开工前一周以上完成编审工作。在监理工作实施过程中，还应根据实际进行补充、修改和完善。

7.2.2 监理实施细则的主要内容

《建设工程监理规范》规定：对中型及以上或专业性较强的工程项目，项目监理机构应编制监理实施细则。编制监理实施细则的主要目的是对专业工程施工进行预防预控和目标管理，其内容一般分为以下四个部分：

1. 专业工程的特点

编制监理实施细则的对象包括：

(1) 所监理的各主要分部工程，如打桩、主体结构、装饰工程等。

(2) 特殊工程、新工艺、新技术，如大跨度屋、特种构件制作等。

(3) 业主对三大控制中认为在本工程要加以重点控制的特殊要求，如把进度控制作为重点等。

专业监理工程师首先要清楚地了解业主与设计对该专业工程的要求，以及相关的标准、规范、检验达到的限值和优良的定量值。在监理实施细则中，应对该专业工程的特点和要求具体分析，并加以详细地阐述。

2. 监理工作的流程

监理实施细则中的监理工作流程，也就是监理工作程序，是把各个要素所设定的质控点，按照自然流水顺序以框图的形式表示出来。监理工作流程是结合该专业工程特点的具有可操作性、实施性的流程图；是保证监理工作有条不紊，防止监理工作失控的重要手段。监理人员可以按照流程图中的先后顺序开展监理工作，对各控制要素进行定期定点的检查验收。

在制订监理工作流程图过程中，一般把一个要素或者一个子分部工程、分项工程作为一个流程框。在设计流程框图时，要根据“简明方便又能反映一个控制单元”的标准进行认真分析。如混凝土子分部工程的监理控制过程，从材料进场检验、配比、计量、搅拌、取样、模板、验筋、浇灌、养护、拆模，这些检查点，每个施工单元都是一样的，只画一个流程图即可反复使用。一般不要把整个单位工程的流程图都画在一起，避免使流程图看起来过长或过于复杂。究竟是以要素或者是以子分部、分项工程画流程图，还是混合式画流程图，应视具体情况而定。

3. 监理工作的控制要点及目标值

监理工作的控制要点及控制目标值是监理实施细则的重点内容，用以具体指导各专业工程监理工作开展。

在整个施工过程中，专业工程的进度始终受制于总进度计划的规定期限，并且遵循和服从于因客观条件影响而进行的各施工阶段进度计划调整；专业工程的进度控制是在整体工程项目进度控制的要求下实现的。同样，各专业工程的投资控制，也包含在全项目投资控制的范围内。因此，专业工程监理实施细则的主要内容是质量控制；而在实施阶段的投资、进度控制，则是在监理规划的基础上，进一步更深入地编制相应专题的实施细则，详细阐明"怎么做"。

经验丰富的专业监理工程师，一般对该分部工程所采用的施工工艺可能导致的质量问题（通病）十分清楚。在监理实施细则中，应当把这些问题（通病）详细地罗列出来，在分析其原因的基础上，找出监理工作的控制要点，并具体写明在哪里应设置控制点、在哪里设置旁站点。质量的控制要点有两种，一种是不需要停止施工就可进行检查的检查点，如混凝土取样、混凝土浇灌时的旁站监理等；另一种是需要施工停下来进行检查验收的停止点、叫停点，如隐蔽验收等。应根据不同的工程特点，不同施工人员的不同技术水平和素质，设置不同的控制要点。控制要点设置过多检查过频繁，则检验成本费用高；过少则容易失控，影响质量的信息不能及时取得和处理就会流入下道工序。质量控制要点的设置有一条原则：凡规范明确规定要求进行中间检查验收的必须设为质控点。在此基础上应增设多少控制点，则要具体分析。若一个要素、一个子分部工程或一个分项工程为一条控制线，在这条控制线上设置质控点的数量一般根据控制力度而定，控制力度需大时点要多设，可小时则少设。控制点的设置是否科学、合理，反映了一个企业质量控制的技巧和先进程度，不能不予重视。

此外，还应明确该分部工程所要达到的质量要求，并制订各种控制点或者检查点的检查标准或目标值，注明这些标准或目标值所采用的依据。《建筑工程施工质量验收统一标准》GB50300—2001 于 2002 年 1 月 1 日实施。该标准指出："建筑工程施工质量应符合本标准和相关专业验收规范的规定"。可以把该标准的验收规定作为专业工程监理控制的目标值。

4. 监理工作的方法和措施

监理实施细则中的监理工作方法及措施不同于监理规划中所写的监理工作方法与措施。在监理规划中，监理工作的方法和措施是对应于本工程总体概括要求的方法与措施，只是列出总的内容。而在监理实施细则中，监理工作的方法和措施则要求更加实际，直接针对于本专业工程，涉及的是监理工作具体怎样做的内容，注重的是一些操作性、实施性细节部分。专业工程的监理实施细则，必须十分详尽地阐明在监理过程中可能用到的旁站、巡视、试验、检测、平行检测等监理方法以及组织、技术、经济和合同等监理措施。

7.3 建设项目的质量控制

作为监理控制的三大主要目标之一，质量目标十分重要，投资、进度的控制是以确保质量控制目标实现为前提的。如果基本的质量目标不能实现，则投资目标和进度目标将失去控制的意义。三大控制目标中，投资控制是基础，进度控制是条件，质量控制是核心。在建设工程监理实施过程中要抓住这个核心。

质量控制是指为达到质量要求所采取的作业技术和活动（ISO 8402—1996）。质量控制的目的是对设定的质量目标的实现，以提高工程项目的投资效益、社会效益和环境效益。因此，监理工程师在施工阶段质量控制的任务就是根据合同规定的施工阶段的质量目标，按照合同赋予的权力，围绕影响工程质量的各种因素，对工程项目的施工过程进行有效的监督和管理。

7.3.1 施工阶段质量控制的依据

施工阶段质量控制的依据可分为以下几类：

1. 工程合同文件

工程项目承包合同和监理合同中有关质量方面的规定和要求，以及指定的技术规范、规程和标准，是监理工程师开展质量控制工作的重要依据。工程承包合同文件和监理合同中分别规定了参与建设各方在质量控制方面的权利和义务，有关各方必须履行在合同中的承诺。就监理单位而言，既要履行监理合同的条款，又要监督建设单位、施工单位、设计单位履行有关的质量控制条款。工程承包合同文件还包括招标文件、投标文件及补充文件。

2. 设计文件及项目文件

施工阶段质量控制的一项重要原则就是“按图施工”。因此，经审批的设计文件、设计图纸、技术要求和规定，无疑是质量控制的重要依据。但是从严格质量管理和质量控制的角度出发，监理单位在施工之前还应组织设计单位及施工单位进行设计交底及图纸会审工作，以达到能使施工单位了解设计意图和质量要求，以及发现图纸差错和减少质量隐患的目的。工程的项目文件包括：①项目建议书；②可行性报告；③项目计划书；④施工工艺方案等。

3. 有关质量检验与控制的专门技术标准

这类文件依据一般是针对不同行业、不同的质量控制对象而制定的技术法规性文件，包括各种有关的技术标准、技术规范、规程或质量方面的规定。

（1）国家和部门颁布的施工规范、规程、操作流程、安装规程、质量评定标准、验收规程等。如《建筑桩基技术规范》JGJ 94—94，《玻璃幕墙工程技术规范》JGJ 102—96，《钢筋焊接及验收规程》JGJ 18—96，《钢结构工程施工质量验收规范》GB 50205—2001，《屋面工程质量验收规范》GB 50207—2002，《建筑工程施工质量验收统一标准》GB 50300—2001 等。控制施工作业活动质量的技术规程，如电焊操作规程、砌砖操作规程、混凝土施工操作规程等。

（2）有关材料、半成品和构配件质量控制方面的专门技术法规性依据。工程中所使用的有关材料和产品的技术标准，如水泥及水泥制品、钢材、砂、外加剂等材料和产品的技术标准等，钢筋验收、包装、标志及质量证明书的一般规定等。

（3）有关试验取样的技术标准和试验操作规程。如水泥安定性试验方法（压蒸法）等。

（4）凡采用新工艺、新技术、新材料的工程事先应进行试验，并应有权威性技术部门的技术鉴定书及有关的质量数据、指标，在此基础上制定有关的质量标准和施工工艺规程，以此作为判断与控制质量的依据。

4. 国家及政府有关部门颁布的有关质量管理方面的法律、法规等文件

包括三个层次的法律法规：第一层次是国家的法律；第二层次是部门的规章；第三层次是地方的法律与规定。例如，2000 年 1 月 30 日中华人民共和国国务院发布的《建

设工程质量管理条例》，2000 年建设部颁发的《房屋建筑工程和市政工程基础设施工程竣工验收暂行规定》，2000 年 7 月国家技术监督局颁布的《质量管理》GB/T 19000 系列标准。

7.3.2 施工阶段的质量控制过程

工程项目施工阶段的质量控制是个系统过程，可以按三种系统形式进行控制。

1. 按生产程序进行质量控制

工程对象的施工是一项物质生产活动。施工阶段的质量控制可以看作是一个经由以下三阶段的系统控制过程，如图 7-2 所示。从对投入资源（材料、设备、人力、机械）质量控制开始；经过施工生产过程的质量控制，即在使投入资源转化为工程产品的过程中，对影响质量的各因素、各环节及中间产品的质量进行控制；直到最后对完成的工程产出品进行质量控制与验收。上述三阶段的系统控制过程中，前两个阶段对于最终产品质量的形成具有决定性的作用。

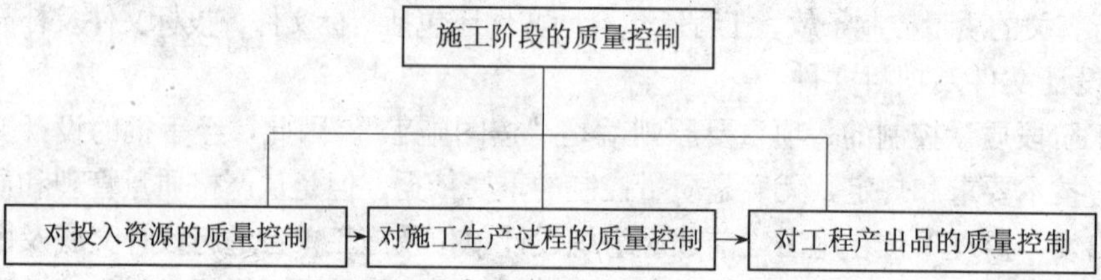

图 7-2　施工质量控制过程 （按生产程序）

2. 按影响因素进行质量控制

影响施工阶段工程质量的五个主要方面，即人（Man）的因素、材料（Material）因素、机械（Machine）因素、方法（Method）因素和环境（Environment）因素。其中，人的因素主要是施工操作人员的质量意识、技术能力和工艺水平，以及施工管理人员的经验和管理能力；材料因素包括原材料、半成品和构配件的品质和质量，工程设备的性能和效率；机械的因素主要指施工机具和机械设备的型式、性能及使用操作；方法因素包括施工方案、施工工艺技术和施工组织设计的合理性、可行性和先进性；环境因素主要是工程技术环境、工程管理环境（如管理制度的健全与否、质量管理体系的完善与否、质量保证活动开展的情况等）和劳动环境。上述五方面都在不同程度上影响到工程的质量，所以施工阶段的质量控制，实质上就是对这 4M1E 质量因素实施监督和控制的过程，如图 7-3 所示。

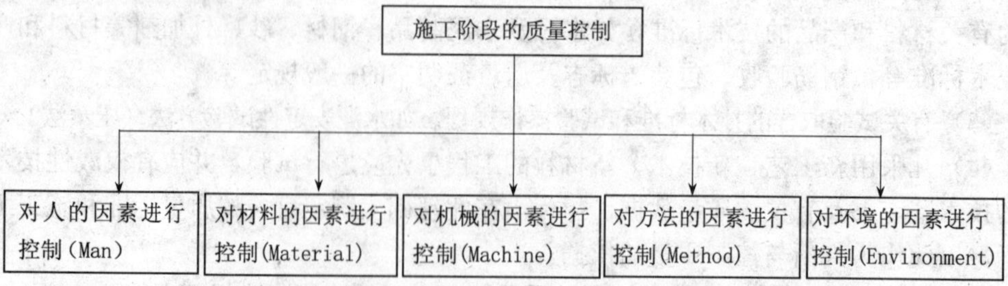

图 7-3　施工质量控制过程 （按影响因素）

“人”主要是指直接参与工程项目的决策者、组织者、管理者和操作者。对人的因素进行控制，一方面要充分发挥人的主观能动性，避免失误；另一方面，要进行专业技能和科学技术知识的培训，提高人的素质。

“材料”包括原材料、成品、半成品、构配件、仪器仪表、生产设备等，是工程项目的物质基础，也是工程项目实体的组成部分。对材料进行控制，既要合理组织材料的供应，确保工程的正常施工；严格材料的检查验收，确保材料的质量；严格按规范、标准的要求组织材料的检验，材料的取样、试验操作均应符合规范要求。

施工“机械”是实施工程项目施工的物质基础。对机械的因素进行控制，监理工程师应结合工程项目的布置、结构型式、施工现场条件、施工程序、施工方法和施工工艺，控制施工机械型式和主要性能参数的选择，以及施工机械的使用操作，督促施工单位制定相应的使用操作制度，并严格执行。

“方法”包括工程项目的施工方案、施工技术措施、施工工艺、检测方法和措施等。对方法的因素进行控制，监理工程师应参与和审定施工方案，并结合工程项目的实际情况，从技术、组织、管理、经济等方面进行全面分析和论证，确保施工方案在技术上可行、经济上合理、方法先进、操作简便，既能保证工程项目质量，又能加快施工进度，降低成本。

影响工程项目的环境因素包括三方面：①工程技术环境，如工程地质、地形地貌气象等因素；②工程管理环境，如质量管理体系、质量管理制度、工作制度等；③劳动环境，如劳动工具、施工工作面等。对环境因素进行控制，监理工程师应督促和配合施工单位根据工程项目的特点和施工的具体条件，采取相应的有效措施，对影响质量的环境因素进行严格的控制。

3. 按施工层次进行质量控制

近年来，随着社会经济的发展和施工技术的进步，工程项目复杂性、综合性的特点日益突出。大中型的工程项目可以划分为若干层次，各层次间的质量控制组成一个完整的质量控制系统，如图 7-4 所示。

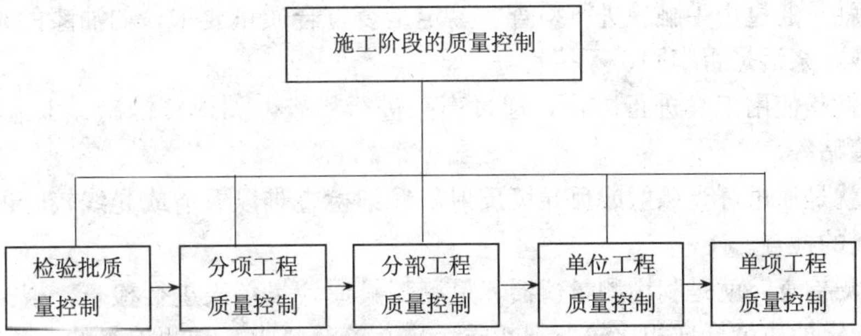

图 7-4 施工质量控制过程（按施工层次）

7.3.3 施工阶段质量控制的方法和手段

1. 施工质量控制的方法

施工阶段，监理工程师对工程项目的进行质量监控主要是通过审核施工单位所提供的有关文件、报告或报表；现场落实有关文件，并检查确认其执行情况；现场检查和验收施工质量；质量信息的及时反馈等方法实现的。

(1) 审核施工单位有关技术文件、报告或报表。这是对工程质量进行全面监督、检查与控制的重要途径。审查的具体文件包括：

1）审批施工单位提交的有关材料、半成品和构配件质量证明文件（出厂合格证、质量检验或试验报告等）；

2）审核新材料、新技术、新工艺的现场试验报告，以及永久设备的技术性能和质量检验报告；

3）审核施工单位提交的反映工序施工质量的动态统计资料或管理图表；

4）审核施工单位的质量管理体系文件，包括对分包单位质量控制体系和质量控制措施的审查；

5）审核施工单位提交的有关工序产品质量的证明文件，包括检验记录及试验报告，工序交接检查（自检）、隐蔽工程检查、分部分项工程质量检查报告等文件、资料；

6）审批有关设计变更、修改设计图纸等；

7）审批有关工程质量缺陷或质量事故的处理报告；

8）审核和签署现场有关质量技术签证、文件等。

(2) 现场落实有关文件，并检查确认其执行情况。工程项目在施工阶段中会形成许多文件需要得到落实，如多方形成的有关施工处理方案、会议决定，来自质量监督机构的质量监督文件或要求等。施工单位上报的许多文件经监理单位检查确认后，如得不到有效落实，会使工程质量失去控制。因此，监理工程师应认真检查并确认这些文件的执行情况。

(3) 现场检查和验收施工质量。监理人员深入现场进行检查和验收测量放样、材料质量和工序质量等施工质量的方法，通常分为感觉性检查、量测检查和试验检查三类。

1）感觉性检查：就是凭借感官（即视觉、触觉和听觉）来检查和判断施工的质量。主要采用看、摸、敲、照等手法进行检查：

“看”就是根据质量标准的要求，用观察和目测的方法进行外观检查，如地基面的清理是否符合要求，工人的施工操作是否正常等。

“摸”就是通过用手触摸进行检查、鉴定是否符合质量要求，如油漆的光滑度，地面是否起砂，浆活是否牢固、不掉粉等。

“敲”就是使用工具进行敲击，通过声感进行检查，如地砖铺砌、木地板的拼镶、大理石下镶贴等。

“照”就是通过灯光照射或反光镜反射，仔细检查难以看清或光线较暗的部位，如孔洞内情况的检查。

2）量测检查：就是利用测量仪器、量测工具或计量仪表进行检查，根据实际量测的结果与规定的质量标准相比较，判断质量是否符合要求。量测检查的方法可归纳为：靠、吊、量、套。

“靠”就是用直尺、塞尺检查墙面、地面、屋面的平整度等。

“吊”就是用托线板以线锤吊线检查垂直度。

“量”就是用测量仪器、测量工具、计量仪表等检测断面尺寸、轴线、标高、温度、适度等数值并确定其偏差。

“套”就是以方尺套尺，辅以塞尺检查诸如预制构件的方正、踢角线的垂直角、门窗口及构件的对角线等。

3）试验检查。就是现场取样或制作试件，由专门的试验室进行试验，或直接通过现场试验，取得数据，据此判断质量是否符合要求。试验检查可分为：①理化试验通常包含物理性质试验、化学成分试验和力学性能试验三种。物理性质试验如测定密度、比重、含水量、安定性、抗渗性、抗冻性、耐磨性等；化学成分试验如钢筋中的含硫量，混凝土骨料中的活性氧化硅含量，水中的PH值等的测定；力学性能试验如抗压强度、抗弯强度、承载力、硬度等的测定。②无损检测就是利用专门的仪器仪表探测结构物、材料、设备的内部组织结构或损伤的情况。这类检测仪器如X射线探伤、超声波探伤等。③破坏性试验是在一些特殊情况下，无法通过前面的方法检查其工程质量，或已使用其他方法无法判断其结论，可以采用破坏性检验。如混凝土取芯，桩基取新芯。④综合性检验是在非常特殊的工程中，往往还要通过专门设计的一些检测方法和综合性的检测工具对工程的某个局部或整体进行全面的测试，以检测工程的可靠性安全性等。如大型桥梁的综合检验，对剧院的声学特性进行检测。

监理工程师应视工程质量情况采取见证取样、见证试验、平行检验等方法对工程质量进行检验并取得检验结果。

见证取样和送检是指在监理工程师现场监督下，施工单位按相关规范的要求，对工程中涉及结构安全的试块、试件和材料在现场取样；完成取样后，承包单位将送检样品装入木箱，由监理工程师加封，不能装箱的试件，如钢筋样品，贴上专用加封标志，然后送往试验室。

见证试验是指对只能在现场进行的一些检验检测，由施工单位或检测机构进行检测，监理人员全过程进行见证并记录试验检测结果的行为。

平行检验是项目监理机构利用一定的检查或检测手段，按照一定的比例，对某些工程部位、试验、材料等独立进行检查或检测，进行质量判断的能力。在承包单位自检的基础上，针对某些工程部位、试验、材料等，通过采用先进的技术装备、检测手段，进行检测验证。

（4）检查质量信息的反馈：现场巡视、检查监督和处理的信息，除应以日报、周报、值班记录等形式作为工作档案外，还应及时地反馈给监理工程师和总监理工程师。对于重大问题及普遍发生的问题，还应以函件的方式通知施工单位，要求迅速采取措施加以纠正和补救，并保证以后不再发生类似问题。现场检测的结果，也应及时反馈到施工中，以督促施工单位及时进行调整和纠正。

2. 施工质量控制的手段

在工程项目施工阶段，一般可采用以下一些质量控制手段进行监督控制：

（1）旁站监理。旁站监理就是监理人员在施工现场，对关键部位、关键工序的施工过程进行现场定点旁站观察、监督和检查，发现问题及时向施工单位提出和纠正，以便使施工过程处于受控状态。旁站监理应对监督内容及过程进行记录，并编写日报、周报。旁站监理主要针对的是关键工序、关键部位，如土方回填、混凝土灌注桩浇筑、地下连续墙、土钉墙、后浇带及其他结构混凝土、防水混凝土浇筑、卷材防水层细部结构处理、钢结构安装、混凝土浇筑预应力张拉、网架结构安装等。由于这些部位或工序在施工时比其余部分更容易形成缺陷，而且纠正起来很困难和昂贵，因此有必要在施工时实行旁站监督，即监理人员始终在现场监视操作过程，防止或纠正施工过程中出现不符合要求的事件，以保证承包单位的施工过程、施工操作和施工结果满足施工合同、设计图纸和施工规范的要求。

（2）巡视检查。巡视检查就是监理人员对正在施工的部位或工序在现场进行的定期或不定期的监督活动，以了解施工现场情况，及时发现质量事故苗头和影响质量的不利因素，及时采取措施加以排除。巡视检查后，应写出巡视报告。巡视检查是获取综合信息和全面掌握工程现场动态的有效途径，是对施工现场的工作面进行全面的检查和观察，具有多次轮回性和目标综合性的特点，通过巡视，可以有效掌握影响质量的各因素的状态。

（3）严格执行质量控制制度或工作程序。规定监理单位和施工单位双方都必须遵守的质量控制制度或工作程序。监理人员根据这一制度或工作程序进行质量控制。如工序完工后，未经监理人员检查验收，并经监理工程师签署质量验收单，施工单位不得进行下一道工序的施工等。

（4）发出指令性文件。指令性文件是指监理工程师对施工单位发出指示和要求的书面文件，用以向施工单位提出或指出施工中存在的问题，或要求和指示施工单位应做什么或如何做等等。在施工阶段的质量监理中，监理工程师应当充分利用指令性文件对施工单位进行质量控制。例如，监理工程师发现施工质量缺陷，就以“质量通知单”的指令性文件，通知施工单位停工并采取补救措施。

（5）利用支付控制手段。支付控制权是国际上较通用的一种重要手段，是监理合同赋予监理工程师的特殊权力。支付控制权就是指对施工单位支付各项工程款时，均须有监理工程师签署的支付证明书。监理工程师可以利用此项权力进行施工质量的控制。若施工单位的施工质量达不到要求的标准，又不按监理工程师的指令对质量缺陷的采取补救措施，监理工程师可以拒签支付证明书。如分项工程完工后，经检验质量未达合格标准，在未返工修理达到合格标准前，监理工程师也可暂不签署支付证明书。

（6）拒绝签认或建议建设单位撤换施工单位。施工阶段的工程质量未达到规定的标准和要求时，监理工程师可以拒绝签认，并要求施工单位返工处理，只有当施工质量符合规定的标准和要求时，才签字确认。当施工单位违反合同、技术规范和监理程序规定，并造成严重后果，而且拒绝按照监理工程师意见进行整改，多次提出均无效时，可以建议建设单位撤换施工单位。

7.3.4 施工阶段质量控制的主要内容

施工阶段质量控制的主要内容包括：

1. 工序质量控制

工程项目的施工过程，是由一道道的工序组成的。施工阶段的质量控制可以分解成各个工序的监督控制。监理工程师应加强施工现场和施工工艺的监督控制，督促施工单位认真执行工艺标准及操作规程，进行工序质量的控制。同时，监理工程师还应实施现场检查认证制度，工程的关键部位应实施现场观察、中间检查和技术复核，并做好施工记录，对质量不合格的产品和施工工艺及时处理和纠正。

工序质量控制包括三方面的控制：①对工序活动条件的控制，主要是对影响工序生产质量的各因素进行控制；②对工序活动过程的控制，监理人员在工序活动过程中应注意各种影响因素和条件的变化，出现不利于工序质量的情况时，应采取有效措施加以处理，使工序质量始终处于受控状态；③对工序活动效果的控制，主要是对工序施工完成后的质量性能状况和性能指标的控制。

2. 技术复核制度

技术复核制度是施工阶段技术管理制度的组成部分，是指监理人员应对某些关键性的施工内容、施工质量以及一些重要的质量检验数据，进行复核性的检查验收，以确保工程质量。

施工交接检查包括：工序间交接检查验收、施工班组之间的交接检查、专业施工队之间的交接检查、专业工程处之间的交接检查以及不同承包单位之间的交接检查。

工序交接检查，是指在某一工序完工后，先由施工单位进行自检，自检合格后填写质量验收通知单，监理单位在接到验收通知单后，对工序质量进行检验控制，经检验合格后方可进行下一道工序，如图 7-5 所示。这样逐道工序交接检查，坚持上道工序不合格就不能进入下道工序施工的原则，整个施工过程的质量就能得以保证。

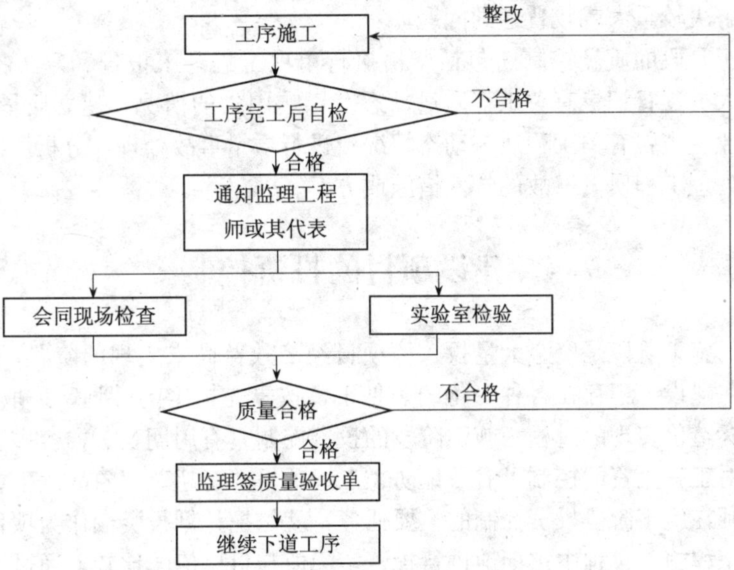

图 7-5　工序交接检验程序图

施工班组之间的交接检查，是指一个施工班组在其所承担的工序施工结束后，在移交给下一个班组进行施工前，为了确保工序的质量符合规定的要求，在施工单位自检的基础上，监理人员应对该班组所施工的工序质量进行复查，确认合格后才能交接。

隐蔽工程检查验收，是指某些将被其他后续的工序施工所隐蔽或覆盖的分部、分项工程，必须在被掩蔽或覆盖前，在施工单位自检合格的基础上，经监理人员检查验收，确认其质量合格并签证后，才允许加以掩蔽和覆盖。

工程施工预检（或复核性检查），是指工程施工前，对某些与该工程施工质量有密切关系的工作的质量及正确性进行复核。如分部分项工程的定位、放线（轴线）、标高等。

3. 实施停工令、复工令

出现以下情况时，可根据监理委托合同中对监理工程师的授权，下达停工令：

（1）施工单位未经许可擅自施工或拒绝项目监理机构管理。

（2）隐蔽工程未经依法查验确认合格而擅自封闭。

（3）施工作业活动存在重大隐患，可能造成质量事故或已造成质量事故。

（4）未经监理工程师审查同意，擅自变更设计或修改图纸进行施工。

(5) 使用的原材料、构配件不合格或未经检查确认，或擅自采用代用材料。

(6) 已经发生质量问题迟迟未按监理工程师要求进行处理，或已发生质量缺陷或问题，如不停工，质量缺陷或问题将继续发展。

施工单位整改后具备恢复施工条件，向监理单位报送复工申请及有关材料。经监理工程师现场复查确认符合继续施工条件，造成停工原因确已消失后，由总监理工程师及时签署复工报审表，施工单位方可继续施工。总监理工程师宜先向建设单位报告后，再下达停工令和复工令。

4. 组织现场质量协调会

组织现场质量协调会，监理工程师检查分析施工过程的质量状况，指出存在问题；施工单位提出整改措施，并作出相应保证。针对专门质量问题，监理工程师还应组织专题会议，集中解决较重大或较普遍的问题。

此外，施工阶段的质量控制还包括严格执行单项工程开工报告和复工报告审批制度；现场监理人员逐日记录有关工程质量动态及影响因素的情况，建立质量监理日志；定期向总监、业主报告有关工程质量动态情况；进行质量事故处理，分析原因，商定处理措施，批准处理工程质量事故的技术措施或方案。

7.4 建设项目的投资控制

工程项目的施工阶段是资金大量投入而项目经济效益尚未实现的阶段。投资控制，就是行为主体在建设工程存在各种变化的条件下，按事先拟定的计划，采取各种方法、措施以达到目标造价实现的过程。施工阶段的投资控制具有周期长、内容多、潜力大等特点，此阶段对工程投资的控制可有效地防止工程项目“三超”现象的发生。

监理工程师在施工阶段投资控制的主要任务，就是把计划投资额作为项目投资控制的目标值，在工程施工过程中定期地进行投资实际值与目标值的比较，通过比较发现并找出支出额与投资控制目标值之间的偏差，然后分析产生偏差的原因，并采取切实有效措施加以控制，以保证投资控制目标的实现。使项目的实际投资不超过该项目的计划投资额，同时确保资金的合理使用，使资金和资源得到最有效的利用，以期达到最佳投资效益。

施工阶段进度控制的实际工作中，监理工程师可考虑把总计划投资额分解为单位工程或分部分项工程的分目标值，并编制资金使用计划；审查施工方提交的施工图预算，严格按施工进度审批工程进度款，使建设资金得到合理分配；在施工过程中，严格控制设计变更和技术核定，并按规定程序确定工程变更价款；站在客观公正立场上，以合同为依据及时处理各种索赔，并做好投资支出分析。

7.4.1 施工阶段投资控制的依据和原则

1. 投资控制的依据

(1) 合同文件。合同文件是工程监理和投资控制的基本依据，监理工程师必须正确理解和熟练掌握合同文件，包括来往函文。合同文件是一个有机的整体，它的内容是统一的，并且互相解释和互为补充。监理工程师首先要能正确地理解合同文件，才能正确地解释和应用合同文件，充分发挥合同文件的约束力，有根有据地促使合同当事人严格履行合同规定的相互权利和义务。同时监理工程师必须熟悉合同文件、来往函文、文件的先后次序、修改补充的内容，甚至废除替代的条款，都要非常清楚。

（2）国家和地方有关法律、法规、规章制度及政策性文件。对于基本建设领域主要包括民法通则、合同法、招标投标法、建筑法以及建设工程质量管理条例等行政法规，这些法律法规具有普遍适用性，是调整平等民事主体在民事法律关系中应遵循的基本准则，合同当事人及参与方的建设行为必须满足合法性要求。

（3）工程设计图纸、设计说明及设计变更、洽商。

（4）材料、设备、人工等市场价格信息。

（5）《分项、分部工程施工报验表》。

（6）现行技术规范、定额、强制性标准等。

2. 投资控制的原则

（1）应严格执行建设工程施工合同中所约定的合同价、单价，工程量计算规则和工程款支付方法。

（2）应坚持对报验资料不全、与合同条件的约定不符、未经监理工程师质量验收合格或有违约的工程量不予计量和审核，拒绝该部分工程款的支付。

（3）处理由于工程变更和违约赔偿引起的费用增减应坚持合理、公正。

（4）对有争议的工程量计量和工程款支付，应采取协商的方法确定；在协商无效时，由总监理工程师做出决定。若仍有争议，可执行合同争议调解的基本程序。

（5）对工程量及工程款的审核应在建设工程施工合同所约定的时限内。

7.4.2 施工阶段的投资控制过程

施工阶段的投资控制过程可分为事前控制、事中控制和事后控制三个阶段。

1. 投资事前控制

就是对工程风险进行预测，并采取相应的防范对策，尽量减少施工单位提出索赔的可能。包括以下几方面内容：

（1）研究熟悉设计图纸、设计要求、标底标书，分析合同价构成因素，明确工程费用最易突破的部分和环节，从而明确投资控制的重点。

（2）按照合同要求，及时提供设计图纸等技术资料，尽量不给施工单位造成索赔条件。

（3）根据合同规定的条件，协助业主如期提交施工现场，并按期、按质、按量地提供由业主负责的材料、设备到现场，使其能如期开工、正常施工、连续施工，不要违约造成索赔条件。

（4）预测工程在施工过程中可能发生的风险以及可能导致索赔的诱因，制定防范性对策，减少向业主索赔事件的发生。

2. 投资事中控制

投资的事中控制包括以下几方面内容：

（1）监理工程师在施工过程中主动搞好设计、材料、设备、土建、安装及其他外部协调、配合，不要造成对方索赔的条件。

（2）对工程变更、设计修改等情况应事前进行技术经济合理性预分析，慎重处理。

（3）严格执行合同规定，及时答复施工单位提出的问题及配合要求，避免造成违约和对方索赔的条件；及时对已完工程计量进行验方，不要造成未经监理验方认可就承认其完成数量的被动局面；及时向对方支付进度款，避免造成违约被处以罚款的条件。

（4）严格经费签证，凡涉及经济费用支出的停窝工签证、用工签证、使用机械签证、材料代用、材料调价等的签证，项目总监理工程师最后核签后方才有效。

（5）完善价格信息制度，及时掌握国家调价的范围和幅度。

（6）检查、监督施工单位执行合同情况，使其全面履约；定期、不定期地进行工程费用超支分析，并提出控制工程费用突破的方案和措施；定期向总监、业主报告工程投资动态情况。

3. 投资事后控制

投资事后控制包括认真审核施工单位提交的工程结算书，公正地处理施工单位提出的索赔等内容。

7.4.3 施工阶段投资控制的措施

施工阶段的投资控制应从组织、经济、技术、合同等多方面出发，采取各种措施确保投资实际支出不超过目标值。

1. 组织措施

（1）落实投资控制的人员，并进行详细的任务分工和职能分工，落实好资金、设备、材料到位时间与施工项目进度的关系。

（2）编制本阶段投资控制工作计划和详细的工作流程图。

2. 经济措施

（1）编制资金使用计划，确定、分解投资控制目标。

（2）进行工程计量，严格审核各项费用支出，采取节约投资的奖励措施。

（3）复核工程付款账单，签发付款证书。

（4）在施工过程中进行投资跟踪控制，定期地进行投资实际支出值与计划目标值的比较；发现偏差，分析原因，采取纠偏措施。

（5）对工程施工过程中的投资支出做好分析和预测，经常或定期向业主提交项目投资控制及其存在问题的报告。

（6）协商确定工程变更的价款，审核施工结算。

3. 技术措施

（1）严格控制设计变更的发生，如变更，要对变更进行技术经济的比较。

（2）继续寻找通过设计挖潜节约投资的可能性。

（3）对承包商编制的施工组织计划和施工方案要严格审核，进行技术经济分析。

（4）加强对施工现场的安全管理和文明施工，防止人身和设备事故的发生。

4. 合同措施

（1）做好工程施工记录，保存好各种文件图纸，特别是标注有实际施工变更情况的图纸。要保存好各种原始资料，为正确处理可能发生的索赔提供依据。特别提醒注意的是，有关会议决定和业主口头安排的项目要做好记录，及时补办有关手续，参与处理索赔事宜。

（2）参与合同修改、补充工作，着重考虑它对投资控制的影响。

7.4.4 施工阶段投资控制的主要内容

施工阶段投资控制的主要内容有：

1. 编制资金使用计划

监理工程师根据施工进度计划和工程预算，制订出相应的资金使用计划，合理地确定建设项目投资控制目标值，包括建设项目的总目标值，分目标值、各细目标值。施工阶段，以投资控制目标为依据，对项目投资实际支出值与目标值比较，找出偏差，使控制措施更具针对性。编制资金使用计划的方式有两种：

（1）按子项编制资金使用计划。建设项目可层层分解成若干单项工程、单位工程及分部分项工程组成。按分解的子项对资金的使用进行合理分配时，必须先对工程项目进行划分，划分的粗细程度根据实际情况而定。

（2）按时间进度编制的资金使用计划。建设项目投资是分阶段支出的，资金使用是否合理与资金时间安排有密切关系。为了编制资金使用计划，并据此筹措资金，尽可能减少资金占用和利息支付，有必要将总投资目标按使用时间进行分解，确定分目标值。

编制按时间进度的资金使用计划时，要求在拟定工程项目的执行计划中，一方面确定完成某项工作所耗的时间，另一方面确定完成这一工作的合适的支出预算。将网络计划与资金两者结合，形成资金使用计划。利用确定的网络计划便可计算各项工作的最早及最迟开工时间，可编制按时间进度划分的投资累计曲线（S形曲线），如图 7-6 所示。

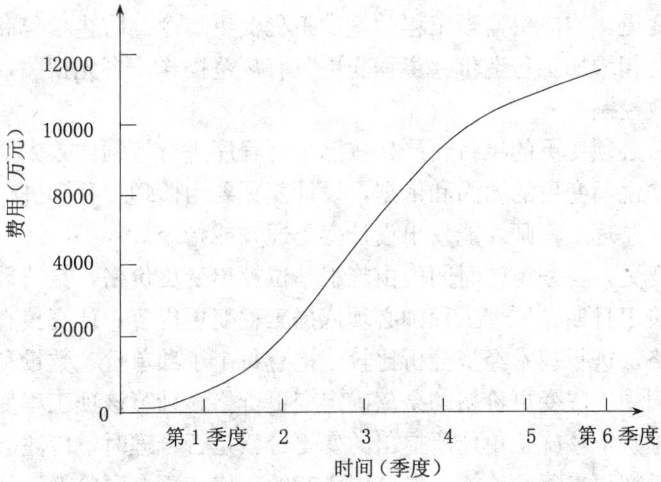

图 7-6　按时间进度划分的投资累计曲线

2. 工程计量

工程计量要按照工程承包文件的规定以及监理机构批准的方法、范围、内容和单位进行计量。对施工单位不符合工程承包合同文件要求，未经工程质量检验合格或未按设计要求完成的工程与工作不予计算；工程计量要严格执行“质量达到合同标准的已完工程才予以计量”的原则，对质量验收不合格或未达到验收条件的工程坚决不予以计量；对施工单位未经批准，超出设计图纸要求增加的工程量和自身原因造成返工的工程量，均不予计量。

工程施工过程中，工程计量属于中间支付计量，监理工程师可以按工程承建合同文件规定，在事后对已经通过审查和批准的工程计量，再次进行审核、修正和调整，并为此发布修正与调整工程计量的签证。

通常月完成工程量计量程序如下：

（1）承包单位根据当月实际完成工程量编报《月完成工程量统计报表》，并同时编报《月完成工程量报审表》报项目监理机构。

（2）项目监理机构对承包单位所报月完成工程量进行审查。审查原则是：

1）所报工程量已经过监理工程师签认，并且对所填报的《____工程报验申请表（A4）》经现场验收质量合格；

2）所报工程量与现场形象进度基本符合。

（3）项目监理机构的各专业监理工程师按现场与实际完成核查工程量，必要时要求承包单位派人员参加，共同进行，核算工程量时必须符合概算定额的有关规定或合同的约定。

（4）项目监理机构的造价控制监理工程师将工程量核查有差异项目计入承包单位编报的《月完成工程量报审表》，并签发。

（5）承包单位对有差异项目如意见不一致，可进行协商确定，协商不成，总监理工程师有权决定。

（6）承包单位按造价控制监理工程师审批的工程量作为申报月工程进度款的依据。

3. 严格控制设计变更及工程索赔

施工过程中发生设计变更往往会引起投资的增加，监理工程师为了控制投资在预定的目标值内，必须严格控制和审查设计变更，保证总投资额不被突破。工程变更可能来自很多方面，包括建设单位的原因、设计单位的原因、监理单位的原因等情况。不论哪一方造成的工程变更，均应由监理工程师签发工程变更指令。防止承包商为了追求利润而搞工程变更，变相增加工程造价。工程变更只有规范操作，事先把关，主动控制，其投资才能得到有效控制。

监理工程师对必须变更的项目要严格按照变更程序进行控制：首先要由变更单位提出工程变更申请，说明变更的原因和依据，设计变更要由监理工程师进行审查，并报请建设单位同意后，监理工程师才能发出设计变更通知或指令。

合同价款的变更，在一定的时间内由施工单位提出变更价格，报监理工程师批准后调整合同价款和竣工日期。监理工程师必须依据工程变更内容，认真核查工程量清单和估算工程变更价格，进行技术经济分析比较，检查每个子项单价、数量和金额的变化情况。按照承包合同中工程变更价格的条款确定变更价格、计算该项工程变更对总投资额的影响。监理工程师审核施工单位所提出的变更价款是否合理时，应注意以下几点：①合同中已有适用于变更工程的价格，按合同已有的价格变更合同价款；②合同中只有类似于变更工程的价格，可以参照类似工程的价格变更合同价款；③合同中没有适用或类似于变更工程的价格，由施工单位提出适当的变更价格，与监理工程师及业主进行协商后，并经监理工程师确认后执行。实际工作中，可以采用合同中工程量清单的单价和价格来确定变更价款，也可通过协商来确定单价和价格。

4. 工程款的中间支付

对按设计图纸及其技术要求完成的、并按合同规定应给予计量支付的工程项目，经检验合格后，根据工程承包合同文件及其技术条件、国家及有关部门颁布的工程费用管理规程和规定，监理工程师对其进行计量和办理合同支付。

施工阶段，施工单位应严格按合同条件规定的程序或格式要求，向监理工程师递交工程款支付申请报告或报表。监理工程师应严格按工程承包合同文件规定，及时办理工程价款支付审查与签证。同时监理工程师应对呈报单位工程款的使用进行监督，确保业主支付的工程款用于合同工程。工程款的支付一般按月进行，监理工程师对施工单位提出的工程款合同支付申报进行审查，必须符合以下条件：①属于监理范围，工程承包合同规定必须进行结算的；②当月完成或当月以前完成，尚未进行支付结算的；③有相应开工指令，施工质量检验合格证和分项、分部工程（或工序）质量评定表（属于某单位工程最后一个分部工程者，尚必须同时具备该分部工程、单位工程质量评定表）等完整的监理认证文件；④监理工程师确认签证的合同索赔支付。

监理工程师对施工单位递交的工程款支付申请进行审核，根据具体情况可以提出以下几种签证意见：①全部或部分申报工程量准予结算；②全部或部分申报工程量暂缓结算；③全部或部分申报工程量不予结算。对于暂缓结算或不予结算的工程量，在接到监理工程师审签意见后的7天内，施工单位项目经理可书面提请总监理工程师重新予以确认，也可在下次支付申请中再次申报。

7.5 建设项目的进度控制

施工阶段的进度控制是施工监理过程中“三大控制”的重要组成部分。工程进度是各种因素综合作用的结果，也是监理单位实施控制最困难的环节之一。

施工阶段的进度控制是指监理工程师依据监理合同文件所赋予的权力，在项目实施阶段运用各种监理方法和手段，在确保工程质量、安全和投资费用的前提下，督促施工单位采用先进合理的施工方案以及组织、管理措施，按照预定的计划目标或合同规定的建设期限以及经监理工程师批准的工期延期时间完成工程项目的施工建设。施工阶段进度控制的总目标是已批准的施工总工期，最终目的是为了确保建设项目在预定的时间内完成或提前交付使用。

监理工程师要根据施工进度的总目标及资源优化配置的原则，对工程项目施工阶段的工作内容、工作程序、持续时间和衔接关系，编制控制计划并付诸实施，并对施工单位进度计划的实施过程实施监控，检查实际进度是否按计划要求进行，对出现的偏差情况进行分析，督促施工单位采取补救措施或调整、修改原计划后再付诸实施，直至工程竣工验收交付使用。

7.5.1 影响施工进度的因素分析

建设项目一般具有规模庞大、技术复杂、施工过程较长以及相关单位较多等特点，因而对施工进度产生影响的因素也相应较多。监理工程师要对施工进度进行有效的控制，就必须在施工进度计划实施之前，对影响施工进度的因素进行全面分析和预测，进而提出保证进度计划成功实施的措施，以达到对施工进度进行主动控制的目的。影响施工进度的主要因素有：

1. 业主方的影响

由于业主方自身的原因，给施工进度造成影响的因素较多。如业主不能及时提供满足连续施工的场地条件，施工临时占地申请未及时办妥等。此外，业主方必须有足够的资金才能保障工程施工的顺利进行。假如业主不能及时支付足够的工程预付款，或者是由于拖欠工程进度款，这都会影响到施工单位流动资金的周转，进而殃及施工进度。监理工程师在确定进度目标时要充分考虑业主的资金提供能力及资金到位速度，并事先提醒业主单位制定可靠的资金保障计划，避免因资金供应不足或不及时而拖延进度，导致工程索赔等不良后果。总之，监理工程师应协助、督促业主做好自身的工作，确保施工进度目标的实现。

2. 施工单位的影响

施工现场的情况千变万化，如果施工单位的施工方案不当，计划不周，管理不善，解决问题不及时等，都会影响工程项目的施工进度。比如，施工单位在施工过程中采用不成熟的施工工艺，技术方案失当；施工组织计划不周，导致停工待料和相关作业脱节，工程无法正常进行；施工流水组织不合理，劳动力和施工机械调配不当，施工平面布置不合理；没有建立切实有效的进度控制体系。监理工程师要积极协助施工单位解决问题，确保工程施工进度控制目标的实现。

3. 设计单位及设计变更的影响

设计单位是工程项目建设的重要主体之一，设计单位的因素也会给施工进度造成影响。如设计单位提供图纸不及时、不配套或图纸错误都会对拖延施工的进度。此外，在施工过程中出现设计变更是难免的，可能是由于原设计有问题需要修改，也可能是业主提出了新的要求。监理工程师应和设计单位密切沟通，加强图纸审查，并对设计变更从进度、质量、投资影响的角度进行审核，严格控制随意变更。

4. 工程建设其他相关单位的影响

在施工阶段，与项目相关的单位除了业主、施工单位、设计单位和监理单位三方外，还有规划部门、建设主管部门、设计单位、材料供应单位、资金贷款单位、供电单位等等。在工程的施工阶段，项目相关单位的工作会对工程的施工进度产生方方面面的影响。如材料和设备供应商的材料和设备不能按期运抵施工现场，或质量和规格不符合要求，都将使工程陷入停顿状态。克服这些部门产生的不利影响的有效方法就是充分发挥自身的能动性，积极沟通、加强协作，并相互监督，坚持按合同办事；对无法进行协调控制的进度关系，在进度计划的安排中应留有足够的机动时间。对于由于业主方与相关单位的协调问题而对施工进度可能造成影响的事项，监理工程师应采取主动控制的措施，避免对施工进度的影响。

5. 施工环境、条件的影响

在施工过程中，往往会遇到气候、水文、地质及周围环境等方面的不利因素，对工程的施工进度会产生影响。此外，施工中发现地下埋藏文物，需要保护或处理；由于节假日交通繁忙，对材料运输带来影响；政府组织的市容整顿、检查等等都会对施工进度有所影响。监理工程师应对施工单位不能自行解决的问题，协助疏通关系，积极创造解决问题克服困难的条件。

6. 各种风险因素的影响

风险因素包括政治、经济、技术及自然等方面的各种可预见或不可预见的因素。政治方面有社会动乱，国家政策变化等因素；经济方面有延迟付款、汇率变动、换汇控制、通货膨胀、分包单位违约等因素；技术方面有工程事故、实验失败、标准变化等；自然方面的有地震、洪水等。以上这些因素都会对施工进度产生或大或小的影响，监理工程师应加强风险管理，并对发生的风险事件给予恰当的处理。

7.5.2 施工阶段的进度控制过程

1. 按进度控制的实施过程划分

施工阶段进度控制的实施过程可分为进度的事前控制、事中控制和事后控制。

（1）进度的事前控制。进度的事前控制又可称为工期预控，主要工作内容如下：

1）根据项目总工期以及施工招标阶段的要求，结合项目的具体情况，编制进度控制的工作计划；

2）审核施工单位的总进度计划，确认其可行性并满足进度控制的计划要求；

3）审核施工单位的单位工程施工进度计划，确认其满足合同规定的开竣工日期，并与其他施工进度计划协调；

4）制订业主方的材料和设备供应进度计划，使其满足施工要求；

5）编制年、季、月度工程计划，以施工总进度计划为基础编制年度工程计划，安排年度工程投资额，单项工程的项目、形象进度和所需各种资源，做好综合平衡，相互衔接。

（2）进度的事中控制。进度的事中控制，又称为进度过程控制，是进度计划能否付诸实现的关键过程。进度的事中控制包含两方面内容：一是进行进度检查，动态控制和调整；二是及时进行工程计量，为向施工单位支付工程款提供进度方面的依据。工作内容如下：

1）检查施工单位的施工进度，审核施工单位提交工程进度报告；

2）发现实际进度和计划进度发生偏离时，分析原因，提出进度调整的措施和方案，进行工程进度的动态管理；

3）进行进度、计量方面的签证，核实已完工程量，签发支付工程进度款的凭证；

4）组织施工进度现场协调会；

5）建立工程进度的监理日志；

6）定期向总监、业主汇报工程进度情况。

（3）进度的事后控制。进度的事后控制是指当出现施工单位的实际进度与计划进度不一致时，分析原因并采取相应措施：保证总工期不突破前提下的对策措施，如增加工作人数，实行平行流水立体交叉作业等；在总工期突破后的补救措施；调整相应的施工计划、资金供应计划等。

2. 按进度控制的程序划分

施工阶段的进度控制可以分成审核施工进度计划、监督施工进度计划实施、检查和报告施工进度偏差、进度偏差的处理及计划调整四个阶段，如图 7-7 所示。

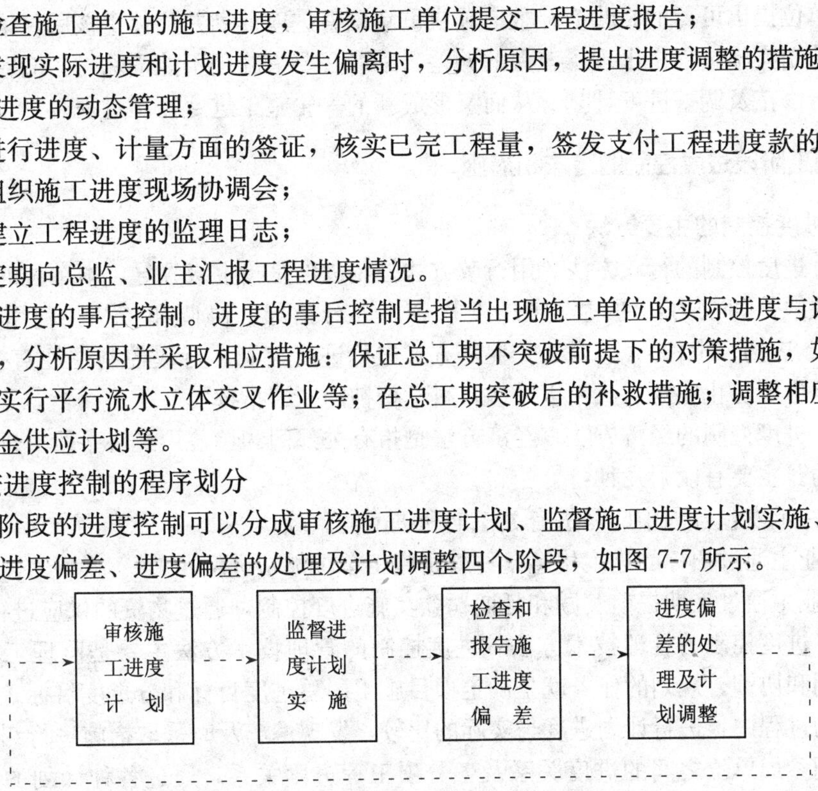

图 7-7　施工阶段监理进度控制的程序

（1）审核施工进度计划。在施工开始之前，监理工程师审核施工单位的进度计划包括施工单位的总进度计划、单位工程的施工进度计划。编制与审核施工进度计划，应注意协调好各施工单位的施工进度，避免或减少相互间的施工干扰，通过编制计划落实安排有关各方面的工作任务和责任。审核资源供应计划，进行资源的优化配置，使人力、机械、材料等资源得以充分利用。

(2) 监督进度计划实施。监理工程师在进度计划的执行中，根据进度控制目标及经审核的施工进度计划，监督各施工单位实施，并定期采用适当手段检查计划执行的结果，比较与分析实际进度与计划进度的差异。随时注意施工进度计划的关键控制点，收集掌握现场施工进度的信息，了解施工进度计划的执行情况，协助施工单位实施进度计划。

(3) 检查和报告施工进度偏差。随时了解施工进度实施的动态，及时检查和审核施工单位提交的进度统计分析资料和进度控制报表。此外，监理工程师应进行现场跟踪检查，检查现场工作量的实际完成情况，为进度分析提供可靠的数据资料，做好工程施工进度记录；并将计划与实际进行比较，从中发现是否出现偏差。定期向业主汇报工程实际进展状况，按期提供必要的进度报告、组织定期和不定期的现场会议，及时分析、通报工程施工进度状况。分析施工进度偏差造成的原因及对总进度计划的影响。检查和报告施工进度偏差的步骤可以概括为：分析施工进度现状，找出实际进度与计划进度的偏差；对进度拖后或超前的原因调查分析，把各个影响因素排队，找出主要影响因素以及进度控制的重点对象；向业主报告偏差状况。

(4) 进度偏差的处理及计划调整。当发现实际施工进度与计划进度发生偏差时，要求施工单位提出可行的修改或补救措施或重新调整进度计划并加以审核后付诸实施。施工进度计划实施过程中出现了较大的偏差，采取必要措施仍不能消除时，应对阶段进度目标进行修正及调整进度计划。从而又形成新的一轮施工进度控制过程。

7.5.3 施工阶段进度控制的方法和措施

1. 进度控制的主要方法

(1) 进度控制的行政方法。用行政方法控制进度是指上级领导、本单位的领导，利用其行政地位和权力，通过发布进度指令，进行指导、协调和考核。利用激励手段(奖、罚、表扬、批评)，监督、督促等方式进行进度控制。行政控制往往直接、迅速、有效，但也要防止主观、武断以及违背科学精神的“瞎指挥”。

(2) 进度控制的经济方法。经济方法是指有关部门和单位用经济手段对进度进行影响和制约。主要有以下几种：

1) 在承发包合同中，写进有关工期和进度的条款；

2) 业主通过招标的进度优惠条件鼓励施工单位加快进度；

3) 业主通过工期提前奖励和延期罚款实施进度控制，通过物资的供应进行控制等。

(3) 进度控制的管理技术方法。进度控制的管理技术方法主要是监理工程师的规划、控制和协调。规划的任务就是确定项目施工的总进度目标和分进度目标；控制就是在施工的过程中，进行计划进度与实际的比较，发现偏离及时采取措施进行纠正；协调就是协调参加单位之间的进度关系及各分项工程进度关系。通过各种计划的编制、优化、实施、调整而实现施工进度控制的目标，可以采用流水作业方法、网络计划方法、滚动计划方法、电子计算机辅助进度管理等进行进度管理。监理工程师尤其是总监要熟练运用如下技术手段，保证预定进度目标实现：

1）编制进度计划。方法有两种：一是横道图，用横坐标表示时间，纵坐标表示工程项目或工作，并带时间比例的水平横道线表示对应项目或工作的持续时间；二是网络计划技术。包括单代号、双代号网络图等。

2）进行工期优化、费用优化、资源优化。其中最常用的是工期优化，其原理是通过压缩关键工序的持续时间，满足工期缩短的要求。

3）进行进度实施中的监测与调整。进度控制的检查、监测方法有：①列表分析法：记录检查日期应该进行的工作名称及其已经作业的时间，然后列表计算有关时间参数，并根据工作总时差进行实际进度与计划进度的比较。②前锋线检查法：通过实际进度前锋线与原进度计划中各工作箭线交点的位置来判断工作实际进度与计划进度的偏差，进而判断该偏差对后续工作及总工期影响程度的一种方法。③横道图比较监测法：将项目实施过程中检查实际进度收集到的数据，经加工整理后，直接用横道线平行绘于原计划的横道线处，进行实际进度和计划进度的对比、分析，找出偏离，及时采取对策，纠正偏差，这是常用的比较法。④S形曲线图监测法：以横坐标表示时间，纵坐标表示累计完成任务量，绘制一条按计划时间累计完成任务量的S曲线；然后将工程项目实施过程中各检查时间实际累计完成任务量的S曲线也绘制在同一坐标系中，进行实际进度与计划进度比较的一种方法，如图7-8所示。⑤香蕉曲线图监测法：由两条组合而成的形似香蕉的闭合曲线，一条是以各项工作最早开始时间ES安排进度计划而绘制成的S曲线，称为ES曲线，另一条是以各项工作最迟开始时间LS安排进度曲线而绘制的S曲线，称为LS曲线，如图7-9所示。

进度实施中调整的方法主要有：改变某些工作间的逻辑关系；缩短某些工作的持续时间。

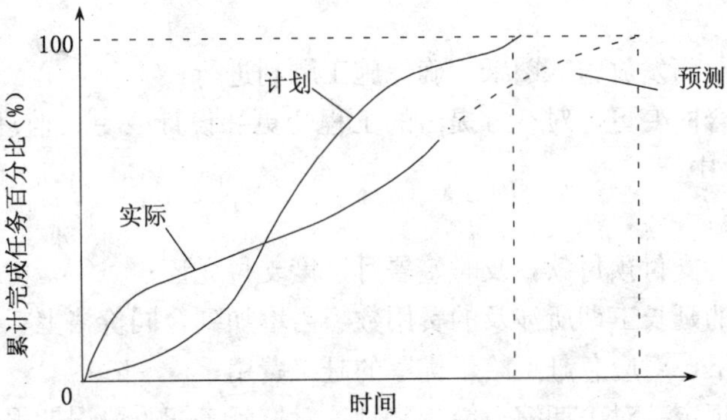

图7-8　S形曲线图监测法

2. 进度控制的措施

监理工程师应根据工程的监理委托合同以及工程的具体情况，制定行之有效的监理进度控制措施。进度控制的措施包括组织措施、技术措施、合同措施、经济措施和信息管理措施。

（1）组织措施：

1）建立监理进度控制目标体系，落实进度控制部门的人员、具体控制任务和管理职能分工；

2）建立进度报告制度和进度信息沟通网络，实现进度信息的及时沟通；

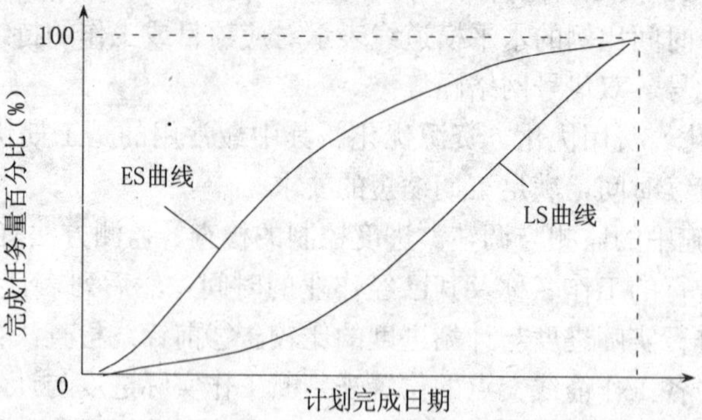

图 7-9　香蕉曲线示意图

3）建立进度协调会议制度，定期、定人员举行协调会；

4）建立进度控制分析制度，对影响进度的各种因素进行分析。

（2）技术措施：

1）编制进度控制工作细则，指导监理人员实施进度控制；

2）采用网络计划技术，和其他先进适用的计划技术，利用计算机辅助监理进度控制，实施项目进度动态控制；

3）组织流水作业，保证作业连续、均衡、有节奏，缩短作业时间、减少技术间歇。

（3）合同措施：

1）在合同文件中，明确合同工期及各阶段的进度目标，分标项目的合同工期应与总进度计划的工期相协调；

2）加强合同管理，协调合同工期与进度计划之间的关系，保证合同中进度目标的实现；

3）按期向承包商发放施工图纸，确保施工顺利进行；

4）严格控制合同变更，对各方提出的工程变更和设计变更，监理工程师应严格审查后补进合同文件中。

（4）经济措施：

1）业主应及时支付预付款，及时签署月进度支付凭证；

2）对已获准的延长工期所涉及的费用数额需增加到合同价格上；

3）业主授权下，对应急赶工给予优厚的赶工费用；

5）按照合同规定，对工期缩短给予奖励，对拖延工期收取误期损失赔偿金；

4）加强索赔管理。

（5）信息管理措施：通过收集项目实施过程中有关实际进度的数据，与计划进度中目标数据进行比较，定期地向业主提供比较报告。

7.5.4 施工阶段进度控制的主要内容

监理工程师在施工阶段进度控制方面的主要任务是：编制施工阶段进度控制工作细则；审查、批准施工单位制定的施工进度计划，监督施工单位执行批准的施工进度计划；对施工进度进行追踪，掌握施工动态，把计划执行情况与计划目标进行比较并找出差异，对比较的结果进行分析；当发现实际进度拖后时，及时指示施工单位修订进度计划和采取有效措施赶上进度；实际进度比计划严重拖后时，有责任下达赶工令，督促施工单位按进度计划施工；当施工实际进度较计划进度超前时，根据投资进度要求，督促施工单位按计划均衡施工；有权根据工程施工中发生的具体情况或根据施工单位申请，经业主批准后下达允许工期顺延的变更指令以及作好各施工单位之间的施工协调工作等。进度控制的主要工作内容如下：

1. 编制施工阶段进度控制工作细则

施工进度控制工作细则是监理工程师根据监理工作大纲或计划，编制的作为实施进度控制更具有实施性和可操作性的具体指导文件。通常包括的内容有：

(1) 施工进度目标分解图。

(2) 施工进度控制工作内容、深度、流程和时间安排。

(3) 进度控制人员的职责分工。

(4) 进度控制的方法（包括进度检查周期、数据采集方式、进度报表格式和统计分析方法等）与具体措施（包括组织措施、技术措施、经济措施及合同措施等)。

(5) 施工进度控制目标实现的风险分析。

(6) 有待解决的问题等。

施工进度控制工作细则是对监理规划中有关进度控制内容的进一步深化和补充，对监理工程师的进度控制实务工作起着具体的指导作用。

2. 按年、季、月编制工程综合计划并审批施工单位的年、季、月进度计划

按年、季、月编制的进度计划中，监理工程师应着重解决各施工单位施工进度计划之间、施工进度计划与资源保障计划之间及外部协作条件的延伸性计划之间的综合平衡与相互衔接问题。并根据上期计划的完成情况对本期计划作出必要的调整，从而作为施工单位近期执行的指令性计划。

在施工阶段，每年初、每季、每月施工前应要求施工单位报送年度、季度、月度的施工进度计划，由项目的进度监理工程师对这些进度计划进行初审，然后由总监理工程师最终审批。

3. 协助并监督施工单位实施进度计划

监理工程师要随时了解施工进度计划执行过程中所存在的问题，并帮助施工单位予以解决，特别是施工单位无力解决的内外关系协调问题。

监督施工单位实施施工进度计划是监理工程师进行进度控制的经常性工作。监理工程师不仅要及时检查施工单位报送的施工进度报表和分析资料，同时还要进行必要的现场实地检查，核实所报送的已完项目时间及工程量。在对工程实际进度资料进行整理的基础上，监理工程师应将其与计划进度相比较，以判定实际进度是否出现偏差。监理工程师应进一步分析此偏差对进度控制目标的影响程度以及产生的原因，以便研究对策、提出纠偏措施。必要时，还应对后期工程进度计划作出适当的调整。

4. 签发工程进度款支付凭证

监理工程师应对承包单位申报的已完分项工程量进行核实，在质量控制人员通过检查验收后签发工程进度款支付凭证。

5. 审批工程延期

由于承包单位以外的原因所造成的进度拖延称为工程延期。可能导致工程延期的主要原因有工程量增加、未及时向施工单位提供设计图纸、工程暂停、不利的气候条件、

业主未按规定时间付款、业主的干扰或阻碍等。只有按照施工合同条件，影响到总工期，并符合实际情况的工期延期才能获得批准，图 7-10 是监理工程师审批工程延期的程序。

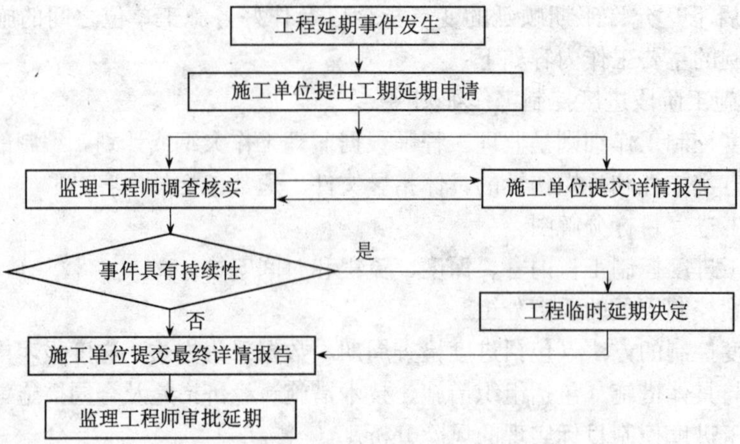

图 7-10　工程延期审批程序

6. 其他内容

(1) 随时整理进度资料、做好工程记录，定期（如每月）向建设单位提供工程进度报告表。

(2) 要根据工程进展情况，督促承包单位及时整理有关技术资料。

(3) 工程进度资料的收集、归类、编目和建档，作为其他项目进度控制的参考。

7.6　材料、设备采购制造监理

材料、设备的采购制造是工程项目实施过程中的一项重要活动，它对工程建设三大控制目标（质量、投资及进度）的实现将会产生重大影响。施工阶段，监理工程师负有全面组织协调施工的责任，而参与和控制材料、设备的采购制造则是监理协调组织工作的重要组成部分。监理工程师必须要有丰富的知识与经验处理材料、设备采购制造过程中的诸多问题。

工程实施过程中所采用的材料、设备众多。材料可分为结构工程所用材料及装修工程所用材料。前者如水泥、钢筋、砂石等等，后者包括地板、油漆、瓷砖等等。工程项目中的设备包括建筑设备与生产设备。建筑设备主要有建筑给水排水工程、建筑采暖与通风工程、建筑电器、电梯与智能建筑的弱电控制系统；生产设备的种类就很多，涉及各行各业，如机械设备、电力设备、纺织设备、制造设备、冶金设备、采矿设备、石油化工设备、电子设备、体育设施、医疗设备，交通运输业中的设备等等。

监理工程师在监理控制过程中应有所侧重，把控制的重点放在主要材料、设备的采购制造监理上。所谓主要材料、设备一般是指对工程造价有较大影响，或其产品质量为施工控制重点，或对工程进度有较大影响，或对工程功能、观感起主要作用的材料设备。对于一般材料、构配件，由施工单位组织采购进场后，填写“工程材料进场报验单”送监理工程师审批，保证质量即可。所谓一般材料、构配件是指有足够的质量保证资料、对造价影响小、较易采购、一般不影响工程进度的材料。

7.6.1 材料、设备采购监理工作内容

对材料、设备的采购过程进行控制是监理工程师材料、设备监理工作的重要环节。材料、设备能否满足设计、施工及生产工艺要求，是否经济适用、安全可靠、经久耐用、技术先进、维修方便，这些都与材料、设备的采购过程密切相关。

负责材料、设备采购控制的监理工程师应掌握设计文件中设备的各项要求、技术说明和规范标准，并对存在的问题通过建设单位向设计单位提出意见和建议。若建设单位直接采购，监理工程师要协助编制设备采购方案；若建设单位委托监理单位负责材料、设备的采购工作，那么监理工程师的任务则将贯穿材料设备采购的全过程。在材料、设备的采购过程中，监理工程师需要做的主要工作有：

（1）在签订施工合同前组织召开材料设备采购订货会。如果建设单位委托了监理单位进行施工招标阶段监理，那么，在与施工方签订施工合同前，监理工程师应专门组织召开材料设备采购订货会，明确由甲方供应的材料设备种类、规格、数量、价格、质量等级和供货时间、地点等（此时可能还无法将价格、供货时间等明确定下来，可先暂定），将包括上述内容的清单写入施工合同，除去甲方供应的外，由乙方负责供应采购的材料设备也最好列出明确的清单，避免引起漏项和扯皮。

（2）拟定或协助甲方采购人员拟定材料、设备供应进度计划，以满足和配合施工进度要求；并从规格、型号、性能等技术数据方面提供咨询建议，使采购合同符合设计和规范的要求。

（3）材料、设备订货前做好厂商的评审和实地考察，考查供货厂商的资质、供货能力，近几年供应、生产制造的类似设备的情况；并协助甲方进行材料设备招标、合同谈判和签订。

（4）督促材料设备及时进场，并组织甲乙方共同开箱验收、移交，并按规定作有关检测、试验等。

在材料设备的采购阶段，为了实现合理的材料设备合同价，选择合适的材料设备供应单位是关键环节。对于大型、复杂、关键设备和成套设备及生产线设备的订货，一般采用公开招标，以确定厂家及价格；或者是先挑选相关材料设备厂家进行考察，并要求这些厂家分别报价，最后通过比价及谈判而最终确定材料设备的供应单位。

材料、设备若由施工安装单位负责采购，监理工程师主要做好以下工作：

（1）施工安装单位采购前要向监理工程师提交材料设备采购方案，经审查同意后方可实施。监理工程师要对编制的采购方案进行审查，审查内容包括：采购的基本原则；保证材料设备质量的具体措施；依据的图纸、规范和标准；是否满足施工进度要求；检查及验收程序；质量文件要求等。

（2）要求施工单位提交有关材料设备清单（包括规格、型号、数量等），协同甲方人员对乙方申报的价格进行审核认定。

（3）为了做好认价工作及对材料设备质量的预控，协同甲乙方及设计人员共同对重要材料、设备生产厂家进行考察；要求厂家提供本地区使用该产品的工程项目清单，必要时对其参观调查；考察完毕后，召开协调会，确认厂家。

（4）监督采购订货合同的签订，要求施工单位申报合同复印件；审核材料设备供应计划，检查材料设备加工制造的质量、进度，综合协调施工部署。

（5）催促材料设备及时进场，进场时要求乙方报送“材料设备进场报验单”；对进场材料设备进行验收、抽查试验或检测；在对重要材料、设备进场验收时，抽查封样，并由法定检测部门进行检测。拒收不合格材料设备，要求乙方重新采购符合合同要求的材料设备。

7.6.2 材料设备制造、进场的监理控制

虽然监理工程师可在材料、设备进场时对不符合设计及规范要求的材料和设备予以拒收，但也会在经济及工期上给工程项目带来的一定损失。因此，监理工程师应对材料、设备实施事前控制，要遵循“严格监理、预控为主”的原则。监理实施预控的主要工作在于对重要材料、设备生产制造厂家进行实地考察，以确定合适的厂家。一般包括以下考察内容：

（1）类似工程使用该材料设备情况。

（2）生产工艺及主要生产设备情况。

（3）供应能力和生产水平。

（4）企业资信情况。

（5）生产质量保证体系。

对于某些关键的、重要的设备，应由专业的监理工程师对制造厂商实施设备生产制造全过程的监控。设备监造就是指具有资质的监理企业依据委托监理和设备订货合同对设备制造过程进行的监督活动。

设备制造前监理工程师的主要工作是：

（1）熟悉图纸、合同，掌握标准、规范、规程，明确质量要求。

（2）明确设备制造过程的要求及质量标准。

（3）审查设备制造的工艺方案。

设备制造过程是监理控制的重点，监理工程师的主要工作有：

（1）在设备制造过程中进行监督和检验，包括对加工作业条件的控制；对工序产品的检查和控制；对设计变更的审核等。

（2）对设备的装配和整机性能进行检测。

（3）进行设备出厂前的检查。

（4）对质量记录资料进行监控，主要有制作单位质量管理检查资料，设备制造依据及工艺资料，设备制造材料的质量记录，零部件加工检查验收资料等。

一般情况下，在商签施工合同时就要求施工单位报送施工组织设计，其中应包括材料设备供应计划和施工作业进度计划。监理审核其加工订货计划是否满足施工进度计划的要求。由于实际中许多施工组织设计达不到这样的深度要求，所以在施工阶段监理过程中，应要求施工单位申报材料设备的采购制造计划及相应估算资金流量，并细加审核，进行动态管理，主要注意是否存在采购制造项目落后施工进度安排的要求、估算资金流量是否合理。其次，对重要的材料、设备加工制造进度要定时检查，使材料设备的进场时间得到预控。最后，根据施工实际形象进度催促货物进场，使施工部署得到综合的协调和控制。

材料设备进场验收前，施工安装单位要提交材料设备检查验收方案，经监理工程师审查同意后，方可实施，监理工程师要做好质量控制计划，内容包括材料设备检查验收

的程序，检查项目、标准、检验、试验要求，材料设备合格证等质量控制资料的要求，是否具有权威性的质量认证等。材料、设备检验程序一般如下：

（1）材料设备进入现场前，施工安装单位应向项目监理机构提交《工程材料/构配件/设备报审表》，同时附有材料设备的出厂合格证及技术说明书、质量检验证明、有关图纸及技术资料，经监理工程师审查，如符合要求，则予以签认，材料、设备方可进入安装现场。

（2）设备进场后，监理工程师应组织施工安装单位在规定的时间内进行检查，此时供货方或设备制造单位应派人参加，按供货方提供的设备清单及技术说明书、相关质量控制资料进行检查验收，经检验确认合格，则验收人员签署验收单。如发现供货质量有误，或实物与清单不符，或对质量文件资料的正确有怀疑，或设计文件及验收规程规定必须复验合格后才可安装，应由有关部门进行复验。

（3）如经检验发现材料、设备质量不符合要求时，则监理工程师拒绝签认，有供货方或制造单位予以更换或进行处理，合格后再进行检查验收。

（4）工地交货的大型设备，一般由厂房运到工地后组装、调试和试验，经自检合格后再由监理工程师组织复验，复验合格后才能予以验收。

（5）进口设备的检查验收应会同国家商检部门进行。

附录一　某项目施工阶段监理细则

一、水泥粉喷桩工程施工质量监理实施细则

1. 质量标准

质量标准按《建筑安装工程质量检验评定统一标准》的规定和国家颁发的有关建筑工程施工及验收规范执行，监理人员在执行实施细则之前必须熟练地掌握工程质量检验评定标准中的保证项目，基本项目及允许偏差项目的内容和质量标准，掌握工程质量检验评定标准是每一个监理人员从事监理工作必备的基本功之一，各分项工程的保证项目是投入正常使用的前提和质量验评的条件。凡未达到保证项目的规定要求，必须返工重做，直至符合规定，各分项工程的基本项目，是工程质量在正常情况下，应该达到的规定。监理处总监理工程师要经常组织监理人员学习贯彻，并进行考核，不断提高监理工作质量，在具体执行本实施细则之前，总监理工程师或专业监理工程师要把质量标准向监理人员讲解清楚，并把责任落实到人。

2. 水泥粉喷桩工程质量预控内容

(1) 研究工程地质勘察报告、桩位平面布置图、桩基结构施工图，弄清设计要求，对粉体搅拌桩工程进行预测分析。

(2) 审核承包单位的粉体搅拌桩施工组织设计或施工技术方案。

(3) 审查承包单位申报和进场原材料——水泥出厂合格证或试验报告单及水泥 28 天补强报告。

(4) 考察现场搅拌桩机设备的状况（生产能力、生产质量、管理水平等），粉喷桩机型号为 PH-5A，一台。

(5) 检查钻孔机、钻孔深度、喷灰、复搅、停灰面、水泥掺量为 55g/m。

(6) 认真做好试桩的监理工作，以取得经验和根据实际情况修改工艺操作，保证施工质量。

(7) 粉喷桩施工时应对加固深度、桩长、复搅长度、喷灰量加强监理，及时指出存在的问题，对于错误的施工手段及方法应指令承包人及时纠正。

(8) 施工原始记录不得弄虚作假及涂改，监理人员应认真检验。粉喷桩的质量检验：

1) 粉喷桩属地下隐蔽工程，其质量控制应贯穿在施工的全过程，并应坚持全方位的施工监理。

2) 施工过程中必须随时检查加固料用量、桩长、复搅长度及施工中有无异常情况，记录其处理方法及措施，浅部开挖桩头，其深度宜为 500mm，目测检查搅拌的均匀性，量测成桩直径，检查频率为 10%，钻杆倾斜度允许偏差 1%，单桩喷粉量允许偏差 8%。

3) 成桩 7 天内采用轻便触探仪（N10）检查桩的质量、触探点应在桩径方向 1/4 处，抽检频率为 2%，成桩 28 天后在桩体上部（桩顶以下 0.5m、1.0m、1.5m）在截取三段桩体进行现场足尺桩身无侧限抗压强度试验，检查频率为 2%，每一工点不得小

于2根。

4）在取得粉喷桩材料与波速关系的前提下，可采用小应变动测法进行桩长及成桩均匀性的定性检查，在保证取岩芯质量的前提下，可用钻探取岩芯进行检查及进行必要的室内强度试验。

5）对于重要工程或有特殊要求的工程应做单桩及复合地基载荷试验。

6）按照设计图纸、《建筑地基基础施工质量验收规范》GB 50202—2002及《粉体喷搅法加固软弱土层技术规范》TB 10113—96进行监督施工，以确保桩基达到设计要求。

二、模板工程施工质量监理实施细则

1. 审核模板工程的施工方案

模板工程质量预控内容：根据主体工程的结构体系、荷载大小，合同工期及模板的周转情况等，综合考虑承包单位所选择的模板和支撑系统是否合理、提出审核意见，审核中要重点审定：

(1) 能否保证工程结构和构件各部分形状尺寸和相关位置的正确，节点及异型部位模板设计是否合理（是否采用专用模板）。

(2) 是否具有足够的承载能力，刚度和稳定性，能否可靠地承受新浇混凝土的自重和侧压力，以及在施工过程中所产生的荷载。

(3) 模板接缝处理方案能否保证不漏浆。

(4) 模板及支架系统构造是否简单，装拆方便，并便于钢筋的绑扎，安装清理和混凝土的浇筑、养护。

(5) 对特殊结构要求承包单位的绘制全套模板设计图（模板平面图、分块图、组装图、节点大样图以及零件加工图）。

2. 对进场模板规格、质量进行检查

目前施工中常用钢组合模板、木模板、胶合板模板、塑料模板等，监理工程师应对模板质量（包括质量使用条件下的模板）、外型尺寸、平整度、板面的洁净程度以及相应的附件（角模、连接附件）以及支撑系统都进行检查，并确定是否可用于工程，提出修整意见，重要部位应要求承包单位按要求预拼装。

对承包单位采用的模板螺栓应在加工前提出预控意见，确保加工质量，确保模板连接后的牢固。

3. 隔离剂（脱模剂）

选用质地优良和价格适宜的隔离剂是提高混凝土结构、构件表面质量和降低模板工程费用的重要措施，各种隔离剂都有一定的应用范围和应用条件，在审批时应注意：

(1) 注意脱模剂对模板的适用性，如胶模剂用于钢模板时，应具有防锈、阻锈性能，用于塑料模板时，应不使塑料软化变质，用于木模板时，要求它渗入木材一定深度，但不致全部吸收掉，并能提高木材的防水性能。

(2) 要考虑混凝土结构构件的最终饰面要求，如构件的最终饰面是油漆、刷浆或抹灰，应选用不影响混凝土表面粘结的脱模剂，在建筑装饰的混凝土构件，则应选用不会使混凝土表面污染和变色的脱模剂。

(3) 要注意施工时的气温和环境条件，在冬期施工时，要选用冻结点低于最低气温的脱模剂；在雨季施工时，要选用耐雨水冲刷的脱模剂；当混凝土构件采取蒸气养护时，应选用热稳定性合格的脱模剂。

（4）应注意施工工艺的适应性，有些脱模剂刷后即可浇筑混凝土，但有些脱模剂要等干燥后才能浇筑混凝土，因此选用时就考虑脱模剂的干燥时间是否满足施工工艺要求，脱模剂的脱模效果与拆模时间有关、当脱模剂与混凝土接触面之间粘结力大于混凝土的内聚力时，往往发生表面混凝土被局部粘结掉现象，因此具体拆模时间，应通过试验确定。

4. 模板工程施工质量监理

专业监理工程师针对模板工程施工过程中的质量通病，监督承包单位严格遵守施工工艺操作规程，消除质量通病，专业监理工程师应掌握常见质量通病。

（1）墙、柱支模前应先在基底弹线，以弹线校正钢筋位置，并为合模后检查位置提供准确的依据。

（2）为防止胀模、跑模、错位，造成结构断面尺寸超差、位置偏离，漏浆造成蜂窝麻面，模板支撑应符合模板设计要求。

1）柱模应有斜撑或拉杆每边宜设两根，固定在事先埋入楼板内的钢筋环上，用花篮螺栓调节校正模板垂直度，拉杆与地面夹角宜为45°，预埋钢筋环与桩距离宜为3/4柱高。

2）剪力墙模板穿墙螺栓规格和间距要符合模板设计。一般穿墙螺栓应用ϕ12mm以上的钢筋制作，间距一般不大于60cm。

3）梁模板一般情况下采用双支柱，间距从60～100cm为宜，支柱上面垫10cm×10cm方木，支柱中间或下边加剪力刀撑和水平拉杆，梁侧模板竖龙骨间距一般情况不宜大于75cm，梁模板上口应用卡子固定，当梁高超过60cm时，加穿梁螺栓加固。

4）楼板模板一般情况下支柱间距为80～120cm，大龙骨间距60～120cm，小龙骨间距为40～60cm。

（3）对模板拼接缝、节点位置、模板支模情况及加固情况应认真检查，防止漏浆及缩劲现象。

（4）现浇钢筋混凝土梁板，当跨度等于或大于4m时，模板应起拱，当设计无具体要求时，起拱高度宜为全跨长度的1/1000～3/1000。

（5）预埋件、预留孔洞的位置、标高、尺寸应复核；预埋件固定方法应可靠，防止位移。

（6）模板在下列情况不要开洞：一次支模过高，浇捣困难，有大的预留洞口，洞口下难以浇筑，有间梁或梁穿过，钢筋密集，下部不易浇筑。

（7）合模前钢筋隐检已合格、模内已清扫干净，应剔凿合格，合模后核验模板位置、尺寸及钢筋位置，垫块位置与数量符合要求才能浇筑混凝土。

（8）模板涂刷隔离剂时，首先应清除模板表面的尘土和混凝土残留物，然后再涂刷。涂刷应均匀，不得漏刷或沾污钢筋。

（9）混凝土整体结构的拆模原则：

1）拆除底模对一般结构要求混凝土达到设计强度等级的75%以上（混凝土强度应以同条件养护的试块抗压强度为准，一般也可参照混凝土强度增长率推算表估算），对结构跨度大于8m的梁、板拱壳和大于2m的悬臂构件应达到100%。

2）侧模混凝土强度能保证其表面及棱角不因拆模而损坏。

3）在拆除模板过程中，如发现混凝土有影响结构安全的质量问题，应暂停拆除，经过处理后方可继续。

4）大模板墙体施工，在常温下墙体混凝土强度必须达到1MPa，冬期施工全现浇混凝土结构应达到7.5MPa，内墙混凝土应达到4MPa。

5）冬期施工要遵照现行混凝土结构工程施工及验收规范中的有关冬季施工规定进行拆模。

6）对于大体积混凝土的拆模时间，除应满足混凝土强度要求外，还应考虑产生温度裂缝的可能性。一般应采取保温措施，使混凝土内外温差降低到25℃以下时方可拆模，为了加强模板周转，需要提前拆模时，必须采取有效措施，使拆模养护措施密切配合，边拆模，边用草袋覆盖，以防止外部混凝土温度降低过快使内外温差超过25℃而产生温度裂缝。

三、钢筋工程施工质量监理实施细则

1. 钢筋工程质量预控内容

（1）钢筋：

1）钢筋应有出厂质量证明书或试验报告单，钢筋表面或每捆（盘）钢筋均应有标志。

2）钢筋进入工地应按炉罐（批）号及直径分批检验。检验内容包括对标志，外观检查。并按现行国家有关标准的规定抽取试样做力学性能试验，合格后方可使用。

3）建筑用钢筋一般不做化学分析，但钢筋在加工过程中，如发现脆断，焊接性能不良或力学性能显著不正常等现象；无出厂证明书或钢筋号不对的；有焊接要求的进口钢筋，尚应根据现行国家标准对该批钢筋进行化学成分检验或其他专项检验。

4）集中加工的钢筋，应由加工厂单位出具出厂证明及钢筋出厂合格证或钢筋试验单批件（复印件），但须加盖加工单位印章。

5）对有抗震要求的框架结构纵向受力钢筋应符合下列要求：①钢筋的抗拉强度实测值与屈服强度实测值的比值不应小于1.25；②钢筋的屈服强度实侧值与钢筋标准的比值，当一级抗震设计时，不应大于1.25；当按二级抗震设计时，不应大于1.4。

（2）焊条及焊剂：

1）焊条及焊剂应有出厂合格证，且应与焊接型式，母材种类或设计所要求的品种，规格一致。

2）需要进行烘焙的应有烘焙记录（恒温250℃、烘焙1～2小时）。

3）考虑到目前钢筋用量大，结构节点钢筋布置密集，交叉复杂，而设计单位提供的图纸都是简化的简单图纸，在这种情况下，为了避免钢筋安装的差错，有利于施工的顺利进行，监理应督促，帮助承包单位绘制结点钢筋布置实况图（翻样）或作出节点详图，同时要求专业监理工程师应充分理解图纸，绘制必要图表，以免控制失误。

4）监理工程师应检查焊工的上岗证，并在正式施焊前还必须对焊工在现场条件下进行焊接操作考核及对所焊焊件的性能试验，合格后方可正式上岗生产。

2. 钢筋工程施工质量监理要点

监理工程师针对钢筋工程施工过程中的质量通病，监督承包单位严格遵守施工工艺操作规程，消除质量通病。

(1) 必须充分理解设计图纸明确各结构部位设计钢筋的品种、规格绑扎或焊接要求，特别应注意，结构某些部位配筋的特殊处理，对有关配筋变化的图纸会审记录和设计变更通知单内容都应及时标注在相应的结构施工图上，避免遗忘，造成失误，要掌握《混凝土结构设计规范》、《建筑抗震设计规范》和《钢筋混凝土高层建筑结构设计与施工规程》中有关钢筋构造措施的规定。

(2) 监理工程师应要求承包单位对钢筋的下料，加工进行详细的技术交底，要求其技术人员根据图纸和规范进行钢筋翻样，监理工程师应亲自到加工场地，对成型的钢筋进行检查，发现问题及时通知承包单位改正。钢筋焊接，挤压连接均应按规定批量进行机械性能试验。

(3) 在钢筋绑扎过程中，监理工程师应到现场巡视，发现问题及时通知承包单位改正。

(4) 在承包单位质检人员自检合格的基础上，对施工报验的部位进行隐蔽工程验收，验收时应按质量验评标准，对照结构施工图，确认所绑扎的钢筋规格、数量、间距、长度、锚固长度、接头设置等是否符合规范、规程要求，进行检查，合格后签发认可书。

(5) 以下几点构造措施应加强检查：①框架节点箍筋加密区的箍筋及梁上有集中荷载处的附加吊筋或箍筋，不得漏放，柱根部每一道箍筋和墙体第一道水平筋应放在离结合部边缘 50mm 以内，主次梁节点部位主梁箍筋应按加密要求通长设置，加密箍筋区长度不应小于 500mm。②具有双层配筋的厚板和墙板，应要求设置撑筋和拉钩，悬挑结构负弯矩钢筋应保证到位，采取措施防止踩压错位。③钢筋保护层的垫层强度、厚度、位置应符合设计及规范要求。④预埋件、预留孔洞的位置应正确，固定可靠，孔洞周边钢筋加固符合设计要求。⑤暗梁、暗柱钢筋配置正确。⑥钢筋不能任意代用，若有代用，必须经设计单位书面同意。⑦浇筑混凝土前，监理工程师应督促承包单位修整钢筋。

四、混凝土组成材料质量预控内容

1. 混凝土组成材料的质量控制

(1) 水泥：

1) 水泥进场时，必须有质量说明书，并应对其品种、标号、包装（散装包号）出厂日期等进行检查验收，同品种同标号水泥每 400 吨为一批，不足者也按一批进行取样试验，用于承重结构的，对水泥质量有怀疑或水泥出厂超过三个月（快硬硅酸盐水泥为一个月）时，应复查试验并按其试验结果使用。

2) 复试项目：抗压强度、抗折强度和安定性，必要时加试凝结时间等（根据需要可采用水泥快速检验方法预测 28 天强度）。

3) 凡水泥强度低于水泥标号规定的指标或水泥的四项指标（细度、凝结时间、烧失量和混合材料掺和量）中任一项不符合国家标准规定时，称为不合格产品。

4) 水泥厂应在水泥发出起 11 天内，寄发水泥品质试验报告，试验报告中应包括除 28 天强度以外的各项试验强度，28 天强度数值应在水泥发出起 32 天内补报。

(2) 骨料：

对骨料（砂、石等）的总的要求是高质量、高强度、物理化学性能稳定，不含有机杂质及盐类的粗、细骨料，骨料分普通骨料及轻质骨料。

1）砂石使用前应按产地品种、规格批量取样试验，内容包括颗粒级配、比重、容量、含泥量、云母含量、有机质含量、硫化物及硫酸盐折算为 SO_2（%）含量、针片状含量、颗粒含量。

2）用于配制有特殊要求的混凝土时，还应做相应的项目试验如 AAR 的测定。

3）混凝土用的粗骨料，最大粒径不得大于结构截面最小尺寸的 1/4，同时不得大于钢筋间距最小净距的 3/4，对于混凝土实心板可允许采用一部分最大粒径为 1/2 板厚的骨料，但最大粒径不得超过 50cm。

4）泵送混凝土用的碎石，不应大于输送管内径的 1/3，卵石不应大于输送管径的 2/5。

5）砂子应为粗砂或中砂，泵送混凝土宜用中砂，通过 0.135mm 筛子量应不小于 15%。

(3) 混凝土外加剂：

1）必须有生产厂家出示的符合国家标准的质量证明书，内容包括：厂名、品种、质量、重量、包装、出厂日期、性能和使用说明，使用前应进行性能试验，需要时应检验氯化物，硫酸盐等有害物质的含量，经验证确认对混凝土无有害影响方可使用。

2）为了防止建筑物出现开裂破坏，缩短使用寿命，外加剂应做含碱量试验，并且应由生产企业提供碱含量和使用说明，掺入每 1 立方米混凝土的碱量应在 1kg 以下。

3）督促和检查承包单位对不同品种外加剂分别存储，做好标记、防止混杂错用。

4）混凝土掺合料：①为改善混凝土某些性能或节约水泥，在采用普通硅酸盐水泥拌制混凝土时可掺入水硬性或填充性掺合料，其质量应符合相对应的标准规定《粉煤灰在混凝土和砂浆中应用技术规程》JGJ 28—86 等，但掺量应经系统试验验证、确认混凝土质量符合要求，用以确定最大取代水泥量。②掺合料易与水泥混淆，常因管理不善，在运输与存储时两者混淆误用，造成混淆混凝土质量事故，因此，要设置明显标志，严防混淆误用。

(4) 混凝土用水应符合国家现行标准《混凝土拌合用水标准》JGJ 63—89 的规定。

2. 混凝土工程施工质量监理要点

专业监理工程师针对混凝土工程施工过程中的质量通病，监督承包单位严格遵守施工工艺操作规程，消除质量通病，专业监理工程师应掌握常见质量通病。

(1) 混凝土浇筑前的监理要点：

1）对混凝土浇筑方案进行审批，要根据浇筑面积浇筑工程量，劳力组织，施工设备、泵车位置、浇筑顺序，后浇带或施工缝的位置，混凝土原材料供应，保障混凝土浇筑的连续性以及停电的应急措施等问题进行认真的综合研究并落实，确保万无一失。

2）模板、钢筋应做好预检和隐检，在浇筑混凝土前应再次检查，确保模板位置、标高、截面尺寸与设计相符，且支撑牢固，拼缝严密，模板内杂物已消除干净，钢筋位置固定正确，变形的钢筋已被修好，关键部位应再次查验钢筋品种、数量、规格、插筋、锚固情况。

3）检查机具设备性能，对搅拌机、运输车、料斗、串筒、活塞泵、输送线、振捣器等的性能是否完好，数量是否充足，对可能出现故障的排除措施应有所准备，必要时应进行一次演习性的试运转。

4）混凝土开盘浇筑应向监理提出申请并得到认可。

5）对天气预报应作了解和必要的冬季施工、雨季施工准备工作。

6）做好水、电、照明等现场条件，且应有保证。

（2）混凝土浇筑过程的监理要点：

1）浇筑混凝土应坚持开盘鉴定制度，承包单位填写开盘鉴定表报监理处认可。

2）混凝土浇筑过程，监理处安排监理人员旁站监理，严格控制浇筑质量、检查混凝土塌落度，严禁在已搅拌好的混凝土中注水，不合格混凝土要退回搅拌站。

3）检查振捣情况，不得漏捣、过振，要注视模板、钢筋的位置和牢固度，有跑模和钢筋位移情况时应及时督促承包单位处理，特别要注意施工缝、沉降缝、后浇带处混凝土的浇筑处理。

4）对结点部位不同等级混凝土的浇筑顺序和浇筑混凝土的等级要严格检查。

5）用于检查结构构件混凝土质量，应在混凝土的浇筑地点三方见证随机取样制作试块，试件的安置应符合《混凝土结构工程施工及验收规范》GB 50204—92 规定。

6）要检查和督促承包单位适时做好成型压光和覆盖浇水养护，防止混凝土出现裂缝。

7）承包单位拆模要事先向监理工程师提出要求，经监理工程师依拆模条件判断确认后方可进行。

（3）冬期混凝土浇筑过程的监理要点：

1）监理工程师应加强对冬期预控工作，要坚持在冬季施工措施不落实不得施工的原则，冬季方案要根据工程进度、气温预测、施工环境做出详细的技术措施方案，规定好测温孔布置、测温方案、浇筑方案，拆模条件、方案要具体、可操作，结合工程切合实际。对照抄照搬，应付差事的冬施方案要求重做，重新审批。

2）冬施方案实施前要认真检查落实：①及时收集天气中期预报，依气温调整施工进度，完善施工措施。②对实施的混凝土配合比、外加剂性能、掺量必须提前做好审定。③对应到场的保温材料的质量和数量要提前检查并保证按期到位。④对拟采取的保温措施要做出科学的判断，监理工程师应对热工计算进行审核。⑤对商品混凝土及现场搅拌站的外掺剂、搅拌方法，监理工程师应进行必要的考察和监控。

3）抓好冬施关键点：监理工程师应根据实际情况，明确冬施监理的关键部位，关键点的内容，并加强现场监控，监理工程师必须做好以下的检查和抽测工作。①混凝土实际入模温度的监测；②混凝土内外温度及温差的监测、分析，必要时采取措施防止混凝土受冻和裂缝的发生；③加强对蓄热覆盖，防风措施的督察，确保覆盖及时到位；④适时控制拆模时间及拆模后的保温及养护问题；⑤督促检查留置混凝土强度试块，包括同条件和转常温条件试件，均不得漏做。

（4）夏期混凝土浇筑过程的监理要点：

1）对高温环境下影响混凝土的因素进行预测分析，督促承包单位编写施工措施，并抓好落实。

2）监理工程师应从以下方面做好检查和督促。①原材料中水泥是否选用合理，骨料是否有防止升温措施，外加剂（缓凝剂）是否选用已被认证的合格产品；②配合比是否考虑了夏期施工坍落度损失大的措施；③浇筑方案是否合理，浇筑速度是否适当；

④养护条件是否有保证；⑤温度控制是否有效（宜在气温30℃以下施工）等。

（5）混凝土的质量评定：

1）应以现场取样试验结果作为鉴定混凝土强度的依据，结构工程冬期施工混凝土试件的留置除应符合《混凝土结构工程施工质量验收规范》GB 50204—92第4.6.6条和第4.6.7条规定外，尚应增设不小于2组与结构同条件养护的试块，分别用于检验混凝土受冻前强度和转入常温养护28天的强度。

2）混凝土强度检验以《混凝土强度检验评定标准》GB 107—87为准。

3）当对结构强度或对混凝土试件强度代表性有怀疑时，可采用非破损检验方法或从结构构件中钻取芯样方法，按有关标准和规定，对结构、构件中的混凝土强度进行鉴定，作为处理的依据。

（6）混凝土工程缺陷修补的监理要点：

1）混凝土工程的质量缺陷，必须按有关标准加以认定，经有关单位做出认定结论，由承包单位提出书面修补方案，经监理工程师批准方可进行修补。

2）需修补部位必须认真剔凿，用高压水及钢丝刷将基层冲洗干净。

3）修补用水泥品种应与原混凝土的一致，强度等级一般高于原混凝土等级，并适量掺加膨胀剂。

4）修补部位应略高于原混凝土表面，待达到构件及强度后，再将外面凿平。

五、填充砌砖工程施工质量预控内容

1. 填充砌砖工程施工质量预控内容

（1）认真研究施工图纸，搞清不同楼层、不同部位对砌体标号、砂浆标号的要求，对各部位砌体的配筋、预留洞预埋件、预埋木砖的位置做到心中有数，便于巡视检查。

（2）审核承包单位的施工技术方案，特别应检查其对墙体垂直度、平整度、标高的控制措施，并督促其进行技术交底。

（3）审查承包单位提供的砖样品、出厂证明书、试验报告和进场的砖外观质量，符合设计及规范要求才允许其使用，用于承重结构的砖，对其材质有怀疑时，应进行复试（必试项目为标号）。

（4）对砌筑砂浆的原材料及配合比进行控制。砌筑砂浆配合比应由试验室通过试验签发砂浆配合比通知单，砌筑砂浆试验室强度配合比应高于设计强度15%。

（5）检查承包单位的原材料、水平运输、垂直运输、砂浆拌和机的准备情况。

2. 填充砌砖墙工程施工质量监理要点

专业监理工程师针对砌砖工程施工过程中的质量通病，监督承包单位严格遵守施工工艺操作规程，消除质量通病，专业监理工程师掌握常见的通病。

（1）监理工程师应加强对砌筑砂浆质量监督控制。

1）对拌和的检查：①应督促检查承包单位根据审定的砂浆配合比进行生产计量要准确，塑化材料的掺量对水泥混合砂浆强度影响很大，计量时一定要特别加以注意。②督促承包单位使用机械拌和砂浆，拌和时应注意投料顺序，保证块状的塑化能拌开，搅拌时间不得少于15分钟，掺用微沫剂时，应适当延长；③检查、测定出机砂浆的质量，砂浆的稠度应满足不同种类砌体的具体要求，保水性要好，分层度不宜大于2cm，发现砂浆和易性差，容易产生沉淀、泌水现象时，应仔细分析原因，禁止使用已干燥、结硬或含有较多灰渣、杂物的砂浆及时督促承包单位解决计量不准，搅拌过短，存放时间太长等影响砂浆质量的问题。

2）砂浆试块的制作，往往被承包单位忽略，监理工程师应及时检查、督促。

3）砂浆在运输过程中，要采取措施防止其离析，搅出的砂浆应及时使用，水泥砂浆和水泥混合砂浆必须在拌成后，分别在 3 小时内和 4 小时内使用完成，如气温超过 30℃，相应缩短 1 小时，灰槽中的砂浆应及时清理干净，隔日的砂浆不能再使用。

（2）检查砌体的现场准备工作：

1）检查后复核承包单位测设的墙体平面尺寸和标高，以及皮数杆设立情况。

2）检查基底的清理情况，砂浆杂物等要清除干净，基底若为垫层或砖砌体，应事先浇水湿润。

3）检查撂底情况，特别要核对门口、窗口等砖缝的对应情况。

4）砖在砌筑前一天就应浇水湿润，砖含水率控制在 10%～15%，严禁干砖上墙。

（3）砌筑过程中监理工程师应加强巡视：

1）填充墙砌体时应错缝搭砌，是否按皮数杆拉线控制砖层水平，内外砖墙应相互咬槎，不允许出现竖向通缝，若留直槎，必须按规定设置拉结钢筋，并应检查拉结筋的长度，间距以及拉结筋部位砂浆的饱满程度。

2）检查砌体的水平缝厚度和竖向缝宽度，灰缝一般为 10mm，不小于 8mm，也不应大于 12mm，砖层水平缝砂浆饱满度不得低于 80%，竖缝内砂浆应饱满。

3）填充墙砌至接近梁、板底时，应留一定空隙，待填充墙砌筑完并应至少间隔 7 天后，再将其补砌挤紧。

4）检查砌体中的预埋件，预留洞以及配筋是否符合设计要求，对埋于砖砌体中的木砖要做好防腐处理，木砖的数量应按图纸或有关规定设置，一般不超过 10 皮砖一块、单砖墙或轻质隔墙要用混凝土木砖，否则门窗框容易松动。

5）框架柱横竖向灰缝的砂浆都必须饱满，每砌完一层砖，都要进行一次竖缝刮浆塞缝工作，以提高砌体强度。

6）抗震设防区的砖砌体应符合相应的构造要求。

六、建筑防水工作质量预控

1. 建筑防水工作质量预控内容

（1）对承包单位的资质进行审查和认定，对承包单位的管理人员及技术操作人员进行考核，对施工方案及技术交底文件进行审核，并在必要时进行样板试验引路。

（2）对防水工程使用的主要材料、辅助材料要进行质量预控，要有出厂产品合格证书或质量鉴定文件。

（3）对防水材料出厂质量合格证的验收：①验证生产厂家产品合格证书，生产厂家提供的产品合格证书应包括：品种、标号或型号及该批产品各项性能，试验指标数据，合格证的编号、批号、出厂日期和生产厂家检验部门的印章。②进入施工现场防水材料要进行复试和外观检查，卷材进入施工现场后，应抽样检验、检验的内容是不透水性、拉力、厚度和耐热度，其他防水材料也应按规范要求做试件，进行耐热度、粘结力柔韧性试验。外观检验主要是防水材料外型尺寸、厚度等问题，每批抽检一定数量（例如 10 卷）进行产品称重检验，不合格产品应清退出场。③防水材料批数的划分依有关规范进行，若无此资料，可参照防水卷材同期生产的每1000卷为一批，沥青类20吨为一批，不是此数者划出为一批。④对防水材料的质量有异议时，监理工程师可以进行取样复验，严格把住材料使用的质量关，确保不合格材料不进场，不合格材料不用于工程。⑤对进场的合格材料要督促承包单位做好保管工作，对不允许曝晒、超高堆放或堆压的材料，要严禁不符合存放要求的现象产生。

(4) 对进行防水部位的基层进行质量验收，对基层的标高坡度、表面平整度、表面清理、清扫，均应在对照图纸要求及与已施工部位的相对关系进行校验，并督促承包单位做好校正处理。

2. 建筑防水工程施工质量监理要点

从有关部门对防水工程出现渗漏现象的分析结果，渗漏原因中由于材料不良造成的约占20%～30%，由于施工粗糙造成的约占45%～48%，由于设计存在问题造成的占18%～26%，建筑防水工程质量所谓“四漏”（屋面漏、厕浴间漏、外墙体渗漏和地下室漏）问题已成为常见的质量通病，应引起注意，监理工程师针对本分部的工程质量通病，监督承包单位严格遵守操作规程，消除质量通病，专业监理工程师要掌握常见质量通病。

(1) 基层控制要点：防水层是依附于主体结构基层的，其质量好坏直接影响防水层的质量，主体结构和找平层的刚度、平整度、强度、表层坡度准确，表面完整无起砂、起皮、裂缝，基层的含水率等都是保证防水层施工质量的基础。

1) 坡度控制要点：建筑屋面及厕浴间必须有准确坡度否则因排水不畅，易造成积水，浸泡防水层加速其老化而造成渗漏，防水施工前要检查排水坡度是否符合设计要求，还必须检查天沟、水落口、地漏、伸出屋面管道周围及自由排水的檐口等的坡度。

2) 平整度控制要点：找平层的速度对柔性防水层施工质量影响很大，找平层不平整，粘结剂涂不均匀就影响卷材铺贴质量，对深层涂料的施工影响更大，更易造成涂层厚薄不均，削弱防水能力，用2m靠尺检查平整度，最大孔隙不超过5mm，空隙仅允许平缓变化，且必须顺坡度变化，不能产生逆坡。

3) 设计要求防水层（卷材、涂层）与基层全粘结，且必须粘结牢固，基层表面必须具备强度高、表面光滑、不起砂、不起皮、不开裂的条件，若设计要求空铺或采取压埋法铺设的防水层，则可以降低基层的要求，做到坡度准确，表面平整即可。

4) 柔性防水对基层的含水率要求较高。含水率高，会引起防水层铺贴起鼓和剥离，但对于埋压干铺的防水层则可降低要求或不受含水率的限制。

(2) 细部节点施工条件的控制要点：大面积防水层施工前，应先对节点进行处理，做好密封材料填嵌，附加层的铺设，但也有些节点，如防水层收头、变化缝等要在大面积防水层做完后单独进行。

要注意将水落口杯和地漏先装好预埋混凝土中，这些部位要加大局部坡度5%，保证其标高的准确。注意天沟、檐沟的找坡和转角的抹圆；反梁过水孔管道穿过防水层，分格缝等细部节点的施工。

防水层在建筑阴、阳角处的基层应按设计做成圆角或倒角，并在此增铺附加防水层，其做法及宽度严格按设计要求进行，防水层的收头、防水层及保护的固定要按设计图纸施工或遵守施工工艺规范进行质量控制工作。

(3) 防水层施工作业条件的控制要点：

1）气候条件。施工条件成熟与否直接关系到施工质量。防水工程大部分露天作业，气候因素影响较大。施工期内遇雨、雪、霜、雾、大风和气温低于5℃或高于35℃时，都会影响防水层施工质量，妨碍施工作业人员顺利施工操作。热熔贴卷材和溶剂型涂料可在−10℃以上气温条件下施工；沥青、改性沥青和高分子聚合物卷材不宜在0℃以下施工；沥青基涂料、高分子聚合物水乳型涂料及刚性防水层，不宜在5℃以下气温中施工；气温超过35℃时所有防水层均不宜施工。另外，炎热夏季后半夜会产生露水，5级大风天气尘土砂粒影响与基层粘接、污染基面，这两种情况下均不得进行防水施工作业。

2）重视防水层与相关层次施工交叉问题。与防水层相关的层次是找平层、隔汽层、保温层、隔离层、保护层等，防水层施工往往与相关层要交叉作业，这些相关层次的施工质量对防水层的质量有很大影响，甚至直接影响到防水工程的成败，特别要注意监督保护层的施工，决不能碰坏、戳破防水层，特别是在多头分包施工情况下，交叉管理更加大了质量控制的难度，因此必须引起对施工质量控制的足够重视。

3）卷材防水施工质量控制要点。卷材防水的材料种类多样，常用的施工工艺有热粘法、热熔法、自粘法、机械固定法、埋置法等，施工中应检查承包单位严格按照施工工艺标准、施工规范要求和施工工艺流程进行，两幅卷材以及卷材层与层间的搭接长度、铺贴方向等要符合要求。

卷材冷粘施工时，胶接材料要依据卷材性能配套选用胶粘剂，调配要请专人进行，及时采样化验，不得错用、混用，在这方面要严加控制。

严格掌握基层含水率达到要求后，才进行粘贴，注意控制阴阳角、加固层等细部节点的处理。

（4）涂膜防水施工质量控制要点：涂膜防水施工按涂膜厚度划分为薄质涂料施工和厚质涂料施工，无论是薄质涂料采用的涂刷法和喷涂法，还是厚质涂料常用的抹压法和刮涂法施工，在单纯涂膜或胎体增强材料涂膜（如玻璃纤维或化学纤维）做成一布二涂、二布二涂、多布多涂，都要做到防水材料规格型号符合设计要求，操作施工方法符合各项规定，防水涂料的配方符合工艺要求，胎体增强材料与所使用的涂料要匹配无误，施工操作的条件、配料温度、施工环境温度（气温）、操作时间、配料用量和顺序、搅拌强度、涂料遍数（次）必须符合工艺规定，施工顺序必须按照“先高后低、先远后近”的原则进行。

（5）密封防水材料施工质量控制要点：密封材料常用的主要有改性沥青和合成高分子密封防水材料两大类，施工方法根据材料不同各异，分冷嵌法和热灌法两种。

为确保施工质量，施工机具的选用，配料与搅拌，粘结性能试验和嵌填背衬材料的控制，以及施工操作等几个关键环节进行监督控制。

热灌法操作要重视密封材料现场塑化，加热温度一般在110℃～130℃，最高不得超过140℃，注意使用温度计测温时应在中心液面下100mm左右处进行，塑化或加热到温度（不宜低于110℃）应立即现场浇灌，填嵌要高出板缝3～5mm。冷嵌法施工用手工操作，从底部嵌起，防止漏嵌虚填，注意不得产生混气现象，填嵌要密实饱满，要按顺序进行，最好用电动或手动嵌缝枪进行操作。

（6）防水层的保护材料选用应按设计图纸要求进行施工，保护层施工时要注意防水层的保护，要在防水层上做好临时保护措施，防止戳破防水层，防水层施工完毕应及早进行下道施工工序，不宜间隔时间过长，防止防水层材质损坏。

(7) 刚性防水层施工要求：刚性防水层包括细石混凝土防水层、水泥砂浆防水层、块体刚性防水层及防水混凝土，刚性防水层对地基沉降不均匀、温度变化、结构振动等因素非常敏感，因此对基础处理要求严格。

1) 细石混凝土防水层施工质量关键在于保证混凝土的密实性，因此在配料、浇混凝土、振捣表面处理、养护等方面要求严格操作。

2) 防水砂浆防水层施工所用水泥一般不低于425#普通硅酸盐水泥，砂宜采用中砂或细砂，防水剂的选用要符合设计要求，进场要认真检验，砂浆应经试验室进行配合比的试配，施工中严格遵守工艺操作规程，注意基面的清洗和基面缺陷的处理，并做好防水层的养护工作。

3) 防水混凝土施工：防水混凝土具有承重和防水的双重作用，往往是防水的第一设防措施，防水混凝土应遵守设计要求合理选用外加剂，按照材料配合比，经试验室试配和监理工程师审定后进行施工，混凝土振捣要密实，防止出现离析现象而影响其质量。施工缝是防水工程的薄弱环节，其混凝土应连续浇筑，不允许再留施工缝，防水混凝土浇筑前对所有穿墙管、预埋件、预留洞都要完善处理，不准再在混凝土中打洞凿孔。

七、抹灰工程质量预控内容

1. 抹灰工程进行之前结构工程必须经监理工程师、政府建设主管的质量监督部门验收合格

(1) 抹灰前应督促承包单位做好以下检查和修正：

1) 检查门窗框位置是否正确，与墙连接的水泥砂浆是否牢固或混合砂浆分层嵌塞密实，木门口要用铁皮或木板保护。

2) 过梁、梁垫、圈梁、组合柱及其他需抹面部分剔平，对混凝土蜂窝、麻面、露筋等处应剔到实处，做好修补。

3) 管道穿越的墙洞、脚手架、模板洞和楼板用相应的材料嵌实。

4) 各种管道已安装完毕，电线管、消火栓箱，配线盒用纸堵严。

(2) 所采购和进入施工现场的材料已正式报验，除应有产品合格证外，还应自检和经监理工程师认可。

(3) 在大面积正式抹灰前先做样板间，经鉴定合格和确定施工方案后再安排正式施工（在样板间基础上修订完善工艺，做好技术交底和技术培训）。

2. 抹灰工程质量监理要点

专业监理工程师针对抹灰工程施工过程中的质量通病，监理承包单位严格遵守施工工艺操作规程，消除质量通病，专业监理工程师应掌握常见质量通病。

(1) 注意检查处理基层上的残余砂浆、灰土、污垢和油渍，应做“毛化处理”清理，基层面必须充分淋水湿透（一般应在抹灰前一天进行浇水湿润，砖墙渗水深度达8～10mm）。

(2) 对于基层垂直度、平整度较差处，抹灰厚度局部应分层衬平（第一遍厚度宜为7～9mm）。

(3) 注意巡视成活后的质量，及时发现不合格的部位，联系处理，必要时以书面通

知，提出修改意见。

(4) 注意成品保护和湿润养护。

(5) 冬期施工时，不能在冻结的基层上施工（最好不做抹灰工程）。室外作业时，砂浆温度不宜低于5℃，防止冻害发生（为了防止受冻，砂浆内不宜掺入白灰膏）。

附录二 某工程监理旁站方案

一、旁站监理人员的职责

1. 检查施工企业现场质检人员到岗，特殊工种人员持证上岗以及施工机械、建筑材料准备情况，并应与施工单位质检人员共同旁站。

2. 对实施旁站监理的关键部位、关键工序进行现场跟班监督，监督施工单位严格按照技术标准、规范、规程和设计文件及经批准的施工组织设计（方案）进行施工，特别是检查工程建设强制性标准执行情况。

3. 核查现场建筑材料、建筑构配件、设备和商品混凝土的质量检验报告等，并在现场监督施工方进行检验或委托具有资格的第三方进行复验。

4. 按规定的内容和范围实施旁站监理的同时，做好旁站监理记录和监理日记，保存旁站监理原始资料，竣工时及时归档。

二、旁站监理记录的要求

1. 旁站监理采用记录表的方式进行。旁站监理记录表是监理工程师或总监理工程师依法行使签字权的重要依据。

2. 对于应当旁站监理的关键部位和关键工序的施工，凡没有实施旁站监理或旁站监理记录的，监理工程师不得在相应文件上签字。

3. 旁站记录应真实、及时、准确、全面反映旁站监理的有关情况，文字书写工整、清晰，旁站记录应采取具体数据。

4. 总监理工程师应当经常检查监理旁站方案的实施情况和效果，通过检查不断提高监理水平。

5. 工程竣工后，监理企业将旁站监理记录存档备查。

三、旁站监理的内容

1. 监督施工单位是否按照技术标准、规范、规程和批准的设计文件、施工组织设计施工。

2. 检查是否使用合格的材料、构配件、机械设备是否运行正常。

3. 施工单位有关现场管理人员、质检人员是否在岗。

4. 检查施工操作人员的技术水平、操作条件是否满足施工工艺要求，特殊操作人员是否持证上岗。

5. 检查施工环境是否对工程质量产生不良影响。

6. 检查施工过程是否存在质量和安全隐患，如出现隐患应当采用照相等手段予以记录并及时汇报。

四、旁站项目清单（见附表）

五、其他需旁站的部位和过程

1. 各种材料的见证取样；

2. 新材料、新工艺、新技术、新设备试验过程；

3. 定位放线和沉降观测；

4. 水电安装中接地电阻、绝缘电阻的测试、通水、通球试验；

5. 合同规定和设计要求的其他应旁站的部位和工序等。

××建筑装饰监理有限公司第六项目监理部

×年×月×日

附表　旁站项目清单表

分部工程	子分部工程	分项工程	工序名称
地基与基础	土方工程	土方工程	土方开挖（标高、长、宽、边坡尺寸）
		土方回填	基础分层回填土（标高、厚度、压实系数）
	桩基工程	灰土挤密桩	灰土拌制（比例、含水率）标高、桩颈、压实系数
		钻孔灌筑桩	1. 试成孔全过程（桩位测设、孔深、孔径、沉渣厚度） 2. 下笼钢筋连接（焊接长度、焊接质量、钢筋笼长度与标高） 3. 水下混凝土浇筑（水泥品种、标高、砂号质量、混凝土配合比、计量、混凝土坍落度、混凝土充盈系数）
	地下防水	防水混凝土	1. 防水混凝土浇筑（原材料、配比、坍落度、强度等级） 2. 抗压、抗渗、混凝土试块取样制作 3. 后浇带、变形缝、施工缝处理 4. 穿墙管道，埋设件构造处理
		涂料防水层	1. 分层涂刷（品种、厚度、次数） 2. 细部构造
	混凝土基础	混凝土工程	1. 混凝土浇筑（原材料、强度等级、坍落度、配比、外加剂、振捣） 2. 后浇带、变形缝、施工缝处理 3. 混凝土试块取样制作
主体结构	混凝土结构	钢筋	1. 重要构件底部钢筋安装（品种、规格、尺寸、数量、连接方式） 2. 高精度预埋件安装和固定（数量、尺寸、位置）
		混凝土	1. 混凝土浇筑（原材料、强度等级、坍落度、配比、外加剂、振捣） 2. 施工缝处理 3. 混凝土试块取样制作 4. 结构实体检测 5. 混凝土保护层厚度检测
		预应力	1. 预应力筋安装（品种、级别、规格、数量） 2. 预应力张拉（锚具、类具、连接器、张拉力） 3. 灌浆（品种、外加剂、配比）
	砌体结构	砖砌体	1. 立皮数杆 2. 圈梁和构造柱混凝土浇筑（原材料、强度等级、坍落度、配比、外加剂、振捣）
	钢结构	钢结构焊接	1. 焊接材料（焊条、焊剂、电流） 2. 一、二级焊缝的无损伤检测
		坚固件连接	1. 高强度螺栓（品种、规格、性能） 2. 高强度螺栓紧固程序的终拧
		钢结构涂料	涂装（涂料、涂装遍数、厚度）
建筑屋面	涂膜防水屋面	保温层	分仓缝设置和处理
	涂膜防水屋面	细部结构	天沟、泛水、伸缩缝以及出屋面管道四周处理，天沟盛水试验
装饰装修	门窗	金属门窗	安装

8 竣工验收及保修阶段的监理工作

8.1 监理工程师在竣工验收阶段的工作概述

工程项目竣工，是指施工单位按照承包合同和设计图纸文件，已完成工程的全部施工活动并达到建设单位使用要求，工程可交付业主使用；工程项目竣工是工程建设的最后阶段，标志着项目的施工任务已经全部完成。

监理工程师在工程竣工验收阶段要充分利用自身优势和经验，当好建设单位的参谋和助手，协助建设单位完成竣工阶段的各项工作：①协助建设单位制定验收方案；②协助建设单位整理竣工验收备案所规定的有关文件；③协助建设单位按合同规定支付工程款；④协助建设单位组织召开竣工验收会议；⑤协助建设单位实地查验工程质量；⑥协助建设单位签署工程竣工意见；⑦协助建设单位审核竣工决算；⑧协助建设单位在规定期限内，向当地建设行政主管部门上报竣工验收备案资料。

在检查督促施工单位工作的同时，监理单位必须认真完成竣工验收中自身的各项工作：①分类归档整理监理过程中所产生的各种技术资料、文件及原始记录；②在检查验收的基础上提出工程质量评估报告；③写出工程监理总结报告（对内、对外）。

8.1.1 工程项目竣工验收的监理工作

工程项目竣工验收是指施工单位将已竣工的项目及其与项目有关的资料移交给建设单位，并由建设单位在监理机构的协助下组织相关的单位、人员对建设工程的质量和技术资料进行一系列检查验收的工作。工程项目竣工验收是全面检查施工合同的执行情况，检验工程是否达到设计要求以及施工质量是否符合有关规定的重要环节。

工程竣工验收阶段，监理工程师首先要依据有关法律法规、工程建设强制性标准、设计文件及施工合同，对施工单位报送的竣工资料进行审查，并对工程质量进行竣工预验收。对存在的问题，应及时要求承包单位整改；整改完毕后由总监理工程师签署工程竣工报验单，并应在此基础上提出工程质量评估报告；工程质量评估报告应经总监理工程师和监理单位技术负责人审核签字。项目监理机构应参加由建设单位组织的竣工验收，并提供相关监理资料，对验收中提出的整改问题，项目监理机构应要求施工单位进行整改。工程质量符合要求，由总监理工程师会同参加验收的各方签署竣工验收报告。

1. 项目竣工验收的依据

竣工验收的依据因项目性质的不同而各有差别，一般应当依据下列条件进行：

（1）已批准的设计任务书、初步设计、有效的施工图纸及其说明以及设备技术说明书，包括设计单位和监理工程师签发的设计变更通知单和技术核定单。

（2）国家施工及验收规范、专业技术规范和质量检验评定标准。

（3）地方政府颁布的有关规程和标准，以及主管部门有关工程项目建设和批复文件。

(4) 工程项目承包合同和施工图样会审记录。

(5) 从国外引进新技术或成套设备的项目，可按签订合同时国外提供的设计文件等资料。

2. 项目竣工验收的程序及步骤

工程项目竣工验收是一项比较复杂的工作，特别是某些大中型、综合性、智能化项目，其验收内容多，技术含量高，涉及部门广。规模较大的建设项目，尤其是指大、中型工业交通建设项目，较复杂的一部分建设项目应先进行初验，然后进行全部建设项目的竣工验收。根据建设项目的规模大小和复杂程度，一般分为如下步骤进行：竣工验收准备——提交竣工验收申请报告——监理（或建设单位）审查审批——组织初步验收——整改消除缺陷、整改复查——审核验收技术资料——建设单位组织正式验收——竣工验收备案，如图 8-1 所示。

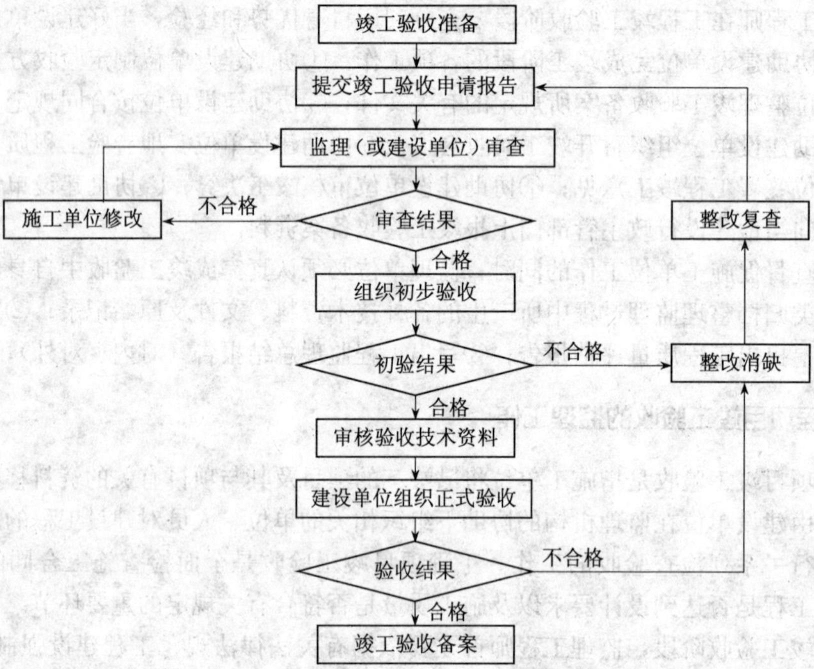

图 8-1　工程项目竣工验收流程图

(1) 竣工验收准备。监理工程师要协助建设单位做好以下竣工验收准备工作：

1) 要督促和配合施工单位、设计单位做好工程盘点，工程质量评价，资料文件的整理，包括项目可行性研究报告，项目立项批准书，土地、规划批准文件，设计任务书，初步（或扩大初步）设计，工程决算等；

2) 组织人员进行竣工资料整理，绘制竣工图，编制竣工决算，起草竣工验收报告等各种文件和表格，分类整理，装订成册，制定验收工作计划等；

3) 协助建设单位做好生产准备及试生产，整理好工作情况及有关资料，并对生产工艺水平及投资效果进行评价并形成文件等。

(2) 组织初步验收。工程完工后，施工单位向建设单位提交工程竣工报告，申请工程竣工验收。监理工程师对工程竣工报告进行审核审批，并由总监理工程师签署意见。在正式竣工验收前，监理工程师要协助建设单位组织施工、设计等单位进行初步验收。

检查各项工作是否达到了验收的要求，对各项文件、资料认真审查，这是验收的一个重要环节。

由于工程初验是单项验收，既具体、又细致，同时监理人员参与了工程建设的全过程，对一些质量缺陷和薄弱部位了如指掌。对初验中检查出来的问题，逐条逐项落实整改以消除存在的缺陷，就为整体验收铺平了道路。工程初验应形成书面报告，并将整改消缺通知，发至有关责任人。其主要内容包括：缺陷部位、存在的问题、责任人、消缺期限、消缺结果、完成时间、责任人签字等。

监理单位在验收阶段应行使检查督促各施工单位的职能：即检查督促施工单位按规定要求整理归档技术资料、绘制竣工图；检查验收各阶段整改消缺的完成情况；督促施工单位签署《工程质量保修书》。

(3) 正式验收。工程通过初步验收后，应按规定的时间进行正式的竣工验收。监理工程师首先要协助建设单位及时审查工程是否符合验收条件，根据《房屋建筑工程和市政基础设施竣工验收暂行规定》，工程符合下列要求方可进行竣工验收：

1）完成工程设计和合同约定的各项内容。

2）施工单位在工程完工后对工程质量进行了检查，确认工程质量符合有关法律、法规和工程建设强制性标准，符合设计文件及合同要求，并提出工程竣工报告。

3）对于委托监理的工程项目，监理单位对工程进行了质量评估，具有完整的监理资料，并提出工程质量评估报告。

4）勘察、设计单位对勘察、设计文件及施工过程中由设计单位签署的设计变更通知书进行了检查，并提出质量检查报告。

5）有完整的技术档案和施工管理资料。

6）有工程使用的主要建筑材料、建筑构配件和设备的进场试验报告。

7）建设单位已按合同约定支付工程款。

8）有施工单位签署的工程质量保修书。

9）城乡规划行政主管部门对工程是否符合规划设计要求进行检查，并出具认可文件。

10）有公安消防、环保等部门出具的认可文件或者准许使用文件。

11）建设行政主管部门及其委托的工程质量监督机构等有关部门责令整改的问题全部整改完毕。

监理单位要协助建设单位及时安排组织竣工验收，组成有关专家、部门代表参加的验收委员会或验收组，对《竣工验收报告》进行认真审查，然后提出《竣工验收鉴定书》。

建设单位应当自工程竣工验收合格之日起15日内，依照《房屋建筑工程和市政基础设施工程竣工验收备案管理暂行办法》的规定，向工程所在地的县级以上地方人民政府建设行政主管部门备案。

3. 项目竣工验收的监理工作内容

收到工程竣工报告后，对符合竣工验收要求的工程，监理工程师应协助建设单位组织勘察、设计、施工等单位和其他有关方面的专家组成验收组，确定验收方案。由于工程项目竣工验收工作较复杂、涉及的部门较多、验收的内容较广。因此，在工程竣工验收前，应协助建设单位制订一个详尽周密的验收方案，以保证验收工作的顺利实施。竣工验收方案一般包含以下内容：①根据施工承包合同目标，提出具体验收目标及要求；②验收评定标准一般参照国家的工程验收规范、设计文件、施工合同规定的质量标准；③提出具体的验收进度计划，包括各单位初验时间、消（除）缺（陷）整改期限及整体正式验收时间；④确定验收程序和步骤；⑤明确验收组织与分工，包括验收领导小组成员、专家组成员、专业验收单位及人员、验收人员职责；⑥明确竣工资料的整理要求，包括开数、份数、卷宗编号、装订要求、资料内容要求、完成时间等。一般以附件形式另行通知。

建设单位应当在工程竣工验收 7 个工作日前将验收的时间、地点及验收组名单书面通知负责监督该工程的工程质量监督机构。监理工程师应协助建设单位组织工程验收组进行正式的竣工验收工作，竣工验收的主要工作内容如下：

（1）建设、勘察、设计、施工、监理单位分别汇报工程合同履约情况和在工程建设各个环节执行法律、法规和工程建设强制性标准的情况。

（2）审阅建设、勘察、设计、施工、监理单位的工程档案资料。

（3）实地查验工程质量。

（4）对竣工验收情况进行汇总讨论，并听取质量监督机构对该工程质量监督情况，对工程勘察、设计、施工、设备安装质量和各管理环节等方面做出全面评价。

（5）形成经验收组人员签署的工程竣工验收意见，填写《建设工程竣工验收备案表》和《建设工程竣工验收报告》，验收小组人员分别签字、建设单位盖章。

（6）当在验收过程中发现严重问题，达不到竣工验收标准时，验收小组应责成责任单位立即整改，并宣布本次验收无效，重新确定时间组织竣工验收。

（7）当在竣工验收过程中发现一般性的需整改的质量问题时，验收小组可形成初步验收意见，填写有关表格，有关人员签字，但建设单位不加盖公章。验收小组责成有关责任单位整改，可委托监理工程师（或建设单位项目负责人）组织复查，整改完毕符合要求后，加盖建设单位公章。

（8）当竣工验收小组各方不能形成一致竣工验收意见时，应当协商提出解决办法，待意见一致后，重新组织工程竣工验收。当协商不成时，应报建设行政主管部门或质量监督机构进行协调裁决。

工程竣工验收合格后，监理工程师应督促建设单位及时提出工程竣工验收报告。工程竣工验收报告主要包括工程概况，建设单位执行基本建设程序情况，对工程勘察、设计、施工、监理等方面的评价，工程竣工验收时间、程序、内容和组织形式，工程竣工验收意见等内容。工程竣工验收报告还应附有下列文件：①施工许可证；②施工图设计文件审查意见；③单位工程质量综合验收文件；④监理工程质量评估报告；⑤勘察、设计质量检查报告；⑥规划许可证，消防、环保准用证；⑦验收组人员签署的工程竣工验收意见；⑧市政基础设施工程应附有质量检测和功能性试验资料；⑨施工单位签署的工程质量保修书；⑩法规、规章规定的其他有关文件。并最终形成竣工验收备案文件提交相关建设行政主管部门备案。

8.1.2 建设工程竣工结算、决算的监理工作

建设工程竣工后，监理工程师应审核施工单位提交的竣工结算，协助建设单位按合同规定支付工程款；协助建设单位编制工程竣工决算，正确核定项目建设新增资产价

值，分析考核项目的投资效果；进行项目后评价，监督承包商对项目进行保修和回访。

竣工结算是指一个单位工程或单项工程完工并经监理工程师（或业主）验收合格，在交付使用前由施工单位根据合同价格和实际发生的增加或减少费用的变化等情况进行编制，并经监理工程师（或业主）审核签认的，以表达该项工程最终造价为主要内容，作为结算工程价款依据的经济文件。工程竣工结算时，采用承包合同中明确的计算方式和方法，同时把在施工过程中由于设计变更与实际计量值进行的调整，包括经业主同意，并经监理公司审核过的一切调整值计算在内，计算出本工程竣工结算总造价，再扣除预付款、已结算支付的工程进度款及保修金后，即可得出本工程结算后尚需支付的工程价款。

建设项目竣工结算书的内容应包括以下几方面的内容：①单位工程竣工结算书（如土建、管线安装、通风空调等）；②单项工程综合结算书（单位工程竣工结算书汇总）；③项目总结算书（单项工程结算书汇总）；④竣工结算说明书。

工程竣工结算初稿编定后，施工单位内部先组织校审。自审后编印成正式结算书送交建设单位，由监理工程师遵照合同要求对竣工后的结算进行审核审查。工程竣工结算审查是监理工程师投资控制的最后一关，一经审定即是本工程造价支付的依据，应极认真的对待。结算审核主要内容如下：①审核与施工承包合同中相关条款是否一致；②检查所有隐蔽工程验收记录、资料；③检查设计变更的全部资料；④各分部分项工程按图核实工程量；⑤按分部分项工程逐项审核单价，按合同规定或招投标规定的计价定额与计价原则执行；⑥按照施工承包合同规定各类材料的计价方法核对相关项材料价；⑦核实各种计算误差。监理工程师要详细计算、认真审核结算价款，并经双方确认和业主签认后作为竣工决算依据。

竣工结算是反映工程项目的实际造价和为核定新增固定资产价值，考核分析投资效果，办理交付使用验收的依据，它是验收报告的重要组成部分。

建设项目竣工决算应包括从筹划到竣工投产全过程的全部实际费用，即建筑工程费用、安装工程费用、设备工器具购置费用和工程建设其他费用以及预备费和投资方向调节税等。

竣工决算的内容包括竣工财务决算报表、竣工决算报告说明书、竣工工程平面示意图和工程造价对比分析四个部分。监理工程师要协助建设单位做好工程竣工决算的编制工作，可按以下步骤编制竣工决算：①收集、整理、分析原始资料；②对照、核实工程变动情况，重新核实各单位工程、单项工程造价；③将审定后的待摊投资、设备工器具投资、建筑安装工程投资、建设工程其他投资等严格划分和核定后，分别计入相应的建设成本栏目内；④编制竣工财务决算说明书，力求内容全面、简明扼要、文字流畅、说明问题；⑤填报竣工财务决算报表；⑥做好工程造价对比分析；⑦整理、装订好竣工图；⑧按国家规定上报、审批、存档。

8.1.3 工程质量评估报告

工程质量评估报告，是指监理单位提交给建设单位的，以证明工程项目已完成施工合同全部内容，工程质量符合项目技术标准规定，具有竣工验收条件的文件。它是项目监理机构在工程项目分部工程质量验收和单位工程竣工验收过程中应当提出的重要文件。为满足项目监理机构工作规范的要求，提高监理服务水平，根据《建设工程监理规范》GB 50319—2000 和《建筑工程施工质量验收统一标准》GB 50300—2001 的要求，通常对工程质量评估报告有如下规定。

工程质量评估报告由封面、文字表述和检验汇总表格三部分组成。一式四份，建设单位、施工单位、质量安全监督部门和监理机构各一份。

工程质量评估报告封面上部注明“×××工程（或分部工程）质量评估报告”，中下部分别为“编制人：×××”、“审核：总监理工程师×××（签名）”、“审批：总工程师×××（签名）”、“监理单位：××监理有限公司”和“年、月、日”等内容，并盖监理企业总工办印章（分部工程质量评估报告盖项目监理部印章），文字表述内容每页必须有页码编号（要注明共有多少页）。

工程质量评估报告提交前需经公司总工程师或分管副总工程师审核。

工程质量评估报告文字表述部分包括以下内容：

（1）工程质量评估依据。《建设工程监理规范》GB 50319—2000、《建设工程施工质量验收统一标准》GB 50300—2001、各专业工程施工质量验收规范和标准、《建设工程文件归档整理规范》GB/T 50328—2001、工程所在地建设工程质量安全监督部门的有关文件。

（2）《工程质量评估报告》主要内容：

1）工程建设基本概况：①工程概况：应注明工程所在地理位置、结构形式、层数、建筑面积、抗震设防烈度、防火等级、开竣工日期、工程合同造价、主要建筑装饰做法、安装工程主要内容、完成施工合同内容情况。②责任主体单位名称：应注明建设、勘察、设计、监理、施工单位、图审机构、检测机构（包括主要分包单位）的全称。③监理机构概况：应注明项目监理机构的组织形式和规模，监理部人员组成及分工情况、主要检测设备和工具。④施工单位概况：应注明施工企业质量目标、质量体系的组成及主要质量管理措施。

2）监理过程中的质量控制情况：①监理规划和实施细则：对监理规划中的监理目标、范围及措施进行概述，明确监理细则中关键部位的质量控制点的实施情况。②监理方式：应注明在监理过程中所使用的主要检测设备和工具，采取旁站、巡视或平行检验等情况。③施工过程阶段的监理：应注明对进场原材料复试的见证取样，隐蔽工程验收、分部分项工程验收、施工组织设计审核和质量缺陷的整改等情况。④竣工验收阶段的监理：应注明监理人员对竣工资料进行审查情况，对工程质量进行竣工预验收情况，对存在的问题进行整改落实情况。

3）工程质量评估：①评估依据：应依据国家现行规范、规程（注明主要规范、规程名称），设计文件，施工合同，工程地质勘察报告，地基检测报告和沉降观测记录等文件进行评估。②竣工资料核查情况：应依据《××省建筑工程施工质量验收技术资料管理整编规定》核查竣工资料是否完整、真实、准确，竣工图与实体是否一致，并附“单位工程质量控制核查记录表”、“单位工程安全与功能监测资料核查及主要功能抽查记录表”、“单位工程观感质量检查记录表”。③分部工程质量情况：应对各个分部工程质量情况分别概述，必须注明主要分项工程实测合格率，填写分部工程质量验收汇总表。④沉降观测情况及结论：注明沉降观测单位及竣工前阶段沉降观测结论。⑤单位工程质量验评结论。⑥注明该工程是否有甩项未完项目，对遗留问题的处理情况，对工程建设有何建议。

4）项目监理机构监理人员签名表

姓　名	岗位职务	专　业	注册监理师证书号
……			

工程质量评估报告的检测、检验汇总表格由“单位（子单位）工程概况表”、“单位工程质量综合评估表”、“分部工程质量汇总表”、“分部（子分部）工程质量评估表”、“单位（子单位）工程质量控制资料核查表”、“单位（子单位）工程安全和功能检验资料核查及主要功能抽查表”和“单位（子单位）工程观感质量评估表”七张表格组成。在进行工程质量评估时，监理人员应结合工程实际情况，按表格内容事前进行认真检测、检验和抽查，认真填写，要依据检测、检验和抽查结果提出工程质量评估结论。分部工程质量评估应根据项目监理机构实施监理过程中对分项工程质量验收结果进行评估。

8.2　保修期的监理工作内容与方法

工程经竣工验收并交付建设单位使用后，工程即进入质量保修期。建设工程承包单位在向建设单位提交工程竣工验收报告时，应当向建设单位出具质量保修书。质量保修书中应当明确建设工程的保修范围、保修期限和保修责任等。建设工程在保修范围和保修期限内发生质量问题的，施工单位应当履行保修义务，并对造成的损失承担赔偿责任。

在工程质量保修期，监理工程师应依据委托监理合同约定的工程质量保修期监理工作的时间、范围和内容开展工作，主要的工作内容有：①承担质量保修期监理工作时，监理单位应安排监理人员对建设单位提出的工程质量缺陷进行检查和记录，对承包单位进行修复的工程质量进行验收，合格后予以签认；②监理人员应对工程质量缺陷原因进行调查分析并确定责任归属，对非承包单位原因造成的工程质量缺陷，监理人员应核实修复工程的费用和签署工程款支付证书，并报建设单位。

8.2.1 工程的保修期限

建设工程的保修期，自竣工验收合格之日起计算。根据《建设工程质量管理条例》以及《房屋建筑工程质量保修办法》，在正常使用条件下，建设工程的最低保修期限为：

（1）基础设施工程、房屋建筑的地基基础工程和主体结构工程，为设计文件规定的该工程的合理使用年限。

（2）屋面防水工程、有防水要求的卫生间、房间和外墙面的防渗漏为5年。

（3）供热与供冷系统为2个采暖期、供冷期。

（4）电气管线、给排水管道、设备安装和装修工程为2年。

（5）装修工程为2年。

根据业主与承包商签订的《施工合同》文件中规定的保修期限，确定工程各部分具体的质量保修期限，同时须符合国家和地方关于工程质量保修的有关规定。项目监理机构依据委托监理合同约定的工程质量保修期限、范围和内容开展工作。

8.2.2 保修期监理工作的依据及工作重点

1. 工程质量保修期监理工作的依据

监理工程师应依据《建设工程监理规范》、《房屋建筑工程质量保修办法》、《建设工程质量管理条例》、《工程建设监理合同》以及设计文件、工程质量验评标准进行工作。为了确保保修及时、保证质量，施工合同还应规定工程质量的保修金额（一般为工程总造价的5%）和保修金的预留与支付方法以及保修金的利率。经建设单位与施工单位协商，也可以签订专项工程保修合同。

2. 保修期的监理工作重点

保修期的监理工作重点应根据具体工程对象和工程使用状况确定。对于房屋建筑工程，可以将以下内容列为监理重点：

（1）对应进行沉降观测的建筑物，应关注其观测成果和观测方法、技术要求以及是否已沉降稳定，如发现异常情况，应通知设计和质监部门进行分析研究处理。

（2）对工程质量问题和质量缺陷进行调查，重点是楼地面、墙面、天棚以及门窗工程。

（3）调查屋面、浴厕间、外墙面防水效果。

（4）给水管及排水管有无渗漏以及卫生洁具使用状况。

8.2.3 保修期监理工作的内容

在工程竣工验收时，监理工程师应督促施工单位向业主提交《工程质量保修书》，其内容为具体保修项目、期限以及有关承诺。当工程进入保修期，施工单位已撤离现场，而监理单位则应根据工程项目的大小，宜在参加该项目施工阶段监理工作的监理人员中保留必要的人员。监理单位要与业主方密切联系，关注工程使用状况是否正常，随时听取用户意见。同时，与有关承包商保持电话联系，并且要求承包商指定一名联系人。组织承包商对工程使用情况进行质量回访，一般每半年进行一次为宜。听取建设单位的意见和要求，对建设单位（或使用单位）提出的工程缺陷原因及责任进行调查、分析和确认并协助进行管理，回访应做好记录并存档。

监理工程师对用户反馈的意见以及质量回访与检查中发现的质量问题与缺陷的原因进行详细调查分析，并确定质量缺陷的事实和责任。对比较严重的质量缺陷应由监理工程师组织业主、设计人员和承包商共同研究确定原因。关键是确定该工程质量缺陷是否在正常使用条件下产生的。若是在正常使用条件下产生的质量缺陷，则由承包商负责，无条件保修。监理工程师要及时发出《工程保修通知书》，要求承包商在接到通知书十日内派人进行保修。对于比较重大的质量缺陷，如基础不均匀沉降和屋面、地下室渗漏等质量问题要求责任方提出缺陷的处理方案，并经过监理、设计人员、业主方共同审批后，由监理工程师监督实施处理。承包方若不按工程质量保修书约定进行保修，监理工程师应书面通知业主，可由业主委托其他承包商完成。其维修处理发生的费用依据施工合同规定在质量保修保证金中扣除。对非承包单位原因造成的工程质量缺陷，监理人员应核实修复工程的费用和签署工程款支付证书，并报建设单位；同时项目总监理工程师应组织有关监理人员做好保修期内的监理工作记录和总结。

工程验收合格并进入质量保修期后，有些使用单位擅自改变设计使用功能，即出现工程的非正常使用情况，例如：室内进行二次装修扩门拆墙，改变水、电管线；屋面擅自加设太阳能热水器、电视等无线接收设备，屋面和外墙面设置大型广告牌；屋面天沟灰尘和生活垃圾堆积，天沟流水不畅，个别水落堵塞等。监理工程师一旦发现上述情况，应立即书面通知业主或使用单位，并提出处理意见，协同相关单位加以解决。

8.2.4 保修期工作的结束

在监理委托合同中，监理在保修期的工作期限一般规定为1年。当监理合同约定的工程保修期监理业务过期后，施工单位应按施工合同以及《建设工程质量管理条例》的规定继续履行工程质量保修义务。工程质量保修金应当在施工单位的保修期限届满后方可处理。保修期结束后，由项目总监协助顾客组织承包单位、监理单位和顾客三方召开联席会议，共同审定保修合同的完成。

附录一　某综合楼地下车库基础、主体工程评估报告

××综合楼地下车库位于××市互助路8号，东邻建国饭店，西邻新城社区经济局，地下一层，建筑面积820m²，全现浇钢筋混凝土框架结构，片筏基础。

一、基础部分：

1. ××综合楼地下车库开挖完毕后，按照《建筑场地墓坑探查与处理暂行规程》Q/XJ 104—64对建筑场地内的墓、坑、井、穴进行探查并处理，并将坑底杂填土清理干净，详见普探资料。

2. C10垫层：

基础垫层C10混凝土振捣密实，表面平整，无质量缺陷，混凝土采用商品混凝土，由××长城商品混凝土厂家提供，其资料齐全，浇筑时经监理、施工方取样留置试块1组，标养试块28天龄期强度平均达到设计强度124%，符合设计要求。

C10垫层检验批：C10厚度100mm，用量82m³为一验收批。

主控项目：

C10垫层表面平整、密实、标高等均符合图纸设计要求。

3. SBC-120防水

C10混凝土垫层表面硬化后上面开始做SBC-120防水卷材，防水材料由××新型建材有限公司供货，有出厂合格证及检测报告，经监理、施工方现场取样，复检结论为合格，SBC-120防水材料在C10混凝土表面至车库外墙±0.000处，并用120厚砖墙做保护层，其120墙与车库外墙面留窄隙2cm并用砂浆随砌体灌缝，防水材料在施工过程中粘结牢固，无皱折、鼓泡和翘边等缺陷，经检查符合图纸设计要求。

SBC-120防水卷材检验批：

主控项目：

SBC-120防水材料按铺贴面积每100m²作为一处抽查，且不少于3处，经检查均达到图纸设计要求。

一般项目：

卷材防水层基层牢固、表面洁净，平整、无空鼓、松动、起砂和脱皮现象；卷材防水层的搭接缝粘结牢固，密封严密，无皱折，翘边和鼓泡等缺陷；侧墙卷材防水层的保护层与防水层粘结牢固，结合紧密，厚度均匀一致，经检查符合要求。

4. C15混凝土保护层

C15混凝土保护层40mm：浇筑时振捣密实，表面平整，无质量缺陷，C15混凝土采用商品混凝土，由××市长城商品混凝土提供，其保证资料齐全。浇混凝土时留置试块1组，28天龄期强度值达设计强度等级125%，符合图纸要求。

C15混凝土保护层检验批：C15混凝土保护层混凝土用量为35m³，经逐步检查，主控项目全部合格，一般项目符合要求。

5. 基础筏板：

(1) 钢筋工程：钢筋生产厂家为××龙门钢铁厂。××万成商贸有限公司供料，钢筋有出厂合格证、进厂后经监理现场见证、取样复试、复试检验合格，梁柱钢筋型号为 ϕ25，腰筋 ϕ14，箍筋 ϕ8、ϕ10，筏板钢筋型号为 ϕ16、分布筋为 ϕ16、筏板角部加筋 6ϕ20@250，钢筋长 L=3m，其钢筋规格、数量、间距、锚固、搭接长度均符合图纸设计要求。

ϕ14 以上的钢筋采用闪光对焊，以每 200 个接头为一验收批，不足 200 头接头时，亦按一批计算，并做拉力，弯曲试验项目，ϕ16HRB375、ϕ25HRB335，均复试合格，详见附录表。

基础筏板钢筋检验批：经检查钢筋数量、规格、间距、锚固、搭接长度均符合图纸设计要求。

(2) 混凝土：基础筏板及梁混凝土设计强度 C30 抗渗等级 P6，由××长城商品混凝土厂家提供，其资料齐全，浇筑时经监理及施工方取样做留置试块 1 组，28 天龄期强度渗水时压强 0.8MPa，判定符合抗渗等级 P6。符合设计要求。

筏板 C30P6 混凝土检验批：基础筏板、地梁共用混凝土 $553m^3$，留置试块 1 组标养，其主控项目全部合格。

一般项目：

混凝土浇筑完毕后，应按施工技术方案及时采取有效的养护措施。

应在浇筑完毕后的 12 小时以内对混凝土加以覆盖，以保温养护。

在混凝土强度达到 $1.2N/mm^2$ 前，不得在其上踩踏或安装模板及支架，经检查以上内容，均符合要求。

6. 基础筏板，地梁模板：

主控项目：

筏板基础模板采用木模加止水螺杆形式加固，模板具有其刚性，满足加固条件，模板涂刷隔离剂，无沾污钢筋和混凝土接槎处，经检查合格。

一般项目：

模板的接缝严密，在浇筑混凝土前，木模板浇水湿润，模板内无积水、无杂物且模板结构尺寸标高准确，固定在模板上的预埋件、预留孔和洞均无遗漏且安装牢固，其偏差符合规定。

模板安装、模板拆除分别为一验收批，经检查均合格。以上基础部分分项工程，经检查均达到设计要求，评定为合格工程。

二、主体部分：

1. 钢筋工程：

(1) 主控项目：

钢筋生产厂家为××钢铁厂，××商贸有限公司供料，钢筋有出厂合格证，进厂后经监理及施工方取样复试，复试检验合格，梁柱主筋型有 ϕ25、ϕ22、ϕ20、ϕ16、ϕ14；箍筋：ϕ10、ϕ8、ϕ6.5，车库主体钢筋进场复试及试验报告编号详见附录表。

(2) 钢筋的一般项目：

1) 钢筋表面无损伤、裂、纹、油污、颗粒状和片状老锈；

2) 钢筋调直采用冷拉时，HRB235 级钢筋冷拉率不大于 4%；

3）钢筋加工的形状尺寸偏差项目均在范围内。钢筋的加工、安装分别为一检验批，经检查均为合格。

2. 混凝土工程：

（1）××综合楼地下车库层高3.275m，墙板、梁设计强度C35P6，2004年1月18日浇筑，由××商品混凝土厂家提供，资料齐全，浇筑时监理旁站监督且同施工方取样留置试块2组标养，28天龄期强度渗水时压强0.8MPa，符合图纸设计要求。

（2）××综合楼地下车库混凝土强度等级C35P6，混凝土量335m^3，混凝土施工检验质量验收为一验收批，经检查验收，主控项目及一般项目均符合质量要求。

（3）模板工程：墙、板、柱楼梯、梁的模板用木楞及龙骨、采用60×80木方、模板加固采用ϕ48焊接钢管、L 50×5型钢用ϕ14止水螺杆加固其外墙模板。

3. 模板

（1）主控项目：

在涂刷模板隔离剂时，无沾污钢筋和混凝土接槎处。

（2）一般项目：

模板接缝严密，无漏浆现象，在浇筑混凝土前，模板应浇水湿润，模板内无积水、无杂物。跨度不小于4m的现浇钢筋混凝土梁、板，其模板按设计要求起拱，定在模板上的预埋件、预留孔和预留洞无遗漏且安装牢固，其偏差符合规定，模板拆除尤其悬臂构件待混凝土强度达100%时方可拆模，模板安装、拆除分别为一验收批，经检查均为合格。

以上主体工程所有分项工程，经检查均达到设计要求，评定为合格工程。

另外××综合楼地下车库钢筋复试、焊接，混凝土试块抗压强度报告详见下列附录表。

钢材复试报告目录表(地下车库)

××综合楼地下车库：

工程部位	规格、代表批量	报告编号	生产厂家	结论
基础梁及筏板	ϕ10　19.735t	2003－189	酒钢	合格
	ϕ16　29.834t	2003－189	龙门	合格
	ϕ25　29.8t	2003－189	龙门	合格
梁和筏板	ϕ20　1.801t	2003－193	龙门	合格
	ϕ14　8.984t	2003－193	龙门	合格
	ϕ12　11.988t	2003－193	龙门	合格
梁、板、墙、柱	ϕ25　14.9t	2003－003	龙门	合格
	ϕ20　3.001t	2003－003	龙门	合格
	ϕ12　11.989t	2003－003	龙门	合格

钢材焊接报告目录表

××综合楼地下车库：

工程部位	规格、代表批量	报告编号	焊接方式	结论
基础梁及筏板	ϕ16　200 头	2003－163	闪光对焊	合格
	ϕ16　200 头	2003－163	闪光对焊	合格
	ϕ25　290 头	2003－163	闪光对焊	合格
悬空梁	ϕ25　290 头	2003－163	闪光对焊	合格

混凝土试块抗压强度报告表

××综合楼地下车库：

工程部位	实验报告编号	强度等级	达到设计强度等级％
基础垫层	2004－001	C10	124
防水保护层	2004－002	C15	125
基础梁及筏板	2004－001	C30P6	121
梁、墙、板、柱	2004－002	C35P6	119

附录二 某综合住宅楼工程监理工作总结

一、工作概况

1. 顾客（指业主、下类同）单位：××置业有限公司
2. 项目名称：××综合楼
3. 项目建设地点：××市
4. 工程规模：6862.86m^2
5. 地质情况：详见××勘察设计院关于××地质报告
6. 结构特点：框架结构
7. 项目总投资：632万元
8. 建设周期：220天
9. 工程质量目标：合格
10. 设计单位：××建筑勘察设计研究院
11. 承包单位：××建筑公司第五分公司

二、工程项目建设监理范围、内容和依据

1. 监理范围：工程项目建筑红线范围以内施工图纸所确定的施工范围，承担全部土建（含装饰）、给排水、水暖、采暖等专业的监理任务（上述内容根据监理合同委托任务填写）。

2. 监理内容：施工阶段的监理工作，公司完全按照“建设部、国家计委建监［1995］737号工程建设监理规定”中的监理工作内容执行，即投资控制、质量控制、进度控制、合同管理、组织协调。

三、监理依据

1. 顾客与承包单位签订的正式合同及协议
2. 顾客提交的本工程项目施工图纸和说明
3. 国家现行及××省现行的建筑工程质量评定标准及验收规范
4. ××省现行的预算定额、取费标准及有关建设管理办法
5. 顾客与监理单位签订的建设委托监理合同
6. 以建设部及××省颁发的《建设监理规定》中关于施工阶段监理的内容执行

四、监理组织机构、监理人员配备及岗位职责

1. 根据工程类别、规模、技术要求、施工难易程度、工期等特点，本着“满足监理工作要求精干、效能”原则，合理设置专业、配备监理人员，组成驻地监理机构。

2. 监理机构人员名单表：

序号	姓　名	职　称	职　务	专业培训情况	备　注
1					
2					
3					
…					

各级监理人员岗位职责：

岗位职责按《各级监理人员岗位职责》QM 3002—4—2001 执行。

五、监理合同履行情况

顾客与监理单位签订的建设委托监理合同，监理部门严格按照监理合同委托任务已完成××综合住宅楼的监理工作。

六、监理工作成效

1. 通过采用法定的监理方法，核查施工单位质量保证体系、管理人员的资格、特殊工种人员的岗位证书，审核施工方案，检验进场原材料，确保每道分项工程的施工过程始终处于受控状态。另外，特别强调检验程序控制，使工程基础、主体、装饰每道工序经验收合格后，方可进行下道工序的施工，从而保证了工程质量。

2. 严格按照监理法规及有关规范进行质量、进度、投资控制且每星期二召开一次会议、安排好下周工作计划，促使施工队按计划完成。

七、施工过程出现的质量问题及其处理程序

1. 发现质量不合格的处理：

如果发现施工中出现质量问题，应按如下程序处理：请有资质的检测单位检测鉴定，如经有资质的检测单位检测鉴定，能达到设计要求，应予以验收；如经有资质的检测单位检测鉴定达不到设计要求，请原设计单位核算，如原设计单位核算认可能够满足结构安全和使用功能，可予以验收；如不能满足结构安全和使用功能，进行返修和加固处理，经返修和加固处理后能满足安全使用要求，可按技术处理方案和协商文件进行验收，如果返工重做，应重新验收；如果经返修或加固处理仍不能满足安全使用要求，严禁验收，必须拆除重建。

2. 质量事故的处理程序如下：

(1) 事故发生后，应及时组织调查处理。

(2) 根据调查结果，分析发生事故的主要原因。

(3) 分析确定是否需要处理，若需要处理，施工单位确定处理方案。

(4) 按照处理方案对事故进行处理。

(5) 检查质量事故处理是否达到预期目的，是否留有隐患。

(6) 对事故处理做出明确的处理结论。

(7) 提交完整的事故处理报告。

9　建设项目合同管理

9.1　建设项目合同管理概述

9.1.1 建设项目合同

1. 合同的概念

合同，又称契约。我国《民法通则》第八十五条规定："合同是当事人之间设立、变更、终止民事关系的协议。"当事人可以是双方的，也可以是多方的。民事关系指民事法律关系，也就是民法规范所调整的财产关系和人身关系在法律上的表现。民事法律关系由权力主体、权力客体和内容三部分组成。

(1) 权力主体，又称民事权力义务主体，指民法法律关系的参加者，也就是在民事法律关系中依法享受权利和承担义务的当事人。从合同角度看，也就是签订合同的双方或多方当事人，包括自然人、法人和其他组织。

(2) 权力客体，是指权力主体的权利和义务共同指向的对象，包括物、行为和精神产品。物是指由民事主体支配、能满足人们需要的物质财富，它是民事法律关系中常见的客体；行为是指人的活动及活动的结果；精神产品也称为智力成果。

(3) 内容，是指民事权利和义务。

2. 合同的内容

(1) 当事人的名称或姓名和住所。自然人的姓名是指经户籍登记管理机关核准登记的正式用名，住所即经常居住地；法人、其他组织的名称是指经登记主管机关核准登记的名称；住所是指它们的主要营业地或者主要办事机构所在地。

(2) 标的。标的是指合同当事人双方权利和义务共同指向的事物，即合同法律关系的客体。标的可以是货物、劳务、工程项目或者货币。依据合同种类的不同，合同的标的也各有不同。

标的是合同的核心，它是当事人权利和义务的焦点。尽管当事人双方签订合同的主观意向不同，但最后必须集中在一个标的上。因此，当事人双方签订合同时，首先要明确合同的标的，没有标的或者标的不明确，必然会导致合同无法履行，甚至产生纠纷。

(3) 数量。数量是计算标的的尺度。它把标的定量化，以便确定合同当事人之间权利和义务的量化指标，从而计算价款或报酬。

(4) 质量。质量是标的的内在特殊物质属性和一定的社会属性，是标的性质差异的具体特征。它是标的价值和使用价值的集中表现，并决定着标的的经济效益和社会效益，还直接关系到生产的安全和人身的健康等。因此，当事人签订合同时，必须对标的的质量做出明确的规定。标的的质量，有国家标准的按国家标准签订，没有国家标准而有行业标准的按行业标准签订，或者有地方标准的按地方标准签订。

(5) 价款或者报酬。价款，通常是指当事人一方为取得对方出让的标的物，而支付给对方的一定数额的货币；报酬，通常是指当事人一方为对方提供服务、劳务等，从而向对方收取一定数额的货币报酬。

(6) 履行期限、地点和方式。履行期限，是指当事人交付标的和支付工程款或者报酬的日期。即依据合同的约定，权利人要求义务人履行义务的请求权发生的时间。合同的履行期限，是一项重要条款，当事人必须写明具体的履行起止日期，避免履行期限不明确而产生纠纷。

履行地点，是指当事人交付标的和支付价款或报酬的地点。它包括标的的交付、提取地点；服务、劳务或工程项目建设的地点；价款或报酬结算的地点等。它不仅关系到当事人实现权利和承担义务的发生地，还关系到人民法院受理合同纠纷案件的管辖地问题。

履行方式，是指合同当事人双方约定以哪种方式转移标的物和价款。履行方式应视所签订的合同的类别而定。

(7) 违约责任。违约责任，是指合同当事人约定一方或双方不履行或不完全履行合同义务时，必须承担的法律责任。违约责任包括支付违约金、偿付赔偿金以及发生意外事故的处理等其他责任。法律有规定责任范围的按规定处理；法律没有规定责任范围的，由当事人双方协商议定办理。

(8) 解决争议的方法。解决争议的方法，是指合同当事人选择解决合同纠纷的方式、地点等。根据我国法律的有关规定，当事人解决合同争议时，可以采用协商、调解、仲裁或诉讼，即"或裁或审"制，即当事人可以在合同中约定选择仲裁机构或人民法院解决争议。

3. 建设项目合同的类型

(1) 按签订合同的主体划分：

1) 勘察、设计合同。这是由业主与勘察、设计单位之间，根据批准的计划任务书、建设选址报告及建设行政主管部门的有关批件等为完成工程建设项目的勘察、设计任务所签订的合同。

2) 施工合同。这是由业主根据初步设计、施工图设计、总概算、年度建设计划，以及建设行政主管部门对允许工程施工的批件，与施工单位签订的为完成工程施工任务的合同。

3) 采购供货合同。业主或施工单位对工程建设过程中所涉及到的材料、设备、半成品、配构件等与供货商家或厂家签订的合同。

4) 运输合同。指长途、短途以及现场外的运输业务，由业主或施工单位与运输部门签订的合同。

建设项目合同除上述合同外，还有联营承包合同、劳动合同、施工企业内部合同等。

(2) 按计价方式划分：

1) 总价合同。总价合同分为固定总价合同、调值总价合同和固定工程量总价合同。

固定总价合同。指合同双方以招标时图纸和工程量等说明为依据，承包商按投标时业主接受的合同价格承包实施，并一笔包死。合同履行过程中，如果业主没有要求变更原定的承包内容，圆满完成实施承包工程内容后，不管承包商是盈是亏，业主都只按原定合同价支付工程价款。固定总价合同因风险大，一般只适用于投标时设计深度已达到施工图设计的要求、工程规模小和工期短的一些承发包工程。

调值总价合同。这种合同是在固定总价合同的基础上，增加合同履行过程中因市场价格浮动对承包价格调整的合同条款。常用的合同价格调整方法有文件证明法、票据价格调整法和公式调价法。进行合同价调整时，应按原定合同确认的调价方法做出调整。

固定工程量总价合同。指在工程量报价单内，业主按单位工程及分项工程内容列出实施工程量，承包商分别填报各项内容的直接费单价，然后再单列间接费、管理费和利润等内容后算出总价经业主认可或双方协商，据此来确定合同价。

2）单价合同。单价合同是指承包商按工程量报价单内分项工程工作内容填报单价，以实际完成工程量乘以所报单价计算工程结算价款的合同。单价合同一般适用于工期长、技术复杂、施工过程中发生各种不可预见因素多的大型复杂工程。常用单价合同可以分为估计工程量单价合同、纯单价合同和单价与包干混合合同三种基本形式。

估计工程量单价合同。指承包商在投标时以工程量报价单中开列的工作内容和估计工程量填报相应单价后，累计计算合同价的一类合同。

纯单价合同。指招标文件中只列出各项工程内的工作项目一览表、工程范围及必要说明，而不提供工程量，投标人按所列的项目分别填报单价，实施过程中按实际完成工程量结算的一类合同。

单价与包干混合合同。这是总价合同和单价合同的一种结合形式。即工程量准确部分采用总价合同，工程量变化大、技术复杂部分采用单价合同。

3）成本加酬金合同。这类合同包括按工程的实际总造价划分直接成本费和承包商完成工作后应得的酬金两部分所签订的合同。成本加酬金合同分为成本加固定百分比酬金合同、成本加浮动酬金合同、成本加固定酬金合同和成本加奖罚合同等形式。

9.1.2 建设项目合同管理

建设项目合同管理涉及到签约各方的权利和利益，各方都必须加强对合同的管理，减少或预防因合同纠纷而造成的经济损失。提高合同的履约率是各方面加强合同管理的最终目标。建设工程合同管理的基本内容包括合同签订、合同履行、合同变更和解除，以及违约责任等。

1. 建设项目合同的签订

签订建设项目合同，签约各方都必须严格遵守下列有关法律规范的规定：

(1)《中华人民共和国招标投标法》的有关规定。

(2)《中华人民共和国合同法》的有关规定。

(3) 国家已经发布有关对建设工程承包方的资质管理办法的规定。

(4) 国家有关行政主管部门发布的《建设工程合同示范文本》要求。

签约双方应按照上述有关的法律规范，结合工程特点及双方的实际条件，在贯彻平等互利、协商一致、等价有偿的原则下签订建设工程合同。

2. 建设项目合同的履行

建设项目合同的履行是实现双方由合同规定的权利和义务的具体体现，也是维护签约各方经济利益的关键行为。合同履约过程中的管理，包括合同控制、合同监督和合同跟踪等一系列的合同管理工作。

(1) 合同实施控制。合同在实施过程中，将受到各种因素的干扰，从而使合同目标与实际效果产生一定的偏差。合同控制是保证工程实施达到预期目标的重要手段。合同控制的显著特点就是控制过程的动态性，也就是说，合同控制应与工程目标控制保持一致性，且随着工程建设进度应不停地开展对合同的控制；同时，还应随工程建设过程而不断地调整工程建设目标与合同的相应标的，使其最终保证建设目标的实现。

(2) 合同实施监督。合同履行中对合同实施监督也是合同管理的一项重要工作。因为合同责任是通过合同履行来实现的，合同监督可以保证合同责任的最终实施，合同监督也包含有签订各方对合同实施中的自身合同责任的监督和对对方的合同责任的监督。自身合同责任的监督有利于协调自身履约行为；对对方的合同监督有利于协调签约双方的履约行为，是减少或避免合同纠纷的重要手段。

(3) 合同跟踪。合同跟踪是对合同实施的一种动态监督，是实施合同控制的基础。合同跟踪分为合同事件跟踪，合同管理层人员工作质量的跟踪及对整个合同实施目标的跟踪。合同跟踪的主要依据有：

1) 合同和合同分析的结果；

2) 各类建设法规、标准及资料；

3) 业主或监理工程师对工程建设的指令；

4) 承包商的工作质量和工作进度；

5) 合同变更或工程变更文件；

6) 合同实施记录等。

3. 合同变更管理

(1) 合同变更的原因。建设项目合同变更，特别是施工合同变更的频繁性，是建设项目合同管理的显著特点。

合同变更的原因应归于建设环境的复杂性与承发包双方对建设项目认识的差异性，其主要原因有以下几个方面：

1) 业主对工程建设提出新的要求；

2) 设计图纸修改或设计变更频繁；

3) 建设环境条件，特别是施工环境条件的变化；

4) 新技术、新工艺、新材料、新设备的应用，引起设计方案和施工方案的变化；

5) 国家经济政策对建设项目提出了新的要求。

(2) 合同变更产生的影响。合同变更对签约各方（业主、设计单位、施工单位及供货单位等）均会产生不同程度的影响，主要有以下几方面：

1) 工程建设项目范围及其建设目标和有关建设实施文件都应作相应的修改；

2) 合同双方之间的合同责任会产生变化，必须对签约各方的权利和义务作出新的协调；

3) 会引起工程变更，包括建设内容和建设目标的变化。

(3) 合同变更的形式。合同变更是合同管理的重要工作。合同变更的基本形式是双方签署合同变更协议。合同变更协议与合同文本具有同等的法律约束力，且其法律约束力效力优于合同文本；由业主或监理工程师在合同规定范围内发出变更指令，对一些重大变更，应召开合同各方的变更会议，协商一致，对原有合同条款作出相应的修改。

4. 违约责任

追究违约责任是合同具有法律效力的具体表现，也是合同管理的重要内容。

(1) 承包方的责任:

1) 因勘察设计质量低劣或未按期提交勘察设计文件拖延工期造成损失，由勘察设计单位继续完善设计，并减收或免收勘察设计费，直至赔偿损失。

2) 工程质量不符合合同规定，发包方有权要求限期无偿修理或返工、改建，经过修理或者返工、改建后，造成逾期交付的，承包方要偿付逾期违约金。

(2) 发包方责任:

1) 未按合同规定时间和要求提供物资、场地、资金和资料等，除工程工期顺延外，还应偿付承包方因造成停工、窝工的实际损失。

2) 工程中途停建、缓建，应赔偿承包方由此造成的各项损失和实际费用。

3) 因设计变更、资料不准确或未按期提供勘察、设计条件而造成勘察设计的返工、停工或修改设计，按承包方实际消耗的工作量增加费用。

4) 工程未经验收而自行使用，出现质量问题应自行负责。

5) 超过合同规定日期验收或付工程款，应支付逾期违约金。

5. 合同的解除

建设合同一经签订就具有法律效力，任何一方都不允许随意宣布解除合同。只有当不损害国家利益和不影响国家计划；当事人因某些原因造成无法履行合同；因不可抗力当事人无法履行合同，或者因一方违约而使合同无法履行等，才有可能解除合同。解除合同使一方遭受损失的，除依法可以免除责任外，应由责任方负责赔偿损失。

9.2 勘察、设计合同管理

9.2.1 勘察、设计合同的概念和作用

1. 勘察、设计合同的概念

建设工程勘察、设计合同是指建设单位与勘察单位、设计单位为完成一定的勘察、设计任务，明确双方权利、义务的协议。建设单位或有关单位成为发包人，勘察、设计单位称为承包人。根据勘察、设计合同，承包人完成委托方委托的勘察、设计项目，发包人接受符合约定要求的勘察、设计成果，并支付报酬。

2. 勘察、设计合同的作用

(1) 为勘察、设计工作的按期、按质、按量完成提供了法律保证，合同一经签订，便具有法律效力。

(2) 由于合同中明确了双方的权利和义务及违约责任，一旦发生纠纷，责任明确，避免许多不必要的争执。

(3) 促使当事人双方加强管理和经济核算。

9.2.2 勘察设计合同的订立

勘察、设计合同中，应规定双方提交勘察、设计基础资料、设计文件的时间、设计质量要求以及其他协作条件等。

1. 合同的主体资格

建设勘察、设计合同的主体，一般应是法人。承包方承揽工程勘察、设计任务必须

具有相应的权利能力和行为能力，必须持有相应等级的勘察、设计资质证书。国家对设计市场实行从业单位资质、个人执业资格准入管理制度，委托设计任务的建设工程项目应当符合国家的规定：

（1）建设工程项目可行性研究报告或项目建议书已经获得批准。

（2）已经办理了用地规划许可证。

（3）满足法律、法规规定的其他条件。

2. 合同订立的形式和程序

建设工程勘察、设计任务通过招标或设计方案竞选确定勘察、设计单位后，应遵循工程项目的建设程序，签订勘察、设计合同。

签订勘察、设计合同，由建设单位、设计单位或有关单位提出委托，经双方协商同意，即可签订。

签订合同还必须具有上级主管部门批准的设计任务书。小型单项工程必须具有上级机关批准的设计文件。

9.2.3 勘察、设计合同签订的内容

1. 勘察的内容

勘察是指工程勘察，而不是地质资源的勘察，其主要内容有：

（1）工程测量。包括平面控制测量、高程控制测量、地形测量、摄影测量、线路测量和绘图复制等项工作，其任务是为建设项目的选址（选线）、设计和施工提供有关地形、地貌的科学依据。

（2）水文地质勘察。包括水文地质测绘、地球物理勘探、钻探、抽水试验和地下水资源评价等工作，其任务在于为建设项目的设计提供有关供水、地下水资源的详细资料。

（3）工程地质勘察。任务在于为建设项目的选址（选线）、设计和施工提供工程地质方面的详细资料。包括地理位置，地形地貌，地质构造，不良地质现象，地层成长条件，岩石和土的物理力学性质，场地的稳定性和适宜性，岩石和土的均匀性及允许承载力，地下水的影响，土的最大冻结深度，地震基本烈度以及工程建设可能引起的工程地质问题，供水水源地的水质、水量评价。供水方案，水的污染及发展趋势，不良地质现象和特殊地质现象的处理和防治等方面的结论意见、建议和措施等。

工程勘察一般由专门的勘察机构承担。

2. 设计阶段的划分

设计是基本建设的重要环节，在建设项目的选择和设计任务书已定的情况下，建设项目技术上是否先进，经济上是否合理，设计将起着决定性的作用。设计文件是安排建设计划和组织施工的主要依据。

通常对一般不太复杂的中小型项目采用两阶段设计，即扩大初步设计（或称初步设计）和施工图设计；对重要的、复杂的、大型的项目，经主管部门指定，可采用三阶段设计，即初步设计、技术设计和施工图设计。

（1）总体规划设计必须满足初步设计的开展。主要大型设备和材料的预先安排以及土地征用准备工作的要求。其内容应包括下列文字说明和必要的图纸：建设规模，产品方案，原料来源，工艺流程概况，主要装置配置，主要建筑物和构筑物，公用及辅助工

程，“三废”治理和环境保护方案，占地面积估计，总图布置及运输方案，生产组织概况和劳动定员估计，生活区规划设想，施工基地的部署和地方材料的来源，建设总进度及进度配合要求，投资估算。

(2) 初步设计应在总体设计（如果有的话）的原则指导下，并满足以下各方面的要求：

设计方案选优，主要设备、材料订货及生产安排，土地征用，基建投资的控制，施工图设计的进行，施工组织设计的编制，施工准备和生产准备。

鉴于以上要求，其内容一般应包括下列文字说明和图纸：设计的依据，设计的指导思想，建设规模，产品方案，原料、燃料、动力的用量和来源，工艺流程，主要设备选型及配置，总体运输，主要建筑物和构筑物，公用和辅助设施，主要材料用量，外部协作条件，占地面积和场地利用情况，“三废”治理和环境保护措施及评价，生活区建设，抗震和人防设施，生产组织和劳动定员，主要技术经济指标及分析，建设顺序和年限，总概算等。

(3) 技术设计是为了解决某些重大或特殊项目在初步设计阶段无法解决的某些技术问题而进行的。这些问题主要有：特殊工艺流程方面的试验、研究和确定，新型设备的试验、试制及确定，大型建筑物和构筑物的某些关键部位的试验、研究和确定，某些技术复杂需慎重对待的研究和方案的确定等。

(4) 施工图设计的内容，主要是根据批准的初步设计或技术设计，绘制出正确、完整和尽可能详尽的建筑、安装施工图纸，使各有关方面能据以安排设备和材料的订货，制作各种非标准设备，编制施工图预算及安排施工。

(5) 设计概算的编制也属于设计工作的内容。作为设计文件组成部分的概算，是考核设计方案的经济性，编制基本建设计划、核定投资包干额及拟定招标标底的重要依据。按我国现行规定，一般建设项目都须在初步设计阶段编制设计概算；在施工图设计阶段编制施工图预算。此外，如作总体规划设计，则编制相应的全部费用估算。技术设计，则需编制修正设计概算。

9.2.4 合同双方当事人的权利和义务

1. 建设单位的主要义务和勘察、设计单位的权利

(1) 建设单位应负责按规定时间向勘察、设计单位提供有关资料，勘查前应提出勘察技术要求及附图；初步设计前，应提交批准的计划任务书，选场报告及原料、燃料、水电、运输等方面的协议文件，能满足初步设计要求的勘察资料；施工图设计前，应提交批准的初步设计和能满足施工图设计的勘察资料，以及已订货的主要设备和技术资料。

(2) 勘察、设计人员进入现场作业或配合施工时，建设单位应负责提供勘察、设计工作的条件，并在生活上给予方便。

(3) 建设单位对所提供的勘察、设计资料的质量负责。

(4) 由于变更计划，或未按期提供必需的勘察、设计工作条件而造成勘察、设计的返工、停工、修改设计等，按承包方式实际消耗的工作量及时增付费用。

(5) 建设单位应按照国家有关规定及时支付勘察设计费用。

2. 勘察、设计单位的主要义务和建设单位的权利

(1) 勘查单位应按国家现行有关规程、规范和技术条例，进行工程地质、水文地质、测绘等勘察工作，并按合同进度要求提交勘察成果。

(2) 勘察单位、设计单位要根据批准的计划任务书和有关设计技术经济协议文件、设计标准和规范进行设计，并按合同规定的进度按时提交设计文件、设计图纸、设计概算或修正概算、主要材料设备清单。

(3) 设计单位应对所提供的设计文件、概算、图纸、经济技术资料的质量负责。

(4) 初步设计经上级主管部门审查，在原定任务书范围内的必要修改，由设计单位负责。设计文件批准后不得任意修改，若需修改设计，须经原设计审批机关批准，施工图修改，须经原设计单位的同意。

9.2.5 违约责任

1. 承包方的责任

(1) 勘察、设计的质量不符合要求或者未按照期限提交勘察、设计文件，拖延工期，造成发包人损失的，由勘察单位、设计单位继续完善勘察、设计、减收或者免收勘察、设计费并赔偿损失。

(2) 由于承包方在勘察、设计质量上低劣而造成发包方在施工上损失的，由承包方承担赔偿损失的责任。

(3) 承包方的勘察、设计虽无质量问题，但未能按期提交勘察、设计资料的，应承担逾期提交的违约金。

2. 发包方的责任

(1) 由于发包方变更计划而造成勘察、设计的返工、停工或修改设计，除按承包方实际消耗的工作量增付费用外，并承担相应的违约金。

(2) 由于发包方提供的资料不准确，或未按期提供必需的勘察、设计工作条件而造成勘察、设计的返工、停工或修改设计，除按承包方实际消耗的工作量增付费用外，并承担相应的违约责任。

(3) 未按期拨付勘察、设计费用，应承担违约金，因未按期拨付勘察、设计费用而影响承包方不能按期勘察、设计的，由发包方自己负责。

9.2.6 勘察、设计合同的管理

1. 项目监理机构对勘察、设计合同的管理

(1) 监理工程师的职责范围：

1) 起草勘察、设计合同条款及协议书；

2) 监督勘察、设计合同的履行情况；

3) 向建设单位提出支付合同价款的意见。

(2) 勘察、设计合同管理的重要依据：

1) 建设项目设计阶段监理委托合同；

2) 批准的可行性研究报告及设计任务书；

3) 建设工程勘察、设计合同；

4) 经批准的选址报告及规划部门批文；

5) 工程地质、水文地质资料及地形图；

6）其他资料。

2. 承包人对合同的管理

（1）建立专门的合同管理机构。应当设立专门的建设工程勘察、设计合同管理机构，对合同实施的各个步骤进行监督控制，不断完善建设工程勘察、设计合同自身的管理机制。

（2）承包人对合同的实施管理：

1）合同订立时的管理。承包人应设立专门的合同管理机构对建设工程勘察、设计合同的订立全面负责、实施监督控制。特别是在合同订立前要深入了解委托方的资信、经营作风及订立合同应当具备的相应条件。规范合同当事人权利义务的条款要全面、明确。

2）合同履行时的管理。合同开始履行，即意味着合同双方当事人的权利义务开始享有与承担。为保证勘察、设计合同能够正确、全面地履行，专门的合同管理机构要经常检查合同履行情况，发现问题及时协调解决，避免不必要的损失。

3）建立合同档案。合同订立的基础资料，以及合同履行中形成的所有资料，承包人应有专人负责，随时注意收集和保存，及时归档。健全档案是解决合同争议和提出索赔的依据。

4）做好合同人员素质培训。参与合同的所有人员，必须具有良好的合同意识，承包人应配合有关部门搞好合同培训等工作，提高合同人员的素质，保证实现合同订立要达到的目的。

3. 国家机关对建设工程勘察、设计合同的监督

建设工程勘察、设计合同的管理除承包人、发包人自身的管理外，国家有关机构（如：工商行政管理部门、金融机构、公证机构、主管部门等）依据职权划分，也可对勘察、设计合同行使监督权，建设行政主管部门应对勘察、设计合同履行情况进行监督，签订勘察、设计合同的双方，应将合同文本送交工程项目所在地县级以上人民政府建设行政主管部门或者委托机构备案。

9.3 施工合同管理

9.3.1 施工合同双方的权利和义务

1. 工程师的一般责任

工程师是指本工程监理单位委派的总监理工程师或发包人指定的履行合同的代表，其具体身份和职权由发包人和承包人在专用条款中约定。

（1）实行工程监理的，发包人应在实施监理前将委托的监理单位名称、监理内容及监理权限以书面形式通知承包人。

监理单位委派的总监理工程师在合同中称为工程师，其姓名、职务、职权由发包人和承包人在专用条款中写明。工程师按合同约定行使职权，发包人在专用条款内要求工程师在行使某些职权前需要征得发包人的批准。

（2）发包人派驻现场履行合同的代表在本合同中也称为工程师，其姓名、职务、职权由发包人和承包人在专用条款中写明，但职权不得与监理单位委派的总监理工程师职

权相互交叉。双方职权发生交叉或不明确时，由发包人予以明确，并以书面形式通知承包人。

(3) 合同履行中，发生影响发包人、承包人双方权利和义务的事件时，负责监理的工程师应根据合同在其职权范围内客观公正的进行处理。一方对工程师的处理有异议时，按通用条款有关争议的约定处理。

除合同内有明确约定或经发包人同意外，负责监理的工程师无权解除合同约定的承包人的任何权利和义务。

(4) 工程师可委派工程师代表，行使合同约定的自己的职权，并可在任何时候撤回这种委派。委派和撤回均应提前7天以书面形式通知承包人，负责监理的工程师还应将委派和撤回通知发包人。

(5) 工程师的指令、通知由其本人签字后，以书面形式交给项目经理，项目经理在回执上签署姓名和收到时间后生效。确有必要时，工程师可发出口头指令，并在48小时内给予书面确认，承包人对工程师的指令应予以执行。工程师不能及时给予书面确认的，承包人应于工程师发出口头指令后7天内提出书面确认要求。工程师在承包人提出确认要求后48小时内不予答复，应视为口头指令已被确认。承包人认为工程师指令不合理，应在收到指令后24小时内向工程师提出修改指令的书面报告，工程师在收到承包人报告后24小时内作出修改指令或继续执行原指令的决定，以书面形式通知承包人。紧急情况下，工程师要求承包人立即执行的指令或承包人虽有异议，但工程师决定仍继续执行的指令，承包人应予以执行。因指令错误发生的追加合同价款和给承包人造成的损失由发包人承担，延误的工期相应顺延。

(6) 工程师应按合同约定，及时向承包人提供所需指令、批准并履行其他约定的义务。由于工程师未能按合同约定履行义务造成工期延误，发包人应承担延误造成的追加合同价款，并赔偿承包人有关损失，顺延工期。

如需更换工程师，发包人应至少提前7天以书面形式通知承包人，后任继续行使合同文件约定的前任的职权，履行前任的义务。

2. 发包人的工作

发包人按专用条款约定的内容完成以下工作：

(1) 办理土地征用，青苗树木赔偿，房屋拆迁，清除地面、架空和地下障碍等工作，使施工场地具备施工条件，并在开工后继续负责解决以上事项遗留问题。

(2) 将施工所需水、电、电信路线从施工场地外部接至专用条款约定地点，并保证施工期间的需要。

(3) 开通施工场地与城乡公共道路，以及专用条款约定的施工场地内主要道路，满足施工运输的需要，保证施工期间的畅通。

(4) 向承包人提供施工场地的工程地质和地下管线资料，对资料的真实准确性负责。

(5) 办理施工许可证及其他施工所需证件、批件和临时用地、停水、停电、中断道路交通、爆破作业等的申报批准手续（证明承包人自身资质的证明文件除外）。

(6) 确定水准点与坐标控制点，以书面形式交给承包人，进行现场交验。

(7) 组织承包人和设计单位进行图纸会审和设计交底。

(8) 协调处理施工现场周围地下管线和邻近建筑物、构筑物（包括文物保护建筑）、古树名木的保护工作，承担有关费用。

(9) 发包人应做的其他工作，双方在专用条款内约定。

发包人不按合同约定完成以上工作，造成延误，给承包人造成损失的，发包人赔偿承包人有关损失，工期相应顺延。

3. 项目经理的一般责任

项目经理应按以下要求行使合同约定的权利，履行合同约定的职责：

(1) 项目经理的姓名、职务在专用条款内写明。

(2) 承包人依据合同发出的通知，以书面形式由项目经理签字后送交工程师，工程师在回执上签署姓名和收到时间后生效。

(3) 项目经理按发包人认可的施工组织设计（或施工方案）和工程师依据合同发出的指令组织施工。在情况紧急且无法与工程师联系时，项目经理应当采取保证工程和人员生命、财产安全的紧急措施，并在采取措施后48小时内向工程师送交报告。责任在发包人或第三人，由发包人承担由此发生的追加合同价款，相应顺延工期；责任在承包方，由承包人承担费用，不顺延工期。

承包人如需要更换项目经理，应至少提前7天以书面形式通知发包人，并征得发包人同意。后任继续行使合同文件约定的前任的职权，履行前任的义务。

4. 承包人的工作

承包人应按专用条款约定的内容和时间完成以下的工作：

(1) 根据发包人委托，在其设计资质等级和业务允许的范围内完成施工图设计或与工程配套的设计，经工程师确认后使用，发包人承担由此发生的费用。

(2) 向工程师提供年、季、月工程进度计划及相应的进度统计报表。

(3) 按工程需要，提供和维修供夜间施工使用的照明、围栏设施，并负责安全保卫。

(4) 按专用条款约定的数量和要求，向发包人提供在施工现场办公和生活的房屋及设施，发生的费用由发包人承担。

(5) 遵守政府有关部门对施工场地交通、施工噪声以及环境保护和安全生产等的管理规定，按规定办理有关手续，并以书面形式通知发包人，发包人承担由此发生的费用，因承包人责任造成的罚款除外。

(6) 已竣工工程未交付发包人之前，承包人按专用条款约定负责已完工程的成品保护工作，保护期间发生损坏，承包人自费予以修复。发包人要求承包人采取特殊措施保护的工程部位和相应的追加合同价款，双方在专用条款内约定。

(7) 按专用条款约定做好施工场地地下管线和邻近建筑物、构筑物（包括文物保护建筑）、古树名木的保护工作。

(8) 保证施工场地清洁符合环境卫生管理的有关规定。交工前清理现场达到专用条款的要求，承担因自身原因违反有关规定造成的损失和罚款。

(9) 承包人应做的其他工作，双方在专用条款内约定。

承包人未能履行上述各项义务，造成发包人损失的，应赔偿发包人的有关损失。

9.3.2 工程延期开工、暂停施工及复工

1. 监理工作要求

(1) 总监理工程师在签发工程暂停令时，应根据暂停工程的影响范围和影响程度，按照施工合同和委托监理合同的约定程序签发。

(2) 在发生下列情况之一时，总监理工程师可签发工程暂停令：

1) 建设单位要求暂停施工，且工程需要暂停施工。建设单位要求停工，但总监理工程师经过独立判断，也认为有必要暂停施工时，可签发工程暂停令；若监理工程师经过独立判断，认为没有必要暂停施工，则不应签发工程暂停令。

2) 为了保证工程质量而需要进行停工处理。不论建设单位是否要求停工，总监理工程师均应及时按程序签发工程暂停令。

3) 施工出现了安全隐患，总监理工程师认为有必要停工以消除隐患。不论建设单位是否要求停工，总监理工程师均应及时按程序签发工程暂停令。

4) 发生了必须暂时停止施工的紧急事件。不论建设单位是否要求停工，总监理工程师均应及时按程序签发工程暂停令。

5) 承包单位未经许可擅自施工，或拒绝接受监理机构管理。当总监理工程师签发工程暂停令后，在签发复工令之前，承包单位擅自施工，总监理工程师应再次签发工程暂停令，并采取进一步措施保证项目施工和监理的正常秩序。当承包单位拒绝执行监理单位的要求或指令时，总监理工程师应视情况签发工程暂停令。

(3) 总监理工程师在签发工程暂停令时，应根据停工原因的影响范围和影响程度，确定工程项目停工范围。

(4) 由于非承包单位且非 (2) 中 2)、3)、4)、5) 的原因，总监理工程师在签发工程暂停令之前，应就有关工期和费用等问题与承包单位协商。

(5) 由于建设单位原因，或其他非承包单位原因导致工程暂停时，监理单位应如实记录所发生的实际情况。总监理工程师在施工暂停原因消失、具备复工条件时，及时签署工程复工报批表，指令承包单位继续施工。建设单位原因或非承包单位原因导致工程暂停时，一般要根据实际的工程延期和费用损失，并通过协商，给予承包单位工期和费用方面的补偿，因此监理单位应如实记录所发生的实际情况以备查。

(6) 由于承包单位原因导致工程暂停，在具备恢复施工的条件下，监理单位应审查承包单位报送的复工申请及有关材料，同意后由总监理工程师签署工程复工申报表，指令继续施工。承包单位的原因导致工程暂停，承包单位申请复工后，除了填报“工程复工报审表”外，还应报送针对导致停工的原因而进行的整改工作报告等有关材料。

(7) 总监理工程师在签发工程暂停令到签发工程复工报审表之间的时间内，宜会同有关各方按照施工合同的约定，处理因工程暂停引起的与工期、费用等有关的问题。

2. 监理工作要点

(1) 延期开工：

1) 承包方要求的延期开工。如果是承包方要求的延期开工，则总监理工程师有权批准是否同意延期开工。承包方应当按照协议约定的开工日期前 7 天，以书面形式向监理工程师提出延期开工的理由和要求。监理工程师在接到延期开工申请后 7 天内以书面形式答复承包方。监理工程师在接到延期开工申请后的 48 小时内不答复，视为同意承包方的要求，工期相应顺延。

如果监理工程师不同意延期要求，工期不予顺延。如果承包方未在规定的时间内提出延期开工要求，如在协议书约定的开工日期前 5 天才提出，工期也不顺延。

2) 发包方原因的延期开工。因发包方的原因不能按照协议书约定的开工日期开工，监理工程师以书面形式通知承包方后，可推迟开工日期。承包方对延期开工的通知没有否决权，但发包方应当赔偿承包方因此造成的损失，相应顺延工期。

（2）暂停施工：在施工过程中，有些情况会导致暂停施工。暂停施工的原因很多，但归纳起来主要有以下几方面：

1）监理工程师要求的暂停施工。监理工程师在主观上是不希望暂停施工的，但有时继续施工会造成更大的损失。监理工程师在确有必要时，应当以书面形式要求承包方暂停施工，不论暂停施工的责任在发包方还是在承包方，监理工程师应当在提出暂停施工要求后48小时内提出书面处理意见。承包方应当按照监理工程师的要求停止施工，并妥善保护已完工工程。承包方实施监理工程师作出的处理意见后，可提出书面复工要求，监理工程师应当在48小时内给予答复。监理工程师未能在规定时间内提出处理意见，或收到承包方复工申请后48小时内未予答复，承包方可以自行复工。

如果暂停施工的责任在发包方，由发包方承担所发生的追加合同价款，赔偿承包商由此造成的损失，相应顺延工期；如果暂停施工的责任在承包方，由承包方承担发生的费用，工期不予顺延；监理工程师不及时作出答复，导致承包方无法复工，由发包方承担责任。

2）由于发包方违约，承包方主动暂停施工。当发包方出现某些违约情况时，承包方可以暂停施工，这是承包方保护自己权益的有效措施。如发包方不按合同规定及时地向承包方支付工程预付款、发包方不按合同规定及时向承包方支付工程进度款且双方未达成延期付款协议，在承包方发出要求付款通知后仍不付款，经过一定时间后，承包方均可暂停施工。这时，发包方应当承担相应的违约责任。出现这种情况时，监理工程师应当尽量督促发包方履行合同，以求减少双方的损失。

3）意外情况导致的暂停施工。在施工过程中出现的一些意外情况，如果需要暂停施工，则承包方应暂停施工。在这些情况下，工期是否给予顺延应视风险责任的承担确定。如发现有价值的文物、发生不可抗力事件等，其风险责任应当由发包方承担，故应给予承包方工期顺延。

9.3.3 工程变更的管理

1. 监理工作要求

（1）监理单位应按下列程序处理工程变更：

1）设计单位对原设计文件存在的缺陷提出的工程变更，应编制设计变更文件；建设单位或承包单位提出的工程变更，应提交总监理工程师，由总监理工程师组织专业监理工程师审查。审查同意后，应由建设单位转交原设计单位编制设计变更文件。当工程变更涉及安全、环保等内容时，应按规定经有关部门审定。

2）监理单位应了解实际情况和收集与工程变更有关的资料。

3）总监理工程师必须根据实际情况的设计变更文件和其他有关资料，按照施工合同的有关条款，在指定专业监理工程师完成下列工作后，对工程变更的费用和工期作出评价：①确定工程变更项目与原工程项目之间的类似程度和难易程度；②确定工程变更项目的工程量；③确定工程变更的单价或总价；④总监理工程师应就工程变更费用及工期的评估情况与承包单位和建设单位进行协商；⑤总监理工程师签发工程变更单。工程变更单应用表格的形式，并应包括工程变更要求、工程变更说明、工程变更费用和工期、必要的附件等内容，有设计变更文件的工程变更应附设计变更文件；⑥监理单位应根据工程变更单监督承包单位实施。

（2）监理单位处理工程变更应符合下列要求：

1）监理单位在工程变更的质量、费用和工期方面取得建设单位授权后，应按施工合同规定与承包单位进行协商，经协商达成一致后，总监理工程师应将协商结果向建设单位汇报，并由建设单位在变更文件上签字。

2）在监理单位未能就工程变更的质量、费用和工期方面取得建设单位授权时，总监理工程师应协助建设单位和承包单位进行协商，并达成一致。

3）在建设单位和承包单位未能就工程变更的费用等方面达成协议时，监理单位应提出一个暂定的价格，作为临时支付工程进度款的依据。该项工程款最终结算时，应以建设单位和承包单位达成的协议作为依据。

（3）在总监理工程师签发工程变更单之前，承包单位不得实施工程变更。

（4）未经总监理工程师审查同意而实施的工程变更，监理单位不得予以计量。

2. 监理工作要点

在施工过程中如果发生工程变更，将对施工进度产生很大的影响。因此，监理工程师在其可能的范围内应尽量减少工程变更。如果必须对设计进行变更，应当严格按照国家的规定和合同约定的程序进行。

（1）发包方对原设计进行变更。施工中，发包方如果需要对原设计进行变更，应不迟于变更前 14 天以书面形式向承包方发出变更通知，变更超过原设计标准或批准的建设规模时，须经过原规划管理部门和其他有关部门审查批准，并由原设计单位提供变更的相应图纸和说明。

（2）承包方要求对原设计进行变更。承包方应当严格按照图纸施工，不得随意变更设计。施工中承包方要求对原设计进行变更，须经监理工程师同意。监理工程师同意变更后，也须经原规划管理部门和其他有关部门审查批准，并由原设计单位提供变更的相应图纸和说明。承包方未经监理工程师同意，不得擅自变更设计，否则因擅自变更设计发生的费用和由此导致发包方的直接损失由承包单位承担，延误的工期不予顺延。

（3）工程变更事项。能够构成工程变更的事项包括以下变更：

1）更改有关部分的标高、基线、位置和尺寸；

2）更改有关工程的性质、质量标准；

3）增减合同约定的工程量；

4）改变有关工程的施工时间和顺序；

5）其他有关工程变更需要的附加工作。

由于发包方对原设计进行变更，以及经监理工程师同意的、承包方要求进行的设计变更，导致合同价款的增减及造成的承包方损失由发包方承担，延误的工期相应顺延。

（4）变更价款的确定程序。变更发生后，承包方在变更确定后 14 天内，提出变更工程价款的报告，经监理工程师确认后调整合同价款。承包方在确定变更后 14 天内不向监理工程师提出变更工程价款报告时，视为该项设计变更不涉及合同价款的变更。

监理工程师收到变更工程价款报告之日起 7 天内，予以确认。监理工程师无正当理由不予确认时，自变更价款报告送达之日起 14 天后，变更工程价款报告自行生效。

监理工程师不同意承包方提出的变更价格，按照合同约定的争议解决方法处理。

变更合同价款按照下列方法进行：

1）合同中已有适用于变更工程的价格，按合同已有的价格计算变更合同价款；

2）合同中只有类似变更工程的价格的，可以参照此价格确定变更价格，变更合同价款；

3）合同中没有适用或类似于变更工程的价格的，由承包方提出适当的变更价格，经监理工程师确认后执行。

9.3.4 费用索赔的处理

1. 监理工作要求

（1）监理单位处理费用索赔应依据下列内容：

1）国家有关的法律、法规和工程项目所在地的地方法规；

2）本工程的施工合同文件；

3）国家、部门和地方有关的标准、规范和定额；

4）施工合同履行过程中与索赔事件有关的凭证。

（2）当承包单位提出费用索赔的理由同时满足以下条件时，监理单位应予以受理：

1）索赔事件造成了承包单位直接经济损失；

2）索赔事件是由于非承包单位的责任发生的；

3）承包单位已按照施工合同规定的期限和程序提出费用索赔申请表，并附有索赔凭证材料。

（3）承包单位向建设单位提出费用索赔，监理单位应按下列程序处理：

1）承包单位在合同规定的期限内向监理单位提交对建设单位的费用索赔意向通知书；

2）总监理工程师指定专业监理工程师收集与索赔相关的资料；

3）承包单位在承包合同规定的期限内向监理单位提交对建设单位的费用索赔申请表；

4）总监理工程师初步审查费用索赔申请表，满足所规定的条件时予以受理；

5）总监理工程师进行费用索赔审查，并在初步规定确定一个额度后，与承包单位和建设单位进行协商；

6）总监理工程师应在施工合同规定的期限内签署费用索赔审批表，或在施工合同规定的期限内发出要求承包单位提交有关索赔报告的进一步详细资料的通知，待收到承包单位提交的详细的资料后，按第4）、5）、6）款的程序进行；

7）在审查和初步确定索赔批准额时，监理单位要审查以下三个方面：①索赔事件发生的合同责任；②由于索赔事件的发生，施工成本与其他费用的变化和分析；③索赔事件发生后，承包单位是否采取了减少损失的措施。承包单位报送的索赔额中是否包含了让索赔事件任意发展而造成的损失额。

监理单位在确定索赔批准额时，可采用实际费用法。索赔批准额等于承包单位为了某项索赔事件所支付的合理实际开支减去施工合同中的计划开支，再加上应得的管理费和利润。

8）总监理工程师在签署费用索赔审批时，可附一份索赔审查报告。索赔审查报告可包括以下内容：①正文：受理索赔的日期，工作概况，确认的索赔理由及合同依据，经过调查、讨论、协商而确定的计算方法及由此而得出的索赔批准额和结论。②附件：

总监理工程师对该索赔的评价，承包单位的索赔报告及其有关证据和资料。

（4）当承包单位的费用索赔要求与工程延期相关联时，总监理工程师在做出费用索赔的批准决定时，应与工程延期的批准联系起来，综合做出费用索赔和工程延期的决定。

费用索赔与工期索赔有时候会相互关联，在这种情况下，建设单位可能不愿给予工程延期批准或只给予部分工程延期批准，此时的费用索赔批准不仅要考虑补偿还要给予赶工补偿，所以总监理工程师要综合做出费用索赔和工程延期的批准决定。

（5）由于承包单位的原因造成建设单位的额外损失，建设单位向承包单位提出费用索赔时，总监理工程师在审查索赔报告后，应公正地与建设单位和承包单位进行协商，并及时做出答复。

2. 监理工作要点

监理工程师必须确认以下条件满足时，受理费用索赔：

（1）有关规定：

1）承包人必须依据合同有关规定索取额外的费用；

2）承包人在出现引起索赔的事件后，按合同规定的期限向监理工程师提交索赔意向，并同时抄送建设单位；

3）承包人承诺继续按规定向监理工程师提交说明索赔数额和索赔依据等的详细资料，并根据监理工程师的需求随时提供有关证明；

4）承包人在索赔事件终止后，按合同规定的期限向监理工程师提交正式的索赔申请。

（2）费用索赔的主要类型：

1）难以预见的情况所引起：①异常恶劣的气候条件；②外界障碍（化石、谷物、地下建筑等）；③战争入侵、叛乱、暴乱等；④通常无法预测和防范的任何一种自然力。

2）建设单位的责任引起：①未按合同规定和承包人合理的工程进度计划，提供对现场的占有权和出入权；②未按规定向承包人付款；③延误提供图纸；④提前占用或提前使用永久性工程区段而造成损失或损害；⑤因工程设计不当而造成的损失或损害；⑥违约使合同中途终止。

3）监理工程师的责任引起：①延误签发图纸、指令；②负责提供的书面数据不准确；③要求进行合同中未规定的检验。

（3）受理程序：

1）接受资料，做好记录。监理工程师应在收到承包人索赔意向后，立即通知有关的监理人员做好工地实际情况的调查和日常记录，收集来自现场以外的各种文件资料与信息。

2）审查承包人的索赔申请。监理工程师收到承包人的索赔申请后，应主要从以下几方面进行审查：①索赔申请的格式满足监理工程师的要求；②索赔申请的内容符合要求，即已列明索赔发生、发展的原因及申请所依据的合同条款；附有索赔数额计算的方法、价格与数量的来源细节和索赔涉及的有关证明、文件、资料、图纸等。审查通过后，可开始下一步的评估，否则应对承包人的申请予以退回。

3）索赔评估。应主要从以下几方面进行评定：①承包人提交的索赔申请资料必须真实、齐全，满足评审的要求；②申请索赔的合同依据必须正确；③申请索赔的理由必须正确与充分；④申请索赔的数额的计算原则与方法应恰当；数量应与监理工程师掌握的资料一致，价格与取费的来源能被建设单位接受，否则应修改承包人的计算方法与索赔数额，并与建设单位和承包人进行协商。

9.3.5 工程延期和延误的处理

1. 监理工作要求

（1）当承包单位提出工程延期要求符合施工合同文件的规定条件时，监理单位应予以受理。

（2）当影响工期事件具有持续性时，监理单位可在收到承包单位提交的阶段性工程延期申请表并经过审查后，先由总监理工程师签署工程临时延期审批表并通报建设单位，当承包单位提交最终的工程延期申请表后，监理单位应复查工程延期及临时延期情况，并由总监理工程师签署工程最终延期审批表。

（3）监理单位在做出临时工程延期或最终的工程延期之前，均应与建设单位和承包单位进行协商。

（4）监理单位在审查工程延期时，应依下列情况确定批准工程延期的时间：

1）施工合同中有关工程延期的规定；

2）工期拖延和影响工期事件的事实和程度；

3）影响工期事件对工期影响的量化程度。

（5）工程延期造成承包单位提出费用索赔时，监理单位应按费用索赔的规定办理。

（6）当承包单位未能按照施工合同要求的工期竣工交付造成工期延误时，监理单位应按施工合同规定从承包单位应得的款项中扣除误期损害赔偿费。

2. 监理工作要点

（1）延期及延误的概念。通常由于承包单位自身的原因所造成的进度拖延被称为工期延误；由于承包单位以外的原因所造成的进度拖延才被称为工程延期。

总监理工程师在做出临时延期批准时，要按正常的工程要求延期批准审查的同样程度和同样要求进行审查。在最终进行工程延期审查与批准时，总监理工程师应复查与工程延期有关的全部情况，因此，总监理工程师在做出临时延期批准时，不应认为其具有临时性而放松控制。

（2）确定延期的步骤。在确定各影响工程事件对工期或区段工期的综合影响时，可按下列步骤进行：

1）以事先批准的详细的施工进度计划为依据，确定假设工程不受工期事件影响时应该完成的工作或应该达到的进度；

2）详细核实受该工期事件的影响后，实际完成的工作或实际达到的进度；

3）查明因受该工期事件的影响而受到延误的作业工种；

4）查明实际的进度滞后是否还有其他影响因素，并确定其影响程度；

5）最后确定该工期事件对工程竣工时间或区段竣工事件的影响值。

（3）可以顺延工程的情形。承包方应当按照合同约定完成工程施工，如果由于其自身的原因造成工程延误，应当承担违约责任。通常，因以下原因造成，经监理工程师确认，工期可以相应顺延：

1）发包方不能按专用条款的约定提供开工条件；

2）发包方不能按约定日期支付工程预付款、进度款，致使工程不能正常进行；

3）设计变更和工程量增加；

4）一周内非承包方原因停水、停电、停气造成停工累计超过8小时；

5）不可抗力；

6）专用条款中约定或工程师同意工期顺延的其他情况。

这些情况可以顺延的根本原因在于：这些情况属于发包方违约或者是应当由发包方承担的风险。反之，如果造成工程延误的原因是承包方的违约或者应当由承包方承担的风险，则工期不能顺延。

（4）工程延期处理程序。发包方在工期可以顺延的情况发生后14天内，应将延误的工期向监理工程师提出书面报告。监理工程师在收到报告后14天内予以确认答复，逾期不予答复，视为报告要求已经被确认。当然，监理工程师确认的工期顺延期限应当是事件造成的合理延误，由监理工程师根据发生事件的具体情况和工期定额、合同等的规定确认。经监理工程师确认的顺延的工期应纳入合同工期，作为合同工期的一部分。如果承包方不同意监理工程师的确认结果，则按合同规定的争议解决方式处理。

（5）因不可抗力事件导致的费用及延误的工期处理：

1）工程本身的损害、因工程损害导致第三方人员伤亡和财产损失，以及运至施工场地用于施工的材料和待安装的设备的损害，由发包方承担；

2）承发包双方人员伤亡由其所在单位负责，并承担相应的费用；

3）承包方机械设备损坏及停工损失，由承包方承担；

4）停工期间，承包方应工程师要求留在施工场地的必要的管理人员及保卫人员的费用由发包方承担；

5）工程所需清理、修复费用，由发包方承担；

6）延误的工期相应顺延。

因合同一方延迟履行合同后发生不可抗力的，不能免除延迟履行方的相应责任。

9.3.6 合同争议的调解与合同的解除

1. 合同争议的调解

（1）监理单位接到合同争议的调解要求后应进行下列工作：

1）及时了解合同争议的全部情况，包括进行调查和取证；

2）及时与合同争议的双方进行磋商；

3）在监理单位提出调解方案后，由总监理工程师进行争议调解；

4）当调解未达成一致时，总监理工程师应在施工合同规定的期限内提出处理该合同争议的意见；

5）在争议的调解过程中，除已达到了施工合同规定的暂停履行合同的条件之外，监理单位应要求施工合同的双方继续履行合同。

（2）在总监理工程师签发合同争议处理意见后，建设单位或承包单位在施工合同规定的期限内未对合同争议处理决定提出异议，在符合施工合同的前提下，此意见应成为最后的决定，双方须执行。

（3）在合同争议的仲裁或诉讼过程中，监理单位接到仲裁机关或法院要求提供有关证据的通知后，应公正的向仲裁机关或法院提供与争议有关的证据。

2. 合同的解除

(1) 施工合同的解除必须符合法定程序。

(2) 当建设单位违约导致施工合同最终解除时，监理单位应就承包单位按施工合同规定应得到的款项与建设单位和承包单位进行协商，并应按施工合同的规定从应得的款项中确定承包单位应得的全部款项，并书面通知建设单位和承包单位。

1) 承包单位已完成的工程量表中所列的各项工作所应得的款项；

2) 按批准的采购计划订购工程材料、设备、构配件的款项；

3) 承包单位撤离施工设备至原基地或其他目的地的合理费用；

4) 承包单位所有人员的合理遣返费用；

5) 合理的利润补偿；

6) 施工合同规定的建设单位应支付的违约金。

(3) 由于承包单位违约施工合同终止时，监理单位应按下列程序清理承包单位的应得款项，或偿还建设单位的相关款项，并书面通知建设单位和承包单位。

1) 施工合同终止后，清理承包单位已按施工合同规定实际完成的工作所应得的款项和已经得到支付的款项；

2) 施工现场预留的材料、设备及临时工程的价值；

3) 对已完工程进行检查和验收、移交工程资料，该部分工程的清理、质量缺陷修复等所需的费用；

4) 施工合同规定的承包单位应支付的违约金；

5) 总监理工程师按照施工合同的规定，在与建设单位和承包单位协商后，书面提交承包单位应得的款项或偿还建设单位款项的证明。

(4) 由于不可抗力或非建设单位、承包单位原因导致施工合同终止后，监理单位应按合同规定处理合同解除后的有关事宜。

3. 合同争议调解中的有关监理知识

(1) 保险。虽然我国对工程保险（主要是施工过程中的保险）没有强制性的规定，但随着项目法人责任制的推行，以前存在着事实上由国家承担不可抗力风险的情况将会有很大改变，工程项目参加保险的情况会越来越多。双方保险义务如下：

1) 工程开工前，发包方应当为建设工程和施工场地内的发包方人员及第三方人员生命财产办理保险，支付保险费用，发包方可以将上述保险事项委托承包方办理，但费用由发包方承担。

2) 承包方必须为从事危险作业的职工办理意外伤害保险，并为施工场地内自由人员生命财产和施工机械设备办理保险，支付保险费用。

3) 运至施工场地内、用于工程的材料和待安装设备，不论由承发包双方任何一方保管，都应由发包方（或委托承包方）办理保险，支付保险费用。

(2) 担保。承发包双方为了全面履行合同，应互相提供以下担保：

1) 发包方向承包方提供履约担保，按合同约定支付工程价款及履行合同约定的其他义务；

2) 承包方向发包方提供履约担保，按合同约定履行自己的各项义务。

承发包双方的履约担保一般都是以履约保函的方式提供，实际上是担保方式中的保证。履约保函往往是由银行出具的，即以银行为保证人。一方违约后，另一方可要求提供担保的第三方（银行）承担相应责任。当然履约担保也不排除其他担保人出具的担保书，但由于其他担保人的信用低于银行，因此担保金额往往较高。

(3) 工程转包。工程转包是指不行使承包方的管理职能，不承担技术经济责任，将所承包的工程倒手转让给他人的承包的行为。承包方不得将其承包的全部工程转包给他人，也不得将其承包的全部工程肢解后以分包的名义分别转包给他人。工程转包，不仅违反合同，也违反我国有关法律和法规的规定。下列行为均属转包：

1）承包方将承包的工程全部转包给其他施工单位，从中提取回扣；

2）承包方将工程的主要部分或群体工程（指结构技术要求相同的）中半数以上的单位工程转包给其他施工单位者；

3）分包单位将承包的工程再次分包给其他施工单位者。

(4) 工程分包。工程分包是指经合同约定和发包的单位认可，从工程承包方承包的工程中承包部分工程的行为，承包方按照有关规定对承包的工程进行分包是允许的。

承包方必须自行完成建设项目（或单项、单位工程）的主要部分，其非主要部分或专业性较强的工程可分包给营业条件符合该工程技术要求的建筑安装单位。结构和技术要求相同的群体工程，承包方应自行完成半数以上的单位工程。

承包方按专用条款的约定分包所承包的部分工程，并与分包单位签订分包合同。非经发包方同意，承包方不得将承包工程的任何部分分包。

分包合同签订后，发包方与分包单位之间不存在直接的合同关系。分包单位对承包方负责，承包方对发包方负责。

(5) 发包方违约：

1）发包方的违约行为。发包方应当完成合同约定中应由己方完成的义务，如果发包方不履行合同义务或不按合同约定履行义务，则应承担相应的民事责任。发包方的违约行为主要有：①发包方不按时支付工程预付款；②发包方不按合同约定支付工程进度款；③发包方无正当理由不支付工程竣工结算价款；④发包方其他不履行合同义务或者不按合同约定履行义务的情况。

发包方的违约行为可以分成两类，一类是不履行合同义务的，例如发包方应当将施工所需水、电、电信线路从施工场地外接至约定地点，但发包方没有履行这项义务，即构成违约；另一类是不按合同约定履行义务，如发包方应当开通施工场地与城乡公共道路的通道，并在专用条款内约定了开工的时间和质量要求，但实际开通的时间晚于约定或质量低于合同约定，也构成违约。

合同约定应当由监理工程师完成的工作，监理工程师没有完成或者没有按照约定完成，给承包方造成损失的，也应当由发包方承担违约责任。因为监理工程师是代表发包方进行工作的，其行为与合同约定不符的，视为发包方的违约。发包方承担违约责任后，可以根据监理委托合同或者管理规定追究监理工程师的相应责任。

2）发包方承担违约责任的形式：①赔偿损失。赔偿损失是发包方承担违约责任的主要形式，其目的是补偿因违约给承包单位造成的经济损失。承发包双方应当在专用条款内约定发包方赔偿损失的计算方法。损失赔偿应当相当于因违约所造成的损失，包括合同履行后可以获得的利益，但不得超过发包方在订立合同时预见或者应当预见到的因违约可能造成的损失。②支付违约金。支付违约金的目的是补偿承包方的损失，双方也可在专用条款内约定违约金的数额或计算方法。③顺延工期。对于因为发包方违约而延误工期，应当相应顺延。④继续履行。承包方要求继续履行合同的，发包方应当在承担上述违约责任后继续履行施工合同。

（6）承包方违约：

1）承包方的违约责任。承包方的违约责任主要有：①因为承包方原因不能按照协议书约定的竣工日期或者工程师同意的顺延的工期竣工；②因承包方原因工程质量达不到协议书约定的质量标准；③其他承包方不履行合同义务或不按合同履行义务的情况。

2）承包方承担违约责任的形式：①赔偿损失。承发包双方应当在专用条款内约定承包方赔偿发包方损失的计算方法。损失赔偿应相当于所造成的损失，包括合同履行后发包方可以获得的利益，但不得超过承包方在订立合同时预见或者应当预见的因违约可能造成损失。②支付违约金。双方可以在专用条款内约定承包方应当支付违约金的数额或计算方法。③采取补救措施。对于施工质量不符合要求的违约，发包方有权要求承包方采取返工、修理、更换等补救措施。④继续履行。如果发包方要求继续履行合同的，承包方应当在承担上述违约责任后继续履行施工合同。

（7）合同争议的解决：

1）施工合同争议的解决方式。合同当事人在履行合同时发生争议，可以和解或者要求合同管理及其他有关主管部门调解。和解或调解不成的，双方可以在专用条款内约定解决争议的方式。第一种方式：双方达成仲裁协议，向约定的仲裁委员会申请仲裁；第二种方式：向有管辖权的人民法院起诉。

2）争议发生后允许停止履行合同的情况。发生争议后，在一般情况下，双方都应继续履行合同，保持施工连续，保护好已完工程。只有出现下列情况时，当事人可停止履行施工合同：①单方违约导致合同确已无法履行，双方协议停止施工；②调解要求停止施工，且为双方接受；③仲裁机构要求停止施工；④法院要求停止施工。

（8）解除合同的情形、程序和善后处理：

1）合同的协商解除。施工合同当事人协商一致，可以解除合同，这是在合同成立以后，履行完毕之前，双方当事人通过协商而同意终止合同关系的解除。当事人的这项权利是合同中意思自治的具体体现。

2）发生不可抗力时合同的解除。因为不可抗力或者非合同当事人的原因，造成工程停建或缓建，致使合同无法履行，合同双方可以解除合同。

3）当事人违约时合同解除：①当事人不按合同约定支付工程款（进度款），双方又未达成延期付款协议，导致施工无法进行，承包方停止施工超过 56 天，发包方仍不支付工程款（进度款），承包方有权解除合同；②承包方将其承包的全部工程转包给他人，或者肢解后以分包的名义分别转包给他人，发包方有权解除合同；③合同当事人一方的其他违约致使合同无法履行，合同双方可以解除合同。

4）当事人一方主张解除合同的程序。一方主张解除合同的，应向对方发出解除合同的书面通知，并在发出通知前 7 天告知对方，通知到达对方时合同解除。对解除合同有异议的，按照合同争议程序处理。

5）合同解除后的善后处理。合同解除后，当事人双方约定的结算和清理条款仍然有效，承包方应当妥善做好已完工程和已购材料、设备的保护和移交工作，按照发包方要求，将自有机械设备和人员撤出施工场地，发包方应为承包方撤出提供必需条件，支付以上所发生的费用，并按合同约定支付已完工程价款。已经订货的材料、设备由订货方负责退货或解除订货合同，不能退还的货款和退货、解除订货合同发生的费用，由发包方承担。耽误及时退货造成的损失由责任方承担。除此之外，有过错的一方应当赔偿因合同解除给对方造成的损失。

9.4 FIDIC 合同条件下的监理

9.4.1FIDIC 合同条件的规定

1. 合同履行中涉及时间阶段的概念

（1）合同工期。合同工期是所签合同内注明的完成全部工程或分步移交工程的时间，加上合同履行过程中非承包商应负责原因导致变更和索赔事件发生后，监理工程师批准顺延工期之和。合同内约定的工期指承包商在投标书附录中承诺的竣工时间。合同工期的日历天数作为衡量承包商是否按合同约定期限履行施工义务的标准。

（2）施工期。施工期是指从监理工程师按合同约定发布的“开工令”中指明的应开工之日起，至工程移交证书注明的竣工日止的日历天数。用施工期与合同工期比较，判定承包商的施工是提前竣工，还是延误竣工。

（3）缺陷责任期。缺陷责任期即国内施工文本所指的工程保修期，自工程移交证书中写明的竣工日开始，至监理工程师颁发解除缺陷责任书为止的日历天数。尽管工程移交前进行了竣工检验，但只是证明承包商的施工工艺达到了合同规定的标准，设置缺陷责任期的目的是为了考验工程在动态运行条件下是否达到了合同中技术规范的要求。因此，从开工之日起至颁发解除缺陷责任证书日止，承包商要对工程的施工质量负责。合同工程的缺陷责任期及分阶段移交工程的缺陷责任期，应在专用条件内具体约定，次要部位工程通常为半年，主要工程及设备大多为一年，个别重要设备也可以约定一年半。

（4）合同有效期。自合同签字日起至承包商提交给业主（建设单位）的“结清单”生效日止，施工合同对业主和承包商均具有法律约束力。颁发解除缺陷责任证书只是表示承包商的施工义务终止，合同约定的权利义务并未完全结束，还剩有管理和结算等手续。结清单生效指业主已按监理工程师签发的最终支付证书中的金额付款，并退还承包商的履约保函。结清单一经生效，承包商在合同内享有的索赔权利也自行终止。

2. 合同价格

合同条件中合同价格指中标通知书中写明的，按照合同规定，为了工程的实施、完成及其任何缺陷的修补应付给承包商的金额。但应注意，中标通知书中写明的合同价格仅指业主接受承包商投标书为完成全部招标范围内工程报价的金额，不能简单地理解为承包商完成施工任务后应得到的结算款项。因为合同条件内很多条款都规定，监理工程师根据现场情况发布非承包商应负责原因的变更指令后，如果导致承包商施工中发生额外费用所应给予的补偿，以及批准承包商索赔给予补偿的费用，都应增加到合同价格上去，所以签约时原定的合同价格在实施过程中会有所变化。大多数情况下，承包商完成合同规定的施工义务后，累计获得的工程款也不等于原定合同价格与批准的变更和索赔补偿款之和，可能比其多，也可能比其少。究其原因，涉及以下几方面因素的影响：

（1）合同类型特点。FIDIC 合同条件适用于大型复杂工程采用单价合同的承包方式。为了缩短建设周期，通常在初步设计完成后就开始施工招标，在不影响施工进度的前提下陆续发放施工图，因此承包商据以报价的工程量清单中各项工作内容项下的工程量一般为概算工程量。合同履行过程中，承包商实际完成的工程量可能多于或少于清单中的估计量。单价合同的支付原则是：按承包商实际完成工程量乘以清单中相应工作内容的单价，结算该部分工作的工程款。

（2）可调价合同。大型复杂工程的施工期较长，通用条件中包括合同工期内因物价变化对施工成本产生影响后计算调价费用的条款，每次支付工程进度款时均要考虑约定可调价范围内项目当地市场价格的涨落变化。而这笔调价款没有包含在中标价格内，仅在合同条款中约定了调价原则和调价费用的计算方法。

（3）发生应由业主承担责任的事件。合同履行过程中，可能因业主的行为或其应承担风险责任的事件发生后，导致承包商增加施工成本，合同相应条款都规定应对承包商受到的实际损害给予补偿。

（4）承包商的质量责任。合同履行过程中，如果承包商没有完全地或正确地履行合同义务，业主可凭监理工程师出具的证明，从承包商应得工程款内扣减该部分给业主带来损失的款额。合同条件内明确规定的情况包括：

1）不合格材料和工程的重复检验费用由承包商承担。监理工程师对承包商采购的材料和施工的工程通过检验后发现质量没达到合同规定的标准，承包商应自费改正，并在相同条件下进行重复试验，重复检验所发生的额外费用由承包商承担。

2）承包商没有改正忽视质量的错误行为。当承包商不能在监理工程师限定的时间内将不合格的材料或设备移出施工现场，以及在限定时间内没有或无力修复缺陷工程，业主可以雇用其他人完成，该项费用应从承包商处扣回。

3）折价接收部分有缺陷工程。某项处于非关键部位的工程施工质量未达到合同规定的标准，如果业主和监理工程师经过适当考虑后，确信该部分的质量缺陷不会影响总体工程的运行安全，为了保证工程按期发挥效益，可以与承包商协商后折价接收。

（5）承包商延误工期或提前竣工：

1）因承包商责任的延误竣工。签订合同时双方需约定日拖期赔偿限额和最高赔偿限额。如果因承包商应负责的原因导致竣工时间迟于合同工期，将按日拖期赔偿额乘以延误天数计算拖期违约赔偿金，但以约定的最高赔偿限额为赔偿业主延迟发挥工程效益的最高款额。

$$\text{折减的误期损害赔偿金/天} = \text{合同约定的误期损害赔偿金/天} \times \frac{\text{拖期部分工程的合同金额}}{\text{合同工程总金额}} \tag{9-1}$$

$$\text{误期损害赔偿总金额} = \text{折减的误期损害赔偿金/天} \times \text{延误天数}（\leqslant \text{最高赔偿限额}） \tag{9-2}$$

2）提前竣工。承包商通过自己的努力使工程提前竣工是否应得到奖励，在土木工程施工合同条件中列入可选择条款一类。业主要看提前竣工的工程或区段是否能让其得到提前使用的收益，而决定该条款的取舍。如果招标工作内容仅为整体工程中的部分工程，且这部分工程的提前不能单独发挥效益，则没有必要鼓励承包商提前竣工，可以不设奖励条款。若选用奖励条款，则需在专用条件中具体约定奖金的计算办法。FIDIC 合同条件应用指南中说明，当合同内约定有部分区段工程的竣工时间和奖励办法时，为了使业主能够在完成全部工程之前占有并启用工程的某些区段提前发挥效益，约定的区段完工日期应固定不变。也就是说，除合同中另有规定外，不因该区段的施工过程中出现非承包商应负责原因，监理工程师批准顺延合同工期，而对计算奖励的应竣工时间予以调整。

(6) 包含在合同价格之内的暂定金额。某些项目的工程量清单中包括有“暂定金额”款项，尽管这笔款额计入在合同价格内，但其使用却归监理工程师控制。暂定金额实际上是一笔业主方的备用金，监理工程师有权依据工程进展的实际需要，用于施工或提供物资、设备以及技术服务等内容的开支，也可以作为供意外用途的开支，他有权全部使用、部分使用或完全不用。监理工程师可以发布指示，要求承包商或其他人完成暂定金额项内开支的工作，因此只有当承包商按监理工程师的指示完成暂定金额项内开支的工作任务后，才能从其中获得相应支付。由于暂定金额是用于招标文件规定承包商必须完成的承包工作之外的费用，承包商报价时不将承包范围内发生的间接费、利润、税金等摊入其中，所以未获得暂定金额内的支付并不损害其利益。

3．指定分包商

(1) 指定分包商的概念。FIDIC 合同条件规定，业主有权将部分工程项目的施工任务或涉及提供材料、设备、服务等工作内容发包给指定分包商实施。所谓“指定分包商”是由业主（或监理工程师）指定、选定完成某项特定工作内容并与承包商签订分包合同的特殊分包商。

合同内规定有承担施工任务的指定分包商，大多因业主在招标阶段划分合同分包时，考虑到某部分施工的工作内容有较强的专业技术要求，一般承包单位不具备相应的技术能力，但如果以一个单独的合同对待，又限于现场的施工条件，监理工程师无法合理地进行协调管理，为避免各独立承包商之间的施工干扰，则只能将这部分工作发包给指定分包商实施。由于指定分包商是与承包商签订分包合同，因而在合同关系和管理关系方面与一般分包商处于同等地位，对其施工过程中的监督、协调工作纳入承包商的管理之中。指定分包工作内容可能包括部分工程的施工，供应工程所需的货物、材料、设备，设计提供技术服务等。

(2) 指定分包商的特点。虽然指定分包商与一般分包商处于相同的合同地位，但二者并不完全一致，主要差异体现在以下几方面：

1) 选择分包单位的权利不同。承担指定分包工作任务的单位由业主或监理工程师选定，而一般分包商则由承包商选择。

2) 分包合同的工作内容不同。指定分包工程属于承包商无力完成、不在合同约定、应由承包商必须完成范围之内的工作，即承包商投标报价时没有摊入间接费、管理费、利润、税金的工作，因此不损害承包商的合法权益；而一般分包商的工作则为承包商承包工作范围的一部分。

3) 工程款的支付开支项目不同。为了不损害承包商的利益，给指定分包商的付款应从暂定金额内开支；而对一般分包商的付款，则从工程量清单中相应工作内容项内支付。由于业主选定的指定分包商要与承包商签订分包合同，并需指派专职人员负责施工过程中的监督、协调、管理工作，因此也应在分包合同内具体约定双方的权利和义务，明确收取分包管理费的标准和方法。

4) 业主对分包商利益的保护不同。尽管指定分包商与承包商签订分包合同后，按照权利义务关系而直接对承包商负责，但由于指定分包商终究是业主选定的，而且其工程款的支付从暂定金额内开支，因此在合同条件内列有保护指定分包商的条款。如承包商在每个月末报送工程进度款支付报表时，监理工程师有权要求他出示以前已按指定分包合同给指定分包商付款的证明。如果承包商没有合法理由而扣押了指定分包商上个月应得工程款，业主有权按监理工程师出具的证明从本月应得款内扣除这笔金额直接付给指定分包商。对于一般分包商则无此类规定，业主和监理工程师不介入一般分包合同履行的监督。

5）承包商对分包商违约行为承担责任的范围不同。除非由于承包商向指定分包商发布了错误的指示要承担责任外，指定分包商的任何违约行为给业主或第三者造成损害而导致索赔或诉讼时，承包商不承担责任。如果一般分包商有违约行为，业主将其视为承包商的违约行为，按照总包合同的规定追究承包商的责任。

4. 风险责任的划分

合同履行过程中可能发生的某些风险是有经验的承包商在准备投标时无法合理预见的，就业主利益而言，不应要求承包商在其报价中计入这些不可合理预见风险的损害补偿费，以取得有竞争性的合理报价。合同履行过程中发生此类风险事件后，按承包商受到的实际影响给予补偿。业主应承担的风险义务是：

（1）合同条件规定的业主风险：

1）战争、敌对行动、入侵、外敌行动；

2）叛乱、革命、暴动或军事政变、篡夺政权或内战；

3）核爆炸、核废料、有毒气体的污染等；

4）超音速或亚音速飞行物产生的压力波；

5）暴乱、骚乱或混乱，但不包括承包商及分包商的雇员因执行合同而引起的行为；

6）因业主在合同规定外，使用或占用永久工程的某一区段或某一部分而造成的损失或损害；

7）业主提供的设计不当造成的损失；

8）有经验的承包商通常无法预测和防范的任何自然力作用。

前5种都是业主或承包商无法预测、防范和控制的事件，损害的后果又很严重，因此合同条件又进一步将它们定义为“特殊风险”。因特殊风险事件发生导致合同的履行被迫终止时，业主应对承包商受到的实际损失（不包括利润损失）给予补偿。

（2）其他不能合理预见的风险：

1）如果遇到了现场气候条件以外的外界条件或障碍影响了承包商按预定计划施工，经监理工程师确认该事件属于有经验的承包商无法合理预见的情况，则承包商实际施工成本的增加和工期损失应得到补偿。

2）汇率变化对支付外币的影响。当合同内约定给承包商的全部或部分付款为某种外币，或约定整个合同期内始终以投标截止日期前第28日承包商报价所依据的投标汇率为不变汇率按约定百分比支付某种外币时，汇率的实际变化对支付外币的计算不产生影响。若合同内规定按支付日当天中央银行公布的汇率为标准，则支付时需随汇率的市场浮动进行换算。由于合同期内汇率的浮动变化是双方签约时无法预计的情况，不论采用何种方式业主均应承担汇率实际变化对工程总造价影响的风险，可能对其有利，也可能不利。

3）法令、政策变化对工程成本的影响。如果投标截止日期前第28日后，由于法律、法令和政策变化引起承包商实际投入成本的增加，应由业主给予补偿。若导致施工成本的减少，也由业主获得其中的好处。

5. 监理工程师颁发证书程序

（1）颁发工程移交证书。工程移交证书在合同管理中有重要作用：第一，证书中指明的竣工日期，将用于判定承包商应承担拖期违约赔偿责任，还是可获得提前竣工的奖励；第二，颁发证书日，即为对已竣工工程照管责任的转移日期。

1）颁发工程移交证书的程序。工程施工达到了合同规定的“基本竣工”要求后，承包商以书面形式向监理工程师申请颁发移交证书，同时附上一份在缺陷责任期内及时完成任何未尽事宜的书面保证。基本竣工是指工程已通过竣工检验，能够按照预定目的交给业主占用或使用，而非完成了合同规定的包括扫尾、清理施工现场及不影响工程使用的某些次要部位缺陷修复工作后的最终竣工，剩余工作允许承包商在缺陷责任期内继续完成。这样规定有助于准确判定承包商是否按合同规定的工期完成施工义务，也有利于业主尽早使用或占有工程，及时发挥工程效益。

监理工程师接到承包商申请后的 21 日内，如果认为已满足竣工条件，即可颁发工程移交证书；若不满意，则应书面通知承包商，指出还需完成哪些工作后才达到基本竣工条件。承包商按指示完成相应工作并被监理工程师认可后，不需再次申请颁发证书，监理工程师应在指示工作最后一项完成的 21 日内主动签发证书。

工程移交证书应说明以下主要内容：①确认工程已基本竣工；②注明达到基本竣工的具体日期；③详细列出按照合同规定承包商在缺陷责任期内还需完成工作的项目一览表。

如果合同约定工程不同区段有不同竣工日期时，每完成一个区段均应按上述程序颁发部分工程的移交证书。

2）特殊情况下的证书颁发程序：

①业主提前占用工程。监理工程师应及时颁发工程移交证书，并确认业主占用日为竣工日。提前占用或使用表明该部分工程已达到竣工要求，对工程照管责任也相应转移给业主。但承包商对该部分工程的质量缺陷仍负有责任，在缺陷责任期内出现的施工质量问题还属于承包商的责任。若是业主提前使用或照管责任导致的质量缺陷，则由业主负责。②因非承包商原因导致不能进行规定的竣工检验。有时也会出现施工已达到竣工条件，但由于不应由承包商负责的主观或客观原因不能进行竣工检验。如果等条件具备进行竣工试验后再颁发移交证书，既会因推迟竣工时间而影响到对承包商是否按期竣工的合理判定，也会产生在这段时间内对该部分工程的使用和照管责任不明。针对此种情况，监理工程师应以本该进行竣工检验日签发工程移交证书，将这部分工程移交给业主照管和使用。工程虽已接收，仍应在缺陷责任期内进行补充检验。当竣工检验条件具备后，承包商应在接到监理工程师指示进行竣工试验通知的 14 日内完成检验工作。由于非承包商原因导致缺陷责任期内进行的补检，属于承包商在投标阶段不能合理预见到的情况，该项检查试验比正常检验多支出的费用应由业主承担。

（2）颁发解除缺陷责任证书。设置缺陷责任期的目的是检验已竣工的工程在运行条件下施工质量是否达到合同规定的要求。缺陷责任期内，承包商的义务主要表现在两个方面：

1）按监理工程师颁发移交证书时开列的后续工作一览表，完成承包方范围内全部工作；

2）对工程运行过程中发现的任何缺陷，按监理工程师的指示进行修复工作，以便缺陷责任期满将符合合同约定条件（合理磨损除外）的工程进行最终移交。

缺陷责任期内工程圆满地通过考验，监理工程师应在期满后的 28 日内，向业主签发解除承包商承担工程缺陷责任的证书，并将副本送给承包商。解除缺陷责任证书是承包商已按合同规定完成全部施工义务的证明，因此该证书颁发后，监理工程师就无权再指示承包商进行任何施工工作，承包商即可办理最终结算手续。但此时仅意味承包商与合同有关的实际义务已经完成，而合同尚未终止，剩余的双方合同义务只限于财务和管理方面的内容。业主应在证书颁发后的 14 日内，退还承包商的履约保证书。

缺陷责任期满时，如果监理工程师认为还存在影响工程运行或使用的较大缺陷，可以延长缺陷责任期，推迟颁发证书；若认为剩余的工作无足轻重，则可以书面指示承包商，必须在期满后的 14 日内完成，而后按期颁发证书。

合同内规定有分项移交工程时，监理工程师将颁发多个工程移交证书。但从解除缺陷责任证书的作用来看，一个合同工程只颁发一个解除缺陷责任证书，即在最后一项移交工程缺陷责任期满后颁发。较早到期的部分工程，通常以监理工程师向业主报送最终检验合格证明的形式，说明该部分已通过了运行考验，并将副本送给承包商。

9.4.2 工程计量与支付管理

1. 工程计量

（1）工程计量程序。FIDIC 条款规定，当监理工程师要求对任何部位进行计量时，他应适时地通知承包商授权的代理人，代理人应立即参加或派出一名合格的代表协助监理工程师进行上述计量，并提供监理工程师所要求的一切详细资料。如承包商不参加，或由于疏忽遗忘而未派上述代表参加，则由监理工程师单方面进行的计量应被视为对工程该部分的正确计量。如果对永久工程采取记录和图纸的方式计量，监理工程师应在工作过程中准备好记录和图纸，当承包商被通知要求进行该项计量时，应在 14 日内参加审查，并就此类记录和图纸与监理工程师达成一致，并在上述文件上签字。如果承包商不出席此类记录和图纸的审查和确认时，则认为这些记录和图纸是正确无误的。如果在审查上述记录和图纸之后，承包商不同意上述记录和图纸，或不签字表示同意，它们仍将被认为是正确的，除非承包商在上述审查后 14 日内向监理工程师提出申诉，申明承包商认为上述记录与图纸中并不正确的各个方面。在接到这一申诉通知后，监理工程师应复查这些记录和图纸，或予以确认或予以修改。

在某些情况下，也可由承包商在监理工程师的监督和管理下，对工程某些部分进行计量。

（2）工程计量的依据。计量依据一般有质量合格证书、工程量清单前言、技术规范中的“计量支付”条款和设计图纸。

1）质量合格证书。对于承包商已完的工程，并不是全部进行计量，而只是质量达到合同标准的已完工程才予以计量。所以工程计量必须经过监理工程师检验，工程质量达到合同规定的标准后，由监理工程师签发中间交工证书（质量合格证书），有了质量合格证书的工程才予以计量。

2）工程量清单前言和技术规范。工程量清单前言和技术规范是确定计量方法的依据。因为工程量清单前言和技术规范的“计量支付”条款规定了清单中每一项工程的计量方法，同时还规定了按规定的计量方法确定的单价所包括的工作内容和范围。

3）计量的几何尺寸要以设计图纸为依据。单价合同以实际完成的工程量进行结算，但被监理工程师计量的工程数量并不一定是承包商实际施工的数量。监理工程师对承包商超出设计图纸要求增加的工程量和自身原因造成返工的工程量，不予计量。

2. 支付结算管理

FIDIC合同条件规定的支付结算为每个月末支付工程进度款、竣工移交时办理竣工结算、解除缺陷责任后进行最终决算三大类型。支付结算过程中涉及的费用又可以分为两大类：一类是工程量清单中注明的费用；另一类属于工程量清单内虽未注明，但条款有明确规定的费用，如变更工程款、物价浮动调整款、预付款、保留金、逾期付款利息、索赔款、违约赔偿款等。

（1）工程进度款支付管理：

1）保留金。保留金是按合同约定从承包商应得工程款中相应扣减的一笔金额保留在业主手中，作为约束承包商严格履行合同义务的措施之一，当承包商有一般违约行为使业主受到损失时，可从该项金额内直接扣除损害赔偿费。例如，承包商未能在监理工程师规定的时间内修复缺陷工程部位，业主雇用其他人完成后，这笔费用可从保留金内扣除。①保留金的扣留。从首次支付工程进度款开始，用该月承包商有权获得的所有款项中减去调价款后的金额，乘以合同约定的保留金最高限额为止（通常为合同总价的5%）。②保留金的返还。颁发工程移交证书后，退还承包商一半保留金。如果颁发的是部分工程移交证书，也应退还该部分永久工程占合同工程相应比例保留金的一半。颁发解除缺陷责任证书后，退还剩余的全部保留金。在业主同意的前提下，承包商可以提交与保留金一半等额的维修期保函换缺陷责任期内的保留金，在颁发移交证书后业主将全部保留金退还承包商。

2）预付款：

①动员预付款。业主为了解决承包商进行施工前期工作时资金短缺，从未来的工程款中提前支付一笔款项。通用条件对动员预付款没有做出明确规定，因此业主同意给动员预付款时，须在专用条件中详细列明支付和扣还的有关款项。

动员预付款的支付：动员预付款的数额由承包商在投标书中确认，一般在合同价的10%～15%范围内。承包商须首先将银行出具的预付款保函交给业主，并通知监理工程师在14天内监理工程师应签发“动员预付款支付证书”，业主按合同约定的数额和外币比例支付动员预付款。预付款保函金额始终保持与预付款等额，即随着承包商对预付款的偿还逐渐递减保函金额。

动员预付款的扣还：自承包商获得工程进度款累计总额达到合同总价20%时，当月起扣，到规定竣工日期前3个月扣清，在此期间每个月按等值从应得工程进度款内扣留。若某月承包商应得工程进度款较少，不足以扣除应扣预付款时，其余额计入下月应扣款内。

②材料预付款。由于合同条件是针对包工包料承包的单位合同编制，因此条款规定由承包商自筹资金去订购其应负责采购的材料和设备，只有当材料和设备用于永久工程后，才能将这部分费用计入到工程进度款内支付。

材料预付款的支付：为了帮助承包商解决订购大宗主要材料和设备的资金周转，订购物资运抵施工现场，经监理工程师确认合格后，按发票价值乘以合同约定的百分比（60％～90％）作为材料预付款，包括在当月应支付的工程进度款内。

材料预付款的扣还：对扣还方式，FIDIC没有明确规定，通常专用条件约定的方式有，在约定的后续月内，每月按平均值扣还或从已计量支付的工程量内扣除其中的材料费等方法。工程完工时，累计支付的材料预付款应与逐月扣还的总额相等。

3）计日工费。计日工费是指承包商在工程量清单的附件中，按工种或设备填报单价的日工劳务费和机械台班费，一般用于工程量清单中没有合适项目，且不能安排大批量的流水施工的零星附加工作。只有当监理工程师根据施工进度的实际情况，指示承包商实施以日工计价的工作时，承包商才有权获得用日工计价的付款。实施计日工的工作过程中，承包商每天应向监理工程师送交一式两份报表：①列明所有参加计日工作的人员姓名、职务、工种和工时的确切清单；②列明用于计日工的材料和承包商所用设备的种类及数量的报表。监理工程师经过核实批准后在报表上签字，并将其中一份退还承包商。如果承包商需要为完成计日工作购买材料，应先向监理工程师提交订货报价单请他批准，采购后还要提供证实所付款的收据或其他凭证。

每个月的月末，承包商应提交一份除日报表以外所涉及计日工计价工作的所有劳务、材料和使用承包商设备的报表，作为申请支付的依据。如果承包商未能按时申请，能否取得这笔款项取决于申请的原因和监理工程师的决定。

4）因物价浮动的调价款。长期合同订有调价条款时，每次支付工程进度款均应按合同约定的方法计算价格调整费用。如果工程施工因承包商延误工期，则在合同约定的全部工程应竣工日后的施工期间，不再考虑价格调整，各项指数采用应竣工日当月所采用值；对不属于承包商责任的施工延期，在监理工程师批准的展延期限内仍应考虑价格调整。

5）工程量计量。工程量清单中所列的工程量仅是对工程的估算量，不能作为承包商完成合同规定施工义务的结算依据。每次支付工程进度款前，均需通过测量来核实实际完成的工程量，以计量值作为支付依据。

6）支付工程进度款：①承包商提供报表。每个月的月末，承包商应按监理工程师规定的格式提交一式六份本月支付报表。内容包括以下几方面：本月实施的永久工程价值；工程量清单中列有的，包括临时工程、计日工费等任何项目应得款；材料预付款；按合同约定方法计算的，因物价浮动而需增加的调价款；按合同有关条款约定，承包商有权获得的补偿款。②监理工程师签证。监理工程师接到报表后，要审查款项内容的合理性和计算的正确性。在核实承包商本月应得款的基础上，再扣除保留金、动员预付款、材料预付款，以及所有因承包商责任而应扣减的款项后，据此签发中期支付的临时支付证书。如果本月承包商应获得支付的金额小于投标书附件中规定的中期支付最小金额时，监理工程师可不签发本月进度款的支付证书，这笔款接转下月一并支付。监理工程师的审查和签证工作，应在收到承包商报表后的28日内完成。工程进度款支付证书属于临时支付证书，监理工程师有权对以前签发过的证书进行修正；若对某项工作的完成情况不满意时，也可以在证书内删去或减少这项工作的价值。③业主支付。承包商的报表经过监理工程师认可并签发工程进度款的支付证书后，业主应在接到证书的28日内给承包商付款。如果逾期支付，将按投标书附录约定的利率计算延期付款利息。

（2）竣工结算：

1）竣工结算程序。颁发工程移交证书后的84日内，承包商应按监理工程师规定的格式报送竣工报表。报表包括：①到工程移交证书中指明的竣工日止，根据合同完成全部工作的最终价值；②承包商认为应该获得的其他款项，如要求的索赔款、应退还的部分保留金等；③承包商认为根据合同应支付其估算总额。所谓“估算总额”是这笔金额还未经过监理工程师审核同意。估算总额应在竣工结算报表中单独列出，以便监理工程师签发支付证书。

监理工程师接到竣工报表后，应对照竣工图进行工程量详细核算，对其他支付要求进行审查，然后再依据检查结果签署竣工结算的支付证书。此项签发工作，监理工程师也应在收到竣工报表后28日内完成，业主依据监理工程师的签证予以支付。

2）对竣工结算总金额的调整。一般情况下，承包商在整个施工期内完成的工程量乘以工程量清单中的相应单价后，再加上其他有权获得费用总和，即为工程竣工结算总额。但当颁发工程移交证书后发现由于施工期内累计变更的影响和实际完成工程量与清单内估计工程量的差异，导致承包商按合同约定方式计算的实际结算款总额比原定合同价格增加或减少过多时，均应对结算价款总额予以相应调整。

进行竣工结算时，将承包商实际施工完成的工程量按合同约定费率计算的结算款，扣除暂定金额项内的付款、计日工付款的物价浮动调价款后，与中标通知书中注明的合同价格扣除工程量清单内所列暂定金额、计日工费两项后与“有效合同价”进行比较。不论增加还是减少的额度超过合同价15%以上时，均要对承包商的竣工结算总额加以调整。调整处理的原则如下：①增减差额超过有效合同价15%以上的原因是由于累计变更过多导致，不包括其他原因。即合同履行过程中不属于工程变更范围内所给承包商的补偿费用，不应包括在计算竣工结算款调整费之列，如业主违约或应承担风险事件发生后的补偿款；因法规、税收等政策变化的补偿款；汇率变化的调整费等。②增加或减少超过有效合同价15%后的调整，是针对整个合同而言。对于某项具体工作内容或分阶段移交工程的竣工结算，虽然也有可能超过该部分工程合同价格的15%以上，但不应考虑该部分的结算价格调整。③增加或减少幅度在有效合同价15%之内，竣工结算款不应作调整。因为工程量清单所列的工程量是估计工程量，允许实施过程中与它有差异，而且施工中的变更也是不可避免的，所以在此范围内的变化按双方应承担的风险对待。④增加款额部分超过15%以上时，应将承包商按合同约定方式计算的竣工结算款总额适当减少；反之，减少的款额部分超过有效合同价15%以上时，则在承包商应得结算款基础上，增加一定的补偿费。

进行此项调整的原因是基于单价合同的特点。承包商在工程量清单中所报单价既包括直接费部分，还包括间接费、利润、公司管理费等在该部分工程款中的摊销。为了使承包商的实际收入与支出之间达到总体平衡，因此要对摊销费中不随工程量实际增减变化的部分予以调整，调整范围仅限于超过15%以上部分。

（3）最终结算。最终结算，是指颁发解除缺陷责任证书后，对承包商完成全部工作价值的详细结算，以及根据合同条件对应付给承包商的其他费用进行核实，确定合同的最终价格。

颁发解除缺陷责任证书后的56日内，承包商应向监理工程师提交最终报表草案，以及监理工程师要求提交的有关资料。最终报表草案要详细说明根据合同完成的全部工程价值和承包商依据合同认为还应支付给他的任何进一步款项，如剩余的保留金及缺陷责任期内发生的索赔费用等。

监理工程师审核后与承包商协商，对最终报表草案进行适当的补充或修改后形成最终报表。承包商将最终报表送交监理工程师的同时，还需向业主提交一份“结清单”，进一步证实最终报表中的支付总额，作为同意与业主终止合同关系的书面文件。监理工程师在接到最终报表和结清单附件后的28日内签发最终支付证书，业主应在收到证书后的56日内支付。只有当业主按照最终支付证书的金额予以支付并退还履约保函后，结清单才生效，承包商的索赔权也即行终止。

(4) 动态结算公式法。动态结算公式法的步骤为：

1) 确定计算物价指数的品种。

2) 要明确以下两个问题：一是合同价格条款中，应写明经双方商定的调整因素，在签订合同时要写明考核几种物价波动到何种程度才进行调整。二是考核的地点和时点：地点一般在工程所在地，或指定的某地市场价格；时点指的是某月某日的市场价格。

3) 确定每个品种的系数和固定系数，品种的系数要根据该品种价格对总造价的影响程度而定。各品种系数之和应该等于1。

$$P=P_0\left(a_0+a_1\frac{A}{A_0}+a_2\frac{B}{B_0}+a_3\frac{C}{C_0}+a_4\frac{D}{D_0}+\cdots\cdots\right) \tag{9-3}$$

式中 P——调值后合同价款或工程实际结算款；

P_0——合同价款中工程预算进度款；

a_0——固定要素，代表合同支付中不能调整的部分；

a_1、a_2、a_3、a_4……——有关各项费用（如人工费用、钢材费用、水泥费用、运输费等）在合同总价中所占的比重，$a_0+\sum_{i=1}^{n}a_i=1$；

A_0、B_0、C_0、D_0……——投标截止日期前28天与a_1、a_2、a_3、a_4……对应的各项费用的基期价格指数或价格；

A、B、C、D……——在工程结算月份与a_1、a_2、a_3、a_4……对应的各项费用的现行价格指数或价格。

3. 工程变更

(1) FIDIC合同条件下工程变更的控制：

1) 提出变更要求，工程变更可能由承包商提出，也可能由业主提出。

2) 监理工程师审查变更，监理工程师审批变更时应与业主和承包商进行适当的协商，尤其是一些费用增加较多的工程变更项目，更要与业主进行充分的协商，征得业主的事先同意后才能批准。

3) 编制工程变更文件，包括：①工程变更令，主要说明变更理由和工程变更的概况，工程变更估价及对合同价的影响；②工程量清单，工程变更的工程量清单与合同中的工程量清单相同，并需附工程量的计算记录及有关确定单价的资料；③设计图纸（包括技术规范）；④发出变更指标。

4) 发出变更指示，监理工程师的变更指示应以书面形式发出。如果监理工程师认为有必要以口头形式发出指示，指示发出后应尽快加以书面确认。

(2) FIDIC合同条件下工程变更的估价。如监理工程师认为适当，应以合同中规定的费率及价格进行估价。如合同中未包括适用于该变更工程的费率或价格，则应在合理的范围内使用合同中的费率和价格作为估价的基础。若合同清单中，既没有与变更项目相同也没有相似项目时，在监理工程师与业主和承包商适当协商后，由监理工程师和承包商商定一合适的费率或价格作为结算的依据，当双方意见不一致时，监理工程师有权单方面确定其认为合适的费率或价格。

为了支付的方便，在费率和价格未取得一致意见前，监理工程师应确定暂行费率或价格，以便有可能作为暂付款包含在期中付款证书中。

如果监理工程师在颁发整个工程的移交证书时，发现由于工程变更和工程量表上实际工程量的增加或减少（不包括暂定金额、计日工和价格调整），使合同价格的增加或减少合计超过有效合同价（指不包括暂定金额和计日工补贴的合同价格）的15%时，在监理工程师与业主和承包商协商后，应在合同价格中加上或减去承包商和监理工程师议定的一笔款额。若双方未能取得一致意见，则由监理工程师在考虑了承包商的现场费用和上级公司管理费后确定此款额。该款额仅以超过或低于“有效合同价”15%的那一部分为基础。

9.4.3 对施工进度的控制

1. 暂停施工

（1）暂停施工的责任。监理工程师有权视工程进展的实际情况，针对整个工程或部分工程的施工发布暂停施工指示。施工的中断必然会影响承包商按计划组织的施工工作，但并非监理工程师发布暂停施工令后，承包商就可以以此指令作为索赔的合理依据，而要根据指令发布的原因划分合同责任。合同条件规定，除了以下四种情况外，暂停施工令发布后均应给承包商以补偿。这四种情况是：

1）在合同中规定；

2）因承包商的违约行为或应由他承担风险事件影响的必要停工；

3）由于现场不利气候条件而导致的必要停工；

4）为了工程合理施工及整体工程或部分工程安全必要的停工。

（2）超过84日的暂停施工。出现非承包商应负责原因的暂停施工已持续84日，监理工程师仍未发布复工指示，承包商可以通知监理工程师要求在28日内允许继续施工。如果仍得不到批准，承包商有权通知监理工程师认为被停工的工程属于按合同规定被删减的工程，不再承担施工继续义务。若是整个合同工程被暂停，此项停工可视为业主违约终止合同，宣布解除合同关系。如果承包商还愿意继续实施这部分工程，也可以不发这一通知而等待复工指示。

2. 追赶施工进度

监理工程师认为整个工程或部分工程的施工进度滞后于合同内竣工要求的时间时，可以下达赶工指示，承包商应立即采取经监理工程师同意的必要措施加快施工进度。发生这种情况时，也要根据赶工指令的发布原因，决定承包商的赶工措施是否应该给予补偿。在承包商没有合理理由延长工期的情况下，其不仅无权要求补偿赶工费，而且在其赶工措施中若包括有夜间或当地公认的休息日加班工作时，还应承担监理工程师因增加附加工作所需补偿的监理费用。虽然这费用按责任划分应由承包商负担，但不能由其直接支付给监理工程师，而应由业主支付后从承包商应得款内扣回。

9.4.4 FIDIC合同条件下的分包管理

1. 分包工程变更管理

承包商代表接到监理工程师依据总包合同发布的涉及分包工程变更指令后，以书面确认方式通知分包商，也有权根据工程的实际进展情况自主发布有关变更指令。

分包商执行了监理工程师发布的变更指令，进行变更工程量计量及对变更工程进行估价时应请分包商参加，以便合理确定分包商应获得的补偿款额和工期延长时间。承包商依据分包合同单独发布的指令大多与总包合同没有关系，通常属于增加或减少分包合同规定的部分工作内容；为了整个合同工程的顺利实施，改变分包商原定的施工方法、作业次序和时间等。若变更指令的起因不属于分包商的责任，承包商应给分包商相应的费用补偿和分包合同工期的顺延。如果工期不能顺延，则要考虑赶工措施费用。进行变更工程估价时，应参考分包工程量表中相同或类似工作的费率来核定。如果没有可参考项目或表中的价格不适用于变更工程时，应通过协商确定一个公平合理的费用加到分包合同价格内。

2. 分包合同的索赔管理

分包合同履行过程中，当分包商认为自己的合法权益受到损害，不论事件起因于业主或监理工程师的责任，还是承包商应承担的义务，他都只能向承包商提出索赔要求，并保留影响事件发生后的现场同期记录。

(1) 应由业主承担责任的索赔事件。分包商向承包商提出索赔要求后，承包商应首先分析事件的起因和影响，并依据两个合同判明责任。如果认为分包商的索赔要求合理，且原因属于总包合同约定应由业主承担风险责任或行为责任的事件，要及时按照总包合同规定的索赔程序，以承包商的名义就该事件向监理工程师递交索赔报告。承包商应定期将该阶段为此项索赔所采取的步骤和进展情况通报分包商。这类事件可能是：

1) 应由业主承担风险的事件，如施工中遇到了不利的外界障碍、施工图纸有错误等；

2) 业主的违约行为，如拖延支付工程款等；

3) 监理工程师的失职行为，如发布错误的指令、协调管理不利导致对分包工程施工的干扰等；

4) 执行监理工程师指令后对补偿不满意，如对变更工程的估价认为过少等。

当事件的影响仅使分包商受到损害时，承包商的行为属于代为索赔。若承包商就同一事件也受到了损害，分包商的索赔就作为承包商索赔要求的一部分。索赔获得批准顺延的工期加到分包合同工期上去，得到支付的索赔款按照公平合理的原则转交给分包商。

承包商处理这类分包商索赔时还应注意两个基本原则：一是从业主处获得批准的索赔款为承包商就该索赔对分包商承担责任的先决条件；二是分包商没有按规定的程序及时提出索赔，导致承包商不能按总包合同规定的程序提出索赔不仅不承担责任，而且为了减小事件影响使承包商为分包商采取的任何补救措施的费用由分包商承担。

(2) 应由承包商承担责任的事件。此类索赔产生于承包商与分包商之间，监理工程师不参与索赔的处理，双方通过协商解决，原因往往是由于承包商的违约行为或分包商执行承包商代表指令导致。分包商按规定程序提出索赔后，承包商代表要客观地分析事件的起因和产生的实际损害，然后依据分包合同分清责任。

9.5 施工索赔

施工索赔在国际建筑市场上是承包商保护自身正当权益、弥补工程损失、提高经济效益的重要和有效手段。许多国际工程项目通过成功的索赔，能使工程收入达到工程造价的10%～20%，有些工程的索赔额甚至超过了工程合同额本身。“中标靠低标，盈利靠索赔”便是许多国际承包商的经验总结。索赔管理以其本身花费较小、经济效果明显而受到承包商的高度重视。

9.5.1 施工索赔

1. 施工索赔的概念

索赔是在合同实施过程中，合同当事人一方因对方违约，或其他过错，或无法防止的外因而受到损失时，要求对方给予赔偿或补偿的活动。

广义地讲，索赔应当是双向的，既可以是承包商向建设单位的索赔，也可以是建设单位向承包商提出的索赔。一般称后者为反索赔。

我们讲的施工索赔是狭义的索赔，是承包商向建设单位的索赔，这是索赔管理的重点。

施工索赔是承包商由于非自身原因，发生合同规定之外的额外工作或损失时，向建设单位提出费用或时间补偿要求的活动。施工索赔是法律和合同赋予承包商的正当权利。承包商应当树立起索赔意识，重视索赔，善于索赔。施工索赔的性质属于经济补偿行为，而不是惩罚。索赔的损失结果与被索赔人的行为并不一定存在法律上的因果关系。索赔工作是承发包双方之间经常发生的管理业务，是双方合作的方式，而不是对立的。

2. 索赔与变更的关系

有时，变更（设计等的变更）会发生索赔，但变更并不是一定会带来索赔。索赔与变更是既有相同点也有区别的两个概念。

(1) 索赔与变更的相同点。对索赔和变更的处理都是由于施工单位完成了工程量表中没有规定的工作，或者在施工过程中发生了意外，由建设单位（业主代表）或监理工程师按照合同的有关规定给予施工单位一定的费用补偿或者批准顺延工期。

(2) 索赔与变更的区别。变更是建设单位或者监理工程师提出变更要求（指令）后，主动与施工单位协调确定一个补偿额付给施工单位；而索赔则是施工单位根据法律和合同的规定，对认为他有权得到的权益主动向建设单位提出要求。

3. 施工索赔的作用

随着世界经济全球化和一体化进程的加快，以及中国加入WTO的要求，中国引进外资和涉外工程要求按照国际惯例进行施工索赔管理，中国建筑业走向国际建筑市场同样要求按国际惯例进行施工索赔管理。施工索赔的健康开展，对于培育和发展建筑市场，促进建筑业的发展，提高工程建设的效益，将发挥非常重要的作用。施工索赔的作用主要有如下方面：

(1) 索赔可以促进双方内部管理，保证合同正确、完全地履行。索赔的权利是施工合同的法律效力的具体体现，索赔的权利可以对施工合同的违约行为起到制约作用。索赔有利于促进双方加强内部管理，严格履行合同，有助于提高管理素质，加强合同管理，维护市场正常秩序。

(2) 索赔有助于对外承包的开展。施工索赔的健康开展，能促使双方迅速掌握索赔和处理索赔的方法和技巧，有利于他们熟悉国际惯例，有助于对外开放，有助于对外承包的展开。

(3) 促使工程造价更加合理。施工索赔的健康开展，把原来打入工程报价的一些不可预见费用，改为按实际发生的损失支付，有助于降低工程报价，使工程造价更加合理。

(4) 有助于政府转变职能。施工索赔的健康开展，可使双方依据合同和实际情况实事求是地协商调整工程造价和工期，有助于政府转变职能，并使它从繁琐的调整概算和协调双方关系等微观管理工作中解脱出来。

4. 索赔的要求

在承包工程中，索赔要求通常有两个：

(1) 工期即合同期的延长。承包合同中都有工期（开始期和持续时间）和工程延缓的罚款条款。如果工程拖期是由承包商管理不善造成的，则他必须承担责任，接受合同处罚。而因外界干扰引起的工程拖期，承包商可以通过索赔，取得建设单位对工期补偿的认可。同时在这个范围内可免去他的合同处罚。

(2) 费用补偿。由于非承包商自身责任造成工程成本增加，使承包商蒙受经济损失，承包商可以根据合同规定提出费用索赔要求。如果该要求得到建设单位的认可，则建设单位应向承包商追加支付这笔费用，以补偿损失。这样，实质上承包商通过索赔提高了合同价格，常常不仅可以弥补损失，而且可以增加工程利润。

5. 施工索赔的分类

工程施工过程中发生索赔所涉及的内容是广泛的，施工索赔分类的方法很多，从不同的角度，有不同的分类方法。

(1) 按索赔事件所处合同状态分类：

1) 正常施工索赔。是指在正常履行合同中发生的各种违约、变更、不可预见因素、加速施工、政策变化等引起的索赔。

2) 工程停、缓建索赔。是指已经履行合同的工程因不可抗力、政府法令、资金或其他原因必须中途停止施工所引起的索赔。

3) 解除合同索赔。是指因合同中的一方严重违约，致使合同无法正常履行的情况下，合同的另一方行使解除合同的权力所产生的索赔。

(2) 按索赔依据的范围分类：

1) 合同内索赔。它是指索赔所涉及的内容可以在合同条款中找到依据，并可根据合同规定明确划分责任。一般情况下，合同内索赔的处理和解决要顺利一些。

2) 合同外索赔。它是指索赔的内容和权利难以在合同条款中找到依据，但可从合同引申含义和合同适用法律或政府颁发的有关法规中找到索赔的依据。

3) 道义索赔。这种索赔无合同和法律依据，承包商认为自己在施工中确实遭到很大损失，而向建设单位寻求优惠性质的额外付款，这只有在遇到通情达理的建设单位才有希望成功。一般当承包商的确克服了很多困难，使工程获得圆满成功，因而蒙受重大损失，当承包商提出索赔要求时，建设单位可出自善意，给承包商一定的经济补偿。

（3）按合同当事人的关系进行索赔分类：

1）总承包向发包人索赔。它是指总承包在履行合同中因非自方责任事件产生的工期延误及额外支出后向发包人提出的赔偿要求。非自方责任事件应理解为非总承包及其分包责任事件。这是施工索赔中最常发生的情况。

2）总承包向其分包或分包之间的索赔。它是指总承包单位与分包单位或分包单位之间，为共同完成工程施工所签订的合同、协议，在实施中的相互干扰事件影响利益平衡，其相互之间发生的赔偿要求。

3）发包人向承包商索赔。它是指发包人向不能有效地管理控制施工全局，造成不能按期、按质、按量地完成合同内容的承包商提出损失赔偿要求。

（4）按索赔的目的分类：

1）工期延长索赔。它是指承包商对施工中发生的非承包商直接或间接责任事件造成计划工期延误后，向发包人提出的赔偿要求。

2）费用索赔。它是指承包商对施工中发生的非承包商直接或间接责任事件造成的合同价外费用支出，向发包人提出的赔偿要求。

（5）按索赔的处理方式分类：

1）单项索赔。它是指在工程实施过程中，出现了干扰原合同规定的事件，承包商为此事件提出的索赔。如建设单位发出设计变更指令，造成承包商成本增加，工期延长，承包商为此提出的索赔要求。

2）综合索赔。又称总索赔，一揽子索赔。它是指承包商在工程竣工结算前，将施工过程中未得到解决的或承包商对发包人答复不满意的单项索赔集中起来，综合提出一份索赔报告，双方进行谈判协商。综合索赔中涉及的事件一般是单项索赔中遗留下来的、意见分歧较大的难题以及对责任的划分、费用的计算等各持己见、不能立即解决的问题。

（6）按索赔中合同的主从关系分类：

1）工程承包合同索赔。

2）工程承包合同索赔可能涉及的其他从属合同的索赔。发包人或承包商为工程建设而签订的从属合同有：借款合同、技术协作合同、加工合同、运输合同、材料供应合同等。

（7）按索赔管理策略上的主动性分类：

1）索赔。主动寻找索赔机会，分析合同缺陷，抓住对方的失误，研究索赔的方法，总结索赔经验，提高索赔的成功率。把索赔管理作为工程及合同管理的组成部分。

2）反索赔。在索赔管理策略上表现为防止被索赔，不给对方留有索赔的漏洞。使对方找不到索赔机会，在工程管理中体现为签署严密的合同条款，避免自方违约。当对方向自己提出索赔时，对索赔的证据进行质疑，对索赔理由进行反驳，以达到减少索赔额度甚至否定对方索赔要求之目的。

9.5.2 索赔成立的条件

1. 索赔成立的条件

（1）与合同对照，事件已造成了承包人工程项目费用的额外支出或工期的损失；

（2）造成费用增加或工期损失的原因，按合同约定不属于承包人的责任或承包人应承担的风险范围；

（3）承包人按合同规定的程序提交索赔意向通知和索赔报告。

2. 索赔的起因

在工程项目施工管理中，分析引起索赔的原因是做好索赔管理的首要方面。引起施工索赔的原因是复杂多样的，目前索赔事件发生的主要原因有以下几种情况。

（1）发包人及工程师违约：

1）发包人违约。发包人违约主要包括以下 14 种情况：①发包人未按合同规定交付施工场地。发包人应当按合同规定的时间、大小等交付施工场地，否则，施工企业即可提出索赔要求。②发包人交付的施工场地没有完全具备施工条件。发包人未在合同规定的期限内办理土地征用、青苗树木赔偿、房屋拆迁、地面、半空中和地下障碍等清除工作的手续，施工场地没有或者没有完全具备施工条件。③发包人未保证施工所用水电及通信的需要。发包人未按合同规定将施工所需水、电、通信线路从施工场地外部接至约定地点，或虽接至约定地点，但却没有保证施工期间的需要。④发包人未保证施工期间运输的畅通。发包人没有按合同规定开通施工场地与城乡公共道路的通道，施工场地内的主要交通干道，没有满足施工运输的需要，没有保证施工期间运输的畅通。⑤发包人未及时提供工地工程地质和地下管网线路资料。发包人没有按合同约定及时向施工企业提供施工场地的工程地质和地下管网线路资料，或者提供的数据不符合真实准确的要求。⑥发包人未及时办理施工所需各种证件。发包人未及时办理施工所需各种证件、批件和临时用地、占道及铁路专用线的申报批准手续，影响施工。⑦发包人未及时交付水准点与坐标控制点。发包人未及时将水准点与坐标控制点以书面形式交给施工企业。⑧发包人未及时进行图样会审及设计交底。发包人未及时组织设计单位和施工企业进行图样会审，未及时向施工企业进行设计交底。⑨发包人没有做好工地周围建筑物等的保护工作。发包人没有妥善做好施工现场周围地下管线和邻接建筑物、构筑物的保护工作，影响施工顺利进行。⑩发包人没有提供应供的材料设备。发包人没有按合同的规定提供应由发包人提供的建筑材料、机械设备，影响施工正常进行。⑪ 发包人拖延合同规定的责任。发包人拖延合同规定的责任，如拖延图样的批准、拖延隐蔽工程的验收、拖延对施工企业所提问题的答复，造成施工的延误。⑫发包人未按合同规定支付工程款。发包人未按合同规定的时间和数量支付工程款，给施工企业造成损失。⑬发包人要求赶工。发包人要求赶工，一般会引起承包人加大支出，也可导致承包人提出索赔。⑭发包人提前占用部分永久工程。发包人提前占用部分永久工程，会给施工造成不利影响，也可引起承包人提出索赔。

2）监理工程师的不当行为。监理工程师是接受发包人委托进行工作的。从施工合同的角度看，他们的不当行为给施工企业造成的损失应当由发包人承担。发包人承担责任后，再如何与监理工程师（监理单位）进行分担，则由发包人内部管理规定和工程建设监理合同决定。监理工程师的不当行为包括以下四个方面：①监理工程师委派人员未提前通知施工企业。②监理工程师发出的指令、通知有误。③监理工程师未及时提供指令批准图样等。④监理工程师对施工企业的施工组织进行不合理干预。

（2）合同变更与合同的缺陷：

1）合同变更。合同变更的表现形式非常多，其主要内容包括：①发包人对工程项目有了新要求，如提高或降低建筑标准、项目的用途发生变化、削减预算等。②在施工过程中发现设计有错误，必须对设计图样作修改。③发生不可抗力，必须进行合同变更。④施工现场的施工条件与原来的勘察有很大不同。⑤由于产生了新的施工技术，有必要改变原设计、实施方案。⑥政府部门对工程项目有新的要求。

2）合同缺陷。指所签施工合同进入实施阶段才发现的，合同本身存在的（合同签订时没有预料的），现时已不能再作修改或补充的问题。大量的工程合同管理经验证明，合同在实施过程中，常发现有如下的情况：①合同条款规定用语含糊、不够准确，难以分清承发包双方的责任和权益。②合同条款中存在着漏洞。对实际可能发生的情况未做预料和规定，缺少某些必不可少的条款。③合同条款之间存在矛盾。在不同的条款中，对同一问题的规定或要求不一致。④双方对某些条款理解不一致。由于合同签订前没有把各方对合同条款的理解进行沟通，发生合同争执。⑤合同的某些条款中隐含着较大风险，即对单方面要求过于苛刻、约束不平衡，甚至发现条文是一种圈套。

（3）不可预见因素及其他：

1）不可见因素，指承包人在开工前，根据发包人所提供的工程地质勘探报告及现场资料，并经过现场调查，都无法发现的地下自然或人工障碍。如古井、墓坑、断层、溶洞及其他人工构筑物类障碍等。

在实际工程中，不可预见因素表现为不确定性障碍的情况更常见。所谓不确定障碍，是指承包人根据发包人所提供的工程地质勘探报告及现场资料，或经现场调查可以发现的地下自然的或人工的障碍，但因资料描述与实际情况存在较大差异，而这些差异导致承包人不能预先准确地做出处理方案及测算出处置费用。

2）其他第三方原因，指与工程有关的其他第三方发生的问题对本工程的影响。其表现的情况是复杂多样的，难于划定某些范围，如下所述：①正在按合同供应材料的单位因故被停止营业，使正需用的材料供应中断。②因铁路紧急调运救灾物资，使正常物资运输造成压站，使工程设备迟于安装日期到场或不能配套到场。③进场设备运输必经桥梁因故断塌，使绕道运输费大增。④由于邮路原因，使发包人没有按合同要求向对方支付工程款中应付款项等。

（4）国家政策、法规的变更。国家政策、法规的变更，通常是指直接影响到工程造价的某些政策及法规。我国正处在改革开放的发展阶段，新的经济法规、建设法规不断出台和完善，价格管理逐步向市场调节过渡，每年都有关于对建筑工程造价的调整文件，对施工工程必然产生影响。对于这类因素，承发包双方在签订合同时必须引起重视，具体项目如下。

1）每年由工程造价管理部门发布的建筑工程材料预算价格的调整。

2）每年由工程造价管理部门发布的竣工工程调价系数。

3）国家对建筑三材（钢材、木材、水泥）由计划供应改为市场供应后，市场价与概预算定额文件价差的有关规定。

4）国家调整关于建设银行贷款利率的规定。

5）国家有关部门关于在工程中停止使用某种设备、某种材料的通知。

6）国家有关部门关于在工程中推广某些设备、施工技术的规定。

7）国家对某种设备、建筑材料限制进口、提高关税的规定等。

显然，上述有关政策、法规对建筑工程的造价必然产生影响，当事人的一方可依据这些政策、法规的规定向另一方提出补偿要求。

(5) 合同中断及解除。实际工作中，任何事物的发展都不可能像人们预先想象的那样完善、顺利。由于国家政策的变化，不可抗力以及承发包双方之外的原因，导致工程停建或续建的情况时有发生，必然造成合同中断。另外，由于在合同履行中，承发包双方在工作合作中不协调，不配合甚至矛盾激化，使合同履行不能再维持下去的情况；或发包人严重违约，承包人行使合同解除权；或承包人严重违约，发包人行使驱除权解除合同等，都会产生合同的解除。由于合同的中断或解除是在施工合同还没有履行完而发生的，必然对工程施工双方产生经济损失，发生索赔是难免的。但引起合同中断及解除的原因不同，索赔方的要求及解决过程也大不一样。

9.5.3 施工索赔的处理过程

施工索赔处理是指对一个或一些具体的干扰事件进行索赔所涉及到的工作。它包括许多工作内容和过程。

1. 施工索赔要处理的内容

从总体上分析，承包商的索赔工作包括如下两个方面：

(1) 承包商与建设单位和工程师之间涉及索赔的一些业务性工作。这些工作，以及工作过程通常由施工合同条件规定。承包商必须严格按照合同规定办事，在合同规定的有效期内提出索赔意向和索赔报告，按合同规定的程序工作。这是索赔有效性的前提条件之一。

(2) 承包商为了提出索赔要求和使索赔要求得到合理解决所进行的一些内部管理工作。这些工作为索赔的提出和解决服务。

1) 它们必须与合同规定的索赔程序同步、协调地进行。

2) 这些工作又应融合于整个施工项目管理中，在项目实施过程中处理，同时又获得项目管理的各职能人员和职能部门的支持和帮助。在项目实施中寻找和发现索赔机会，寻找索赔理由和证据；各方面提供证据，提供分析资料，帮助分析干扰事件的影响，分析计算索赔值。这样索赔才可望成功。

2. 施工索赔的处理过程

承包商向发包人索赔，应遵循以下程序：

(1) 提出索赔要求。当出现索赔事项时，承包商以书面的索赔通知书形式，在索赔事项发生后的 28 天以内，向监理工程师正式提出索赔意向通知书。

(2) 提出索赔报告及有关资料。在索赔通知书发出后的 28 天内，承包商向监理工程师提出延长工期或补偿经济损失的索赔报告及有关资料。

(3) 监理工程师答复。监理工程师在收到承包商送交的索赔报告及有关资料后，于 28 天内给予答复，或要求承包商进一步补充索赔理由和证据。

(4) 监理工程师逾期答复的后果。监理工程师在收到承包商送交的索赔报告及有关资料后 28 天内未予答复，或未对承包商作进一步要求的，视为该项索赔已经认可。

(5) 持续索赔。当索赔事件持续进行时，承包商应当阶段性的向监理工程师发出索赔意向，在索赔事件终了后 28 天内，向监理工程师送交索赔的有关资料和最终索赔报告，监理工程师应在 28 天内给予答复或要求承包商进一步补充索赔理由和证据，逾期未答复，视为该项索赔成立。

(6) 仲裁与诉讼。监理工程师对索赔的答复，如果承包商和发包人不能接受，即进入仲裁或诉讼程序。

监理工程师（建设单位）接到索赔报告后，应立即认真阅读和评审，对不合理、证据不足之处提出反驳和质疑，监理工程师将根据自己掌握的资料和处理索赔的工作经验就以下问题提出质疑。

1）索赔事件不属于建设单位和监理工程师的责任，而是第三方的责任。

2）事实和合同依据不足。

3）承包商未能遵守意向通知的要求。

4）合同中的开脱责任条款已经免除了建设单位补偿的责任。

5）索赔是由不可抗力引起的，承包商没有划分和证明双方责任的大小。

6）承包商没有采取适当措施避免或减少损失。

7）承包商必须提供进一步的证据。

8）损失计算夸大。

9）承包商以前已明示或暗示放弃了此次索赔的要求等等。

在评审过程中，承包商对监理工程师提出的各种质疑应做出圆满的答复。经过监理工程师对索赔报告的评审，与承包商进行较充分的讨论后，监理工程师应提出对索赔处理的初步意见，并参加发包人和承包商之间进行的索赔谈判，通过谈判，做出索赔的最后决定。

如果索赔在发包人和承包商之间不能通过谈判解决，可由中间人调解解决，或进而由仲裁、诉讼解决。

国际工程施工索赔的程序见图 9-1。

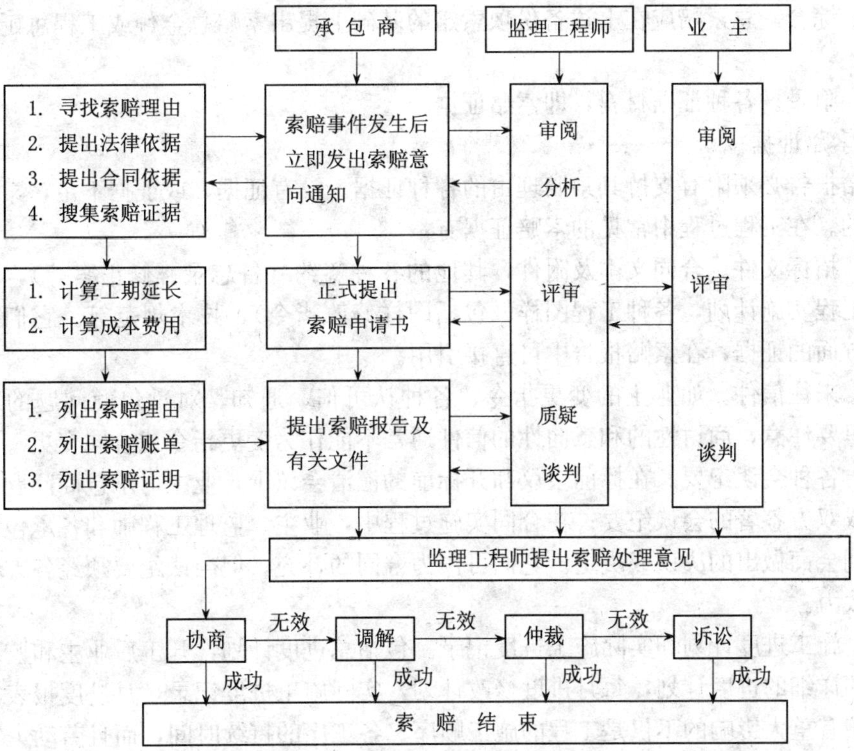

图 9-1 国际工程施工索赔程序

9.5.4 索赔报告及证据

索赔报告是承包商向监理工程师（建设单位）提交的一份要求建设单位给予一定经济（费用）补偿和（或）延长工期的正式报告。索赔报告由承包商编写，应简明扼要，符合实际，责任清晰，证据可靠，结果无误。索赔报告编制的好坏，是索赔成败的关键。

1. 索赔报告的报送时间和方式

索赔报告一定要在索赔事件发生后的有效期（一般为 28 天）内报送，过期索赔无效。对于新增的工程量、附加工作等应一次性提出索赔要求，并在该项工程进行到一定程度，能计算出索赔额时，提交索赔报告；对于已征得监理工程师同意的合同外工作项目的索赔，可以在每月上报完成工程量结算单的同时报送。

2. 索赔报告的基本内容

索赔报告的基本内容包括以下几个方面：

（1）题目。高度概括索赔的核心内容，如“关于×××事件的索赔”。

（2）事件。陈述事件发生的过程，如工程变更情况，施工期间监理工程师的指令，双方往来信函、会谈的经过及纪要，着重指出建设单位（监理工程师）应承担的责任。

（3）理由。提出作为索赔依据的具体合同条款、法律、法规依据。

（4）结论。指出索赔事件给承包商造成的影响和带来的损失。

（5）计算列出费用损失或工程延期的计算公式（方法）、数据、表格和计算结果，并依此提出索赔要求。

（6）综合。总索赔应在上述备份项索赔的基础上提出索赔总金额或工程总延期天数的要求。

（7）附录。各种证据材料，即索赔证据。

3. 索赔证据

索赔报告必须附有支持其索赔理由的各种证据。没有证据，或证据不足，索赔是不能成立的。在工程过程中常见的索赔证据有：

（1）招标文件。合同文本及附件，其他的各种签约（备忘录、修正案等），业主认可的原工程实施计划，各种工程图样（包括图样修改指令）、技术规范等。它们作为索赔理由方面的证据，在索赔报告中可直接引用。

（2）来往信件。如业主的变更指令、各种认可信、通知、对承包商问题的答复信等。这里要注意，商讨性的和意向性的信件通常不能作为变更指令或合同变更。

（3）各种会谈纪要。在标前会议和开标前的澄清会议上，业主对承包商问题的书面答复，或双方签署的会谈纪要；在合同实施过程中，业主、监理工程师和各承包商定期或不定期会商做出的决议或决定。它们可作为合同的补充，但会谈纪要须经各方签署才有法律效力。

（4）施工进度计划和实际施工进度记录。包括总进度计划，开工后业主和监理工程师批准的详细的进度计划，每月进度修改计划，实际施工进度记录，月进度报表等。这里对索赔有重大影响的不仅是工程的施工顺序、各工序的持续时间，而且劳动力、管理人员、施工机械设备、现场设施的安排计划和实际情况、材料的采购订货、运输、使用计划和实际情况等都是工程变更索赔的证据。

（5）施工现场的工程文件。如施工记录、施工备忘录、施工日报、工长或检查员的工作日记、监理工程师填写的施工记录和各种签证等。

（6）工程照片。照片作为证据最清楚且直观，照片上应注明日期。索赔中常用的有，表示工程进度的照片、隐蔽工程覆盖前的照片、业主责任造成返工的照片、业主责任造成工程损坏的照片等。

（7）气候报告。如果遇到恶劣的天气，应作记录，并请监理工程师签证。

（8）工程检查验收报告和各种技术鉴定报告。如地基承载力试验报告，隐蔽工程验收报告，材料试验报告，材料、设备开箱验收报告，工程验收报告等。它们能证明承包商的工程质量。

（9）工程中送停电、送停水、道路开通和封闭的记录和证明。它们应由监理工程师签证。

（10）建筑材料的采购、订货、运输、进场、使用方面的凭据。

（11）官方的物价指数、工资指数、中央银行的外汇比价等公布材料。

（12）各种会计核算资料。它们作为计算基础的证明。因为索赔以赔偿实际损失为原则，所以实际会计资料决定索赔值的大小。在索赔值计算中要用到的会计资料有：工资单、工资报表、各种收付款原始凭证、总分类账、管理费用报表、工程成本报表等。

（13）国家法律、法令、政策文件。如因工资税增加提出索赔，索赔报告中只需引用文号、条款号即可，而在索赔报告后附上复印件。

9.5.5 索赔的组成内容及计算

1. 工期索赔及计算

工期索赔的目的是取得建设单位对于合理延长工期的合法性的确认。施工过程中，许多原因都可能导致工期拖延，但只有在某些情况下才能进行工期索赔，见表 9-1。

表 9-1　工期拖延与索赔处理

种类	原因责任者	处理
可原谅不补偿延期	责任不在任何一方，如不可抗力等	工期索赔
可原谅应补偿延期	建设单位违约导致非关键线路上工程延期引起费用损失	费用索赔
	建设单位违约导致整个工程延期	工期及费用索赔
不可原谅延期	承包商违约导致整个工程延期	承包商承担违约罚款，并承担违约后建设单位要求加快施工或终止合同所引起的一切经济损失

在工期索赔中，首先要确定索赔事件发生对施工活动的影响及引起的变化，然后再分析施工活动变化对总工期的影响。常用的计算索赔工期的方法有如下四种：

（1）网络分析法。网络分析法是通过分析索赔事件发生前后网络计划工期的差异计算索赔工期的。这是一种科学合理的计算方法，适用于各类工期索赔。

（2）对比分析法。对比分析法比较简单，适用于索赔事件仅影响单位工程，或分部分项工程的工期，需由此而计算对总工期的影响。计算公式为：

$$总工期索赔=原合同总工期\times\frac{额外或新工程量价格}{原合同总价} \tag{9-4}$$

(3) 劳动生产率降低计算法。在索赔事件干扰正常施工导致劳动生产率降低，而使工期拖延时，可按下式计算：

$$索赔工期=计划工期\times\frac{预期劳动生产率-实际劳动生产率}{预期劳动生产率} \tag{9-5}$$

(4) 简单累加法。在施工过程中，由于恶劣气候、停电、停水及意外风险造成全面停工而导致工期拖延时，可以一一列举各种原因引起的停工天数，累加结果，即可作为索赔天数。应该注意的是由多项索赔事件引起的总工期索赔，最好用网络分析法计算索赔工期。

2. 费用损失索赔及计算

索赔费用的主要组成部分，同工程款的计价内容相似。按我国现行规定（《建筑安装工程费用项目组成》建标［2003］206号），建安工程合同价包括直接费、间接费、利润和税金。我国的这种规定，同国际上通行的做法还不完全一样。按国际惯例，建安工程直接费包括人工费、材料费和机械使用费；间接费包括现场管理费、保险费、利息等。

从原则上说，承包商有索赔权利的工程成本增加，都是可以索赔的费用。但是，对于不同原因引起的索赔，承包商可索赔的具体费用内容是不完全一样的。哪些内容可索赔，要按照各项费用的特点、条件进行分析论证。现概述如下：

(1) 人工费。人工费包括施工人员的基本工资、工资性津贴、加班费、奖金以及法定的安全福利等费用。对于索赔费用中的人工费部分而言，人工费指的是以下几种情况：

1) 完成合同之外的额外工作所花费的人工费用；

2) 由于非承包商责任的工效降低所增加的人工费用；

3) 超过法定工作时间加班劳动；

4) 法定人工费增加以及非承包商责任工程延期导致的人员窝工费和工资上涨费等。

人工费索赔的计算一般有以下两种情况：

1) 由增加或损失工时计算索赔额：

$$额外劳务人员雇佣、加班人工费索赔额=增加工时\times投标时人工单价 \tag{9-6}$$

$$闲置人员人工费索赔额=闲置工时\times投标时人工单价\times折扣系数 \tag{9-7}$$

建设单位通常认为不应计算闲置人员奖金、福利等报酬，所以折扣系数一般为0.75。

2) 由劳动生产率降低而额外支出人工费的索赔计算：①实际成本和预算成本比较法。这种方法就是对受干扰影响工作的实际成本和合同中的预算成本进行比较。这种方法需要有正确合理的估价体系和详细的施工记录。这种索赔，只要预算成本和实际成本计算合理，成本的增加确属建设单位的原因，其索赔成功的把握是很大的。②正常施工期与受影响施工期比较法。这种方法是承包商的正常施工受到干扰后导致生产率降低的索赔。

(2) 材料费。材料费中应包括运输费、仓储费以及合理的损耗费用。如果由于承包商管理不善，造成材料损坏失效，则不能列入索赔计价。材料费的索赔包括以下几种情况：

1) 由于索赔事项材料实际用量超过计划用量而增加的材料费；

2) 由于客观原因材料价格大幅度上涨；

3）由于非承包商责任工程延期导致的材料价格上涨和超期储存费用。

承包商应该建立健全的物资管理制度，记录建筑材料的进货日期和价格，建立领料耗用制度，以便索赔时能准确地分离出索赔事项所引起的材料额外耗用量。为了证明材料单价的上涨，承包商应提供可靠的订货单、采购单，或官方公布的材料价格调整指数。

（3）施工机械使用费。施工机械使用费的索赔包括：

1）由于完成额外工作增加的机械使用费；

2）非承包商责任工效降低增加的机械使用费；

3）由于业主或监理工程师原因导致机械停工的窝工费。

施工机械索赔额计算一般有以下两种方法：

1）采用公布的行业标准的租赁费率。承包商采用租赁费率基于以下两种考虑：一是如果承包商的自有设备不用于施工，他可将设备出租而获利；二是虽然设备是承包商自有，他却要为该设备的使用支出一笔费用，这费用应与租用某种设备所付出的代价相等。因此在索赔计算中，施工机械索赔费用的计算公式如下：

机械索赔费＝设备额外增加工时（包括闲置）×设备租赁费率　　(9-8)

这种计算，建设单位往往会提出不同的意见，认为承包商不应得到使用租赁费率中所得的附加利润。因此一般将租赁费率打一定折扣。

2）参考定额标准进行计算。在进行索赔计算中，采用标准定额中的费率或单价是一种能为双方所接受的方法。对于监理工程师指令实施的计日工作，应采用计日工作表中的机械设备单价进行计算。对于租赁的设备，均采用租赁费率。在处理设备闲置时的单价时，一般都建议对设备标准费率中的不变费用和可变费用分别扣除50％和25％。

（4）分包费用。分包费用索赔指的是分包商的索赔费，一般也包括人工、材料、机械使用费的索赔。分包商的索赔应如数列入总承包商的索赔总额内。

（5）现场管理费。索赔款中的现场管理费是指承包商完成额外工程、索赔事项工作以及工期延长期间的现场管理费，包括管理人员工资、办公、通信、交通费等。其计算一般用下式表达：

现场管理费索赔值＝索赔的直接成本费用×现场管理费率　　(9-9)

现场管理费率的确定可选用下面的方法：①合同百分比法，即管理费比率在合同中规定。②行业平均水平法，即采用公开认可的行业标准费率。③原始估价法，即采用承包报价时确定的费率。④历史数据法，即采用以往相似工程的管理费率。

（6）利息。在索赔款额的计算中，经常包括利息。利息的索赔通常发生于下列情况：

1）拖期付款的利息；

2）由于工程变更和工程延期增加投资的利息；

3）索赔款的利息；

4）错误扣款的利息。

至于具体利率是多少，在实践中可采用不同的标准，主要有这样几种规定：

1）按当时的银行贷款利率；

2）按当时的银行透支利率；

3）按合同双方协议的利率；

4）按中央银行贴现率加三个百分点。

（7）企业管理费。索赔款中的企业管理费主要指的是工程延期期间所增加的管理费。包括企业职工工资、办公用品、财务管理、通信设施以及企业领导人赴工地检查指导工作等开支。

企业管理费索赔额的计算，目前没有统一的方法。在国外用来计算公司管理费索赔的方法是埃尺利（Eichealy）公式。该公式可分为两种形式，一种是用于延期索赔计算的日费率分摊法，另一种是用于工作范围索赔的工程总直接费用分摊法。

1）日费率分摊法。在延期索赔中采用，计算公式如下：

$$\text{延期合同应分摊的管理费}(A)=\frac{\text{延期合同额}}{\text{同时期公司所有合同额之和}}\times\text{同时期公司总计划管理费} \tag{9-10}$$

$$\text{单位时间（日或周）管理费率}(B)=\frac{A}{\text{计划合同期（日或周）}} \tag{9-11}$$

$$\text{管理费索赔值}(C)=B\times\text{延期时间（日或周）} \tag{9-12}$$

2）总直接费用分摊法。在工作范围变更索赔中采用，计算公式为：

$$\text{被索赔合同应分摊的管理费}(A_1)=\frac{\text{被索赔合同原计划直接额}}{\text{同时期公司所有合同直接费总和}}\times\text{同期公司计划管理费总和} \tag{9-13}$$

$$\text{每元直接费包含管理费率}(B_1)=\frac{A_1}{\text{被索赔合同原计划直接费}} \tag{9-14}$$

$$\text{应索赔的公司管理费}(C_1)=B_1\times\text{工作范围变更索赔的直接费} \tag{9-15}$$

埃尺利（Eichealy）公式最适用的情况是：承包商应首先证明由于索赔事件出现确实引起管理费用的增加，在工程停工期间，确实无其他工程可干；对于工作范围索赔的额外工作的费用不包括管理费，只计算直接成本费。如果停工期短，时间不长，工程变更的索赔费用中已包括了管理费，埃尺利公式将不再适用。

（8）融资成本。融资成本又称资金成本，即取得和使用资金所付出的代价，其中最主要的是支付资金供应者利息。

由于承包商只能在索赔事件处理完结以后的一段时间内才能得到其索赔费用，所以承包商不得不从银行贷款或以自己的资金垫付。这就产生了融资成本问题，主要表现在额外贷款利息的支出和自有资金的机会损失。在以下几种情况下，可以进行利息索赔。①建设单位推迟支付工程款和保留金，这种金额的利息通常以合同中约定的利率计算。②承包商借款或动用自己的资金来弥补合法索赔事项所引起的现金流量缺口。在这种情况下，可以参照有关金融机构的利率标准，或者假定把这些资金用于其他工程承包可得到的收益来计算索赔费用，后者实际上是机会利润损失。

9.5.6 索赔技巧和艺术

索赔工作既有科学严谨的一面，又有艺术灵活的一面。对于一个确定的索赔事件往往没有预定的、确定的解，它往往受制于双方签订的合同文件、各自的工程管理水平和索赔能力以及处理问题的公正性、合理性等因素。因此索赔成功不仅需要令人信服的法律依据、充足的理由和正确的计算方法，索赔的策略、技巧和艺术也相当重要。如何看待和对待索赔，实际上是个经营战略问题，是承包商对利益、关系、信誉等方面的综合权衡。

1. 承包商应防止的两种极端倾向

(1) 只讲关系、义气和情意，忽视应有的合理索赔，致使企业遭受不应有的经济损失。

(2) 不顾关系，过分注重索赔，斤斤计较，缺乏长远和战略眼光，以致影响合同关系、企业信誉和长远利益。

2. 索赔技巧和艺术

(1) 正确把握提出索赔的时机。索赔过早提出，往往容易遭到对方反驳或在其他方面可能施加的挑剔、报复等；过迟提出，则容易留给对方借口，索赔要求遭到拒绝。因此索赔方必须在索赔时效范围内适时提出。如果老是担心或害怕影响双方合作关系，有意将索赔要求拖到工程结束时才正式提出，可能会事与愿违，适得其反。

(2) 索赔谈判中注意方式方法。合同一方向对方提出索赔要求，进行索赔谈判时，措词应婉转，说理应透彻，以理服人，而不是得理不让人，尽量避免使用抗议式提法，在一般情况下少用或不用如“你方违反合同”、“使我方受到严重损害”等类词句，最好采用“请求贵方作公平合理的调整”、“请在×××合同条款下加以考虑”等，既要正确表达自己的索赔要求，又不伤害双方的和气和感情，以达到索赔的良好效果。

如果对于合同一方一次次合理的索赔要求，对方拒不合作或置之不理，并严重影响工程的正常进行，索赔方可以采取较为严厉的措辞和切实可行的手段，以实现自己的索赔目标。

(3) 索赔处理时作适当必要的让步。在索赔谈判和处理时应根据情况做出必要的让步，扔“芝麻”抱“西瓜”，有所失才有所得。可以放弃金额小的小项索赔，坚持大项索赔。这样使对方容易做出让步，达到索赔的最终目的。

(4) 发挥公关能力。除了进行书信往来和谈判桌上的交涉外，有时还要发挥索赔人员的公关能力，采用合法的手段和方式，营造适合索赔争议解决的良好环境和氛围，促使索赔问题的早日和圆满解决。

索赔既是一门科学，同时又是一门“艺术”，它是一门融自然科学、社会科学于一体的边缘科学，涉及到工程技术、工程管理、法律、财会、贸易、公共关系等在内的众多学科知识，因此索赔人员在实践过程中，应注重对这些知识的有机结合和综合应用，不断学习，不断体会，不断总结经验教训，才能更好地开展索赔工作。

9.6 反 索 赔

9.6.1 反索赔的概念及特点

1. 反索赔的概念

反索赔是相对索赔而言，是对提出索赔一方的反驳。发包人可以针对承包人的索赔进行反索赔，承包人也可以针对发包人的索赔进行反索赔。通常的反索赔主要是指发包人向承包人的反索赔。

2. 反索赔的特点

(1) 索赔与反索赔的同时性；

(2) 技巧性强，处理不当将会引起诉讼；

(3) 在反索赔时，发包人处于主动的有利地位，发包人在经监理工程师证明承包人违约后，可以直接从应付工程款中扣回款项，或从银行保函中得以补偿。

9.6.2 反索赔的主要步骤

在接到对方的索赔报告后，就应着手进行分析、反驳。反索赔与索赔有相似的处理过程。通常对对方提出重大索赔的反驳处理过程如图 9-2 所示。

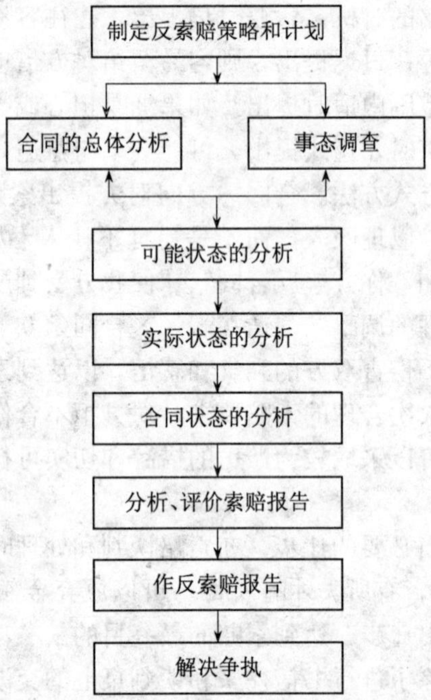

图 9-2　反索赔的主要步骤

1. 合同的总体分析

反索赔同样是以合同作为反驳的理由和根据。合同分析的目的是分析、评价对方索赔要求的理由和依据。在合同中找出对对方不利、对本方有利的合同条文，以构成对对方索赔要求否定理由。合同总体分析的重点是，与对对方索赔报告中提出的问题有关的合同条款，通常由：合同的法律基础及其特点；合同的组成及合同变更情况；合同规定的工程范围和承包商责任；工程变更的补偿条件、范围和方法；对方的合作责任；合同价格的调整条件、范围、方法以及对方应承担的风险；工期调整条件、范围和方法；违约责任；争执的解决方法等。

2. 事态调查

反索赔仍然基于事实基础之上，以事实为根据。这个事实必须有本方对合同实施过程跟踪和监督的结果，即各种实际工程资料为证据，用以对照索赔报告中所描述的事情经过和所附证据。通过调查可以确定干扰事件的起因、事件经过、持续时间和影响范围等真实的详细情况。

3. 状态分析

在事态调查的基础上，可以作如下分析工作：

（1）合同状态分析。既不考虑任何干扰事件的影响，仅对合同签订时的情况和依据作分析。包括合同条件、当时的工程环境、实施方案、合同报价水平。这是对方案和索赔值计算的依据。

（2）可能状态分析。在任何工程中，干扰事件是不可避免的，所以合同状态很难保持。为了分析干扰事件对施工过程的影响，并分清双方责任，必须在合同状态分析的基础上加上对方有理由提出索赔的干扰事件的影响。这里的干扰事件必须符合两个条件：①非对方责任引起的；②不在合同规定对方应承担的风险范围内，符合合同规定的索赔补偿条件。引用上述合同状态分析过程和方法再一次进行分析。

（3）实际状态分析。即对实际的合同实施状况进行分析。按照实际工程量、生产效率、劳动力安排、价格水平、施工方案等，确定实际的工期和费用支出。

通过上述分析可以达到：

1）全面的评价合同及合同实施状况，评价双方合同责任的完成情况。

2）对对方有理由提出索赔的部分进行总概括。分析出对方有理由提出索赔的干扰事件有哪些以及索赔的大约值或最高值。

3）对对方的失误和风险范围进行具体指认，以在谈判中有攻击点。

4）针对对方的失误作进一步分析，以准备向对方提出索赔。这就是在反索赔中同时使用索赔手段。国外的承包商和业主在进行反索赔时，特别注意寻找向对方索赔的机会。

4. 对索赔报告进行全面分析

对索赔要求、索赔理由进行逐条分析评价。分析评价索赔报告，可以通过分析评价表进行。其中，分别列出对方索赔报告中的干扰事件、索赔理由、索赔要求，提出本方的反驳理由、证据、处理意见或对策等。

5. 起草并向对方递交反索赔报告

反索赔报告也是正规的法律文件。在调解和仲裁中，对方的索赔报告和本方的反索赔报告应一起递交调解人或仲裁人。反索赔报告的基本要求与索赔报告相似。通常反索赔报告的主要内容有以下几项：

（1）合同总体分析结果简述。

（2）合同实施情况简述和评价。这里重点针对对方索赔报告中的问题和干扰事件，叙述事实情况。应包括前述三种状态分析的分析结果，对对方合同责任完成情况和工程施工情况作评价。重点应放在推卸自己对对方索赔报告中提出的干扰事件的合同责任。

（3）反驳对方的索赔要求。按具体的干扰事件，逐条反驳对方的索赔要求，详细分析自己的反索赔理由和证据，全部或部分的否定对方的索赔要求。

（4）提出索赔。对经合同分析和三种状态分析得出的对方违约责任，提出本方的索赔要求。对此，有不同的处理方法。通常，可以在本方索赔报告中提出索赔，也可以另外出具本方的索赔报告。

（5）总结。反索赔报告的全面总结，通常包括如下内容：①对合同总体分析作简要概述；②对合同实施情况作简要概述；③对对方索赔报告作总评价；④对本方提出的索赔作概括；⑤双方要求的比较，即索赔和反索赔的最终分析结果比较；⑥附各种证据。即本方反索赔报告中所属的事件经过、理由、计算基础、计算过程和计算结果等的证明材料。

10 建设工程监理的组织协调

10.1 建设工程监理的组织协调概述

10.1.1 组织协调的概念

协调就是联结、联合、调和所有的活动力量。协调的目的是力求得到各方面的协助。促使各方协调一致，齐心协力，以实现自己的预定目标。协调作为一种管理方法贯穿于工程项目建设的全过程中，在各个阶段有着各种各样的协调工作，例如：建设项目目标因素之间的协调；建设项目各子系统内部、子系统之间、子系统与环境之间的协调；各专业技术方面的协调；建设项目实施过程的协调；各种管理方法、管理过程的协调；各种管理职能如成本、工期、质量等的协调；建设项目参加者之间的组织协调等。所以，协调作为一种管理方法已贯穿于整个建设项目和项目管理全过程中。

在各种协调中，组织协调具有独特的地位，它是其他协调有效性的保证，只有通过积极的组织协调才能实现整个项目全面协调的目的。

每一个工程项目的实施，参与单位众多，而且各单位都有各自不同的利益。监理受业主委托管理项目，就面临一个如何促使所有参建单位和人员齐心协力，如何使工程朝着预定的目标进展的问题。这个问题就是工程项目建设的协调管理。

工程项目建设协调管理就是在工程项目组织内部及项目组织与外部环境之间，对所有的活动及力量进行联结、联合、调和的工作。系统论的观点强调，要把系统作为一个整体来研究和处理，从而使得总体的作用规模比各部分的作用规模之和大。为了顺利实现工程项目建设系统的目标，必须重视协调管理，发挥系统的整体功能。在工程项目建设监理中，要保证项目的各参与方围绕项目开展工作，使项目目标顺利实现，组织协调最为重要，最为困难，也是监理工作是否成功的关键，只有通过积极的组织协调才能实现整个系统全面协调的目的。

10.1.2 监理协调工作的特点

1. 监理协调工作涉及的部门与单位多

由于监理工作的特殊性，监理单位对委托合同范围内的监理工作，除了要与委托人和被监理单位发生工作上的协调关系外，还会和勘察设计单位（施工阶段监理）、政府建设主管部门、工程建设质量（安全）监督站、建设方委托的工程检测单位、造价咨询单位，以及投资主体委托的审计部门、被监理单位的分包合同所确定的分包单位、材料供应单位等发生工作上的协调关系，监理单位在与上述单位的工作协调中，由于相互之间的工作性质与工作关系不同，因而要求监理的协调方式和方法也有所不同。

2. 监理协调的对象以人为主体

监理的工作性质决定了监理既不是工程产品勘察设计成果的完成者，也不是工程产品的生产操作者，而是用监理人员的知识与经验在工程产品的建造过程中代表委托者履行监督管理的职能。因此，监理的工作主要是通过与有关方的人员接触实现监理工作的沟通，即监理协调的对象是各个有关方的人员。这种人际关系的协调比对事物、材料、设备等方面的管理要困难得多，这就要求监理人员一定了解行为心理学，熟悉人际关系中的科学管理方法。

3. 监理工作协调方式的多样性

采用不同的方式进行监理工作协调，会达到不同的效果。协调可以以多种方式进行，可以是“口头语言”的协调，也可以是“书面函件”的协调，可以是正式的会议协调，也可以是非正式的“碰头”协调，但无论采用何种方式，都以达到协调的目的为要求。一般正式的会议和书面形式更能引起协调的有关方的重视，但监理工作中经常性的正式会议和书面形式的协调，可能会因时间紧张而不允许，同时亦可能会导致被协调方的误解，因此，要善于运用不同的协调方式。

4. 监理协调重在沟通联络

沟通联络即是我们通常所说的信息交流，是管理学原理中所强调的基本的现代管理学研究的内容之一，它表现为人与人之间的、组织与组织之间的、通信工具之间的以及人与机器之间的信息交流。监理工作的特性决定了监理工作必须通过经常性的沟通联络、信息交流来达到各方对监理项目各方工作的情况了解与正确认识，从而才能对工程建设中的问题做出相应而及时的决策，因此，监理工作的协调应重视沟通联络的重要性。

10.1.3 监理协调的原则

1. 以监理委托合同为依据

监理人员在履行监理委托合同约定的义务时，必须在委托人授权的范围内，运用合理的技能，以正常的检查、监督、确认或评审的方式为委托人提供技术和管理的公正和科学的服务。

2. 规范化、标准化的工作

监理人员正常的检查、监督、确认或评审，是指按照有关法律法规、技术规范、合同文件以及监理工作文件规定的内容、方法及程序进行的工作。

3. 正确把握监理权利

根据我国监理制度的规定及监理委托合同的授权，监理人员在监理工作中根据工作性质、作用和要求，监理合同规定的工作内容的不同，表现为建议权、确认权、检验权，检查、签证权，指令权，审查、验收、签认权，否决权等多项权力。因此，正确把握和运用委托人授予的各项权力，既不越权、侵权，也不弃权、缩权，是进行有效协调的基本保证。

4. 制度化、程序化监理

工程项目建设管理的制度是对工程建设有关方的约束，监理工作的顺利开展必须以各项规章制度为依据，建立监理的内外工作制度，并根据工程建设的客观规律建立行之有效的监理工作程序，以制度和程序协调约束工程建设各方的工作关系，是各方开展工作的前提之一。

10.1.4 监理协调的分类

按照监理人员与被协调对象之间的组织关系的“远、近”程度可分为三类：

（1）组织内部协调（即监理单位内部人与人、机构与机构之间的协调）。

（2）“近外层”协调（即监理单位与建设单位、勘察设计单位、施工单位、材料设备供应单位等参建单位之间的协调）。

（3）“远外层”协调（即监理单位与政府有关部门、社会团体、咨询单位、社会审计单位、物业管理单位、科学研究单位、工程毗邻等单位之间的协调）。

10.2 工程建设监理组织协调的工作内容

10.2.1 监理组织内部的协调

1. 工程项目监理组织内部人际关系的协调

工程项目监理组织系统是由人组成的工作体系。工作效率很大程度上取决于人际关系的协调程度，总监理工程师应首先抓好组织内部人际关系的协调，激励监理组织成员。

（1）要做到人尽其才。要根据监理组织中每个人的专长进行人员安排，做到人尽其才，尽量做到少而精干。同时，人员的搭配应注意能力互补和性格互补，这样可以避免产生不必要的矛盾。

（2）要做到职责分明。对组织内的每一个岗位，都应订立明确的目标和岗位责任制，取消不必要的岗位，尽量做到事事有人管，人人有专责。

（3）要实事求是地进行工作评价。谁都希望自己的工作成绩能得到组织肯定，所以要发扬民主作风，实事求是的评价，使评价能体现每个人的实际价值。

（4）要恰到好处的调解矛盾。工作人员之间难免会存在矛盾，矛盾一旦出现，就应立即进行调解，要多听取项目组成员的意见和建议，及时沟通，使人员始终处于团结、和谐、热情高涨的工作气氛中。

2. 工程项目监理系统内部组织关系的协调

工程项目监理系统包含若干个子系统（专业组），每个专业组都有自己的目标和任务。为了完成各自的目标和任务，难免会出现冲突，这样势必导致这个系统功能失调，效率下降。为了使整个系统的运行处于良性状态，精心组织内部关系的协调是很有必要的。

组织关系的协调可以从以下几方面进行：

（1）要在职能划分的基础上设置组织机构，根据工程对象及监理合同规定的工作内容，确定职能划分，并相应设置配套的组织机构，避免出现组织机构臃肿的现象。

（2）要明确规定每个机构的目标、职责和权限，最好以规章制度的形式做出明文规定，这样可以避免出现问题后因各机构的职责不清而互相推诿的现象。

（3）要事先约定各个机构在工作中的相互关系，建立工作流程图。在工程项目建设中许多工作需要各机构相互配合才能完成，如果没有相应的工作流程图，可能会出现误事、脱节等现象。

（4）要建立信息沟通制度，如采用工作例会、业务碰头会、发会议纪要、采用工作流程图或信息传递卡等方式来沟通信息，这样可使各机构了解工程建设的最新消息，更加明确自己的目标，有利于整体目标的实现。

10.2.2 与建设单位的协调

建设监理是受建设单位的委托而独立、公正的进行工程项目监理工作。监理实践证明，监理目标的顺利实现和与建设单位的协调有很大的关系。

监理工程师可以从以下几方面加强与建设单位的协调工作：

（1）监理工程师首先要理解项目的总目标，理解建设单位的意图。监理工程师必须了解项目构思的基础、起因、出发点，了解决策背景，否则可能对监理目标及完成任务有不完整的理解，这会给他今后的工作造成很大困难，所以，必须花大力气来研究项目目标及建设单位的意图。

（2）利用工作之便做好监理宣传工作，增进建设单位对监理的理解，特别是对项目管理各方职责及监理程序的理解；主动帮助建设单位处理项目中的事务性工作，以自己规范化、标准化、制度化的工作去影响和促进双方工作协调的一致性。

（3）尊重建设单位意见。在建设过程中，建设单位可能会不时地发表自己的看法，对建设单位提出的某些不适当的要求，只要不属于原则问题，都可以先行进行，然后利用适当时机，采取适当方式加以说明或解释；对于原则性的问题，可采取书面报告等方式说明原委，尽量避免发生误解，以使项目顺利进行。

10.2.3 与承包单位的协调

监理工程师依据委托监理合同对工程项目实施建设监理，对承包单位的工程行为进行监督管理。在监督管理过程中，为了保证工程的顺利进行，协调工作是必不可少的。施工阶段的协调工作，包括解决进度、质量、中间计量与支付的签证、合同纠纷等一系列的问题。

（1）处理好与承包单位项目经理的关系。从某种意义上来说，监理工程师与项目经理由于所处位置不同，利益也不一样，但最终目的都是为了把工程建设好。监理工程师要认真研究项目经理，观察项目经理的工作能力，寻求配合途径。在工作中，监理工程师要下达明确的指令，对于施工单位提出的问题应及时给予答复，一个懂得坚持原则，又善于理解承包单位项目经理的意见，工作方法灵活、随时可能提出或愿意接受变通办法的监理工程师肯定是受到欢迎的。

（2）进度问题的协调。对于进度问题的协调，应考虑到影响进度的因素错综复杂，协调工作也十分复杂。实践证明，有两项协调工作很有效：一是建设单位和承包单位双方共同商定一级网络计划，并由双方负责人签字，作为工程承包合同的附件；二是建立严格、公正的奖惩制度。如果施工单位工期提前，应给予一定的奖励，如果因施工单位原因造成工期拖延，则应给予一定的惩罚。

（3）质量问题的协调。质量控制是监理合同中最主要的工作内容，按照工程质量验收标准，实行监理工程师质量签字认可制度。对没有出厂证明、不符合使用要求的主要材料、半成品、成品、建筑构配件、器具和设备，不准使用；对工序和工序交接实行报验签证；对不合格的工程部位不予验收签字，也不予以计算工程量，不予支付工程进度款。

（4）关于对承包单位的处罚。在施工现场，监理工程师对承包单位的某些违约行为进行处罚是一件很慎重而又难免的事情。每当发现承包单位出现违约行为，监理工程师除了立即给予制止外，可能还要采取相应的处理措施。遇到这种情况，监理工程师应该考虑的是自己的处罚意见是否是权限以内的，根据合同要求，自己应该怎么做等。对于施工承包合同中的处罚条款，监理工程师应该十分熟悉，以免发布错误的指令，给自己的工作造成被动。同时，监理工程师在处理这类问题时，要有时间期限的概念，否则承包单位有权认为监理工程师是默认的。

（5）合同争议的协调。对于工程中的合同纠纷，监理工程师应首先协商解决，协商不成时才向合同管理机关申请调解，只有当一方严重违约而导致另一方的利益受到重大损失又不能得到补偿时才采用仲裁或诉讼手段。

（6）处理好人际关系。因为监理单位是受建设单位委托对施工单位进行管理，所以监理工程师及其工作人员处于一种十分特殊的位置。一方面，建设单位希望得到真实、独立、专业的高质量服务；另一方面，承包单位则希望监理单位能对合同条件有一公正的解释。因此，监理工程师及其工作人员要从第三方的角度出发，公正合理的处理各种人际关系，既要严格遵守职业道德，也要利用各种机会增进与各方面人员的友谊与合作，以利于工程的进展。否则，稍有疏忽，便有可能引起建设单位或承包单位对其可信赖程度的怀疑和动摇。

10.2.4 与设计单位的协调

为了加快工程进度，确保质量，降低投资，监理单位必须协调好与设计单位的关系。

（1）尊重设计单位的意见。例如组织设计单位向承包单位介绍工程概况、设计意图、技术要求、施工难点等；在图纸会审时请设计单位交底，明确技术要求，把标准过高、设计遗漏、图纸差错等问题解决在施工之前；施工阶段，严格按图施工；结构工程验收、专业工程验收、竣工验收等工作，约请设计代表参加。若发生质量事故，认真听取设计单位的处理意见。

（2）主动向设计单位介绍工程进展情况，以便促使他们按合同规定或提前出图。为使设计单位有修改设计的余地而不影响施工进度，可与设计单位达成协议，限定一个期限，争取设计单位、承包单位的理解和配合，如果逾期，设计单位要负责由此而造成的经济损失。

（3）要加强沟通。监理单位与设计单位都是由建设单位委托进行工作的，两者之间并没有合同关系，所以监理单位主要是和设计单位做好交流工作，协调要靠建设单位的支持。建筑工程监理的核心任务之一是使建筑工程的质量、安全得到保障，而设计单位应就其设计质量对建设单位负责，因此《建筑法》中指出：工程监理人员发现工程设计不符合建筑工程质量标准或者合同约定的质量要求的，应当报告建设单位要求设计单位改正。

10.2.5 与政府部门及其他单位的协调

一个工程项目的开展还存在政府部门及其他单位的影响，如政府部门、金融组织、社会团体、服务单位、新闻媒介等，对工程项目起着一定的或决定性的控制、监督、支持、帮助作用，这层关系若协调不好，工程项目实施也可能严重受阻。

1. 与政府部门的协调

(1) 工程质量监督站是由政府授权的工程质量监督的实施机构，监理单位在进行工程质量控制和质量问题处理时，要做好与工程质量监督站的交流和协调，当参加验收各方对工程质量验收意见不一致时，可请当地建设行政主管部门或工程质量监督机构协调处理。

(2) 重大质量、安全事故，在配合承包单位采取急救、补救措施的同时，应督促承包单位立即向政府有关部门报告情况，接受检查和处理。

(3) 工程合同直接送公证机关公证，并报政府建设管理部门备案；征地、拆迁、移民要争取政府有关部门支持和协调；现场消防设施的配置，宜请消防部门检查认可；施工中还要注意防止环境污染，特别是防止噪音污染，坚持做到文明施工，要督促承包单位和周围单位搞好协调。

2. 协调与社会团体的关系

一些大中型工程项目建成后，必将会给该地区的经济发展带来好处，因此一个项目的实施必然会引起社会各界关注。建设单位和监理单位应把握机会，争取社会各界对工程建设的关心和支持。这是一种争取良好社会环境的协调。

对本部分的协调工作，从组织协调的范围看是属于远外层的管理，应由建设单位负责主持，监理单位主要是针对一些技术性工作协调。当然，建设单位也可以在监理委托合同中注明由监理单位负责这一部分的协调工作。

10.3 组织协调的方法

组织协调工作涉及面广，受主观和客观因素影响较大。所以监理工程师知识面要宽，要有较强的工作能力，能够因地制宜、因时制宜处理问题，这样才能保证监理工作顺利进行。组织协调的方法主要有以下内容。

10.3.1 第一次工地会议

第一次工地会议由建设单位主持召开，建设单位、承包单位和监理单位的授权代表必须参加出席会议，各方将在工程项目中担任主要职务的负责人及高级人员也应参加。第一次工地会议很重要，是项目开展前的宣传通报会。

第一次工地会议应包括以下主要内容：

(1) 建设单位、承包单位和监理单位分别介绍各自驻现场的组织机构、人员及其分工。

1) 各方通报自己的单位正式名称、地址、通信方式；

2) 建设单位或建设单位代表介绍建设单位的办事机构、职责，主要人员名单，并就有关办公事项做出说明；

3) 总监理工程师宣布其授权的代表的职权，并将授权的有关文件交承包单位与建设单位。并宣布监理机构、主要人员及职责范围，组织机构框图、职责范围及全体人员名单，并交建设单位与承包单位；

4) 承包单位应书面提出现场代表授权书、主要人员名单、职能机构框图、职责范围及有关人员的资质材料以获得监理工程师的批准。

（2）建设单位根据委托监理合同宣布对总监理工程师的授权。

（3）建设单位介绍工程开工准备情况。

（4）承包单位介绍施工准备情况。

（5）建设单位和总监理工程师对施工准备情况提出意见和要求。

1）宣布承包单位的进度计划。承包单位的进度计划应在中标后，合同规定的时限内提交监理工程师，监理工程师可于第一次工地会议对进度计划做出说明：①进度计划将于何时批准，或哪些分项工程已获批准；②根据批准或将要批准的进度计划，承包单位何时可以开始进行哪些工程施工；③有哪些重要或复杂的分项工程还应补充详细的进度计划。

2）检查承包单位的开工准备。①主要人员是否进场，并提交进场人员名单；②用于工程的材料、机械、仪器和其他设施是否进场或何时进场，并提交清单；③施工场地、临时工程建设进展情况；④工地实验室及设备是否安装就绪，并提交试验人员及设备清单；⑤施工测量的基础资料是否复核；⑥履约保证金及各种保险是否已办理，并应提交已办手续的副本；⑦为监理工程师提供的各种设施是否具备，并应提交清单；⑧检查其他与开工条件有关的内容及事项。

（6）总监理工程师介绍监理规划的主要内容。监理规划是项目监理机构现场监理工作的指导性文件，总监理工程师可将监理规划中和建设单位、承包单位有关的部分以书面形式进行交流，并做出初步解释。

（7）研究确定各方在施工过程中参加工地例会的主要人员，召开工地例会周期、地点及主要议题。

第一次工地会议纪要应由项目监理机构负责起草，并经与会各方代表签字。

10.3.2 工地例会

项目实施期间应定期举行工地例会，会议由总监理工程师主持，参加者有总监理工程师代表及有关监理人员、承包单位的授权代表及有关人员、建设单位代表及其有关人员。工地例会召开的时间根据工程进展情况安排，一般有周、旬、半月和月度例会等几种。工程监理中的许多信息和决定是在工地例会上产生和决定的，协调工作大部分也是在此进行的，因此开好工地例会是工程监理的一项重要工作。

工地例会决定同其他发出的各种指令性文件一样，具有等效作用，会议纪要应由项目监理机构负责起草，并经与会各方代表签字。因此，工地例会的会议纪要是一个很重要的文件。会议纪要是监理工作指令文件的一种，要求记录应真实、准确；当会议上对有关问题有不同意见时，监理工程师应站在公正的立场上做出决定；但对一些比较复杂的技术问题或难度较大的问题，不宜在工地例会上详细研究讨论，可以由监理工程师做出决定，另行安排专题会议研究。

工地例会由于定期召开，一般均按照一个标准的会议议程进行，主要是对进度、质量、投资的执行情况进行全面检查；交流信息；并提出对有关问题的处理意见以及今后工作中应采取的措施。此外，还要讨论延期、索赔及其他事项。

工地例会应包括以下主要内容：

（1）检查上次例会议定事项的落实情况，分析未完事项原因。

1）主持人请所有出席者提出对上次会议记录不准确或不清楚的问题；

2）对所有的修改意见均应讨论，如果意见合理，便应采纳并修改记录；

3）这类修改应列入本次会议记录；

4）未列入本次会议记录，则上次会议记录就被视为已经获取所有各方的同意与无误。

（2）检查分析工程项目进度计划完成情况，提出下一阶段进度目标及其落实措施。

1）承包单位投入人力情况：①工地人员是否与计划相符；②出勤情况分析，有无缺员而影响进度；③各专业技术人员的配备是否充足；④如果人员不足，承包单位将采取什么措施，这些措施能否满足要求。

2）承包单位投入的设备情况。①施工设备与承包单位提供的技术方案或操作工艺方案要求是否相符；②施工机械运转状态是否良好；③设备维修设施能否适应需要；④备用的配件是否充分，能否满足需要；⑤设备能否满足工程进度要求；⑥设备利用情况是否令人满意；⑦如发现设备方面的问题，承包单位将采取什么措施，这些措施能否满足要求。

3）进度分析。①审核所有主要工程部分的进展情况；②影响工程进度的主要问题；③对采取的措施进行分析；④对下一个报告期的进度计划进行预测；⑤完成进度的主要措施。

（3）检查分析工程项目质量状况，针对存在的质量问题提出改进措施：

1）材料质量与供应情况：①必需用材的质量与输送供应情况；②材料质量令人满意的证据；③材料的分类堆放与保管情况。

2）技术事宜：①工程质量能否达到设计要求；②工程测量问题；③承包单位所需的增补图纸；④放线问题；⑤能否同意所用的工程计量方法；⑥额外工程的规范；⑦预防天气变化的措施；⑧施工中对公用设施干扰的处理措施；⑨混凝土的拌合、试验；⑩对承包单位所遇到的技术性问题，如何采取补救方案。

（4）检查工程量核定及工程款支付情况：

1）月付款证书；

2）工地材料预付款；

3）价格调整的处理；

4）工程计量记录与核实；

5）工程变更令；

6）计日工支付记录；

7）现金周转问题；

8）违约罚金。

（5）解决需要协调的有关事项：

1）行政管理事项：①工地移交状况；②与工地其他承包单位的协调；③监理工程师与承包单位在各层次的沟通，如要求检验、交工申请等；④承包单位的保险；⑤与公共交通、公共设施部门的关系；⑥安全状况；⑦天气记录。

2）索赔：①延期索赔的要求；②费用索赔的要求；③会议记录应记载：承包单位是否打算提出索赔要求，已经提出哪些索赔要求，监理工程师答复了哪些等等。

（6）其他有关事宜。工地例会举行次数较多，要防止流于形式。监理工程师可根据工程进展情况确定分阶段的例会协调要点，保证监理目标控制的需要。例如：对于建筑工程，基础施工阶段主要是基坑支撑、桩基础工程、地下室施工及防水等工作质量监控情况；主体阶段主要是质量、进度、文明生产情况；装饰阶段主要是考虑土建、水电、装饰等多工种协作问题及围绕质量目标进行工程预验收、竣工验收等内容。对例会要点进行预先筹划，使会议内容丰富，针对性强，可以真正发挥协调的作用。

10.3.3 专题现场协调会

对于一些工程中的重大问题，以及不宜在工地例会上解决的问题，根据工程施工需要，可召开有相关人员参加的现场协调会，如设计交底、施工方案或施工组织设计审查、材料供应、复杂技术问题的研讨、重大工程质量事故的分析和处理、工程延期、费用索赔等进行协调，提出解决办法，并要求各方及时落实。

专题会议一般由总监理工程师提出，或由承包单位提出后，由总监理工程师及时组织。

参加专题会议的人员应根据会议的内容确定，除建设单位、承包单位和监理单位的有关人员外，还可以邀请设计人员和有关部门人员参加。

由于专题会议研究的问题重大，又较复杂，因此会前应与有关单位一起，做好充分的准备，如进行调查、收集资料，以便介绍情况。有时为了使协调会达到更好的共识，避免在会议上形成冲突或僵局，或为了更快地达成一致，可以先将议程打印发给各位参加者，并可以就议程与一些主要人员进行预先磋商，这样才能在有限的时间内，让有关人员充分地研究并得出结论。会议过程中，主持人应能驾驭会议局势，防止不正常的干扰影响会议的正常秩序。应善于发现和抓住有价值的问题，集思广益，补充解决方案。应通过沟通和协调，使大家意见一致，使会议富有成效。会议的目的是使大家取得协调一致，同时要争取各方面心悦诚服地接受协调，并以积极的态度完成工作。对于专题会议，应有会议记录和会议纪要，并作为监理工程师发出的相关指令文件的附件或存档备查的文件。

10.3.4 监理文件

监理工程师组织协调的方法除上述会议制度外，还可以通过一系列书面文件进行，监理书面文件形式可根据工程情况和监理要求制定。建设工程监理规范中列出了施工阶段监理工作的基本表式，对这些监理工作的基本表式，各监理机构可结合工程实际进行适当补充或调整，使之满足监理组织协调和监理工作的需要。

施工阶段监理工作的基本表式分为三类，可以一表多用。对于工程质量用表，由于各行业各部门的专业要求不同，已各自形成比较完整、系统的表式，各类工程的质量检验及评定均有相应的技术标准，质量检查及验收应按相关标准的要求办理。如果没有相应的表式，工程开工前，项目监理机构应与建设单位、承包单位进行协商，根据工程特点、质量标准、竣工及归档组卷要求协商一致后，制定相应的表式。

11 建设监理信息管理系统

信息是现代社会中组织对复杂系统研究、规划设计、施工及运营决策的不可缺少的重要资源。在现代工程建设项目管理中，信息对工程项目建设投资决策、项目规划设计、项目的施工管理和项目建成后的运营等方面都起着决定性的影响和关键性的作用。据国际有关文献资料介绍，建设工程项目实施过程中存在的诸多问题，其中三分之二与信息交流（信息沟通）的问题有关；建设工程项目10%～33%的费用增加与信息交流存在的问题有关；在大型建设工程项目中，信息交流的问题导致工程变更和工程实施的错误约占工程总成本的3%～5%。由此可见，信息管理的重要性。因此，研究工程建设项目的信息资源及其信息管理，已是现代工程建设项目管理的重要组成部分，也是从事工程项目建设监理的重要工作内容。

11.1 建设监理信息概述

11.1.1 建设监理信息的概念和特征

1. 信息的概念和特征

信息是内涵和外延不断变换和发展的一个概念。随着信息在各个领域得到广泛的应用，其含义往往各不相同。信息论的创始人申农认为，信息是对事物不确定性的量度。由于信息的客观存在，才有可能使人们由表及里、由浅入深的认识事物发展的内在和外在的规律，进而使人们在社会活动中做出正确而有效的决策。

为了深刻理解信息含义和充分利用信息资源，必须了解信息的特征。一般认为，信息具备以下特征：

(1) 信息的客观性。信息是对客观实际的现实反映，因而它必须真实地反映客观情况，项目执行过程中如果没有一套有效地保证项目信息客观性的机制，会给项目的实施活动带来负面影响。

(2) 信息的可存贮性。信息可以储存。通过各种记录或者采用电子计算机都可以存贮信息，贮存信息的目的为了方便今后查找、使用。

(3) 信息的可传递性。信息通过传播媒体可以进行传递和传播。信息传递可以说是进行任何管理的基础。随着广播、电视、电话等通信工具的发展，加强了信息传递范围，缩短了信息传递的时滞，并提高了信息传递的质量。

(4) 信息的可加工性。所谓信息的可加工性，是指信息可以进行形式上的转换，例如信息可以从一种语言转换成另外一种语言，从一种载体转换到另一种载体下，另外数据信息可以通过数学统计的方法进行加工处理，形成新的信息以适合使用者加以利用。

(5) 信息具有共享性，即信息可以为不同的使用者加以利用，而信息本身并不因此而有损耗，项目中信息的共享问题对于项目管理者来说非常重要。

(6) 信息的等级性。管理系统是分级的，不同级别的管理者对同一事物所需的信息也不同，信息也是分级的，不同级别的信息，有不同的属性，一般分为战略级、战术级和作业级。

（7）信息的滞后性。信息是在下面建设和管理的过程中产生的，信息反馈一般要经过整理、传递，然后达到决策者手中，所以往往迟于物流，反馈不及时，容易影响信息作用的发挥而造成失误。

（8）信息的不完全性。人们对信息的收集、转换、利用等不可能是完全的、绝对的。这是由于人们的感官以及各种采集信息的办法和测试手段有局限性，对信息资源的开发和认识难以做到全面。在监理过程中，即使是有经验的监理工程师，也不同程度的会得到不完全的信息，但是，如果经验丰富，相对的会减少信息不完全性造成的不完善的决策，准确度相对要高一些。

2. 监理信息的概念和特征

监理信息是在整个工程建设监理过程中发生的、反映着工程建设的状态和规模的信息。监理信息具有一般信息的特点，同时也具有它本身的特征：

（1）来源广、信息量大。在建设监理制度下，工程建设是以监理工程师为中心的，从而项目监理组织成为信息生成、流入和流出的中心。由于工程项目自身的特点，监理信息可能来源于监理组织内部，也可能来源于监理组织外部，这将产生大量的信息。

（2）动态性强。由于工程项目自身的特点，监理工程师在监理过程中要实施动态控制，因而大量的监理信息也是动态的，这就需要及时的收集和处理这些信息，对监理信息进行动态管理。

（3）有一定的范围和层次。业主委托监理工作的范围不同，监理信息也不一样。工程建设过程中，会产生很多信息，但这些信息并非都是监理信息，只有那些与监理工作有关的信息才是监理信息。而且，不同的监理工作，所需的信息也不一样。

11.1.2 建设监理信息的分类

不同的监理工作，需要不同的监理信息。可按照不同的标准将监理信息进行归类划分，来满足不同监理工作的信息需求，并进行有效的管理。

1. 按照工程建设不同阶段分类

（1）建设项目前期的信息。项目建设前期的信息包括可行性研究报告、设计任务书、勘察与测量、初步设计文件、招标投标方面等提供的信息，其中大量的信息与监理工作有关。

（2）工程施工中的信息。施工中由于参加的单位众多，现场情况复杂，信息量很大。首先，从业主方来的信息。在建设过程中，业主会对一些重大问题不时地要表达自己的意见和看法，下达某些指令；业主要提供合同中规定由其供应的材料、设备的品种、数量、质量、实验报告等资料。其次，从承包商方来的信息。承包商要向监理工程师报送各种文件、报告等。再次，从设计方来的信息。在建设过程中，可能会发生设计变更。另外，设计方可能会为满足设计意图而对施工单位提出各种要求。最后，监理组织内部也会产生许多信息，有直接从施工现场获得的有关投资、质量、进度和合同管理方面的信息，还有经过分析整理后对各种问题的处理意见等等。另外，还有来自其他部门，如地方政府、环保部门、交通部门等的信息。

（3）工程竣工阶段的信息。在工程竣工阶段，将产生大量的竣工验收资料，这些资料一部分是在整个施工过程中长期积累形成的，一部分是在竣工验收期间，根据积累的资料整理分析而形成的。

2. 按照建设监理信息的用途划分

建设监理信息按照不同的用途，可分为投资控制信息、进度控制信息、质量控制信息、合同管理信息、组织协调信息及其他用途的信息等。

(1) 投资控制信息。属于这类信息的有一些投资标准，如类似工程造价、物价指数、概算定额、预算定额等；有工程项目计划投资的信息，如工程项目投资估算指标、设计概预算、合同价等；有项目进行中产生的实际投资信息，如施工阶段的价款支付、投资调整、原材料价格、机械设备台班费、人工费、运杂费等；还有对以上这些信息进行分析比较得出的信息，如投资分配信息、实际投资与计划投资的动态比较信息、实际投资统计信息、项目投资变化预测信息等。

(2) 质量控制信息。属于这类信息的有与工程质量有关的标准信息，如国家有关质量的政策、法规、质量标准、质量验收规范、工程项目建设标准等；有与计划工程质量有关的信息，如合同中对质量的要求、质量控制工作流程、质量控制的工作制度等；有项目进展中实际质量信息，如工程质量检验信息、材料的质量抽样检查信息、设备的质量检验信息、质量和安全事故信息。还有由这些信息加工后得到的信息，如质量目标的分解结果信息、质量控制的风险分析信息、工程质量统计信息、安全事故预测信息等。

(3) 进度控制信息。这类信息有与工程进度有关的标准信息，如工期定额信息等；有与工程计划进度有关的信息，如工程项目总进度计划、进度控制的工作流程、进度控制的工作制度等。有项目进展中产生的实际进度信息；有上述信息加工后产生的信息，如工程实际进度控制的风险分析、进度目标分解信息、实际进度与计划进度对比分析、实际进度与合同进度对比分析、实际进度统计分析、进度变化预测信息等。

(4) 合同管理信息。这类信息包括合同管理法规，如建筑法、招标投标法、经济合同法等；建设工程合同文本，如勘察合同、设计合同、施工合同、采购合同等；合同实施信息，如合同执行情况、变更合同、签证记录、工程索赔等。

(5) 组织协调信息。这类信息包括有建设进度调整及建设项目调整的指令；建设合同变更及其协议书；政府主管部门对工程项目建设过程中的指令、审批文件；有关建设法规及技术标准等。

(6) 其他用途的信息。这类信息是除上述五类用途的信息外，对工程项目建设决策提供辅助支持的某些其他信息，如工程中往来的信函、建设场地的有关资料等。

3. 按照监理信息的来源划分

(1) 来自工程项目监理组织的信息。如监理的记录、各种监理报表、工地会议纪要、各种指令、监理试验检测报告等。

(2) 来自承包商的信息。如开工申请报告、质量事故报告、形象进度报告、索赔报告等。

(3) 来自业主的信息。如业主对各种报告的批复意见。

(4) 来自其他部门的信息。如政府有关文件、市场价格、物价指数、气象资料等。

4. 按照监理信息的性质划分

(1) 引导信息。这类信息是用于指导人们的正确行为，以便于有效的从事工程项目建设中的各种技术经济活动。引导信息包括施工方案、施工组织设计、工程建设计划、各种技术经济措施、各类建设指令、施工图纸及设计更改通知、技术标准及规程等。

（2）辨识信息。这类信息是用于指导人们正确认识工程项目建设中各类事物的性能、特征和效果，如原材料、配构件、机械设备的出厂证明书，技术合格证书，试验检验报告，中间产品和最终产品的检查验收签证等。

对工程项目建设中的某些信息，如施工图纸、技术方案等既属于引导信息，又属于辨识信息。

5. 根据信息的稳定性划分

（1）固定信息。在一定时期内不变的信息属固定信息，如有关规范、技术标准、工作制度、施工组织设计、管理规划、有关定额等。

（2）可变信息。指在不断变化的信息，如项目实施过程中质量、投资、进度控制的有关信息，工程中材料消耗量、机械台数、人工数等。

6. 其他类标准划分

（1）根据信息的性质可分为生产性、技术性、经济性、资源性信息。

（2）根据信息层次划分可分为战略性、策略性、业务性信息。

（3）根据信息范围可分为精细和摘要信息。

（4）根据信息时间可分为历史性和预测性信息。

（5）根据信息阶段可分为计划阶段、实施阶段、核算报告阶段信息。

（6）根据信息期待性可分为预知信息和突发信息。

根据一定的监理标准对信息进行分类，关系到监理工作信息管理的水平。不同的监理范畴，需要不同的信息，根据项目监理的需要，按上述各种分类方法对信息予以分类，并进行编码，以提供准确、真实的信息。

11.1.3 建设监理信息的作用

1. 信息是监理决策的依据

建设监理决策正确与否，直接影响着项目建设总目标的实现及监理单位和监理工程师的信誉。要做出正确的决策，主要是依据项目的各种有用知识及有重要影响的要素，即信息。例如，如果业主委托监理单位负责工程项目的施工招标工作，监理工程师要对投标单位进行资格预审，以确定哪些报名参加投标的承包商能适应工程施工的需要。为进行这项工作，监理工程师就必须了解报名参加投标的众多承包商的技术水平、财务实力、施工管理经验、履约能力和信誉等方面的信息。再如，监理工程师对工程质量行使否决权时，就必须熟悉质量标准、质量验收规范等，对有质量问题的工程进行认真细致的调查、分析，还要进行相关的试验和检测，在掌握大量的信息基础上才能进行决策。

2. 建设监理信息是监理工程师实施目标控制的基础

建设工程的进度、质量、投资控制是监理工程师的主要任务，为了进行比较分析和采取措施来进行目标控制，监理工程师首先应掌握建设项目三大目标的计划值，它们是控制的依据；其次，监理工程师还应了解三大目标的实际执行情况。只有这两个方面的信息都充分掌握了，才能进行对比分析，实施有效的控制。

3. 建设监理信息是监理工程师协调各工程参与方关系的媒介

工程项目建设过程中会涉及到众多单位，这些单位或部门都会对工程项目目标的实现带来一定的影响。要使这些单位或部门有机的联系起来为项目建设服务，只能通过信息的媒介作用来协调好各单位的关系，保证建设项目目标的实现。在这个过程中，监理工程师主要通过统计分析提供有关信息来协调有关各方的关系，如储存工程质量鉴定结果，储存设计文件资料记录，提供图纸资料交付情况报告，统计图纸资料按时交付率、合格率等指标，登录设计变更文件、索赔等信息。

4. 建设监理信息是监理工程师进行合同管理的基础

监理工程师的一项很重要的工作就是进行合同管理，这就需要充分的掌握合同信息，熟悉合同内容，掌握合同双方的权利、义务和责任；为了掌握合同双方履行合同的情况，必须在监理工作时收集各种信息；对合同出现的争议，必须在大量的信息基础上做出判断和处理；对合同的索赔，需要审查判断索赔的依据，分清责任原因，确定索赔数额，这些工作都必须以掌握大量的准确的信息为基础。

11.2 建设监理信息管理

11.2.1 建设监理信息管理的概念

建设监理信息管理是指在工程项目建设的各个阶段，对所产生的、面向工程建设项目监理业务的信息进行收集、加工、储存、传递、维护和使用等的信息规划及组织管理活动的总称。建设监理信息管理的目的是通过有效的建设信息规划及其组织管理活动，使参与建设各方能及时、准确的获得有关的建设信息，以便为项目建设全过程或各个建设阶段提供建设决策所需要的可靠信息。

11.2.2 建设监理信息管理的内容

1. 建设监理信息的收集

在工程建设过程中，每时每刻都会产生大量的信息。但是，要得到有价值的信息，必须根据需要进行有目的、有组织、有计划的收集，这样才能提高信息的质量，充分发挥信息的作用。

(1) 收集监理信息的作用：

1) 收集信息是运用信息的前提。各种信息一经产生，就必然会受到传输条件、人们的思想意识及各种利益关系的影响。所以，信息有真假、有用无用之分。监理工程师要取得有用的信息，必须通过各种渠道，采取各种方法收集信息，然后经过加工、筛选，从中选择出对进行决策有用的信息。

2) 收集信息是进行信息处理的基础。不经过收集就没有进行处理的对象，所以信息处理必须在信息收集的基础上进行。信息收集工作的好坏，直接决定着信息加工处理的质量。在一般情况下，如果收集到的信息时效性强、真实度高、价值大、全面系统，再经过加工处理，信息的质量就更高，反之更低。

(2) 收集建设监理信息的基本原则：

1) 主动及时。监理工程师要取得对工程控制的主动权，就必须积极主动及时地收集信息，善于及时发现、取得、加工各类工程信息。监理工作的特点和监理信息的特点都决定了收集信息要主动及时。监理是一个动态控制的过程，信息量大、时效性强，如果不能及时得到工程中大量发生的变化极大的数据，不能及时把不同的数据传递给需要相关数据的不同单位、部门，势必影响各部门的工作，影响监理工程师做出正确的判断，影响监理质量。

2）真实可靠。收集信息的目的在于对工程项目进行有效的控制。由于建设过程中人们不同的经济利益关系、工程建设的复杂性、信息在传输过程中会发生失真现象等主客观原因，难免产生不能真实反映工程建设实际情况的虚假信息。因此，必须认真严肃地进行收集工作，要将收集到的信息进行严格核实、检测、筛选，去伪存真。

3）全面系统。监理信息贯穿在工程建设的全部过程。各类监理信息或每一条信息，都是监理内容的反应或表现。所以，收集监理信息不能以点代面，把局部当成整体，或者不考虑事物之间的联系。同时工程建设不是杂乱无章的，而是有着内在的联系。因此收集信息不仅要注意全面性，而且要注意系统性和连续性。

4）重点选择。收集信息要全面系统和完整，不等于主次不分，不分缓急。针对性是指要有明确的目的或目标，要符合监理工作的需要，能够应用并产生好的监理效果。所谓重点选择，就是根据监理工作的实际需要，根据监理的不同层次、不同部门、不同阶段对信息需求的侧重点，从大量的信息中选择使用价值大的主要信息。

（3）监理信息收集的基本方法：

监理工程师主要通过各种方式的记录来收集监理信息，这些记录统称为监理记录，它是与工程项目建设监理相关的各种记录中的资料的集合。通常分为以下几类：

1）现场记录。现场监理人员必须每天利用特定的表格或以日志的形式记录工地上所发生的事情。所有记录应始终保存在工地办公室，供监理工程师及其他监理人员查阅。这类记录每月由专业监理工程师整理成书面资料上报监理工程师办公室。

现场记录通常记录以下内容：详细记录所监理工程范围内的机械、劳力的配备和使用情况；记录气候及水文情况；记录承包商每天的工作内容，完成工程数量，以及开始和完工的时间，记录出现的技术问题，采取了怎样的措施进行处理，效果如何，能否达到技术规范的要求等；简单描述工程施工中每步工序完成后的情况，如此工序是否已被认可等。在现场要特别注意记录隐蔽工程的有关情况；记录现场材料供应和储备情况；记录并分类保存一些必须在现场进行试验。

2）会议记录。由专人记录监理人员所主持的会议，并且要形成纪要，并经与会者签字确认，这些纪要将成为今后解决问题的重要依据。会议纪要应包括以下内容：会议地点及时间；出席者姓名、职务、他们所代表的单位；会议中发言者的姓名及主要内容；形成的决议；决议由何人及何时执行等；未解决的问题及其原因。

3）计量与支付记录。包括所有计量及付款资料，应清楚记录哪些工程进行过计量，哪些工程已经进行了支付；已同意或确定的费率和价格变更等。

4）试验记录。除正常的试验报告外，试验室应由专人每天以日志形式记录试验室工作情况。记录内容包括：工作内容的简单叙述；承包商试验人员配备情况；对承包商试验仪器、设备配置、使用和调动情况记录，需增加新设备的建议；监理试验室与承包商试验室所作同一试验，其结果有无重大差异，原因何在。

5）工程照片和录像。以下情况可以辅以工程照片和录像进行记录：科学试验，如新材料、新工艺、新技术等；能证明或反映未来会引起索赔或工程延期的特征照片或录像，能向上级反映即将引起影响工程进展的照片；工程试验、实验室操作及设备情况；隐蔽工程；工程事故处理现场及处理事故的状况，工程事故处理和补救工艺，能证实保证了工程质量的照片。

拍照或录像时，要采用专门登记本表明拍照或录像的序号、时间、内容、人员等。

2. 监理信息的加工整理

(1) 监理信息加工整理的作用和原则。监理信息的加工整理是对收集来的大量原始信息，进行筛选、分类、排序、压缩、分析、比较、计算等的过程。

1) 监理信息加工整理的作用。首先，通过加工，将信息分类，使之标准化、系统化，收集来的信息往往是原始的、零乱的、孤立的，信息资料的形式也可能不同，只有经过加工后，使之成为标准化、系统化的信息资料，才能进入使用、储存，以及提供检索和传递；其次，收集到的资料，真实程度、准确程度可能都比较低，甚至还混有一些错误，经过对它们进行分析、比较、鉴别，乃至计算、校正，使获得的信息准确、真实；再次，信息在加工整理的过程中，通过对信息的综合、分解、整理、增补，可以得到更多有价值的信息。

2) 监理信息加工整理的原则。监理信息加工整理要本着标准化、系统化、准确性和适用性等原则进行。为了适应信息用户使用和交流，应当遵守已制定的标准，使来源和形态多样的各种信息标准化；要按监理信息的分类，系统、有序的加工整理，符合信息管理系统的需要；要对收集的监理信息进行校正、剔除，使之准确、真实地反映工程建设状况；要及时处理各种信息，特别是对那些时效性强的信息；要使加工整理后的监理信息符合实际监理工作的需要。

(2) 监理信息加工整理的成果。监理工程师对各种信息进行加工整理，形成各种监理报告，如各种往来信函、来往文件、各种指令、会议纪要、备忘录、协议和各种工作报告等。监理报告是最主要的加工整理成果。这些报告有以下几种：

1) 现场监理日报表。它是现场监理人员根据每天的现场记录加工整理而成的报告。主要内容包括：当天的施工内容；当天参加施工的人员（工种、数量、施工单位等）；当天施工用的机械的名称和数量等；当天发现的施工质量问题；当天的施工进度和计划进度的比较，如果发生进度拖延，应说明原因；当天天气综合评语；其他说明及应注意的事项等。

2) 现场监理工程师周报。它是现场监理工程师根据监理日报加工整理而成的报告，每周向总监理工程师汇报一周内所发生的重大事件。

3) 监理工程师月报。它是集中反映工程实际情况和监理工作的重要文件。一般由总监理工程师组织编写，每月一次报给业主。大型项目的监理月报，往往由各种合同或子项的总监理工程师代表组织编写，上报总监理工程师审阅后报给业主。监理月报一般包括以下内容：工程进度、工程质量、计量支付、质量事故、工程变更、民事纠纷、合同纠纷和监理工作动态。

3. 监理信息的储存和传递

(1) 监理信息的储存。经过加工整理后的监理信息，按照一定的规定，记录在相应的信息载体上，并把这些记录信息的载体，按照一定特征和内容性质，组织成为系统的、有机的供人们检索的集合体，这个过程就称为监理信息的储存。

信息的储存，可以汇集信息，建立信息库，有利于进行检索，可以实现监理信息资源共享，促进监理信息的重复利用，便于信息的更新和剔除。

监理信息储存的主要载体是文件、报告报表、图纸、音像材料等。监理信息的储存，主要就是将这些材料按不同的类别，进行详细的登录、存放，建立资料归档系统。该系统应简单和易于保存，但内容应足够详细，以便于快速查处已归档的资料。

监理资料的归档，一般按以下几类方法进行：

1）一般函件。与业主、承包商和其他有关部门来往的函件按日期归档；监理工程师主持或出席的所有会议记录按日期归档。

2）监理报告。各种监理报告按次序归档。

3）计量与支付资料。每月计量与支付证书，连同其所附资料每月按编号归档；监理人员每月提供的计量和支付有关的资料按月份归档；物价指数的来源等资料按编号归档。

4）合同管理资料。承包商对延期、索赔和分包的申请、批准的延期、索赔和分包文件按编号归档；变更设计的有关资料按编号归档；现场监理人员为应急发出的书面指令及最终指令按项目归档。

5）图纸。按分类编号存放归档。

6）技术资料。现场监理人员每月汇总上报的现场记录及检验报表按月归档；承包商提供的竣工资料按项目分类。

7）试验资料。监理人员所完成的试验资料分类归档；承包商所提供的试验资料分类归档。

8）工程照片。反映工程实际进度的照片按日期归档；反映现场监理工作的照片按日期归档；反映工程质量事故及处理情况的照片按日期归档；其他照片，如工地会议和重要监理活动的照片按日期归档。

以上资料在归档的同时，要进行登录，建立详细的目录表，以便随时调用、查找。

（2）监理信息的传递。监理信息的传递，是指监理信息借助于一定的载体（如纸张、软盘、活动硬盘等）从信息源传递到使用者的过程。监理信息在传递过程中，形成各种信息流。常见的信息流有以下几种：

1）自上而下的信息流。自上而下的信息流就是指主管部门、业主、工程项目负责人、总监理工程师、监理工程师、旁站监理之间由上向下逐级流动的信息，即信息源在上，接受信息者是其下属，这些信息主要是指建设目标、工作条例、命令、办法及规定、业务指导意见等。

2）自下而上的信息流。自下而上的信息流，是指下级向上级流动的信息，信息源在下，接受信息者在上，主要指项目实施中有关目标的完成量、进度、成本、质量、安全、消耗、效率等情况，此外，还包括上级部门关注的意见和建议等。

3）内部横向间的信息流。横向流动的信息指工程项目监理工作中，同一层次的工作部门或工作人员之间相互提供和协作互通有无或相互补充，以及在特殊、紧急情况下，为了节省信息流动时间而需要横向提供的信息。

4）以信息管理部门为集散中心的信息流。信息管理部门为项目决策作准备，因此，既需要大量信息，又可以作为有关信息的提供者，它是汇总信息，分析信息，分散信息的部门，帮助工作部门进行规划，任务检查、对有关专业技术问题进行咨询，因此，各项工作部门不仅要向上级汇报，而且应当将信息传递给信息管理部门，以有利信息管理部门为决策做好充分准备。

5）工程项目内部与外部环境之间的信息流。工程项目的政府主管部门、业主、承包商、监理单位和设计单位等都不同程度地需要信息交流，既要满足自身的需要，又要满足与环境的协作要求，或按国家规定的要求相互提供信息。

上述几种信息流都应有明晰的流线，并都要畅通。因此，在实际工作中，监理工程师应当采取措施保证信息流畅通，发挥信息流应有的作用，特别是对横向间的信息流动以及自上而下的信息流动，应给予足够的重视，增加流量，以利于合理决策，提高工作效率和经济效益。

4. 信息的维护与使用

(1) 信息的维护是保证项目信息处于准确、及时、安全和保密的可用状态，能为管理决策提供使用服务，准确是要保持数据是最新的状态，数据是在合理的误差范围以内。信息的及时性是能够及时地提供信息，常用的信息放在易取的地方，能够高速度高质量的把各类信息、各种信息报告提供到使用者手边。安全性和保密性是说要防止信息受到破坏和信息失窃。

(2) 信息的使用程度取决于信息的价值。信息价值高，使用的频率高，如施工图纸及施工组织设计这类信息。因此，对于使用频率高的信息，应保证使用者易于检索。

11.3 建设监理资料管理

11.3.1 建设监理资料分类

按工程项目建设全过程，建设监理资料可以分为 8 种类型，每类文档所包含的主要文件材料如下：

1. 工程项目建设前期资料

(1) 工程建设项目计划书等重要文件：

1) 项目立项报告、可行性研究报告及批复等项目立项依据文件；

2) 市场调查、建设条件预测、项目评估等文件；

3) 建设项目计划任务书及批复文件。计划任务书一般应包括以下内容：工程项目的目的和依据；工程建设规模和标准；工程的水文地质条件；燃料、动力和建筑材料的供应情况，交通运输条件等；工程建设地点和占地估算；建设进度和工期；投资的资金来源；环境保护的要求；工程的经济效益分析；存在的问题和解决办法；

4) 会议记录、领导讲话、专家意见等文件；

5) 有关行政主管部门审查意见及批准文件，包括规划、环保、卫生、人防、消防、抗震等审查批准文件，以及水、暖、电、煤气、通信等协议书等。

(2) 建设项目用地、征地、拆迁等文件：

1) 建设项目选址报告及土地规划部门的批复文件；

2) 建设用地许可证及用地地形图；

3) 拆迁安置规划、拆迁协议书及补偿协议书；

4) 建设规划许可证及建设开工许可证；

5) 重要的协调会议记录及有关专业文件等。

2. 工程建设项目勘察设计文档

（1）工程勘察、设计任务书及其审批文件；

（2）工程勘察测量技术文件：

1）工程地质、水文地质、地质图等资料；

2）红线桩位置及测量成果报告；

3）勘察报告、记录、化验及试验报告；

4）重要岩石、土样及有关证明；

5）地形地貌、控制点、建筑物、构筑物及重要设备、安装测量定位、观测记录；

6）水文、气象、地震等设计基础材料等。

（3）工程建设项目设计文件：

1）初步设计和技术设计。初步设计含有大量的信息，如工程项目的目的和主要任务，工程的规模和总体规划布置，主要建筑物的位置、结构形式和设计尺寸，各种建筑物的材料用量，主要技术经济指标，建设工期、总概算等；技术设计是根据初步设计所提供的资料，更进一步加以深化，对工程中的各种建筑物，做出了具体的设计计算。技术设计与初步设计相比，提供了更确切的数据资料，如对建筑物的结构形式和尺寸等提出修正，并编制修订后的总概算；

2）设计评价、鉴定及审批材料；

3）施工图设计和设计计算、技术秘密材料及专利文件；

4）关键技术试验；

5）总体规划设计、专业方案设计、扩建及改建设计；

6）图纸会审、设计变更等文件，包括会审记录、设计变更及工程变更洽商单或通知单等。

3．工程建设项目施工组织技术文档

（1）施工准备文件：

1）施工组织机构及负责人；

2）施工组织设计及施工计划、方案、工艺及措施；

3）技术交底记录；

4）施工现场准备材料；

5）原材料、半成品、配构件、机械设备等订购清单。

（2）施工过程技术文件：

1）地基与基础隐蔽工程检查验收记录；

2）主体工程施工的技术文件，包括有：施工技术交底记录；轴线标高抄测记录；钢筋及预埋铁件隐蔽工程记录；混凝土施工记录；钢筋冷拉及预应力张拉记录；结构吊装及结构验收记录；冬季、雨季施工记录等；

3）楼地面施工技术文件，包括隐蔽工程检查验收和施工记录等；

4）屋面工程施工技术文件，包括屋面结构隐蔽工程检查记录；屋面防水隐蔽工程检查记录；防水工程试水记录；防水胶结材料热作温度记录等；

5）门窗工程安装、检查验收记录；

6）装饰及装修工程检查验收记录；

7）采暖卫生煤气工程技术文件，主要有：设备基础复测记录；设备缺陷修复记录；设备安装、清洗、调试记录；管道系统强度、灌水试验、焊接及隐蔽工程检查记录；设备开箱记录等；

8）电气安装工程技术文件，主要有：电气配管、电线铺设、防雷接地等隐蔽工程检查；电气设备安装、调试、检查验收记录等；

9）通风与空调工程技术文件，主要有：设备基础复测记录；设备清洗、调试、安装、检查验收及试运转记录；设备开箱记录等；

10）电梯安装工程技术文件，主要有：设备清洗、调试、安装、检查验收及试运转记录；绝缘电阻、接地电阻测试记录；设备开箱记录等；

11）其他技术文件，主要有：中间验收记录；消防灭火；通讯弱电及其他安装测试资料；遗留工程一览表等。

（3）材质、构配件、设备等技术文件：

1）水泥质量证明资料；

2）钢材质量证明资料；

3）砖、石材等质量证明资料；

4）防水材料质量证明资料；

5）设备及配构件质量证明资料；

6）混凝土、砂浆质量证明资料；

7）其他材料质量证明资料；

8）材质、构配件、结构现场试验报告等。

（4）工程质量事故处理文件：

1）工程事故处理报告；

2）重大缺陷处理和处理后的检查报告；

3）记录施工重大事故现场的声像材料及有关文字说明等。

（5）工程建设项目竣工验收文件：

1）工程竣工文件，主要有：工程竣工验收申请批复；验收会议文件及有关材料；建设项目现场声像材料等；

2）竣工技术资料，主要有：建设项目竣工图（工程建设项目总平面图、管网综合图、大型设备基础图等）；电气平面布置图、剖面图、管线系统图及其设计说明书；生产设备图、设备安装施工图及说明书；项目建设质量评审材料；建设项目设计总说明书；建设项目竣工验收委员会（小组）记录及鉴定书等。

4. 工程建设项目合同管理文件

（1）工程项目招标投标文件：

1）工程项目招标组织准备文件，主要有：招标申请书及批件、招标委托书、招标广告、招标文件、评标的标准及方法等；

2）工程项目评标决标文件，主要有：评标委员会（小组）的会议记录及评标资料；中标单位及中标通知书等。

（2）建设合同管理文件：

1）建设合同正式文本及其协议书；

2）建设合同变更及其协议书；

3）建设合同违约通知书、协议书及裁定书等；

4）建设合同索赔通知书、协议书等；

5）建设合同实施效果考核资料等。

5. 建设项目财务经济文件

(1) 工程建设项目建设资金来源及筹划计划文件。

(2) 工程建设项目投资估算及其审批文件。

(3) 工程建设项目概算、预算、结算、决算及其审计的有关文件。

(4) 工程建设项目建设期的各种支付和收入凭据。

(5) 固定资产清单及交接凭证。

(6) 主要消耗器材、材料移交清单等。

6. 建设项目运行准备文件

(1) 建设项目运行组织准备文件：

1）建设项目运行组织机构建设方面的文件；

2）建设项目运行组织制度建设方面的文件；

3）人员培训计划等。

(2) 建设项目运行技术准备方面的文件：

1）技术准备计划有关文件，主要有计划书、技术方案及工艺路线等；

2）技术组织准备方面的文件，主要有：技术管理制度文件、技术培训及考核文件、有关的技术法规等。

(3) 建设项目试运行文件：

1）试运行管理及责任制文件；

2）开停车方案及试车、验收、运转、维护等记录；

3）试运转质量鉴定报告；

4）安全操作规程、事故分析报告及运行记录等。

7. 建设项目开发研究文件

(1) 科研开发计划：

1）立项报告、任务书、批准书、协议书、合同书、委托书等；

2）研究项目方案、计划、调研报告等。

(2) 试验分析、计算的资料：

1）试验记录、图片、照片、声像等；

2）试验分析、计算及数据整理等；

3）阶段研究报告、科研成果报告、技术鉴定材料；

4）试验装置及特殊设备的图纸、工艺技术规范说明书等；

5）科研成果申报、鉴定、审批及推广应用材料。

8. 建设项目涉外文件

(1) 建设项目涉外的有关文件：

1）建设项目询价、报价、谈判记录等；

2）建设项目谈判协议书、合同书及合同附件；

3）外方提供给我方的有关资料；

4）考察报告等。

(2) 建设项目涉外技术的有关资料：

1）工程项目建设中往来的技术函电；

2）外方设计文件、审查、议定书；

3）国外引进设备材料设计图纸、说明书；

4）国外设备储存、运输、开箱记录、商检及索赔；

5）国外设备、材料的防腐及保护措施；

6）国外技术人员现场提供的有关文件材料及技术标准等。

11.3.2 监理月报

监理工程师根据工程进展情况、存在的问题每月以报告的形式向业主和上级监理部门所作的报告就是监理月报。月报所陈述的问题仅指已存在的或将对工程费用、质量及工期产生实质性影响的事件，报告使业主及上级监理部门能对工程现状有一个比较清晰的了解。报告书中对进度比原定计划落后的分项工程和细目，应说明延迟的原因以及挽回这种局面已采取或将要采取的措施。月报还应报告承包人主要职员和监理工程师职员的变动情况，已完成的主要分项工程和细目等。

监理月报的报送时间由监理单位和业主协商确定。监理月报由总监理工程师组织编制，签证后报业主和监理单位。监理月报的内容如下：

1. 本月工程概况

工程监理月报的正文应附有一张工程位置图，图中应清晰的标明工程的具体位置。工程监理通常是简短叙述合同的内容，第一份监理月报的工程描述应详细提供以下资料，后期的月报可视情况适当进行增减。

（1）项目名称、贷款号或合同号。

（2）地理位置。

（3）结构物所在位置的地质情况。

（4）较小结构物及道路设施。

（5）合同签订日期。

（6）承包人或联营体的名称及项目负责人。

（7）合同总价。

（8）合同规定的日期。

（9）开工通知书发出日期及开工日期。

（10）修订的完工日期。

（11）从开工到现在已过去的施工时间。

（12）本月内的气象报告。

（13）认可的分包人及供应人。内容一般应包括分包工程的哪一部分、劳务、运输、材料、为工程提供的服务等，对于工程材料、设备等的供应人情况在月报中应作一简单说明。

2. 本月工程形象进度

3. 工程进度

（1）总体进度。监理工程师应统计确定总体进度。月报的实际进度与计划进度进行比较，确定完成计划的百分率，并根据总体进度的实际情况说明影响总体进度的因素以及采取或将要采取的措施。

（2）主要工程项目的进度。监理工程师根据计量结果，确定主要工程项目的实际进度，然后再与计划进度比较，确定迄今完成的百分率，找出影响工程进度的因素，应说明主要工程项目延误的原因，已采取的措施和效果或将要采取的措施。

(3) 其他工作。其他工作应包括规范中一般条目所列的工作、临时工作、计日工等完成情况及与计划的对比情况，以及料场的建设情况、生产能力、质量及生产的各类产品数量。

4. 工程质量

包括本月工程质量情况分析，本月采取的工程质量措施及效果。根据合同要求，不符合技术规范规定的工程质量均不得计量和交验，月报表中可就现场各个合同段或各个分项工程的材料、机械、人员配备实际情况，结合工程质量的检验、量测结果作综合评价。

5. 工程计量与工程款支付

包括工程量审核情况，工程款审批情况及月支付情况分析，本月采取的措施及效果，如本期支付的情况、累积支付的情况、计日工暂定金额、价格调整等。

6. 合同其他事项的处理情况

包括工程变更、工程延期、费用索赔等。

7. 本月监理工作小结

包括对本月进度、质量、工程款支付等方面的综合评价，本月监理工作情况，有关本工程的意见和建议，下月监理工作的重点等。

8. 附录

在监理月报的最后，应附有当月合同执行情况的有关表格（如主要进场机械表、主要工程概况表、材料试验统计表等）。

11.3.3 监理工作总结

在工程结束后，监理工程师应提交监理工作报告，报业主和上级管理部门。报告内容一般包括以下几点：

(1) 工程概况。

(2) 监理组织机构、监理人员和投入的监理设施。

(3) 监理合同履行情况。包括目标控制情况、委托监理合同纠纷的处理情况等。

(4) 监理工作成效。包括目标完成情况、合理化建议产生的实际效果情况等。

(5) 施工过程中出现的问题及其处理情况和建议。

(6) 工程照片。在监理过程中，监理资料中部分监理资料及与工程质量有关的隐蔽验收资料和质量评定资料可能会采取照片的形式，但项目监理机构已将这些资料提交给业主，故监理工作结束时，监理单位只向业主提交监理工作总结。

11.3.4 监理资料的管理

监理资料必须及时整理、真实完整、分类有序；监理资料的管理由总监理工程师负责，并指定专人负责实施；监理资料应在各个阶段监理工作结束后及时整理归档；监理档案的编制及保存应按有关规定执行。

1. 监理资料管理的内容

对监理资料作科学系统的管理，能使工程项目实施过程规范化、正规化，提高监理工作的效率，并保证项目归档文件材料的完整性和可靠性。

资料管理是一项具体的工作，主要包括文件资料传递流程的确定；文件资料登录和编码系统的建立；文件资料的收集积累、加工整理、检索保管、归档保存和提供利用服务等。

(1) 监理资料的传递流程。确定监理资料的传递流程是要研究文件资料的流转通道及方向，研究资料的来源、使用者和保存节点，规定传输方向和目标。监理班子中的信息管理人员应是文件资料传递渠道的中枢。所有文件资料都应统一归口传递至信息管理者，进行集中收发和管理，以避免散乱和丢失。信息管理人员在将接收到的文件资料经过加工整理、归类保存后，再按信息规划规定的传递渠道传递给文件资料的接收者，同时，信息管理人员也应按照文件资料的内容，有目的的把有关信息传递给其他相关的接收者，当然，项目管理人员根据需要随时都可自行查阅经整理分类后的文件资料。

作为负责监理资料管理的人员，必需熟悉监理的各项业务，通过研究分析监理资料的特点和规律对其进行科学管理，使监理资料在工程项目实施中得到充分利用，提供有效服务。除此之外，信息管理人员还应全面了解和掌握工程项目建设的进展情况和监理工作开展的实际情况，结合对文件资料的整理分析，对重要信息资料进行摘要综述，编制相关工程报告。

(2) 监理资料的登录和编码。信息分类和编码是对监理资料进行科学管理的重要手段。任何接收或发送的文件资料均应予以登记，建立监理资料的完整记录。对监理资料进行登录，这样在开展监理工作时就有据可查，并且便于归类、加工和整理。

为便于登录和归类，利用计算机对监理资料进行管理，需要对文件资料进行统一编码，建立编码系统，确定分类归档存放在基本框架结构。给文件资料赋予独特的识别符号，如字符和数学等，就可给出监理资料的编码，编码结构要能够表示和区别文件资料的种类和内容，使文件得以科学归类；另外，编码结构应尽可能的简单，逻辑性强，直观性好，而且，编码结构应具备扩容性，在文件资料不断增加充实时，不致发生紊乱，有扩展余地。

(3) 监理资料的存放。为使监理资料在工程项目建设中得到有效的利用和传递，需要采用科学方法将文件资料存放与排列。随着工程建设的进程，信息资料的逐步积累，监理资料的数量会越来越多，如果随意存放，需要时必然查找困难，且极易丢失。存放与排列可以把编码结构的层次编码作为标识，将文件资料一件件、一本本地排列在书架上，位置应明显，易于查找。

为做好监理资料的管理工作，全面、完整地反映工程项目建设和监理工作的活动和成果，应将文件资料整理归档，立卷、装订成册。监理资料经过科学系统地组合与排列，才能成为系统的、完整的文档。

2. 监理资料管理中应注意的问题

在对监理资料进行管理时，应注意以下几点：

(1) 为保证监理资料的完整、分类有序，工程开工前总监理工程师应与业主、承包单位对资料的分类、格式（包括用纸尺寸）、分数达成一致意见；

(2) 监理资料的组卷及归档，各地区各部门有不同的要求。因此，项目开工前，项目监理机构应主动与当地档案管理部门进行联系，明确具体要求。竣工资料的要求，应与业主取得共识，以便使资料管理符合有关规定和要求。

(3) 监理资料在办完或使用完后，根据其特征、相互联系和保存价值分类整理，根据资料的作者、内容、时间等特征组卷。案卷标题要准确地反映出卷内文件的作者和内容。主要的案卷均应确定保管期限。

立卷归档的资料要保证齐全、完整。如果电报按其内容同文件一起归档，应能正确反映本监理单位的主要工作情况，便于管理、查找和利用。

(4) 对于某些没有存档价值和存查必要的文件，经过鉴别或有关领导批准，可定期销毁。销毁秘密资料要进行登记，有专人监督销毁，确保不丢失，不漏销。严禁向废品收购部门出售内部文件、刊物和资料。

11.4　建设监理信息管理系统

11.4.1 建设监理信息管理系统概述

1. 建设监理信息管理系统的概念

建设监理信息管理系统是以计算机为手段，以系统的思想为依据，收集、传递、处理、分发、存储建设监理各类数据、产生信息的一个信息系统。

建设监理信息管理系统是在工程项目建设全过程中，为监理工程师提供标准化的、合理的数据来源，提供一定要求的、结构化的数据；提供预测、决策所需要的信息以及数学、物理模型；提供编制计划、修改计划、调控计划的必要科学手段及应变程序；保证对随机性问题处理时，为监理工程师提供多个可供选择的方案。

2. 建设监理信息管理系统的特点

建设监理信息管理系统涉及到工程监理过程中的设计、施工及验收的全过程。根据不同的工程类型、规模及结构等特征，信息管理系统的复杂程度也不一样，管理系统中各种要素之间关系的复杂程度也不同。概括起来，建设监理信息管理系统有以下几个特点：

(1) 信息量大、关系复杂。在工程建设中，必须有大量的数据表示各种工程情况。监理工程师在施工过程中受项目法人委托进行项目管理，需要收集、掌握、接收、处理、发出大量的信息，包括合同文件、图纸、技术资料、会议记录、来往信函、施工现场检查记录、实验室记录、现金流量计划、支付申请与签证、进度计划与进度报告、技术措施、质量事故报告、变更通知与工地下达的指令、各种单据与凭证、各种申请与批示等；信息涉及的对象既包括施工现场的施工从业人员、设备、材料管理、生活交通、环保、移民征地与清理等，又包括主管部门的管理项目和各协作部门的协作项目；从信息的采集与输出上讲，包括业主、承包商、设计勘察单位、设备器材供应商、贷款银行、建设主管部门、监理单位以及其他有关协作部门（如税务、工商、保险、交通、当地政府）等大量的复杂的施工监理信息。这些信息不仅需要系统的进行整理、存储，以便于查询与发送，更为复杂的是，要经常进行信息的分析处理，如实际进度与计划进度的比较分析、现金流量使用计划与实际资金支出的比较分析、索赔报告的审核等。

(2) 建设监理信息管理系统是工程项目管理的神经系统。建设监理信息管理系统是监理过程中监理机构的神经系统。通过它沟通业主、承包商、监理工程师等三大中枢及其他部门之间的联系。信息管理系统中信息的延误、丢失、信息反馈的不及时都将直接影响中枢系统的决策、指令，将对工程造成巨大的损失。

(3) 建设监理信息管理系统是以计算机为基础的智能系统。计算机是建设监理信息管理的重要工具，管理系统不同于一般的数据库处理系统，应具有辅助分析、计划、智能决策的能力。首先，监理过程中大量的信息需要系统、准确、高效的存储、整理、查询；其次，监理过程中需要对大量的信息进行再加工，进一步进行分析、归纳，以历史、当前的资料预测未来的趋势，从而进行科学决策；再次，通过建立数据库和开发相应的程序，可以在现代数据采集技术、通信技术、计算机网络、计算机决策（支持）专家系统等的飞跃发展下，建设监理信息管理系统将逐步向计算机辅助系统的自动化、智能化方向发展。

因此，现代建设监理信息管理系统，是使用系统思维的方法，以计算机为工具，借助现代数据采集技术、通信技术以及文档管理等其他硬件措施，通过合同实施过程中有关人员的参与控制，为建设监理过程服务的信息管理系统。

3. 建设监理信息管理系统的作用

(1) 规范监理工作行为，提高监理工作标准化水平。监理工作标准化是提高监理工作质量的必由之路，监理信息管理系统通常是按标准监理工作程序建立的，它带来了信息的规范化、标准化，使新的收集和处理更及时、更完整、更准确、更统一。通过系统的应用，促使监理人员行为更规范。

(2) 提高监理工作效率、工作质量和决策水平。监理信息管理系统实现办公自动化，使监理人员从简单繁琐的事务性作业中解脱出来，有更多的时间用在提高监理质量和效益的方面；系统为监理人员提供有关监理工作的各项法律法规、监理案例、监理常识的咨询功能，能自动处理各种信息，快速生成各种文件和报表；系统为监理单位及外部有关单位的各层次收集、传送、存储、处理和分发各类数据和信息，使得下情上报，上情下达，左右信息交流及时、畅通，沟通了与外界的联系渠道。这些都有利于提高监理工作效率、监理质量和监理水平。系统还提供了必要的决策及预测手段，有利于提高监理工程师的决策水平。

(3) 便于积累监理工作经验。监理成果通过监理资料反映出来，建设监理信息管理系统能规范化的存储大量监理信息，便于监理人员随时查看工程信息资料，积累监理经验。

11.4.2 建设监理信息管理系统功能简介

1. 建设监理信息管理系统的设计原则

由于工程建设项目的特点及施工的技术经济特点，在对建设监理信息管理系统进行设计时，应遵循下列基本原则：

(1) 科学性原则。系统总体设计出应符合工程建设项目的技术经济规律外，还应灵活的利用相关学科技术方法，以便于开发建设监理信息管理系统软件，为工程项目建设监理提供有效的服务。

(2) 实用性原则。系统总体设计应当以当前工程建设监理单位的实际水平和能力出发，分步骤分阶段加以实施。应力求简单、便于操作，有利于实际推广使用。

(3) 数量化与模型相结合的原则。系统总体设计应以数据处理和信息管理为基础，并配以适量的数学模型，包括工程成本、工程进度、工程质量与安全、资源消耗等方面的控制，以及对工程风险、施工效果等方面的评价，以实现数量化与模型化相结合的信息管理系统软件开发方向，为建设项目监理提供计算机辅助的决策支持。

(4) 独立性与组合型相结合的原则。系统总体设计应考虑到不同用户的要求，既要保持各子系统的相对独立性，以满足单一功能的推广使用，又要保持相关子系统的联系性，以便组成集成管理系统。

(5) 可扩充性与可移植性结合的原则。出于简单，系统总体设计主要是以单位工程监理为对象，开发的信息管理软件应能扩充到由各个单位工程组成的群体工程的监理方面。同时，还能移植到工程项目管理方面，以便于业主的项目管理和承包商的项目管理服务。

2. 建设监理信息管理系统功能简介

建设监理信息管理系统结构示意图见图 11-1。

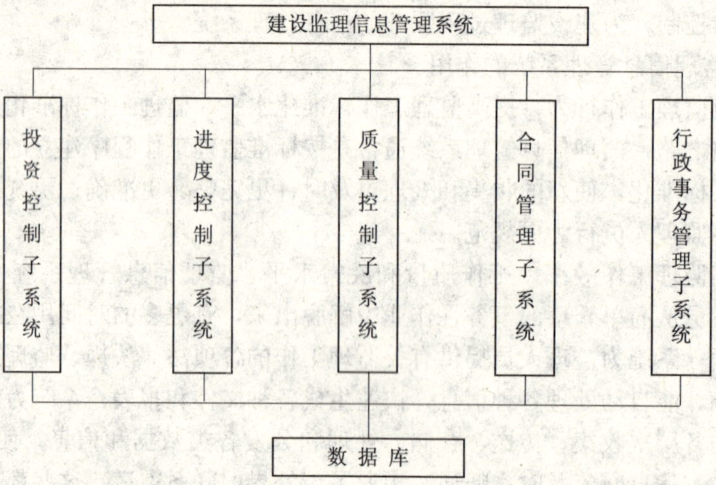

图 11-1 建设监理信息管理系统结构示意图

现对各子系统的功能作一简要叙述：

(1) 投资控制子系统。投资控制子系统应包括工程项目投资概算、预算、标底、合同价、结算、决算以及成本控制等。投资控制子系统的功能包括：

1) 工程项目概算、预算、标底的编制和调整；

2) 工程项目概算、预算的对比分析；

3) 标底与概算、预算的对比分析；

4) 合同价与概算、预算、标底的对比分析；

5) 实际投资与概算、预算、合同价的动态比较；

6) 工程项目决算与概算、预算、合同价的对比分析；

7) 工程项目投资变化趋势预测；

8) 工程项目投资的各项数据查询；

9) 提供各项投资报表。

(2) 进度控制子系统。进度控制子系统的功能包括：

1) 网络计划编制与调整；

2) 工程实际进度的统计分析；

3) 实际进度与计划进度的动态比较；

4）工程进度变化趋势的预测分析；
5）工程进度各类数据查询；
6）提供各种工程进度报表；
7）绘制网络图和横道图。

(3) 质量控制子系统。质量控制子系统的功能包括：
1）设计质量控制相关文件；
2）施工质量控制相关文件；
3）材料质量控制相关文件；
4）设备质量控制相关文件；
5）工程事故的处理资料；
6）质量监理活动档案资料。

(4) 合同管理子系统。合同管理子系统的功能包括：
1）合同结构模式的提供和选用；
2）合同文件、资料登录、修改、删除、查询和统计；
3）合同执行情况的跟踪及处理过程和管理；
4）合同执行情况报表；
5）为投资控制、进度控制、质量控制提供有关数据；
6）涉外合同的外汇管理折算；
7）国家有关法律、法规查询。

(5) 行政事务管理子系统。行政事务管理子系统的功能包括：
1）公文的编辑、处理；
2）文件案卷查询；
3）文件排版、打印；
4）人事管理数据库；
5）有关标准、决定、指示、通告、通知、会议纪要的存档、查询；
6）来往信件、前期文件处理。

12 监理实例

12.1 某工程监理规划

12.1.1 工程项目概况

1. 工程名称：××大厦 A/B 座工程

2. 工程地点：××市

3. 工程项目组成及建筑规模

A 座：剪力墙结构，地下一层，地上二十五层，其中二十三层标准层，塔楼两层，总高度约 75m，建筑面积约 19500m²。

B 座：框架剪力墙结构，地下一层，地上二十五层，其中两层商业用房，二十一层标准层，塔楼两层，总高度约 85m，建筑面积约 21500m²。

4. 工程设计单位

A 座：××工程公司建筑设计室

B 座：××设计院

5. 工程施工单位如表 12-1 所示

表 12-1 工程施工单位

序号	施工单位	承包内容	合同号
1	××建筑公司	主体工程	—
2	××岩土公司	静压桩施工	—
3	××机械施工公司构件厂	预制桩制作	—

6. 工程主要特点

(1) 主体结构为剪力墙或框架剪力墙结构，属于高层建筑。

(2) 工程位于××，地震设防裂度为 8 度，设防裂度高。

(3) 设计有电气综合布线及智能化系统。

(4) 设计有消防及自动报警系统。

根据以上特点，无论是从结构设计方案的确定，还是施工技术措施的要求上，都提出了很高要求。同时对于工程建设监理工作来说，无论从计划控制、质量控制、投资控制方面，还是从工程的信息管理、合同管理及工程建设过程中的协调工作方面上，都提出了较高的要求。

12.1.2 建设监理工作范围、内容和目标

1. 建设监理阶段为施工阶段

2. 建设监理的范围

(1) 桩基施工及检测。

(2) 地下室及主体的土建工程。

(3) 设备安装工程（包括给排水、电气、采暖、电梯及消防系统、火灾报警系统及智能化管理系统）。

(4) 建筑室内初装修、室外装修。

(5) 区内所有室外配套工程的建设监理。

3. 建设监理的目标

(1) 投资以施工图预算为基础，另加工程签证进行控制。

(2) 工程项目计划开工日期：2003 年 3 月 18 日。

(3) 工程项目计划竣工日期：2004 年 9 月 30 日。

(4) 工程质量控制目标：××市优良工程。

12.1.3 监理工作内容

(1) 协助业主做好施工招投标工作，施工阶段工期、施工质量和工程合同的管理。

(2) 组织施工图会审、设计交底，提出更改建议，协助业主监督实施。

(3) 审查施工单位提交的施工组织设计、施工技术方案和施工进度计划，提出修改意见，协助业主审批承包单位提交的开工报告；协助业主制定工程整体进度网络计划，经业主确认后负责监督实施。

(4) 监督、检查施工单位严格按照国家标准、规范和施工管理程序施工，控制工程质量、工程进度和工程费用。

(5) 监督检查施工单位的施工安全防护措施。

(6) 协助业主审查材料、设备、仪表生产单位的资质，质量保证体系等有关文件。

(7) 审查主要材料、设备和仪表的规格及质量是否满足设计规范和设计文件的要求，检查工程使用的材料、构配件、设备及仪表生产单位的生产许可证、出厂合格证，并对其进行质量抽检。

(8) 检查、认定工程质量和工程进度，验收分部、分项工程，签署隐蔽工程及质量的有关凭证。

(9) 审查施工单位编制的施工图预算和施工决算，提出修改意见，协调处理施工现场的技术问题，审查设计变更和施工变更，协助业主进行工程计量支付的审查，签署计量支付文件，审核工程决算和竣工决算。

(10) 协调有关方面处理施工现场工作中出现的各种问题，根据自己的经验提出合理化建议。

(11) 组织工程质量事故的分析和处理，监督质量事故处理方案的执行。

(12) 监督施工合同、材料、设备供应合同的履行，协调业主与承包单位之间的关系，处理索赔事项。

(13) 监督整理合同文件及技术档案资料的管理和归档。

(14) 组织工程预验收，参加工程竣工验收，提出工程预验收报告。

12.1.4 监理工作依据

1. 国家有关工程建设的法律、法规

(1)《中华人民共和国建筑法》；

(2)《中华人民共和国合同法》;

(3)《中华人民共和国招标投标法》;

(4)《工程建设监理规定》(建监［1995］737号);

(5)《建设工程质量管理条例》(国务院令第279号);

(6)《建设工程施工许可管理办法》(建设部令第71号);

(7)《房屋建筑工程和市政基础设施工程实行见证取样和送样的规定》(建发［2000］211号);

(8)《房屋建筑工程质量保修办法》;

(9)《房屋建筑工程和市政基础设施工程验收备案管理暂行办法》(建设部令第78号);

(10)《××市房屋建筑工程和市政基础设施工程验收备案管理暂行规定》(市建质发［2000］28号);

(11)《实施工程建设强制性标准监督规定》(建设部令第81号)。

2. 现行国家有关工程建设标准、规范、规程

(1)《建设工程监理规范》GB 50319—2000;

(2)《建筑工程施工质量验收统一标准》GB 50300—2001;

(3)《建筑工程文件归档整理规范》GB/T 50328—2001;

(4)《混凝土结构工程施工质量验收规范》GB 50204—2002;

(5)《钢结构工程施工质量验收规范》GB 50205—2002;

(6)《建筑装饰装修工程施工质量验收规范》GB 50210—2001;

(7)《建筑给水排水及采暖工程施工质量验收规范》GB 50242—2002;

(8)《混凝土质量控制标准》GB 50164—92;

(9)《建筑基坑支护技术规程》JGJ 120—99;

(10)《建筑与市政降水工程技术规范》JGJ/T 111—98;

(11)《建筑工程项目管理规范》GB/T 50326—2002;

(12)《建筑桩基技术规范》JGJ 94—94;

(13)《施工现场临时用电安全技术规范》JGJ 46—2005;

(14)《建筑施工高处作业安全技术规范》JGJ 80—91;

(15)《建筑施工安全检查评分标准》JGJ 59—99;

(16)《普通混凝土配合比设计规程》JGJ 55—2000;

(17)《钢筋混凝土高层建筑结构设计与施工规程》JGJ 3—91;

(18)《建筑电气安装工程施工质量验收规范》GB 50303—2002;

(19)《电气装置安装工程施工及验收规范》(4个规范)GB 50254～257—96;

(20) 电气安装规范:

1)《母线装置规范》GBJ 149—90;

2)《电气设备交接实验标准》GBJ 50150—91;

3)《电缆线路安装规范 》GB 50168—92;

4)《接地装置规范》GB 50169—92;

5)《盘、柜及二次回路接线规范》GB 50171—92;

(21)《建筑电梯工程施工质量验收规范》GB 50310—2002;

(22)《建筑给水排水及采暖工程施工质量验收规范》GB 50242—2002；
(23)《通风与空调工程施工质量验收规范 》GB 50243—2002；
(24)《火灾自动报警系统施工及验收规范 》GB 50166—92；
(25)《有线电视系统工程技术规范》GB 50200—94；
(26)《高层民用建筑设计防火规范 》GB 50045—95；
(27)《建筑给水排水设计规范 》GBJ 15—88 (97)；
(28)《采暖通风与空气调节设计规范》GBJ 19—87。

3. 工程建设合同文件

(1) 本工程《建设工程委托监理合同》。

(2) 本工程《建设工程施工合同》，工程的招标、投标书。

4. 工程设计文件

5. ××省及××市建设行政主管部门有关工程建设的文件、规定等。

12.1.5 项目监理机构的组织及人员配备计划

1. 监理组织机构

本工程采用直线职能制监理组织机构，如图 12-1 和表 12-2 所示

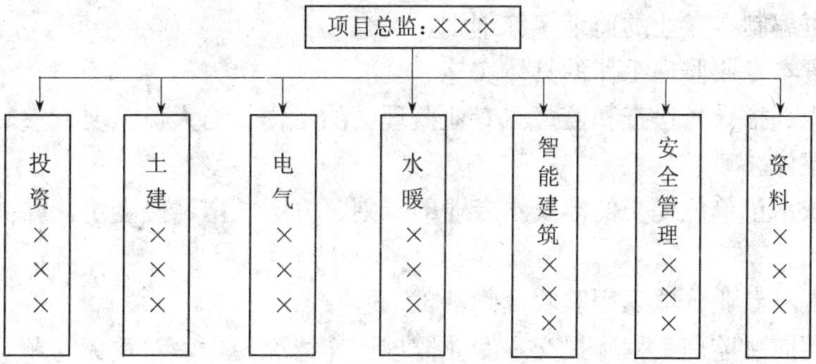

图 12-1 监理组织机构图

表 12-2 ××工程项目监理机构主要人员名单

序号	姓名	性别	年龄	从事专业	职称	职务	监理证号
1							
2							
…							

2. 监理人员配备计划（见附件六）

12.1.6 监理人员岗位职责

1. 总监理工程师的主要职责

(1) 确定项目监理机构人员的分工和岗位。

(2) 主持编写项目监理规划、审批项目监理实施细则，并负责管理项目监理机构的日常工作。

(3) 审查分包单位的资质，并提出审查意见。

(4) 检查和监督监理人员的工作，根据工作项目的进展情况可进行人员调配，对不

称职的人员应调换其工作。

(5) 主持监理工作会议，签发项目监理机构的文件和指令。

(6) 审定承包单位提交的开工报告、施工组织设计、技术方案、进度计划。

(7) 审核签署承包单位的申请、支付证书和竣工结算。

(8) 审查和处理工程变更。

(9) 主持或参与工程质量事故的调查。

(10) 调解建设单位与承包单位的合同争议、处理索赔、审批工程延期。

(11) 组织编写并签发监理月报、监理工作阶段报告、专题报告和项目监理工作总结。

(12) 审核签认分部工程和单位工程的质量检验评定资料，审查承包单位的竣工申请，组织监理人员对待验收的工程项目进行质量检查，参与工程项目的竣工验收。

(13) 主持整理工程项目的监理资料。

2. 总监理工程师代表的主要职责

(1) 负责总监理工程师指定或交办的监理工作。

(2) 按总监理工程师的授权，行使总监理工程师的部分职责和权力。

3. 专业监理工程师对总监理工程师负责，其主要职责

(1) 负责编制本专业的监理实施细则。

(2) 负责本专业监理工作的具体实施。

(3) 组织、指导、检查和监督本专业监理员的工作，当人员需要调整时，向总监理工程师提出建议。

(4) 审查承包单位提交的涉及本专业的计划、方案、申请、变更，并向总监理工程师提出报告。

(5) 负责本专业分项工程验收及隐蔽工程验收。

(6) 定期向总监理工程师提交本专业监理工作情况报告，对重大问题及时向总监理工程师汇报和请示。

(7) 根据本专业监理工作实际情况做好监理日记。

(8) 负责本专业监理资料的收集、汇总及整理，参与编写监理月报。

(9) 核查进场材料、设备、构配件的原始凭证、检测报告等质量证明文件及质量情况，根据实际情况认为有必要时对进场材料、设备、构配件进行平行检验，合格时予以签认。

(10) 负责本专业的工程计量工作，审核工程计量的数据和原始凭证。

4. 现场监理员的主要职责

(1) 在专业监理工程师的指导下开展现场监理工作。

(2) 检查承包单位投入工程项目的人力、材料、主要设备及其使用、运行状况，并做好记录。

(3) 复核从施工现场直接获取工程计量的有关数据并签署原始凭证。

(4) 按设计图及有关标准，对承包单位的工艺过程或施工工序进行检查和记录，对加工制作及工序施工质量检查结果进行记录。

(5) 担任旁站工作，发现问题及时指出并向专业监理工程师报告。

(6) 做好监理日记和有关的监理记录。

12.1.7 监理工作程序

1. 工程实施阶段的监理程序
2. 地基与基础处理监理工作程序
3. 土建工程施工监理工作程序
4. 设备安装监理工作程序
5. 主要材料、设备订货监理工作程序
6. 重要材质检验监理工作程序
7. 施工质量控制监理工作程序
8. 施工阶段进度控制监理工作程序
9. 隐蔽工程验收监理工作程序
10. 工程付款监理工作程序
11. 设计变更监理工作程序
12. 技术洽商的监理工作程序
13. 工序交接检验监理工作程序
14. 单项、单位工程竣工验收监理工作程序
15. 索赔处理监理工作程序
16. 竣工验收监理工作程序
17. 签发工程竣工移交监理工作程序
18. 协调会议纪要签发监理程序

详细内容见附件七。

12.1.8 监理工作方法及主要措施

1. 投资控制

(1) 投资事前控制，投资事前控制的目的是进行工程风险预测，并采取相应的防范性对策，尽量减少施工单位提出索赔的可能。

1) 熟悉设计图纸、设计文件的要求，分析合同构成因素，明确工程费用最易突破的部分和环节，从而明确投资控制的重点；

2) 预测工程风险及可能发生索赔的诱因，制定防范对策，减少向业主索赔的发生；

3) 按合同规定的条件，如期提交施工现场，使施工单位能如期开工、正常施工、连续施工，尽力避免业主违约造成施工单位索赔；

4) 按合同要求，按期、按质、按量地供应由业主负责的材料，设备到现场，避免业主违约造成施工单位索赔；

5) 按合同要求，及时提供设计图纸等技术资料，以免违约造成施工单位索赔；

(2) 投资事中控制：

1) 按合同规定，及时答复施工单位提出的问题及配合要求；

2) 施工中主动协助、提醒建设单位做好外部协调工作，不要造成施工单位索赔的条件；

3) 工程变更、设计修改要慎重，事前应进行技术经济合理性预分析，并事先报请建设单位同意后方可进行签证；

4）严格经济签证，凡涉及经济费用支出的停窝工签证、用工签证、使用机械签证、材料代用和材料调价等的签证，由项目总监理工程师最后核签后方有效；

5）按合同规定，及时对已完工程量进行计量，以免造成未经监理单位认可，就承认其完成量的被动局面，对已完工程量验收签证，须经建设单位有关人员复核认可，然后在付款单证上签字；

6）按合同规定，及时通知建设单位向施工单位支付进度款，以免出现由于违约而被施工单位要求索赔的情况；

7）完善价格信息制度，及时了解材料价格、银行利率变化信息，掌握国家、该省有关工程费用的调价的范围和幅度，定期向建设单位报告工程投资动态情况；

8）检查、监督施工单位执行合同情况，使其全面履约；

9）投资控制监理工程师定期向总监、业主报告有关工程投资动态情况，提交工程投资控制月报；

10）定期、不定期地进行工程费用超支分析，并提出控制工程费用突破的方案和措施。

（3）投资事后控制：

1）审核施工单位提交的工程结算书；

2）公正地处理施工单位提出的索赔；

3）审查施工单位提交的工程最终决算，协助建设单位做好工程决算工作。

2. 工程进度控制

（1）进度的事前控制，即为工期预控，主要工作内容有：

1）编制项目施工总进度计划，根据该工程施工合同总日历 550 个日历天为进度目标，按施工单位编制的统筹网络计划，实施总进度计划。

项目实施总进度计划确定了项目的总工期目标，是项目实施过程中监理进行进度控制的主要依据，是审核施工单位提交的施工计划的依据，也是确定和审核施工进度、材料设备供应进度、资金资源计划是否协调的依据。

2）根据施工统筹网络计划主控点审核施工单位提交的施工进度计划，主要审核是否符合总工期控制目标的要求、审核施工进度计划与施工方案的协调性和合理性等。

3）审核施工单位提交的施工组织设计或施工方案，主要审核保证工期、充分利用时间、空间，能保证"全天候"施工的技术组织措施的可行性、合理性。

4）审核施工单位提交的施工总平面图，主要审核施工总平面图与施工方案、施工进度计划的协调性和合理性。

5）制定由业主供应材料、设备的需用量及供应时间参数，编制有关材料、设备部分的采供计划。

（2）进度的事中控制主要有两个方面。一方面是进行工程进度检查、动态控制和调整；另一方面是及时进行工程计量，为向施工单位支付进度款提供进度方面的依据。其工作内容有：

1）建立反映工程进度的监理日志，逐日如实记载每日形象部位及完成的实物工程量。同时，如实记载影响工程进度的内部、外部、人为和自然的各种因素。暴雨、大风、现场停水、现场停电等应注明起止时间（小时、分）。

2）工程进度的检查要审核施工单位每月提交的工程进度报告。审核的要点是：①

计划进度与实际进度的差异；②形象进度、实物工程量与工作量指标完成情况的一致性。

3）按合同要求，及时进行工程计量验收。

4）有关进度、计量方面的签证是支付工程进度款、计算索赔、延长工期的重要依据。

5）工程进度的动态管理，当实际进度与计划进度发生差异时，首先应分析产生的原因，并提出进度调整的措施和方案并相应调整施工进度计划及设计、材料设备、资金等进度计划。必要时，调整工期目标。

6）为工程进度款的支付签署进度、计量方面认证意见。

7）组织现场协调会职能：①协调施工单位与工程项目有关的、需解决的外部关系问题；②上次协调会执行结束后结果的检查；③施工总平面图布置及管理上的问题；④现场的有关其他重大事宜。

现场协调会后应及时整理协调会议纪要，组织并签证下发。

8）现场监理工程师定期向总监和业主报告有关工程进度情况，提供工程监理进度控制报告。

（3）进度的事后控制，当实际进度与计划进度发生差异时，在分析原因的基础上采取以下措施：

1）制定保证总工期不突破的对策措施。①技术措施：如合理缩短工艺时间、减少技术间歇期、实行平行流水立体交叉作业等；②经济措施：根据工程建设施工合同的约定，采取双方认可的经济措施等；③其他配套措施：如改善外部配合条件、改善劳动条件、实施强有力的调度等。

2）制定总工期突破后的补救措施。

3）调整相应的施工计划、材料设备、资金供应计划等，在新的条件下进行新的协调和平衡。进度控制主要任务是检查项目进展情况，进行实际进度与计划进度的比较，并分析延误（有时也提前）的原因，采取措施，从而保证计划的正常执行。

施工单位的进度报告主要是检查总结实施计划的执行情况报告，对于施工单位的各项工程进度报告，监理工程师根据自己经验结合自己对现场及各项情况的了解，对报告要提出分析意见。对于进度一般性偏离，责成施工单位采取补救措施，同时修改详细作业计划，如果这种偏离影响到施工专业计划，则要修改施工专业计划。对于重要偏离，影响到项目总进度计划，监理工程师责成施工单位提出强有力的改进措施，这种措施包括技术措施、经济措施、赶工措施等，分清延误责任，经监理工程师审查报业主批准后执行。

各类进度报告经监理工程师确认后报业主批准。

（4）进度控制措施如表 12-3 所示：

表 12-3　进度控制措施

进度控制措施	组织措施	落实项目监理机构中进度控制部门的人员，具体控制任务和管理职能分工
		进行项目分解，建立编码体系
		确定进度协调工作制度，包括协调会议的举行时间、地点、参加人员
		对影响进度目标实现的干扰和风险因素进行分析，建立各级网络计划和施工作业计划体系

续表 12-3

进度控制措施	技术措施	增加同时作业的施工面
		采用高效能的施工机械设备
		采用施工新工艺、新技术、缩短工艺过程和工序间的技术间歇时间
	经济措施	协助建设单位做好工程的预付款
		及时签署月进度支付凭证
		对施工单位已获批准的延长工期所涉及的费用数额，需增加到合同价格上去
		及时处理好施工单位或建设单位的索赔要求
	合同措施	在合同文件中，明确合同工期及各阶段的进度
		在合同文件中，明确合同工期及各阶段的进度目标
		分包项目的合同工期应与总进度计划的工期相协调
		对实际进度与计划进度存在的偏差，应督促施工单位及时调整进度计划
		按期向施工单位发放施工图纸，确保施工顺利进行
		对隐蔽工程及阶段性工程应组织及时验收，避免影响后期工程的施工进度

3．工程质量控制

(1) 工程质量控制依据：

1) 工程承包合同文件，工程承包合同或施工委托合同中分别规定了各方在质量控制方面的权利和义务，监理单位监督各方必须履行合同中的承诺和有关质量方面的条款。

2) 设计文件，按图施工是施工阶段质量控制的一项重要原则。监理单位在施工之前认真熟悉设计文件，参加建设单位组织的设计施工图交底会议，使施工单位了解设计意图和质量要求，及早发现并改正图纸中差错，减少质量隐患。

3) 现行施工验收规范，建筑工程施工质量验收统一标准，工程建设强制性标准，是对工程质量检查和验收的必要依据，监理单位在施工期间，以“施工验收规范”和“建筑工程施工质量验收统一标准”中的有关要求对工程质量进行监督和控制，特别是要监督施工单位严格执行“工程建设强制性标准”以确保工程质量。

4) 国家及各级政府有关部门现行有关质量方面的法律、法规性文件。

(2) 工程质量的事前控制的主要内容：

1) 掌握和熟悉质量控制的技术依据；

2) 施工场地的检验验收；

3) 施工队伍的资质的审查（施工分包单位）；

4) 协助建设单位并参加设计交底和图纸会审；

5) 工程所需原材料、半成品的质量控制；

6) 施工机械的质量控制；

7) 审查施工单位提交的施工组织设计或施工方案；

8) 生产环境、管理环境改善的措施。

工程质量事前控制的主要措施：

1) 检查、督促施工单位完善质量保证体系，检查施工单位管理人员的上岗资格证件；

2) 主动向当地质量监督部门联系，汇报在本项目开展质量监督的具体方法，争取当地质量监督站的支持和帮助；

3) 审核施工单位关于材料，制品试件取样及试验的方法或方案，做好工程材料、试件的见证取样；

4）审核施工单位制定的成品保护的措施、方法；

5）施工单位试验室的资质考察；

6）完善质量报表、质量事故的报告制度等。

原材料、构配件、设备、钢筋、混凝土、模板应做好工程质量的事前预控，主要内容有：

1）工程材料、构配件及设备的预控：① 材料加工订货的质量控制。材料加工订货时，施工单位应向监理工程师提供产地和生产厂家，然后监理单位会同施工单位和建设单位检查其资质和质量保证体系与措施。经认可后按检查证定样品标准进行验收，材料进场后，施工单位按批量抽查，并将结果报监理审核。② 材料进场后的质量控制。材料进场必须附有原材料、半成品、成品的质量合格证或试验报告；材料进场后按规定进行验收和取样复试，监理对取样进行见证。

2）钢筋工程的质量预控：① 检查钢筋标牌、炉号、厂家及出厂质量合格证、实验报告，并按规定要求随机抽样试验，监理对取样进行见证。② 对试验不合格的钢筋，不能用于工程上，并限期退出现场。③ 钢筋加工制作：施工单位应熟悉图纸，向监理工程师提供加工方案、加工翻样、加工料表和准备工作情况等。钢筋的级别、钢号和直径必须符合设计要求，带有颗粒状或鳞片状老锈的钢筋不能用；需要代换钢筋时，必须上报监理工程师，应征得设计师的同意，否则不得以其他钢筋代换。钢筋翻样的制做。④ 钢筋加工成品要求：钢筋的形状、尺寸必须符合图纸要求；钢筋的两面应清净，无损伤、油漆和锈蚀；钢筋应平直无曲折，表面不得有明显擦伤；钢筋的弯折与弯钩应符合设计及规范要求。⑤ 钢筋焊接接头的质量要求：焊工必须经过培训，持证上岗；批量钢焊接前，必须根据施工条件试焊，合格后方能大批量焊接；钢筋焊接加工前检查和加工中间检查，焊接不合格的钢筋，不能进入安装现场。⑥ 钢筋的绑扎与安装：钢筋绑扎前要求弹出位置线标记，分出双层钢筋位置线，尤其是柱、梁主筋位置和现浇板上层钢筋位置必须准确，采取预防位移的措施；钢筋接头位置要求符合施工验收规范和设计要求；检验质量标准按《混凝土结构工程施工质量验收规范》GB 50204—2002 第三章钢筋工程中第五节钢筋绑扎与安装的有关规定。

3）混凝土工程的质量控制：① 混凝土开盘前的质量控制：检查搅拌后台的计时控制是否符合要求；混凝土浇筑前施工单位必须向监理工程师提交原材料的材质证明和试验报告，砂石的试验报告和已通过试配的混凝土配比单；混凝土开盘前认真组织水暖卫、电气、土建联合检查，办好隐蔽验收，申报施工方案，报监理工程师批准后，经各方确认方能开始浇筑。② 监理工程师在浇筑过程中进行跟踪检查，对混凝土进行随机抽查，发现缺陷应及时处理。③ 外加剂的质量必须符合《混凝土外加剂应用技术规范》GB 50119—2003 的规定，凡无出厂证明或鉴定书的禁止使用，外加剂进场必须有专人验收、保管、发放。④ 配合比的控制，混凝土配合比计算和试验应符合《普通混凝土配合比设计技术规定》JGJ/T 55—96，按试配结果由实验室出具配合比报告，混凝土搅拌严格按配合比报告进行计量，并根据机械的性能控制搅拌时间。⑤ 施工现场混凝土质量管理：现场必须具备混凝土试块的制作、养护条件，有健全的管理制度；现场试验员必须经培训、考核、持证上岗；混凝土施工前应作技术安全交底，并应具备混凝土养护条件，特别是季节性施工期间的防水、防冻措施，要派专人负责实施；各类混凝土试块制作按《混凝土强度检验评定标准》GBJ 107—87中的规定执行；混凝土搅拌、运送、浇筑等过程中任何人不得擅自加水。

（3）工程质量的事中控制：

1）施工工艺过程质量控制，针对本工程的具体特点和施工难度，施工工艺过程的主要质量控制点如表12-4所示。

表12-4 质量控制点

序号	工程项目	质量控制要点	控制手段
1	地基与基础工程	开挖范围及边线 高程、位置（轴线及高度） 试桩 制桩、静压桩 基坑开挖、回填 灰土垫层 外形尺寸 钢筋型号、直径、数量 混凝土强度 混凝土浇筑	测量 测量 现场检查、观察 现场检查、观察、试验、旁站 现场检查 审核配合比、审核试验报告 测量 现场检查、审核试验报告 审核配合比、审核试验报告 现场检查、旁站
2	现浇钢筋混凝土主体工程	轴线、高程及垂直度 断面尺寸 钢筋：数量、直径、位置、接头 混凝土浇筑 混凝土强度：配合比、坍落度、强度 预埋件：型号、位置、数量、锚固	测量 测量 现场检查、量测 旁站 现场制作试块、审核试验报告 现场检查、量测
3	砌体工程	砌墙的砂浆强度等级（配合比） 灰缝、错缝、平整、垂直、轴线 门窗孔位置 预埋件及埋设管线 构造柱、墙体拉接筋	审核配合比、审核试验报告 量测 现场检查、量测 现场检查、量测 现场检查、量测
4	室内初装修	材料配合比 室内抹灰厚度、平整度、垂直度 室内地坪厚度、平整度	试验 量测、要求做样板间 量测、要求做样板间
5	门窗工程	木门窗：位置、尺寸 塑钢门窗：填嵌、定位、安装、关闭、开关	检查、量测 检查、量测
6	屋面防水工程	找平层：厚度、坡度、平整度、防裂 纹保温层：厚度、平整度 防水面层：填嵌、粘结、平整 水落管：安装、接头、排水	观察、量测 观察、量测 旁站、观察 观察
7	室内给、排水、采暖管道安装工程	安装位置及坡度、接头 管阀连接位置、接头 水压试验 水表、消火栓、卫生洁具、器件 自动喷淋、水幕：位置、间距、 排水系统通水试验	观察、量测 观察、量测 旁站 观察、量测 观察、量测 旁站
8	室内电气线路安装工程	配电箱安装：位置、标高、线路连接 配管、配线 开关、插座、灯具安装 防雷、接地电阻测试	观察、量测 观察、量测 观察、量测 旁站
9	电信、有线电视工程	设备安装：位置、标高及线路连接线 路及附件安装	观察、量测 观察、量测
10	电梯安装工程	曳引机安装、轨道、轿箱安装、电梯调试	观察、测量、旁站

表格列出的“控制手段”：

观察——指以“目视”、“目测”进行的检查监督；

检查、旁站——指现场巡视、观察及量测等方式进行的检查监督，检查还包括对资证的检查；

量测——指用简单的手持式量尺、量具、量器（表）进行的检查监督；

测量——指借助于测量仪器、设备进行的检查；

试验——指通过试件、取样进行的试验检查、或通水、通电、通气进行的试验等。

2）工序交接检查，坚持上道工序不经检查验收不准进行下道工序的原则。上道工序完成后先由施工单位进行自检、专职检，合格并填写工程自检报告后，再通知现场监理工程师或其代表到现场会同检验。经监理单位检验合格并在相应资料上签署认可意见后，方能进行下道工序。

3）隐蔽工程检查验收，隐蔽工程施工完成后，先由施工单位自检、专职检、初验合格后填报隐蔽工程质量验收通知单，后通知现场监理工程师验收。经监理单位检验合格并在相应资料上签署认可意见后，方能进行下道工序。

4）设计变更和处理，由于设计原因或设计单位提出的设计变更和建设单位提出的设计变更，要严格按设计变更监理工作程序进行，详见监理工作程序。

5）施工单位提出工程变更或技术洽商处理，详见监理工作程序。

6）行使质量监督权，下达停工指令。为了保证工程质量，出现下列情况之一者，在征得建设单位同意，监理工程师有权指令施工单位立即停工整改：①未经检验即将进行下道工序作业时；②工程质量下降经指出后，未采取有效改正措施，或采取了一定措施，而效果不好，继续作业时；③擅自采用未经认可或批准的材料；④擅自变更设计图纸的要求；⑤擅自将工程转包者；⑥擅自让未经同意的分包单位进场作业者；⑦没有可靠的质量保证措施贸然施工，已出现质量下降征兆者。

7）严格执行单项工程开工报告和复工报告审批制度。凡单项工程开工、停工及停工后施工单位请求复工者均应按监理单位的规定进行申报。经监理单位批准后（并征得建设单位同意），方可开、停工或复工。

8）质量、技术签证，凡质量、技术问题方面有法律效力的最后签证，应由项目总监理工程师签署。专业质量监理工程师、现场监理工程师可在有关质量、技术方面原始凭证上签字后，由项目总监理工程师最后核签方有效。

9）行使好质量否决权，为工程进度款的支付签署质量认证意见。施工单位工程进度款的支付申请，必须有质量监理方面的认证意见，这既是质量控制的需要，也是投资控制的需要，管理流程见监理工作程序。

10）建立质量监理日志，现场质量监理工程师应逐日记录有关工程质量动态及影响因素的情况。

11）组织现场质量协调会，现场质量协调会一般由现场监理工程师或总监主持。协调会后应印发会议纪要，其纪要的签发管理流程见监理工作程序。

12）定期向业主报告有关工程质量动态情况，项目监理部每月向业主报告有关工程质量方面的情况，提交工程质量控制月报。重大质量事故及其他质量方面的重大事宜应及时提出报告。

（4）质量的事后控制：

1）单位、单项工程竣工验收。凡单位、单项工程完工后，施工单位按《施工合同》要求的工程质量标准初验合格后提出验收申报表。监理工程师严格按国家有关施工验收规范和《建筑工程施工质量验收统一标准》的要求对工程实物进行验收检查，并审核竣工图及其他技术文件资料。

2）协助业主做好工程项目的竣工验收和决算工作，整理工程技术文件资料并编目建档。

3）按《施工合同》中的规定，做好工程保修期间的监理工作，定期对所监理的工程进行回访，对出现的工程质量问题，做好工程质量责任的鉴定，并书面通知建设单位和责任方。如责任属于原施工单位，应责令其提交补救技术方案，对此方案经专业监理工程师审查报建设单位审批后实施。

（5）质量事故处理。施工中发生质量问题，首先停止继续施工，责令其施工单位分析原因。根据事故的不同情况、不同性质、不同程度提出处理办法，并写出书面报告，参加处理工程质量事故，监督事故处理方案的执行。

4. 工程信息管理

（1）信息管理人员负责本工程实施阶段的信息收集、整理、按规定编目、输入计算机工作。

（2）总监理工程师组织定期工地会议或监理工作会议，信息管理人员负责整理会议记录，并经总监理工程师签认打印分发。

（3）专业监理工程师定期或不定期检查承建单位的原材料、构配件、设备的质量状况以及工程质量的验收签认。

（4）专业监理工程师督促检查承建单位及时整理施工技术资料。

（5）专业监理工程师随时向总监理工程师报告工作，并准确及时提供有关资料。

5. 工程合同管理

（1）合同管理如图 12-2 所示：

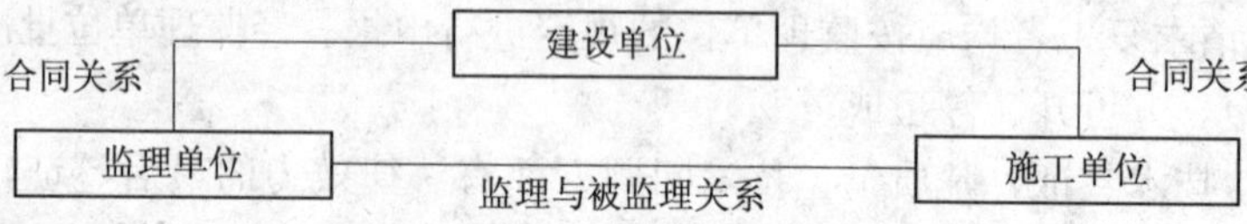

图 12-2　合同管理图

（2）合同管理措施：

1）弄清合同中每一项内容，明确各方面的责、权、利，正确处理三方关系；

2）用书面批示或文件代替口头批示；

3）考虑问题要灵活，管理工作要做在其他工作前面，如需某项资料应提前发出索取信函；

4）施工进行中细节的文件资料包括：信件，会议记录，建设单位的规定、指示，总监的决定，施工单位的请示、报告，监理的指令、记录以及各种报表资料等，有关方一旦发生争执，监理工程师可以引用资料和记录作为调解问题的依据；

5）合同中的词意表达"含混"字句及时提出正确解释。

（3）合同管理制度：

1）向有关单位索取合同副本，了解掌握合同内容，以便进行合同的跟踪管理，包括合同各方面执行情况检查，向有关单位及时准确反映合同信息；

2）审核工程设计变更和核定施工单位的实物工程量；

3）督促施工单位落实工程进度计划，根据工程进度计划进行实际值与计划值的比较、分析，提出意见，准确及时提供合同执行情况的有关资料；

4）专业监理工程师应随时向总监理工程师报告工作，并准确及时提供有关资料；

5）本工程合同执行情况每月在建设监理月报中反映。

（4）索赔处理：

为了维护建设单位的利益，保证建设单位与各方签定的合同顺利进行，减少索赔事项的发生，应努力做好以下工作：协助建设单位审查建设单位与各方签订的合同条款有无含混字句及分工不明，责任界线不清的地方，索赔条款内容是否明确，为做好索赔预控创造条件。

协助建设单位，要求各方严格按合同办事，以达到控制质量、控制进度、控制投资的目的。

在工程实施过程中，严格控制工程设计变更，尽量减少不必要的工程洽商，特别要控制有可能发生经济索赔的工程洽商。

对有可能发生经济索赔的变更或洽商，事先要报告建设单位，在征得建设单位同意的前提下，再签认有关变更或洽商。

在本工程（或分部工程）完成以后，进行工程决（结）算，本着“合理合法，实事求是”的原则，划清索赔界线，处理好索赔争议。

6. 工程的组织协调

（1）组织协调与建设单位签订合同关系，参与本工程建设的各单位的配合关系，协助建设单位处理有关问题，并督促施工总承包单位协调其各分包单位的关系。

（2）协助建设单位向各建设主管部门办理各项审批事宜。

（3）协助建设单位处理各种与本工程项目有关的纠纷事宜。

（4）其他需协调的各类事宜。

12.1.9 监理工作制度

监理工作制度具体内容同第六章附录一的第七部分。

附件 某工程监理规划具体表图

附件一 建筑工程分部（子分部）工程、分项工程划分

建筑工程分部（子分部）工程、分项工程划分

序号	分部工程	子分部工程	分项工程
1	基础工程	有支护土方	排桩,降水,排水,地下连续墙,锚杆,土钉墙,水泥土桩,钢及混凝土支撑
		地基处理	灰土基础,砂和砂石基础,预压地基
		桩基	预制混凝土静压桩,地下连续墙
		地下防水	防水混凝土水泥砂浆防水层细部构造
2	主体结构	混凝土结构	模板,钢筋,混凝土现浇结构,装配结构
		砌体结构	砖砌体,混凝土小型空心砌块砌体,填充墙砌体,配筋砌体
		钢结构	多层及高层钢结构安装板
3	建筑装饰装修	地面	整体面层:基层,水泥混凝土面层,水泥砂浆面层,水磨石面层 板块面层:基层,砖面层(陶瓷锦砖、缸砖、陶瓷地砖和水泥花砖面层),大理石面层和花岗岩面层
		抹灰	一般抹灰,装饰抹灰
		门窗	木门窗制作与安装,塑料门窗安装,特种门安装,门窗玻璃安装
		吊顶	暗龙骨吊顶,明龙骨吊顶
		轻制隔墙	板材隔墙,骨架隔墙
		饰面板(砖)	饰面板安装,饰面砖安装
		幕墙	玻璃幕墙
		涂饰	水性涂料涂饰,溶剂型涂料涂饰,美术涂饰
		细部	护栏和扶手制作和安装,花饰制作和安装
4	建筑屋面	卷材防水屋面	保温层,找平层,卷材防水层,细部构造
		涂膜防水屋面	保温层,找平层,涂膜防水层,细部构造
		刚性防水屋面	细石混凝土防水层,密封材料嵌缝,细部构造
5	建筑给水、排水及采暖	室内给水系统	给水管道及配件安装,室内消火栓系统安装,给水设备安装,管道防腐,绝热
		室内排水系统	排水管道及配件安装,雨水管道及配件安装
		室内热水供应系统	管道及配件安装,辅助设备安装,防腐,绝热
		卫生器具安装	卫生器具安装,卫生器具给水配件安装,卫生器具排水管道安装
		室内采暖系统	管道及配件安装,辅助设备及散热器安装,金属辐射板安装,低温热水地板辐射采暖系统安装,系统水压试验及调试,防腐,绝热
		室外给水管网	给水管道安装,消防水泵接合器及室外消火栓安装,管沟及井室

续表

序号	分部工程	子分部工程	分项工程
5	建筑给水、排水及采暖	室外排水管网	排水管道安装，排水管沟及井池
		室外供热管网	管道及配件安装，系统水压试验及调试，防腐，绝热
		供热锅炉及辅助设备安装	锅炉安装，辅助设备及管道安装，安全附件安装，烘炉、煮炉和试运行，防腐，绝热
6	建筑电气	室外电气	架空线路及杆上电气设备安装，变压器、箱式变电所安装，成套配电柜、控制柜（屏、台）和动力、照明配电箱（盘）及控制柜安装，电线、电缆导管和线槽敷设，电线、电缆穿管和线槽敷设，电缆头制作、导线连接和线路电气试验，建筑物外部装饰灯具、庭院路灯安装，建筑照明通电试运行，接地装置安装
		变配电室	变压器、箱式变电所安装，成套配电柜、控制柜（屏、台）和动力、照明配电箱（盘）安装，裸母线、封闭母线、插接式母线安装，电缆沟内和电缆竖井内电缆敷设，电缆头制作、导线连接和线路电气试验，接地装置安装，避雷引下线和变配电室接地干线敷设
		供电干线	裸母线、封闭母线、插接式母线安装，桥架安装和桥架内电缆敷设，电缆沟内和电缆竖井内电缆敷设，电线、电缆导管和线槽敷设，电线、电缆穿管和线槽敷设，电缆头制作、导线连接和线路电气试验
		电气动力	控制柜安装，低压电动机、电加热器及电动执行机构检查、接线，低压电气动力设备检测、试验和空载试运行，桥架安装和桥架内电缆敷设，电线、电缆导管和线槽敷设，电线、电缆穿管和线槽敷设，电缆头制作、导线连接和线路电气试验，插座、开关、风扇安装
		电气照明安装	成套配电柜、控制柜（屏、台）和动力、照明配电箱（盘）安装，电线、电缆导管和线槽敷设，电线、电缆穿管和线槽敷设，槽板配线，钢索配线，电缆头制作、导线连接和线路电气试验，普通灯具安装，专用灯具安装，插座、开关、风扇安装，建筑照明通电试运行
		备用和不间断电源安装	成套配电柜、控制柜（屏、台）和动力、照明配电箱（盘）安装，柴油发电机组安装，不间断电源的其他功能单元安装，裸母线、封闭母线、插接式母线安装，电线、电缆导管和线槽敷设，电线、电缆穿管和线槽敷设，电缆头制作、导线连接和线路电气试验，接地装置安置
		防雷及接地安装	接地装置安装，避雷引下线和变配电室接地干线敷设，建筑物等电位连接，接闪器安装
		通信网络系统	通信系统，卫星及有线电视系统，公共广播系统
		办公自动化系统	计算机网络系统，信息平台及办公自动化应用软件，网络安全系统

续表

序号	分部工程	子分部工程	分项工程
6	建筑电气	建筑设备监控系统	空调与通风系统,变配电系统,照明系统,给排水系统,热源和热交换系统,冷冻和冷却系统,电梯和自动扶梯系统,中央管理工作站与操作分站,子系统通信接口
		火灾报警及消防联动系统	火灾和可燃气体探测系统,火灾报警控制系统,消防联动系统
		安全防范系统	电视监控系统,入侵报警系统,巡更系统,出入口控制(门禁)系统,停车管理系统
		综合布线系统	缆线敷设和终接,机柜、机架、配线架的安装,信息插座和光缆芯线终端的安装
		智能化集成系统	集成系统网络,实时数据库,信息安全,功能接口
7	智能建筑	电源与接地	智能建筑电源,防雷及接地
		环境	空间环境,室内空调环境,视觉照明环境,电磁环境
		住宅(小区)智能化系统	火灾自动报警及消防联动系统,安全防范系统(含电视监控系统、入侵报警系统、巡更系统、门禁系统、楼宇对讲系统、住户对讲呼救系统、停车管理系统),物业管理系统(多表现场计量及与远程传输系统、建筑设备监控系统、公共广播系统、小区网络及信息服务系统、物业办公自动化系统),智能家庭信息平台
8	通风与空调	送排风系统	风管与配件制作,部件制作,风管系统安装,空气处理设备安装,消声设备制作与安装,风管与设备防腐,风机安装,系统调试
		防排烟系统	风管与配件制作,部件制作,风管系统安装,防排烟风口、常闭正压风口与设备安装,风管与设备防腐,风机安装,系统调试
		空调风系统	风管与配件制作,部件制作,风管系统安装,空气处理设备安装,消声设备制作与安装,风管与设备防腐,风机安装,风管与设备绝热,系统调试
		净化空调系统	风管与配件制作,部件制作,风管系统安装,空气处理设备安装,消声设备制作与安装,风管与设备防腐,风机安装,风管与设备绝热,高效过滤器安装,系统调试
9	电梯	电力驱动的曳引式或强制式电梯安装	设备进场验收,土建交接检验,驱动主机,导轨,门系统,轿厢,对重(平衡重),安全部件,悬挂装置,随行电缆,补偿装置,电气装置,整机安装验收
		液压电梯安装	设备进场验收,土建交接检验,驱动主机,导轨,门系统,轿厢,对重(平衡重),安全部件,悬挂装置,随行电缆,电气装置,整机安装验收

附件二　施工工艺过程主要质量控制点设置

施工工艺过程主要质量控制点设置表

序号	工程项目	质量控制要点	控制手段
1	土石方工程	开挖范围及边线 高程	测量 测量
2	基础工程	位置(轴线及高度) 基坑、基槽、开挖、回填 外形尺寸 与柱连接钢筋型号、直径、数量 混凝土强度	测量 现场检查、观察、试验 测量 现场检查 审核配合比，审核试验报告、现场检查
3	现浇钢筋混凝土主体工程	轴线平面位置、高程及垂直度 断面尺寸 钢筋：数量、直径、位置、接头 后浇带、加强带 混凝土强度：配合比、坍落度、强度 预埋件：型号、位置、数量、锚固	测量 测量 现场检查、量测 旁站、量测 现场制作试块、审核试验报告 现场检查、量测
4	砌砖工程	砌墙的砂浆强度等级(配合比) 灰缝、错缝 门窗孔位置 预埋件及埋设管线	砂浆配合比试验 旁站 量测 现场检查、量测
5	室内初装修	材料配合比 室内抹灰厚度、平整度、垂直度 室内地坪厚度、平整度	试验 量测、要求做样板间 量测、要求做样板间
6	门窗工程	木门窗：位置、尺寸 塑钢门窗：嵌填、定位、安装、关闭、开关	检查、量测 检查、量测
7	屋面防水工程	找平层：厚度、坡度、平整度、防裂纹 保温层：厚度、平整度 防水面层：填嵌、粘结、平整 水落管：安装、接头、排水	观察、量测 观察、量测 观察 观察
8	高级装饰工程	饰面板材表面、接缝、几何尺寸	观察、测量
9	室内给排水管道安装工程	安装位置及坡度、接头 管阀连接位置、接头 水压试验 水表、消火栓、卫生洁具、器件 自动喷淋、水幕：位置、间距、方向 水泵安装位置、标高，试运转轴承的温升 排水系统通水试验	观察、量测 观察、量测 旁站 观察、量测 观察、量测 观察、量测 旁站
10	室内电气线路安装工程	变配电设备安装：位置、标高、线路连接 屏柜、附件及线路安装 绝缘、接地	观察、量测 观察、量测 观察、量测
11	电信工程	设备安装：位置、标高及线路连接 线路及附件安装	观察、量测 观察、量测
12	电梯安装工程	绝缘、接地电阻 空、满、超载运行记录	试验 观察
13	安装管线及道路工程	管线位置、标高、坡向、坡度 管道安装、接头 阀闸、量表安装位置、接头 道路路基、路面	观察、量测 观察 观察、试压 观察、量测

表中列出的“控制手段”同表12-4中的“控制手段”：

附件三 竣工资料一览表

1. 开工报告
2. 竣工报告
3. 设计图纸与说明
4. 图纸会审纪要
5. 设计变更通知书及技术变更核定单
6. 质量保证资料
7. 各种施工记录
8. 质量检验评定资料
9. 竣工图

附表1 质量保证资料

序号	类别	资料名称	份数	核查情况
1	建筑工程	钢材出厂合格证、试验报告		
2		焊接试(检)验报告,焊条(剂)合格证		
3		水泥出厂合格证或试验报告		
4		砖出厂合格证或试验报告		
5		防水材料合格证、试验报告		
6		构件合格证		
7		混凝土试块试验报告		
8		砂浆试块试验报告		
9		土壤试验、打(试)桩记录		
10		地基验槽记录		
11		结构吊装、结构验收记录		
12	建筑采暖卫生与煤气工程	材料、设备出厂合格证		
13		管道、设备强度、焊口检查和严密性试验记录		
14		系统清洗记录		
15		排水管灌水、通水试验记录		
16		锅炉烘、煮炉、设备试运转记录		
17	建筑电气安装工程	主要电气、设备材料合格证		
18		电气设备试验、调整记录		
19		绝缘、接地电阻测试记录		
20	通风与空调工程	材料、设备出厂合格证		
21		空调调试报告		
22		制冷管道试验记录		
23	电梯安装工程	绝缘、接地电阻测试记录		
24		空、满、超载运行记录		
25		调整、试验报告		

附表2 竣工图要求

序号	类别	竣工图要求
1	按图施工	由施工单位(包括总包和分包施工单位)在原施工图上加盖"竣工图"标志后,即作为竣工图
2	仅有一般性设计变更	施工中有一般性设计变更,但能将施工图加以修改补充作为竣工图的,可不重新绘制,由施工单位负责在原施工图(必须是新图)上注明修改部分,并附以设计变更通知单和施工说明,加盖"竣工图"标志后即为竣工图

续附表 2

序号	类别	竣工图要求
3	设计重大改变	凡结构形式改变，工艺改变，平面布置改变，项目改变以及有其他重大改变，不宜再在原施工图上修改补充者，应重新绘制改变后的竣工图。由于设计原因造成的，由设计单位负责重新绘制；由于施工原因造成的，由施工单位负责重新绘图；由于其他原因造成的，由建设单位自行绘图或委托设计单位绘图，施工单位负责在新图上加盖“竣工图”标志，附以有关记录和说明，作为竣工图
4	隐蔽工程	各项基本建设工程，特别是基础、地下建筑物、管线、结构、设备安装等隐蔽部位

附件四 监理用表目录

A 类——承包商向监理单位提交的报表
A1 工程开工/复工报审表
A2 施工组织设计（方案/变更）报审表
A3 分包单位资格报审表
A4 ＿＿＿＿＿报验申请表
A5 工程款支付申请表
A6 监理工程师通知回复单
A7 工程临时延期申请表
A8 费用索赔申请表
A9 工程材料/构配件/设备报审表
A10 工程竣工报验单
A11 施工测量放线报验单
A12 质量事故（缺陷）处理方案报审表
A13 混凝土浇筑报审表
B 类——监理工程师向施工单位发出的表式
B1 监理工程师通知单
B2 工程暂停令
B3 工程款支付证书
B4 工程临时延期审批表
B5 工程最终延期审批表
B6 费用索赔审批表
B7 工程变更令
B8 安全隐患通知单
C 类——工作联系或工作记录
C1 监理工作联系单
C2 工程变更单
C3 监理日志
C4 备忘录
C5 监理工作月报
C6 工地例会纪要
C7 试验记录
C8 验收记录
C9 在建工程监理卡片

附件五 建设工程文件归档范围和保管期限

建设工程文件归档范围和保管期限表

序号	归档文件	保管单位和保管期限				
		建设单位	施工单位	设计单位	监理单位	城建档案馆
	工程准备阶段文件					
一	立项文件					
1	项目建议书	永久				√
2	项目建议书审批意见及前期工作通知书	永久				√
3	可行性研究报告及附件	永久				√
4	可行性研究报告审批意见	永久				√
5	关于立项有关的会议纪要、领导讲话	永久				√
6	专家建议文件	永久				√
7	调查资料及项目评估研究材料	长期				√
二	建设用地、征地、拆迁文件					
1	选址申请及选址规划意见通知书	永久				√
2	用地申请报告及县级以上人民政府城乡建设用地批准书	永久				√
3	拆迁安置意见、协议、方案等	长期				√
4	建设用地规划许可证及附件	永久				√
5	划拨建设用地文件	永久				√
6	国有土地使用证	永久				√
三	勘察、测绘、设计文件					
1	工程地质勘察报告					√
2	水文地质勘察报告、自然条件、地震调查					√
3	建设用地钉桩通知单(书)					√
4	地形测量和拨地测量成果报告					√
5	申报的规划设计条件和规划设计条件通知书					√
6	初步设计图纸和说明					
7	技术设计图纸和说明					
8	审定设计方案通知书及审查意见					√
9	有关行政主管部门(人防、环保、消防、交通、园林、市政、文物、通信、保密、河湖、教育、白蚁防治、卫生等)批准文件或取得的有关协议					√
10	施工图及其说明					
11	设计计算书					
12	政府有关部门对施工图设计文件的审批意见					√
四	招投标文件					
1	勘察设计招投标文件					
2	勘察设计承包合同					√

续表

序号	归档文件	保管单位和保管期限				
		建设单位	施工单位	设计单位	监理单位	城建档案馆
	工程准备阶段文件					
3	施工招投标文件					
4	施工承包合同					√
5	工程监理招投标文件					
6	监理委托合同					√
五	开工审批文件					
1	建设项目列入年度计划的申报文件					√
2	建设项目列入年度计划的批复文件或年度计划项目表					√
3	规划审批申报表及报送的文件和图纸					
4	建设工程规划许可证及其附件					√
5	建设工程开工审查表					
6	建设工程施工许可证					√
7	投资许可证、审计证明、缴纳绿化建设费等证明					√
8	工程质量监督手续					√
六	财务文件					
1	工程投资估算材料					
2	工程设计概算材料					
3	施工图预算材料					
4	施工预算					
七	建设、施工、监理机构及其负责人					
1	工程项目管理机构(项目经理部)及其负责人名单					√
2	工程项目监理机构(项目监理部)及其负责人名单					√
3	工程项目施工管理机构(施工项目经理部)及其负责人名单					√
	监 理 文 件					
1	监理规划	长期			短期	
(1)	监理规划	长期			短期	√
(2)	监理实施细则	长期			短期	√
(3)	监理部总控制计划等	长期			短期	
2	监理月报中的有关质量问题	长期			短期	√
3	监理会议纪要中的有关质量问题	长期			短期	√
4	进度控制					
(1)	工程开工/复工审批表	长期			短期	√
(2)	工程开工/复工暂停令	长期			短期	√

续表

序号	归档文件	保管单位和保管期限				
		建设单位	施工单位	设计单位	监理单位	城建档案馆
监理文件						
5	质量控制					
(1)	不合格项目通知	长期			长期	√
(2)	质量事故报告及处理意见	长期			长期	√
6	造价控制					
(1)	预付款报审与支付	短期				
(2)	月付款报审与支付	短期				
(3)	设计变更、洽商费用报审与签认	长期				
(4)	工程竣工决算审核意见书	长期				√
7	分包资质					
(1)	分包单位资质材料	长期				
(2)	供货单位资质材料	长期				
(3)	试验等单位资质材料	长期				
8	监理通知					
(1)	有关进度控制的监理通知	长期			长期	
(2)	有关质量控制的监理通知	长期			长期	
(3)	有关造价控制的监理通知	长期			长期	
9	合同与其他事项管理					
(1)	工程延期报告及审批	永久			长期	√
(2)	费用索赔报告及审批	长期			长期	
(3)	合同争议、违约报告及处理意见	永久			长期	√
(4)	合同变更材料	长期			长期	√
10	监理工作总结					
(1)	专题总结	长期			短期	
(2)	月报总结	长期			短期	
(3)	工程竣工总结	长期			长期	√
(4)	质量评价意见报告	长期			长期	√
施工文件						
一	建筑安装					
A	土建(建筑与结构)工程					
1	施工技术准备文件					
(1)	施工组织设计	长期				
(2)	技术交底	长期	长期			
(3)	图纸会审纪要	长期	长期	长期		√
(4)	施工预算的编制和审查	短期	短期			

续表

序号	归档文件	保管单位和保管期限				
		建设单位	施工单位	设计单位	监理单位	城建档案馆
	施 工 文 件					
(5)	施工日志	短期	短期			
2	施工现场准备					
(1)	控制网设置资料	长期	长期			√
(2)	工程定位测量资料	长期	长期			√
(3)	基槽开挖线测量资料	长期	长期			√
(4)	施工安全措施	短期	短期			
(5)	施工环保措施	短期	短期			
3	地基处理记录					
(1)	地基钎探记录和钎探平面布点图	永久	长期			√
(2)	验槽记录和地基处理记录	永久	长期			√
(3)	桩基施工记录	永久	长期			√
(4)	试桩记录	长期	长期			√
4	工程图纸变更记录					
(1)	设计会议会审记录	永久	长期	长期		√
(2)	设计变更记录	永久	长期	长期		√
(3)	工程洽商记录	永久	长期	长期		√
5	施工材料预制构件质量证明文件及复试试验报告					
(1)	砂、石、砖、水泥、钢筋、防水材料、隔热保温、防腐材料、轻集料试验汇总表	长期				√
(2)	砂、石、砖、水泥、钢筋、防水材料、隔热保温、防腐材料、轻集料出厂证明文件	长期				√
(3)	砂、石、砖、水泥、钢筋、防水材料、轻集料、焊条、沥青复试试验报告	长期				√
(4)	预制构件(钢、混凝土)出厂合格证、试验记录	长期				√
(5)	工程物质选样送审表	短期				
(6)	进场物质批次汇总表	短期				
(7)	工程物质进场报验表	短期				
6	施工试验记录					
(1)	土壤(素土、灰土)干密度试验报告	长期				√
(2)	土壤(素土、灰土)击实试验报告	长期				√
(3)	砂浆配合比通知单	长期				
(4)	混凝土(试块)抗压强度试验报告	长期				√
(5)	混凝土配合比通知单	长期				
(6)	混凝土(试块)抗压强度试验报告	长期				√

序号	归档文件	保管单位和保管期限				
		建设单位	施工单位	设计单位	监理单位	城建档案馆
	施工文件					
(7)	混凝土抗渗试验报告	长期				√
(8)	商品混凝土出厂合格证、复试报告	长期				√
(9)	钢筋接头(焊接)试验报告	长期				√
(10)	防水工程试水检查记录	长期				
(11)	楼地面、屋面坡度检查记录	长期				
(12)	土壤、砂浆、混凝土、钢筋连接、混凝土抗渗试验报告汇总表	长期				√
7	隐蔽工程检查记录					
(1)	基础和主体结构钢筋工程	长期	长期			√
(2)	防水工程	长期	长期			√
(3)	高程控制	长期	长期			√
8	施工记录					
(1)	工程定位检查测量记录	永久	长期			
(2)	预检工程检查记录	短期				
(3)	冬施混凝土搅拌测温记录	短期				
(4)	冬施混凝土养护测温记录	短期				
(5)	烟道、垃圾道检查记录	短期				
(6)	沉降观测记录	长期				√
(7)	结构吊装记录	长期				
(8)	现场施工预应力记录	长期				√
(9)	工程竣工测量	长期	长期			√
(10)	新型建筑材料	长期	长期			√
(11)	施工新技术	长期	长期			√
9	工程质量事故处理记录	长期	长期		长期	√
10	工程质量事故处理记录	长期	长期		长期	
(1)	检验批质量验收记录	永久	长期		长期	
(2)	分项工程质量验收记录	永久	长期		长期	
(3)	基础、主体工程验收记录	永久	长期		长期	√
(4)	幕墙工程验收记录					√
(5)	分部(子分部)工程质量验收记录					√
B	电气、给排水、消防、采暖、通风、空调、燃气、建筑智能化、电梯工程					
1	一般施工记录	长期	长期			
(1)	施工组织设计	短期				
(2)	技术交底	短期				
(3)	施工日志					

续表

序号	归档文件	保管单位和保管期限				
		建设单位	施工单位	设计单位	监理单位	城建档案馆
	施工文件					
2	图纸变更记录					
(1)	图纸会审	永久	长期			√
(2)	设计变更	永久	长期			√
(3)	工程洽商	永久	长期			√
3	设备、产品质量检查、安装记录					
(1)	设备、产品质量合格证、质量保证书	长期				√
(2)	设备装箱单、商检证明和说明书、开箱报告	长期				
(3)	设备安装记录	长期	长期			√
(4)	设备试运行记录	长期				√
(5)	设备明细表	长期				√
4	预检记录	短期				
5	隐蔽工程检查记录	长期	长期			√
6	施工试验记录					
(1)	电气接地电阻、绝缘电阻、综合布线、有线电视末端等测试记录	长期				√
(2)	楼宇自控、监视、安装、视听、电话等系统调试记录	长期				√
(3)	变配电设备安装、检查、通电、满负荷测试记录	长期				√
(4)	给排水、消防、采暖、通风、空调、燃气管道强度、严密性、灌水、通水、吹洗、漏风、试压、通球、阀门等试验记录	长期				√
(5)	电气照明、动力、给排水、消防、采暖、通风、空调、燃气等系统调试、试运行记录	长期				√
(6)	电梯接地电阻、绝缘电阻测试记录；空载、半载、满载、超载试运行记录；平衡、运速、噪声调整试验报告	长期				√
7	质量事故处理记录	永久	长期			√
8	工程质量检验记录					
(1)	检验批质量验收记录	长期	长期		长期	
(2)	分项工程质量验收记录	长期	长期		长期	
(3)	分部(子分部)工程质量验收记录	永久	长期		长期	√
C	室外工程					
1	室外安装(给水、雨水、污水、热力、燃气、电信、电力、照明、电视、消防等)施工文件	长期				√
2	室外建筑环境(建筑小品、水景、道路园林绿化等)施工文件	长期				√

续表

序号	归档文件	保管单位和保管期限				
		建设单位	施工单位	设计单位	监理单位	城建档案馆
	竣　工　图					
一	建筑安装工程竣工图					
A	综合竣工图					√
1	综合图					√
(1)	总平面布置图(包括建筑、建筑小品、水景、照明、道路、绿化等)	永久	长期			√
(2)	竖向布置图	永久	长期			√
(3)	室外给水、排水、热力、燃气等管网综合图	永久	长期			√
(4)	电气(包括电力、电信、电视系统等)综合图	永久	长期			√
(5)	设计总说明	永久	长期			√
2	室外专业图					√
(1)	室外给水	永久	长期			√
(2)	室外雨水	永久	长期			√
(3)	室外污水	永久	长期			√
(4)	室外热力	永久	长期			√
(5)	室外燃气	永久	长期			√
(6)	室外电信	永久	长期			√
(7)	室外电力	永久	长期			√
(8)	室外电信	永久	长期			√
(9)	室外建筑小品	永久	长期			√
(10)	室外消防	永久	长期			√
(11)	室外照明	永久	长期			√
(12)	室外水景	永久	长期			√
(13)	室外道路	永久	长期			√
(14)	室外绿化	永久	长期			√
B	专业竣工图					
1	建筑竣工图	永久	长期			√
2	结构竣工图	永久	长期			√
3	装修(装饰)工程竣工图	永久	长期			√
4	电气工程(智能化工程)竣工图	永久	长期			√
5	给排水工程(消防工程)竣工图	永久	长期			√
6	采暖通风空调工程竣工图	永久	长期			√
7	燃气工程竣工图	永久	长期			√

续表

序号	归档文件	保管单位和保管期限				
		建设单位	施工单位	设计单位	监理单位	城建档案馆
竣工验收文件						
一	工程竣工总结					
1	工程概况表	永久				√
2	工程竣工总结	永久				√
二	竣工验收记录					
A	建筑安装工程	永久	长期			
1	单位(子单位)工程质量验收记录	永久	长期			√
2	竣工验收证明书	永久	长期			√
3	竣工验收报告	永久	长期			√
4	竣工验收备案表(包括各专项验收认可文件)	永久				√
5	工程质量保修书	永久	长期			√
三	财务文件					
1	决算文件	永久				√
2	交付使用财产总表和财产明细表	永久	长期			√
四	声像、缩微、电子档案					
1	声像档案					
(1)	工程照片	永久				√
(2)	录音、录像材料	永久				√
2	缩微品	永久				√

注："√"表示应向城建档案馆移交。

附件六　监理人员配备计划

监理人员配备计划表

序号	施工阶段	监理时间安排	监理人员配备	备注
1	前期工作准备	2002.10～2002.11	总监：××× 总监代表、土建监理：××× 土建监理员一名	
2	桩基工程	2002.12～2003.3	××× 土建监理员一名资料员：×××	
3	主体结构工程	2003.4～2004.3	××× 土建专业监理工程师一名 监理员二名：××× 电气专业监理工程师：××× 水暖专业监理工程师：×××	
4	装饰装修及安装工程	2004.4～2004.6	××× 电气专业监理工程师：×××	
5	室外工程	2004.6～2004.8	××× 电气专业监理工程师：×××	
6	整理资料及竣工验收	2004.8～2004.9	×××	

附件七　监理工作程序

1. 工程实施阶段的监理程序

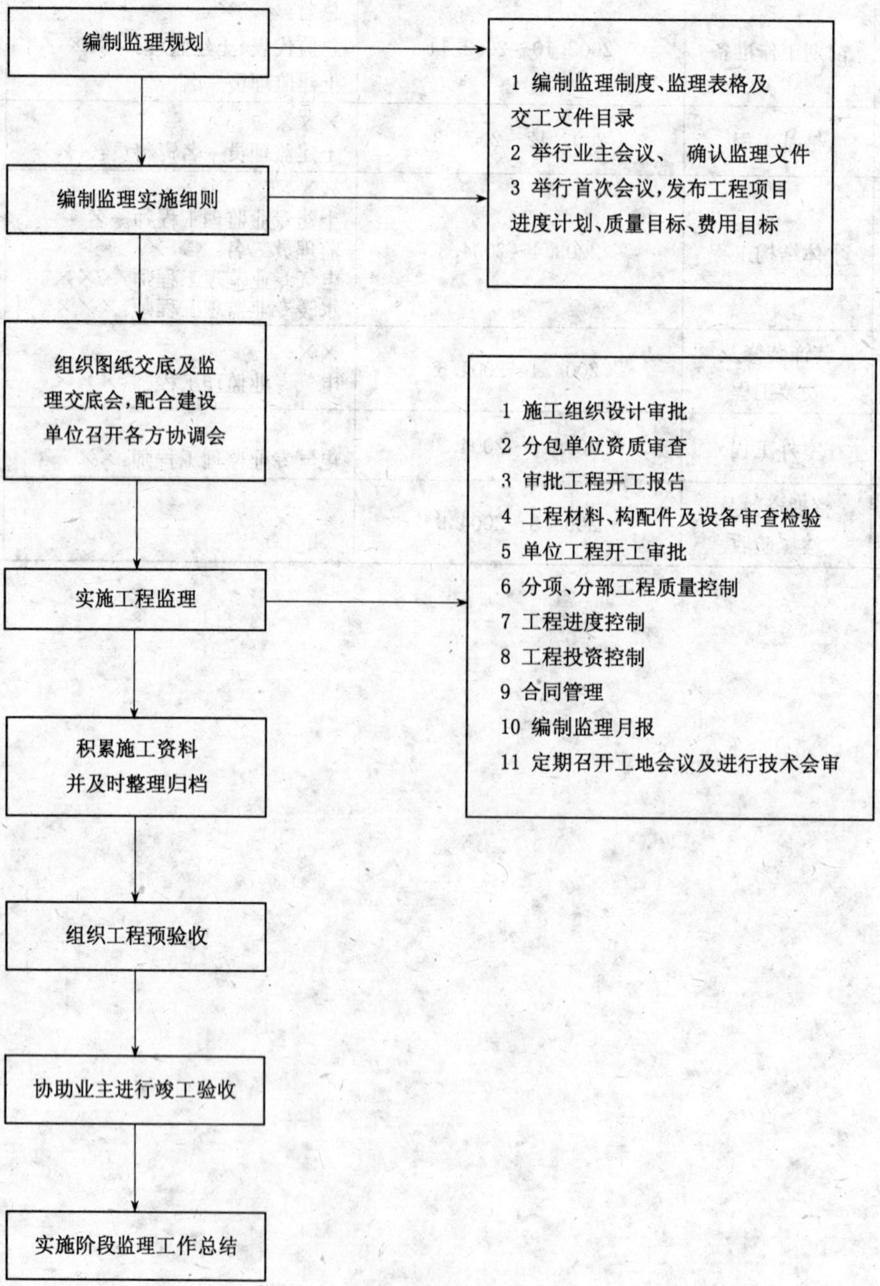

2. 地基与基础处理监理工作程序

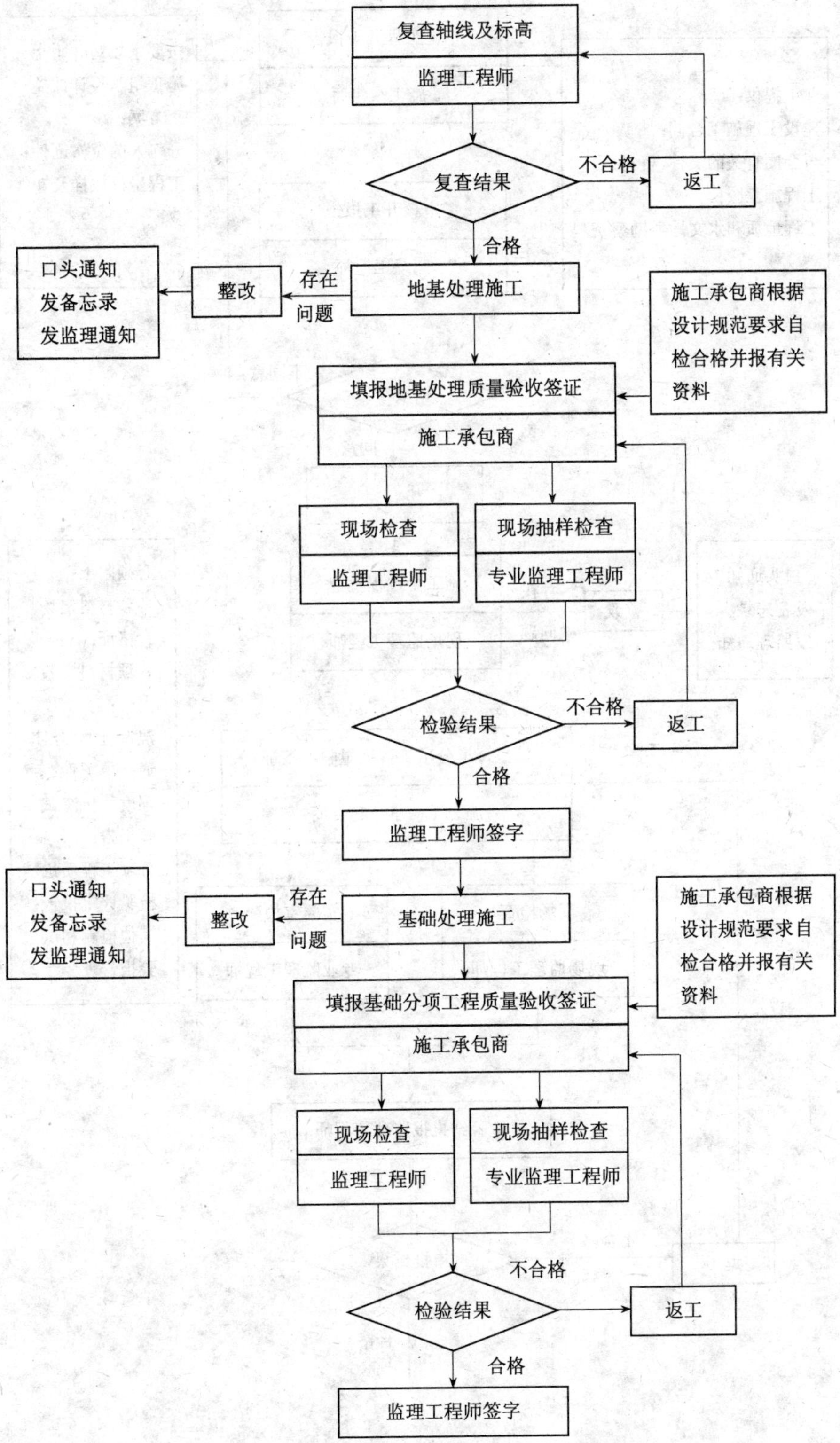

3. 土建工程施工监理工作程序

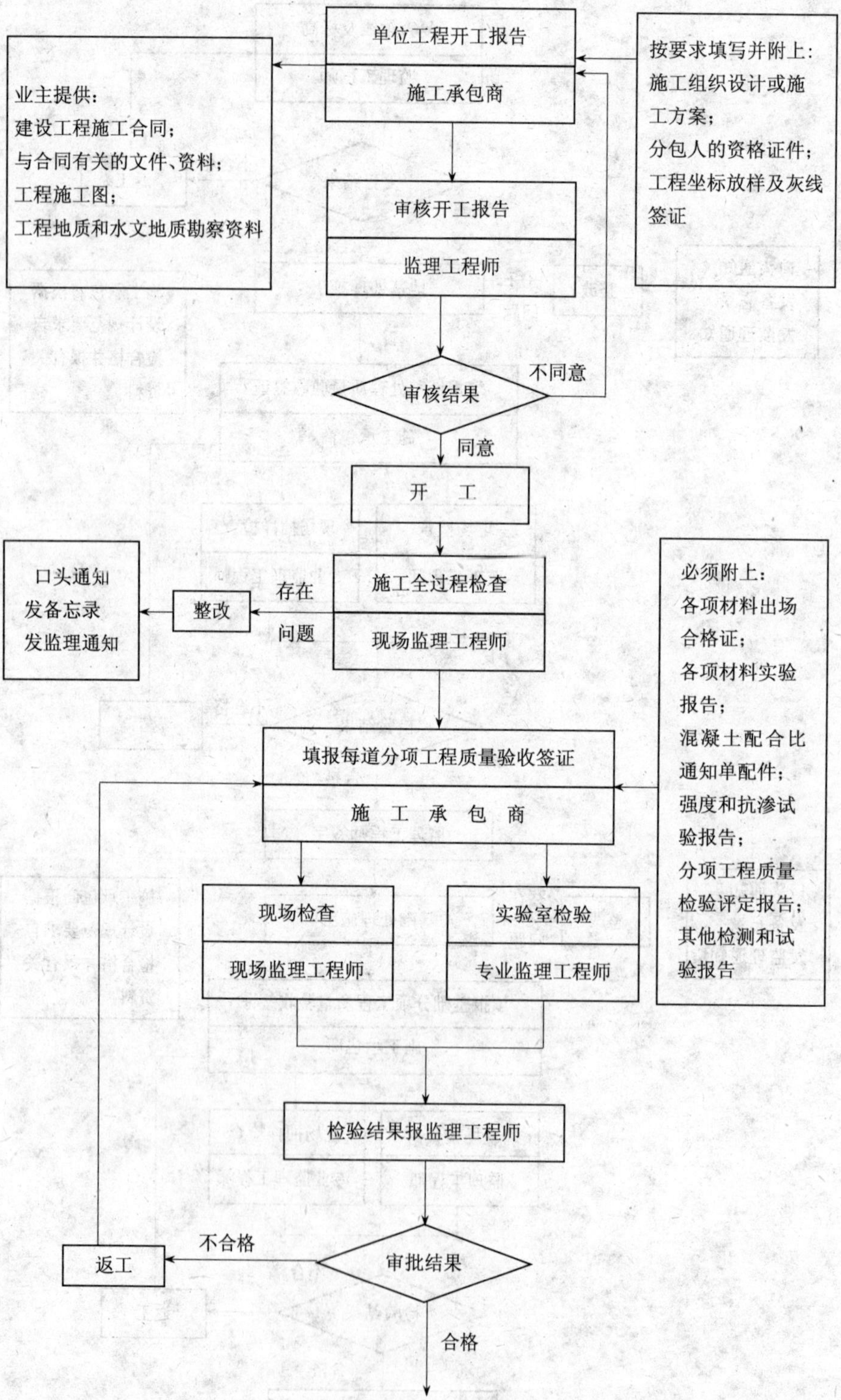

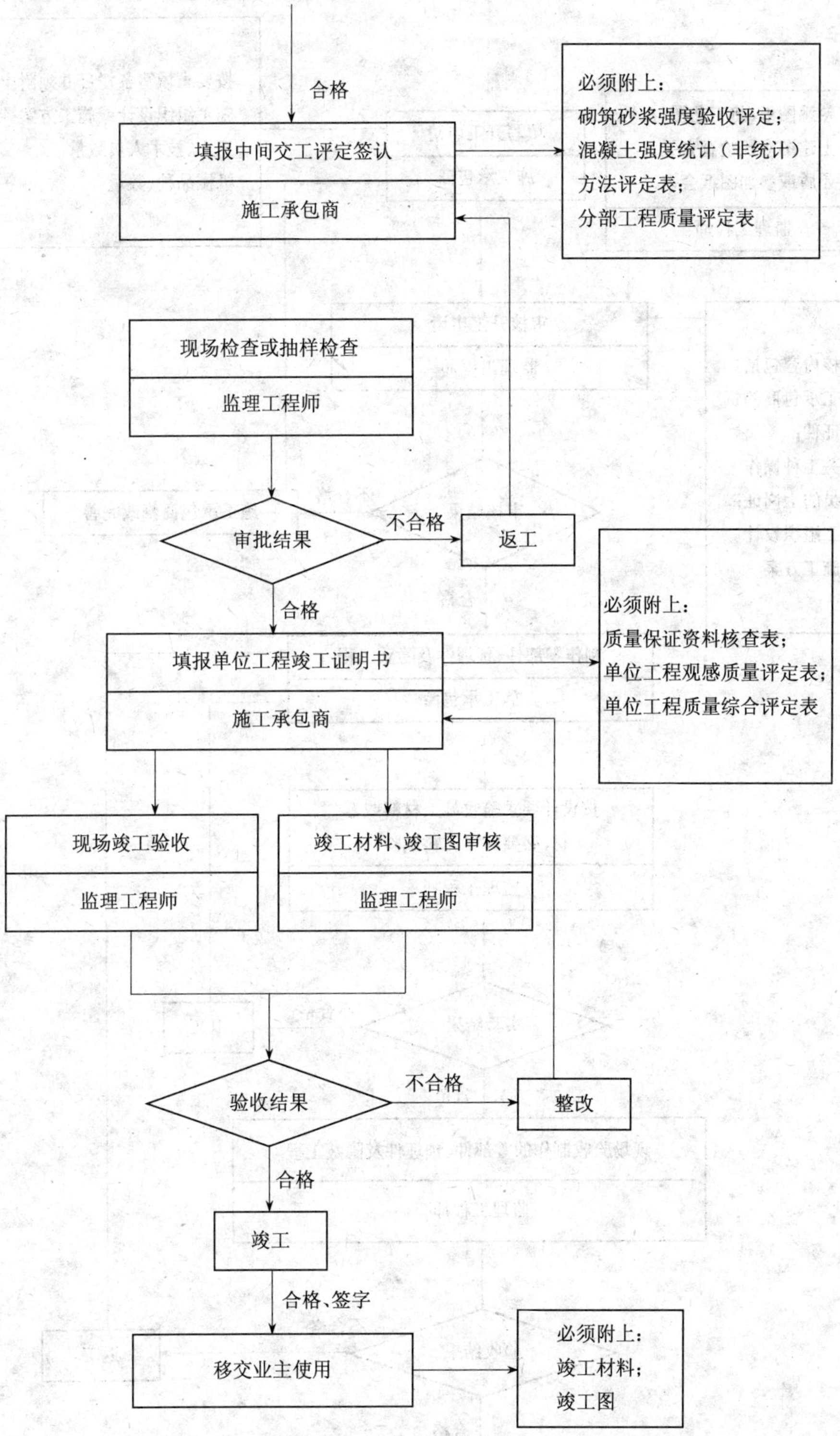
合格
填报中间交工评定签认
施工承包商
必须附上：
砌筑砂浆强度验收评定；
混凝土强度统计（非统计）
方法评定表；
分部工程质量评定表
现场检查或抽样检查
监理工程师
审批结果
不合格
返工
合格
填报单位工程竣工证明书
施工承包商
必须附上：
质量保证资料核查表；
单位工程观感质量评定表；
单位工程质量综合评定表
现场竣工验收
监理工程师
竣工材料、竣工图审核
监理工程师
验收结果
不合格
整改
合格
竣工
合格、签字
移交业主使用
必须附上：
竣工材料；
竣工图

4. 设备安装监理工作程序

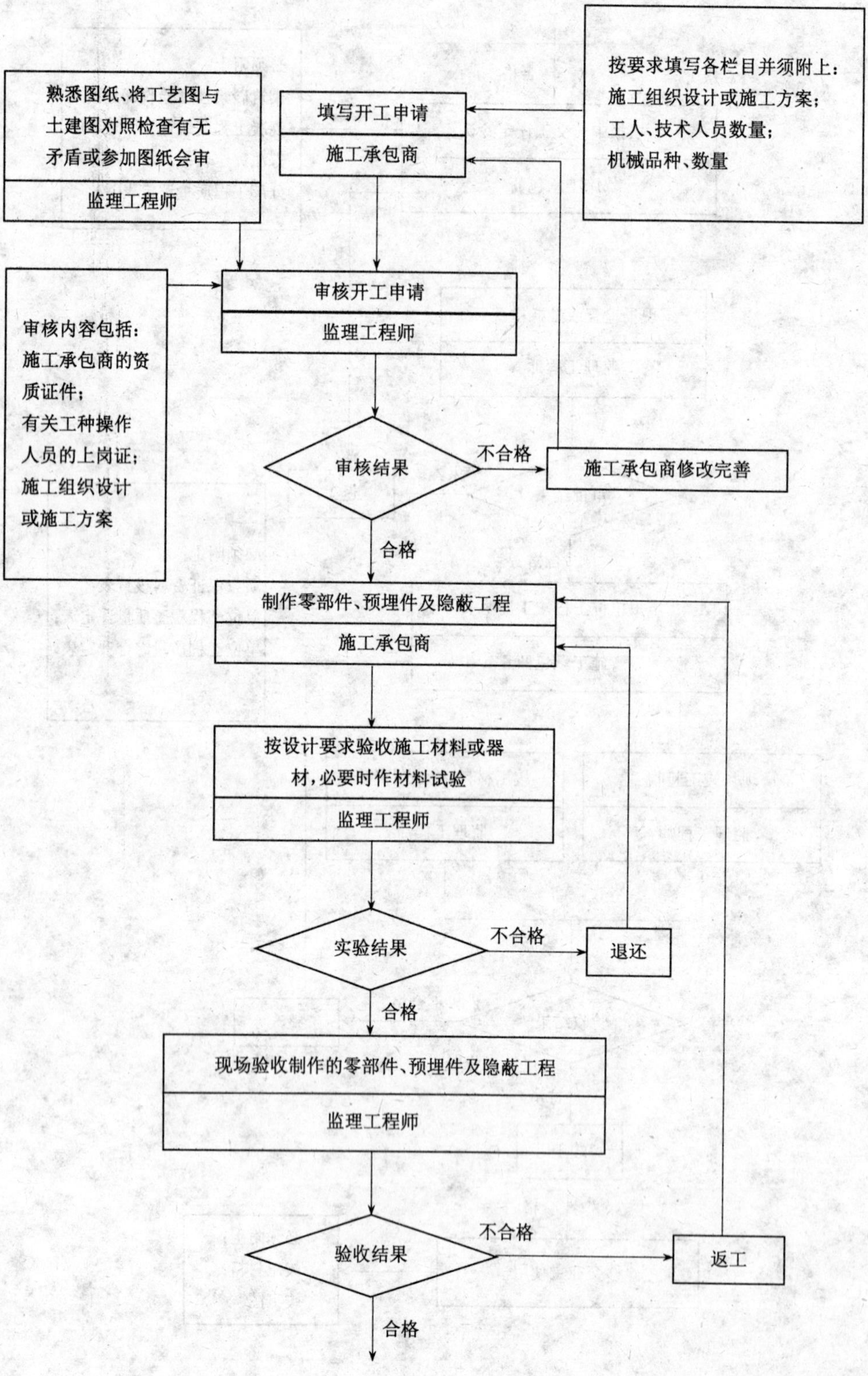

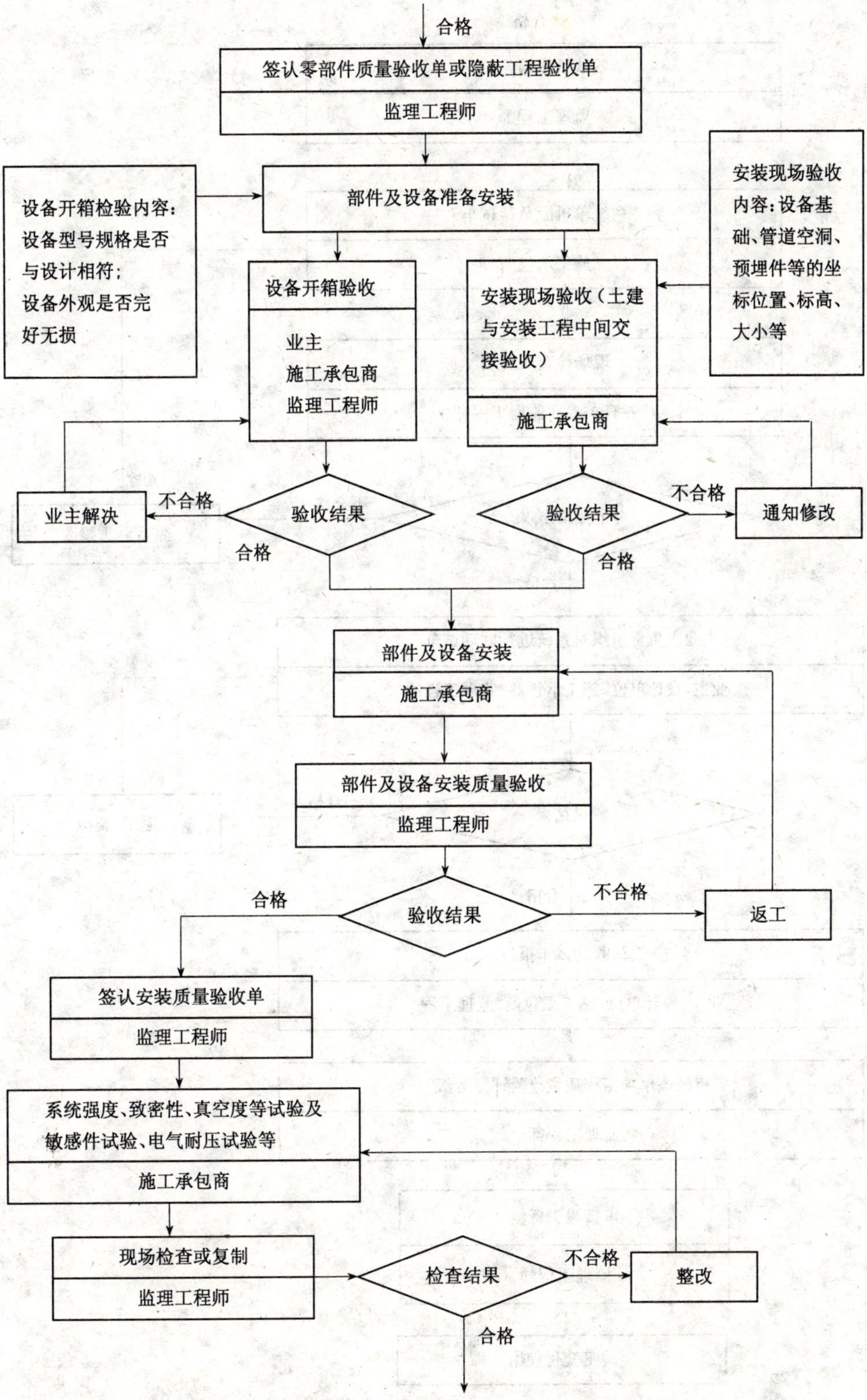
合格
签认零部件质量验收单或隐蔽工程验收单
监理工程师
设备开箱检验内容：设备型号规格是否与设计相符；设备外观是否完好无损
部件及设备准备安装
安装现场验收内容：设备基础、管道空洞、预埋件等的坐标位置、标高、大小等
设备开箱验收
业主
施工承包商
监理工程师
安装现场验收（土建与安装工程中间交接验收）
施工承包商
业主解决
不合格
验收结果
合格
验收结果
不合格
通知修改
合格
部件及设备安装
施工承包商
部件及设备安装质量验收
监理工程师
合格
验收结果
不合格
返工
签认安装质量验收单
监理工程师
系统强度、致密性、真空度等试验及敏感件试验、电气耐压试验等
施工承包商
现场检查或复制
监理工程师
检查结果
不合格
整改
合格

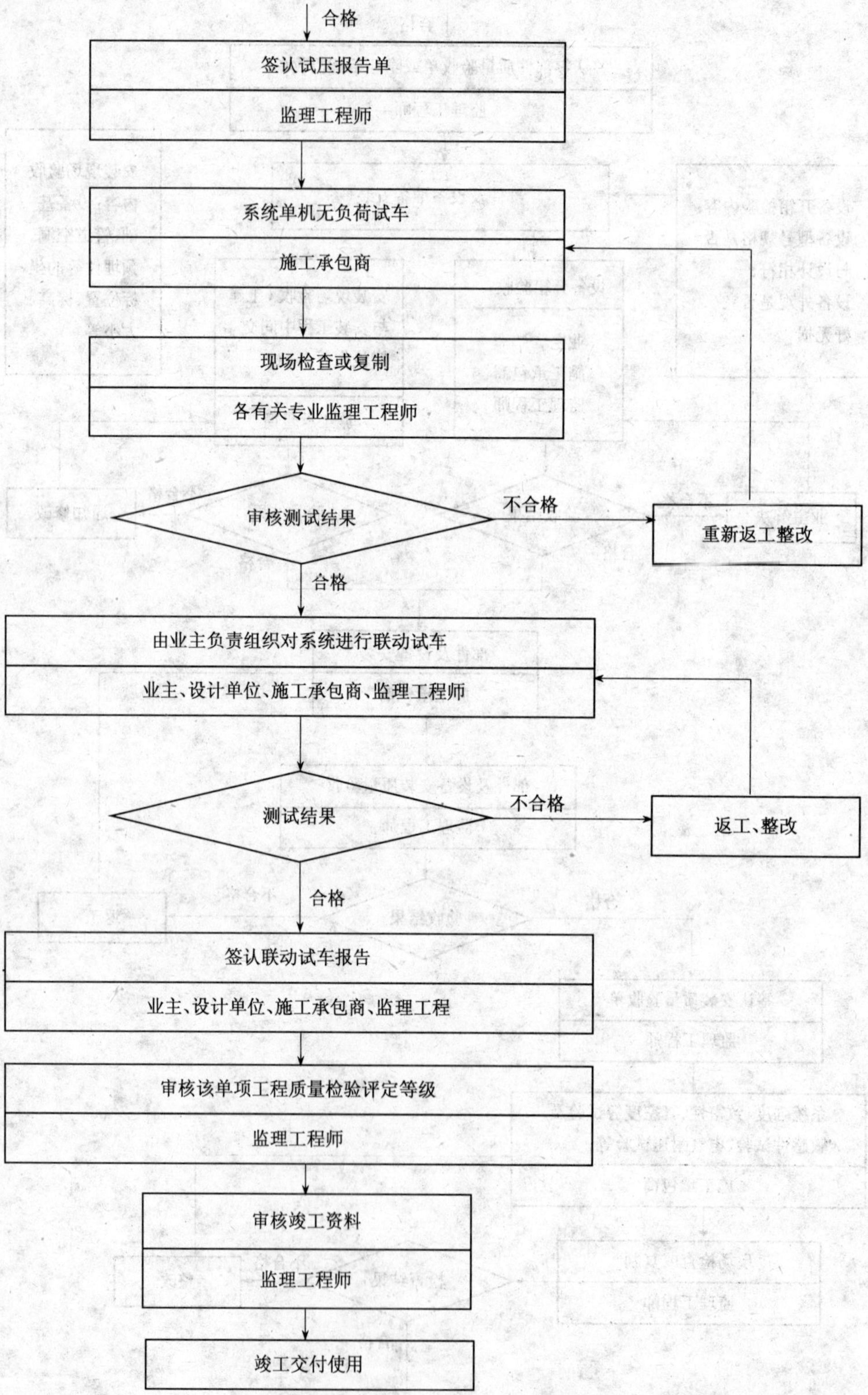
合格
签认试压报告单
监理工程师
系统单机无负荷试车
施工承包商
现场检查或复制
各有关专业监理工程师
审核测试结果
不合格
重新返工整改
合格
由业主负责组织对系统进行联动试车
业主、设计单位、施工承包商、监理工程师
测试结果
不合格
返工、整改
合格
签认联动试车报告
业主、设计单位、施工承包商、监理工程
审核该单项工程质量检验评定等级
监理工程师
审核竣工资料
监理工程师
竣工交付使用

5. 主要材料、设备订货监理工作程序

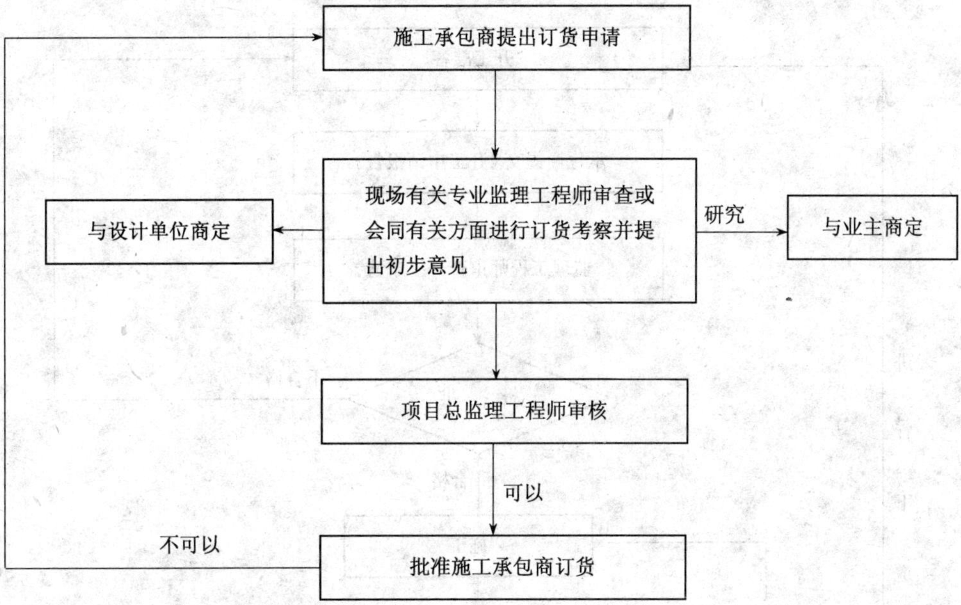

6. 重要材质检验监理工作程序

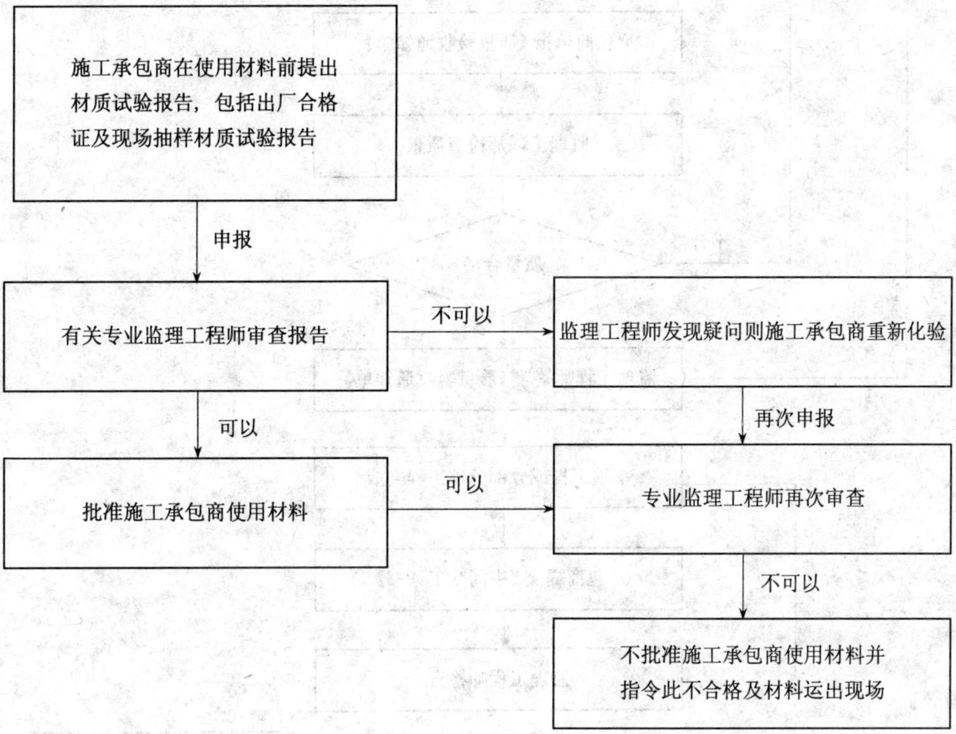

7. 施工质量控制监理工作程序

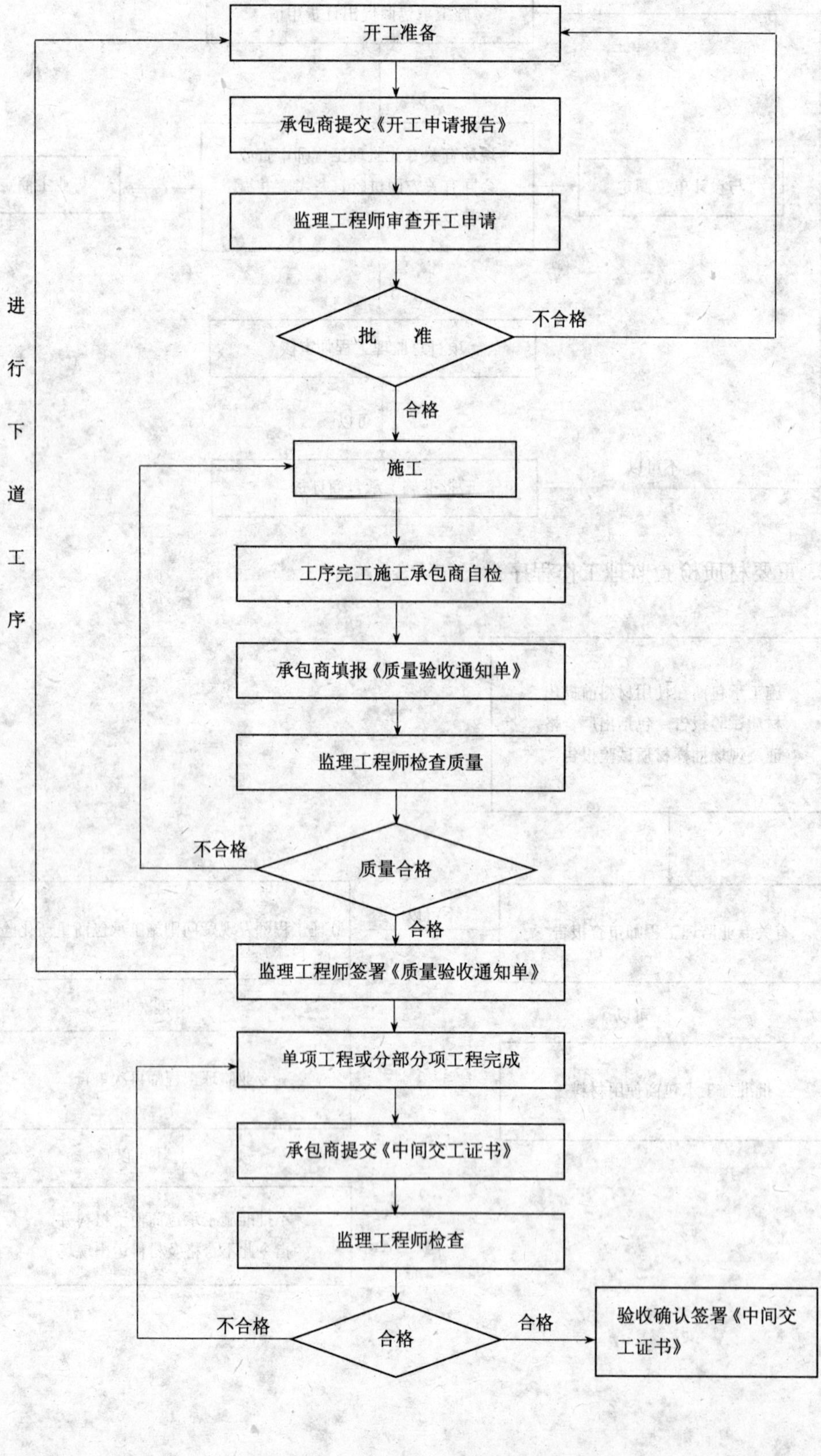

8. 施工阶段进度控制监理工作程序

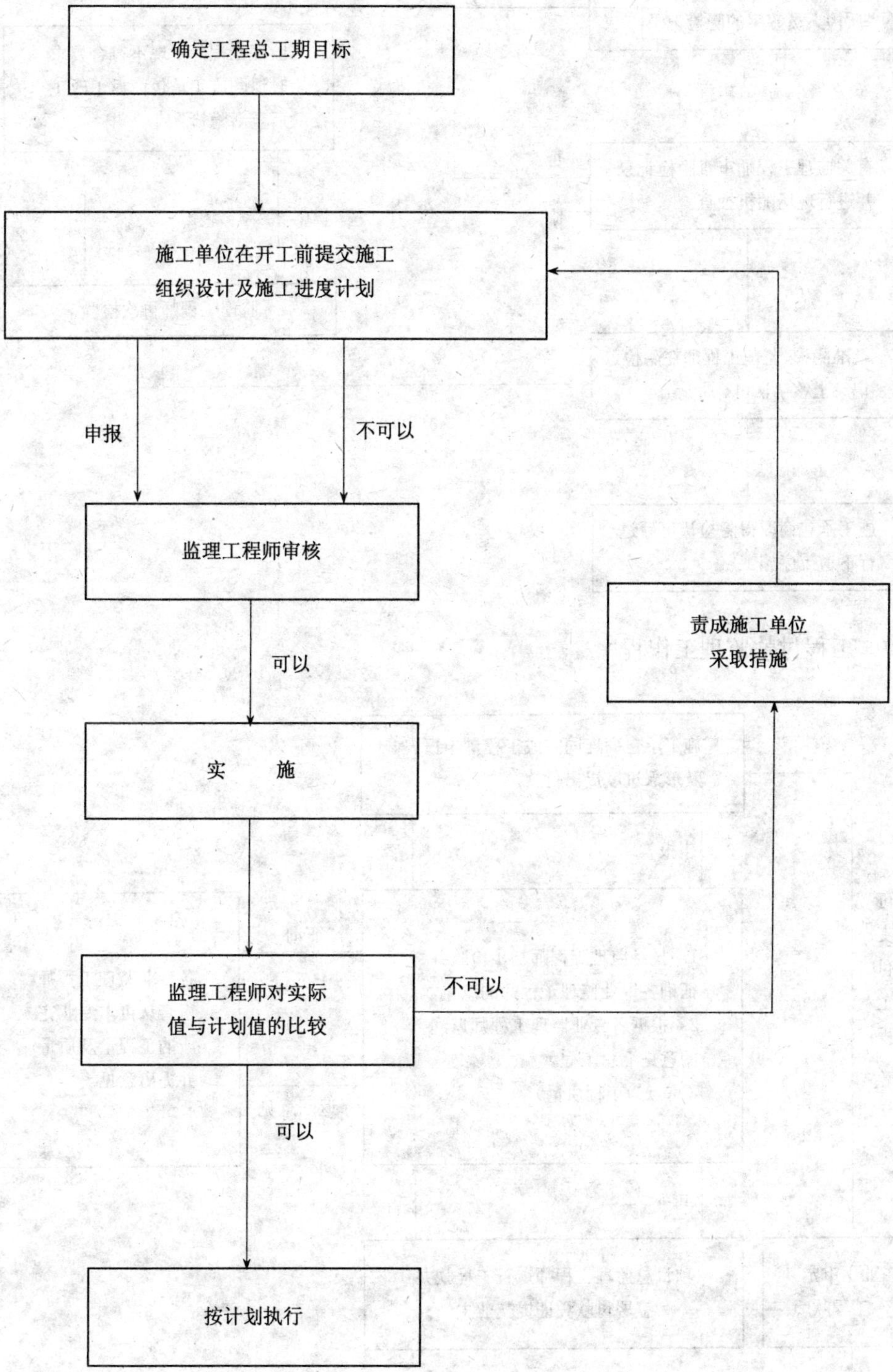

9. 隐蔽工程验收监理工作程序

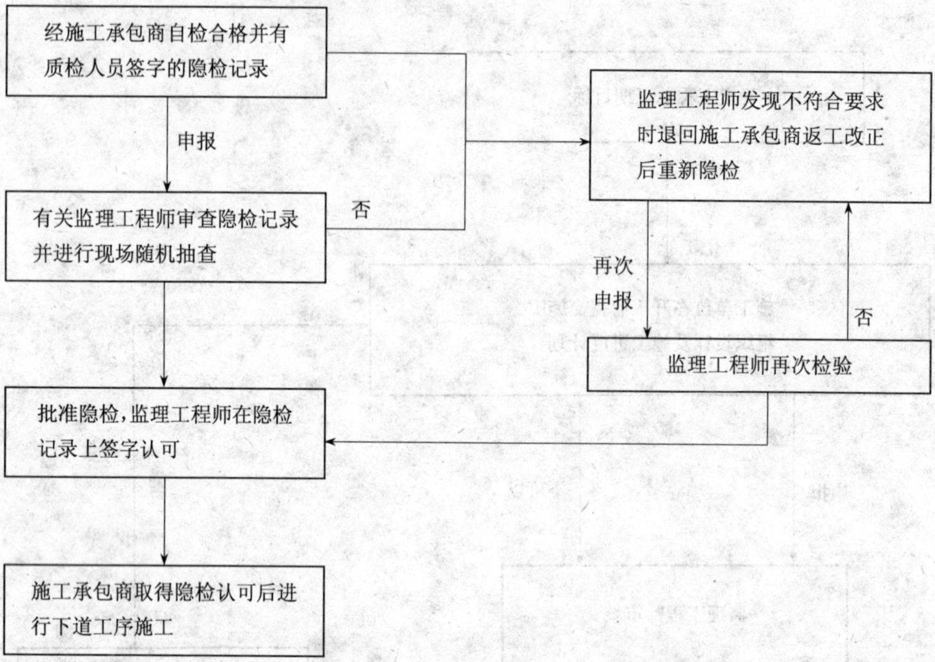

10. 工程付款监理工作程序

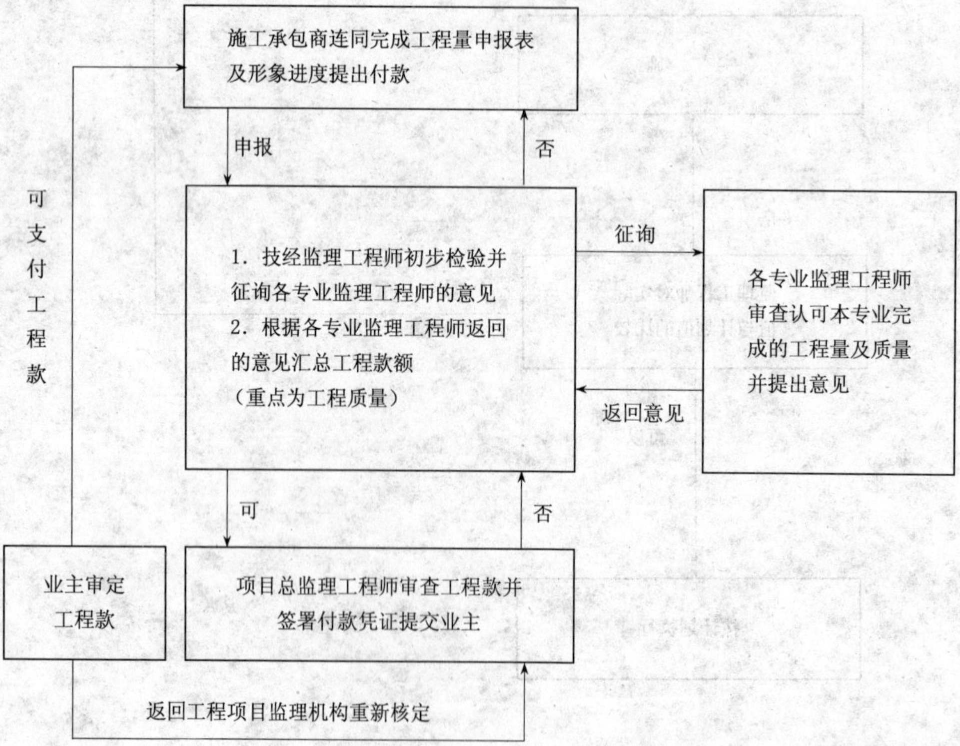

11. 设计变更监理工作程序

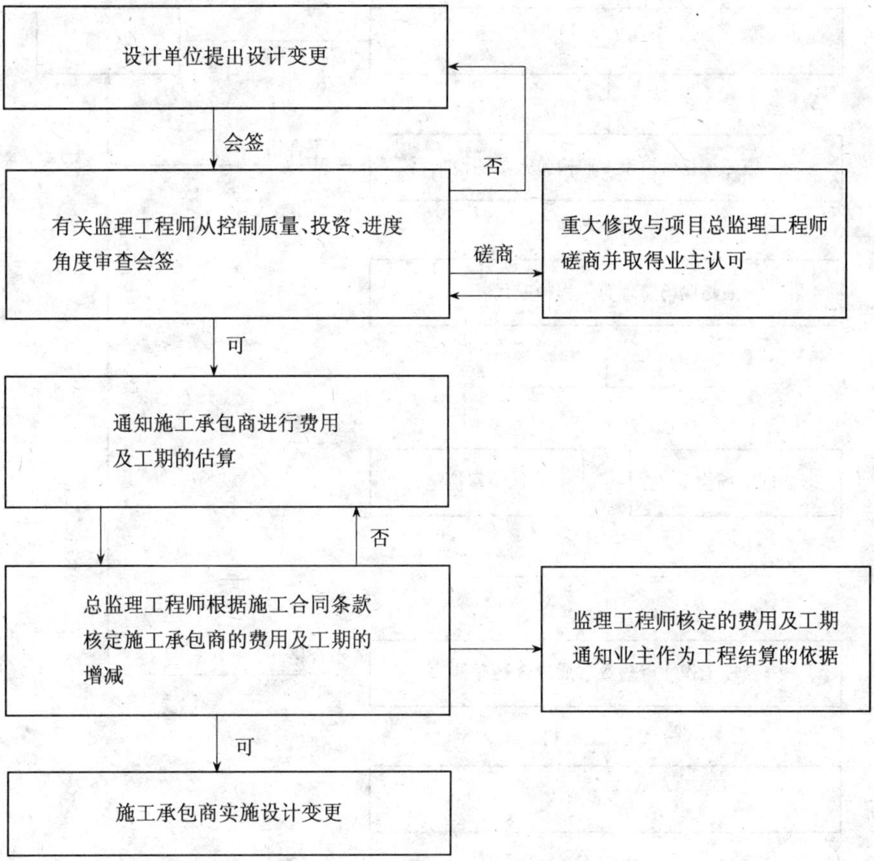

12. 技术洽商的监理工作程序

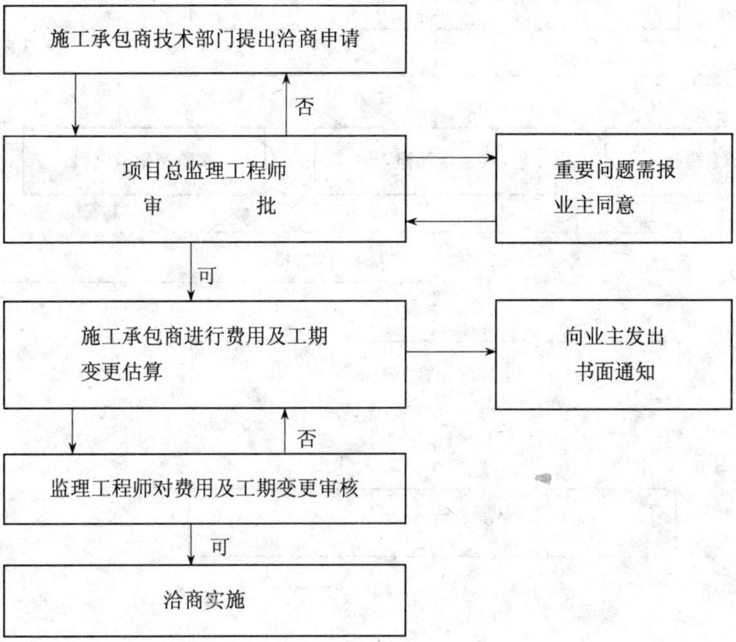

13. 工序交接检验监理工作程序

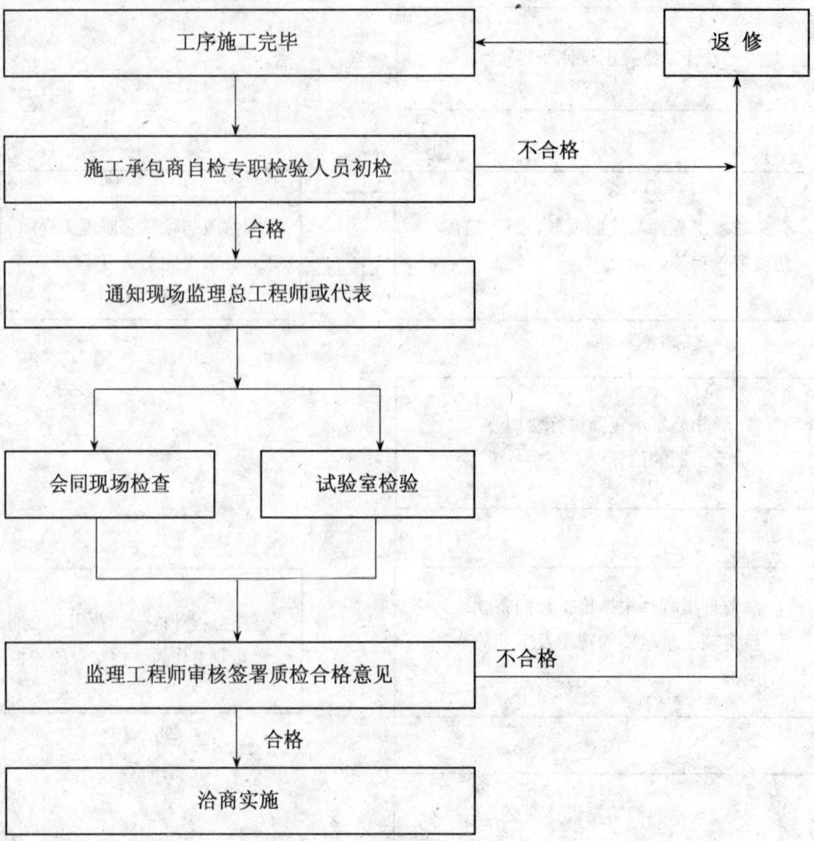

14. 单项、单位工程竣工验收监理工作程序

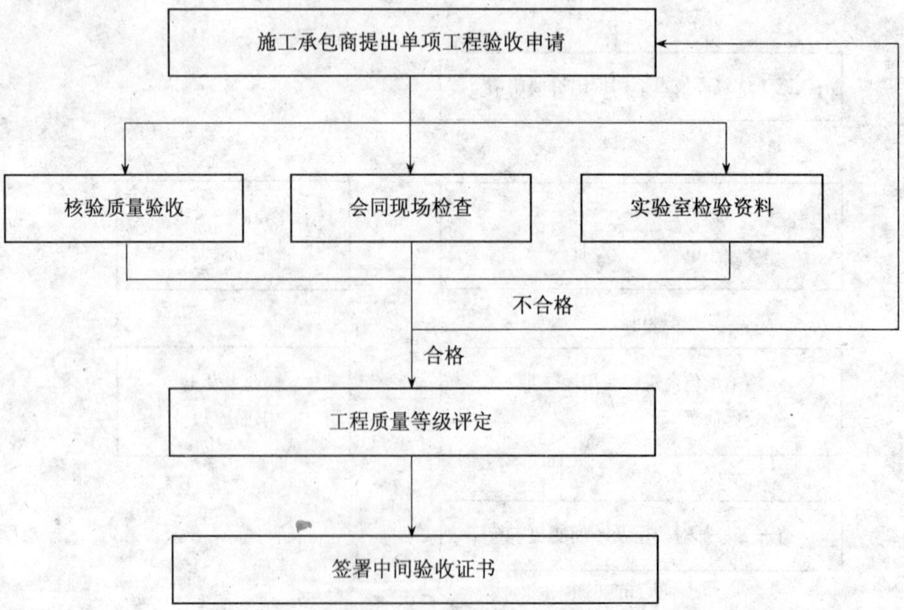

15. 索赔处理监理工作程序

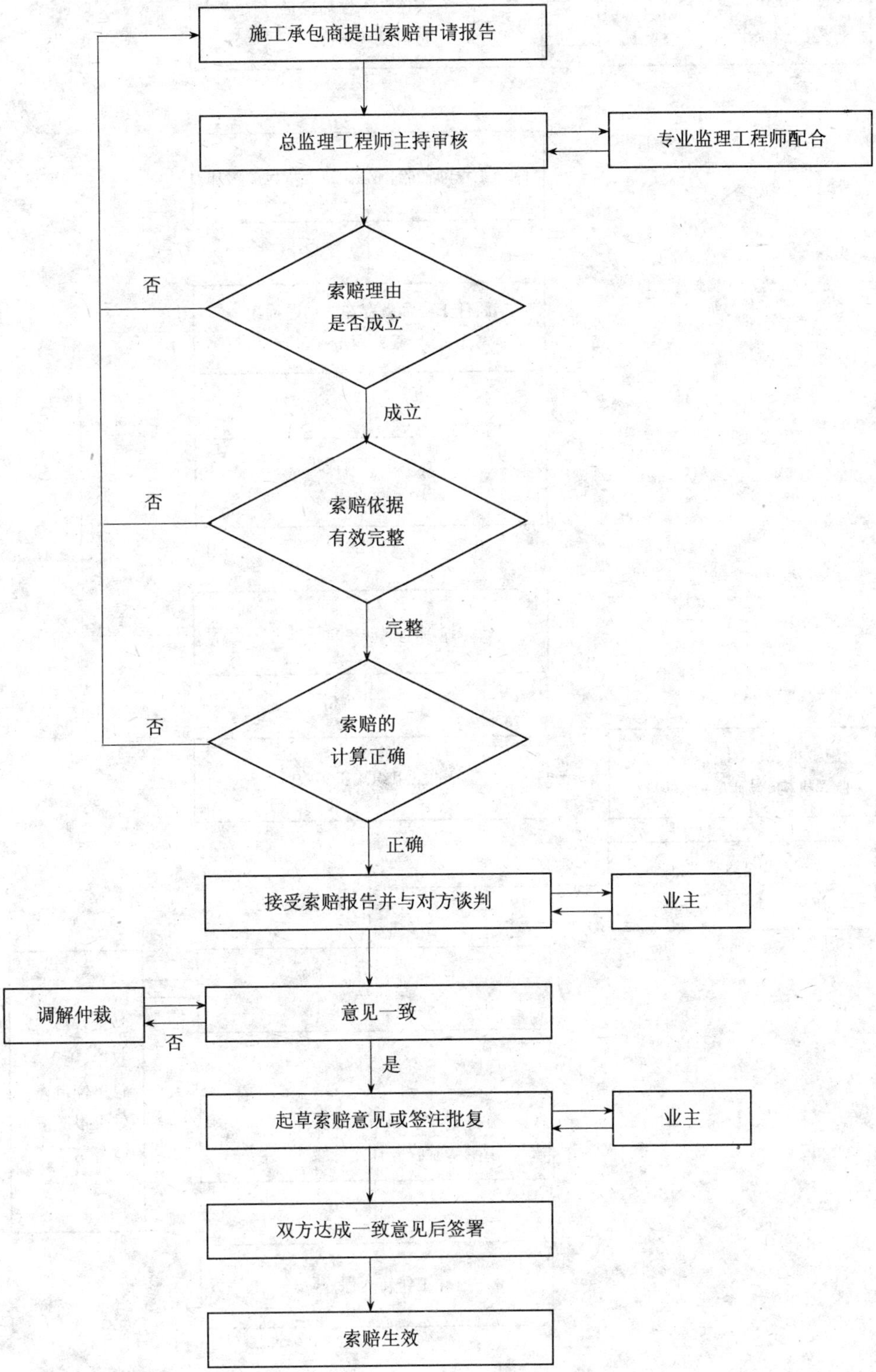

16. 竣工验收监理工作程序

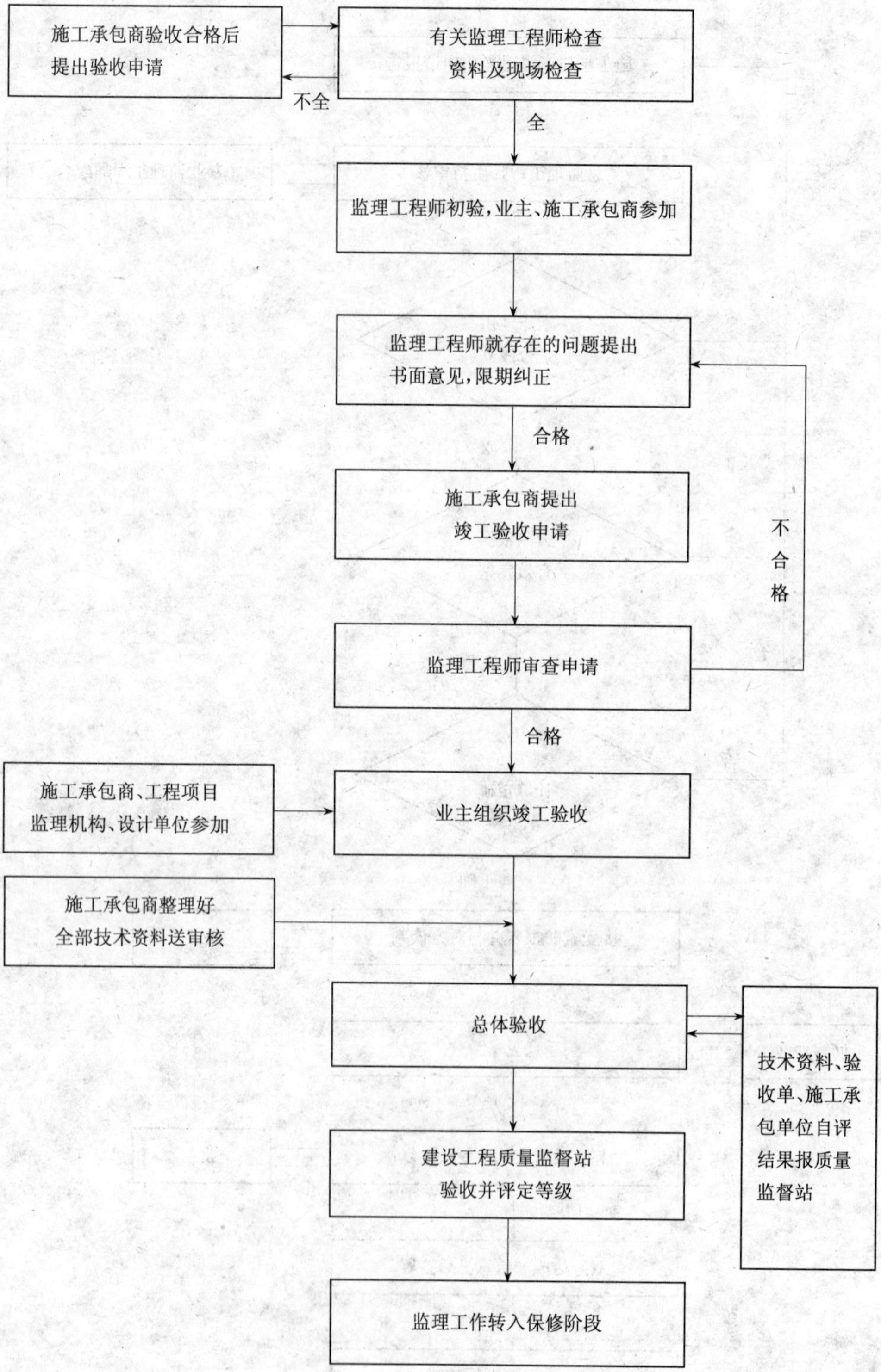

17. 签发工程竣工移交监理工作程序

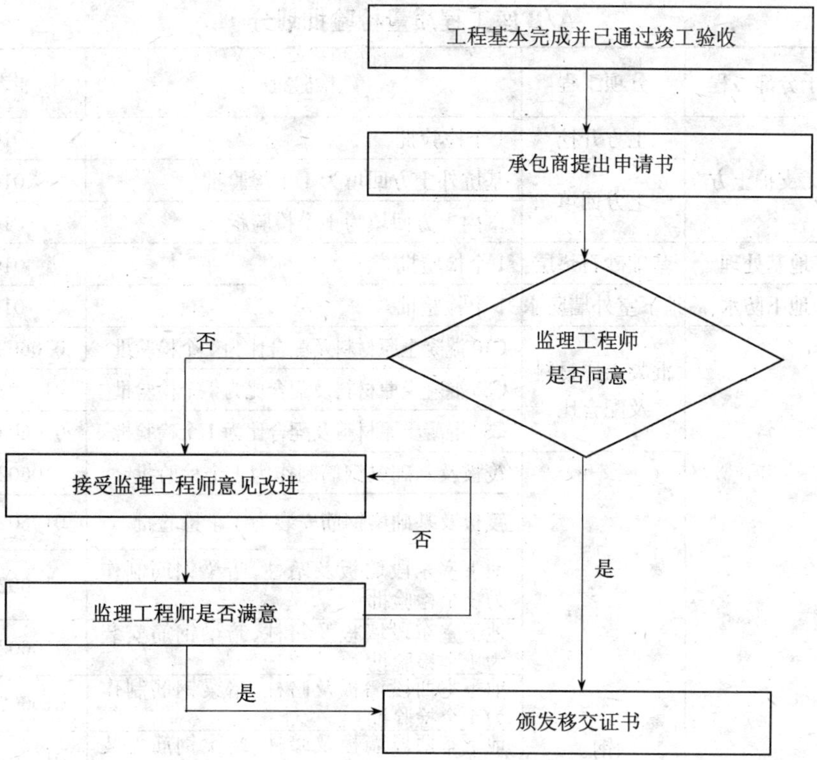

18. 协调会议纪要签发监理程序

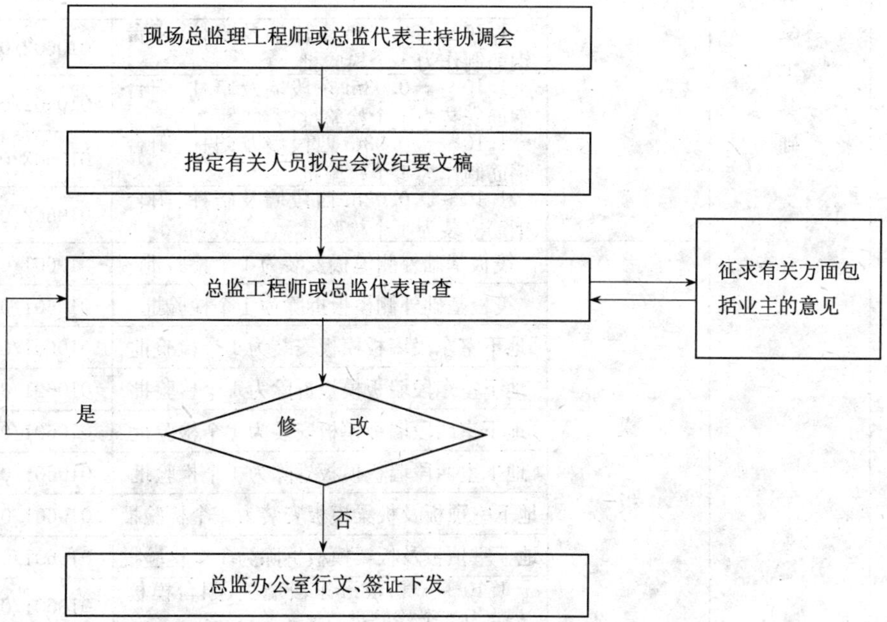

附件八　A/B 座工程质量检验批划分

A/B 座工程质量检验批划分

分部工程	子分部工程	分项工程	检验批	标准表格编号
地基与基础	无支护土方	土方开挖	1 个检验批	010101
		土方回填	基坑外土方回填为 1 个检验批	010102
			室内土方回填为 1 个检验批	010102
	地基处理	基础砂石垫层	1 个检验批	010302
	地下防水	地下室外墙防水	1 个检验批	010504
	混凝土基础	混凝土原材料及配合比	C10 混凝土原材料及配合比为 1 个检验批	010603/020103
			C35 混凝土原材料及配合比为 1 个检验批	010603/020103
			C30 混凝土原材料及配合比为 1 个检验批	010603/020103
		钢筋	筏板及基础梁钢筋制作为 1 个检验批	010602/020102
			筏板及基础梁钢筋安装为 1 个检验批	010602/020102
			地下室东段墙板及暗柱、暗梁钢筋制作为 1 个检验批	010602/020102
			地下室东段墙板及暗柱、暗梁钢筋安装为 1 个检验批	010602/020102
			地下室西段墙板及暗柱、暗梁钢筋制作为 1 个检验批	010602/020102
			地下室西段墙板及暗柱、暗梁钢筋安装为 1 个检验批	010602/020102
			地下室顶板及板梁钢筋制作为 1 个检验批	010602/020102
			地下室顶板及板梁钢筋安装为 1 个检验批	010602/020102
			－1.10～－0.03m 东段墙及暗柱、阳台钢筋制作为 1 个检验批	010602/020102
			－1.10～－0.03m 东段墙及暗柱、阳台钢筋安装为 1 个检验批	010602/020102
			－1.10～－0.03m 西段墙及暗柱、阳台钢筋制作为 1 个检验批	010602/020102
			－1.10～－0.03m 西段墙及暗柱、阳台钢筋安装为 1 个检验批	010602/020102
		模板	筏板基础外侧模板安装为 1 个检验批	010601/020101
			筏板基础外侧模板拆除为 1 个检验批	010601/020101
			地下室东段墙板模板安装为 1 个检验批	010601/020101
			地下室东段墙板模板拆除为 1 个检验批	010601/020101
			地下室西段墙板模板安装为 1 个检验批	010601/020101
			地下室西段墙板模板拆除为 1 个检验批	010601/020101
			地下室顶板及板梁模板安装为 1 个检验批	010601/020101
			地下室顶板及板梁模板拆除为 1 个检验批	010601/020101
			－1.10～－0.03m 东段墙板、阳台模板安装为 1 个检验批	010601/020101
			－1.10～－0.03m 东段墙板、阳台模板拆除为 1 个检验批	010601/020101

续表

分部工程	子分部工程	分项工程	检验批	标准表格编号
地基与基础	混凝土基础	模板	—1.10～ —0.03m 西段墙板、阳台模板拆除为1个检验批	010601/020101
			—1.10～ —0.03m 西段墙板、阳台模板拆除为1个检验批	010601/020101
		混凝土	基础C10混凝土垫层浇筑为1个检验批	010603/020103
			基础筏板C30混凝土浇筑为1个检验批	010603/020103
			地下室东段墙板C35混凝土浇筑为1个检验批	010603/020103
			地下室西段墙板C35混凝土浇筑为1个检验批	010603/020103
			地下室顶板C30混凝土浇筑为1个检验批	010603/020103
			—1.10～ —0.03m 东段墙板、阳台C35混凝土浇筑为1个检验批	010603/020103
			—1.10～ —0.03m 西段墙板、阳台C35混凝土浇筑为1个检验批	010603/020103
	砖砌体	填充墙砌筑	地下室填充墙砌筑为1个检验批	020304
主体结构	混凝土结构	钢筋	一层东段墙板、暗柱、暗梁钢筋制作为1个检验批	010602/020102
			一层东段墙板、暗柱、暗梁钢筋安装为1个检验批	010602/020102
			一层西段墙板、暗柱、暗梁钢筋制作为1个检验批	010602/020102
			一层西段墙板、暗柱、暗梁钢筋安装为1个检验批	010602/020102
			一层东段顶板、板梁钢筋制作为1个检验批	010602/020102
			一层东段顶板、板梁钢筋安装为1个检验批	010602/020102
			一层西段顶板、板梁钢筋制作为1个检验批	010602/020102
			一层西段顶板、板梁钢筋安装为1个检验批	010602/020102
			二至二十三层钢筋检验批按以上顺序依次类推	010602/020102
			二十三层顶板、板梁钢筋制作为1个检验批	010602/020102
			二十四层墙板、暗柱、暗梁钢筋制作为1个检验批	010602/020102
			二十四层墙板、暗梁、暗柱钢筋安装为1个检验批	010602/020102
			二十四层顶板、板梁钢筋制作为1个检验批	010602/020102
			二十四层顶板、板梁钢筋安装为1个检验批	010602/020102
			二十五层墙板、暗柱、暗梁钢筋制作为1个检验批	010602/020102
			二十五层墙板、暗梁、暗柱钢筋安装为1个检验批	010602/020102
			二十五层顶板、板梁钢筋制作为1个检验批	010602/020102
			二十五层顶板、板梁钢筋安装为1个检验批	010602/020102
		模板	一层东段墙板模板安装为1个检验批	010601/020101
			一层东段墙板模板拆除为1个检验批	010601/020101
			一层西段墙板模板安装为1个检验批	010601/020101

续表

分部工程	子分部工程	分项工程	检验批	标准表格编号
主体结构	混凝土结构	模板	一层西段墙板模板拆除为1个检验批	010601/020101
			一层东段顶板、板梁模板安装为1个检验批	010601/020101
			一层东段顶板、板梁模板拆除为1个检验批	010601/020101
			一层西段顶板、板梁模板安装为1个检验批	010601/020101
			一层西段顶板、板梁模板拆除为1个检验批	010601/020101
			二至二十三层模板检验批按以上顺序依次类推	010601/020101
			二十三层顶板、板梁模板安装为1个检验批	010601/020101
			二十三层顶板、板梁模板拆除为1个检验批	010601/020101
			二十四层墙板模板安装为1个检验批	010601/020101
			二十四层墙板模板拆除为1个检验批	010601/020101
			二十四层顶板、板梁模板安装为1个检验批	010601/020101
			二十四层顶板、板梁模板拆除为1个检验批	010601/020101
			二十五层墙板模板安装为1个检验批	010601/020101
			二十五层墙板模板拆除为1个检验批	010601/020101
			二十五层顶板、板梁模板安装为1个检验批	010601/020101
			二十五层顶板、板梁模板拆除为1个检验批	010601/020101
		混凝土	一层东段墙板C35混凝土浇筑为1个检验批	010603/020103
			一层西段墙板C35混凝土浇筑为1个检验批	010603/020103
			一层东段顶板C35混凝土浇筑为1个检验批	010603/020103
			一层西段顶板C35混凝土浇筑为1个检验批	010603/020103
			二至二十三层混凝土检验批按以上顺序依次类推	010603/020103
			二十三层顶板、板梁C25混凝土浇筑为1个检验批	010603/020103
			二十四层墙板C25混凝土浇筑为1个检验批	010603/020103
			二十四层顶板、板梁C25混凝土浇筑为1个检验批	010603/020103
			二十五层墙板C25混凝土浇筑为1个检验批	010603/020103
			二十五层顶板、板梁C25混凝土浇筑为1个检验批	010603/020103
			一至六层墙板C35混凝土原材料及配合比为1个检验批	010603/020103
			一至六层梁板C30混凝土原材料及配合比为1个检验批	010603/020103
			七至十五层墙板C30混凝土原材料及配合比为1个检验批	010603/020103
			七至十五层梁板C25混凝土原材料及配合比为1个检验批	010603/020103
			十六至二十五层墙板、梁板C25混凝土原材料及配合比为1个检验批	010603/020103
	砌体结构	填充墙砌筑	每一层填充墙砌筑为1个检验批共划分为25个检验批	020304

注：以上检验批为基础工程、主体结构工程的划分；

装饰装修工程、屋面工程、安装工程暂未划分；

装饰装修等工程的检验批划分待装修开始前再进行划分。

12.2 某工程监理细则

12.2.1A/B 座工程桩基试桩监理细则

1. 监理依据

(1) A/B 座工程监理规划；

(2) A/B 座工程结构设计说明；

(3) A/B 座工程岩土工程勘察报告；

(4)《建筑桩基技术规范》ZJZ 94—94；

(5)《建筑地基基础设计规范》GB 50007—2002；

(6)《建筑基桩检测技术规范》ZJZ 106—2002；

(7)《建筑地基基础工程施工质量验收标准》GB 50202—2002。

2. A/B 工程桩基试桩特点

(1) 本工程桩基试桩的桩数共计四根，全部作为工程桩使用。

(2) 根据设计规范和设计要求、岩土工程勘察报告结论选择相同材料、相同规格的成品桩和试桩施工方案及相应的操作方法。

3. 监理工作流程

监理工作流程如图 12-3 所示：

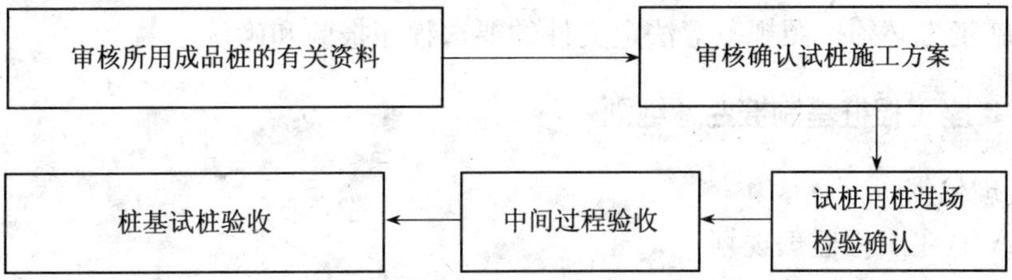

图 12-3 监理工作流程图

4. 监理工作控制要点和目标值

(1) 控制要点：

1) 所选试桩用的成品桩的质量必须符合设计要求；特别是桩的强度和规格必须符合设计要求。

2) 所选用的成品试桩应有产品合格证书、产品性能检测报告。水泥、钢筋、外加剂等主材还应有主要性能的进场试验报告。

3) 试桩前首先应校核准试桩位置放线尺寸、确定试桩顺序。

4) 其次做好中间工序抽检（检查压力、桩垂直度、压入深度等)。

5) 做好试桩记录工作。

(2) 监理工作控制目标值：

1) 质量控制目标：合格。

2）进度控制：按已审定的试桩施工进度计划执行。

5. 监理工作程序、原则、手段、重点

（1）监理工作程序：按照监理工作流程工作，严格把关和控制、确认。

（2）监理工作原则：严格监理、热情服务、按工序进行检查，上道工序不合格，不得进入下道工序。

（3）监理工作手段：

1）采用全检、抽检和委托第三方检验的方法，按生产厂家提供的资料检查和确认。

2）采取旁站、巡视、平行检验的手段检查和控制质量。

3）利用合同管理、费用控制的方法确保质量和进度目标的实现。

4）对所选用的试桩成品桩要求检查有效的产品合格证书，不合要求的坚决不能使用。

（4）工作重点：选好试桩、正确施工、坚持工序中间验收。

6. 试桩工程质量标准和检查方法

检查所用标准方法见《建筑地基基础工程施工质量验收规范》GB 50202—2002。

7. 具备的技术资料

（1）构件标准、性能试验报告、使用合格证。

（2）试桩方案和施工技术方法。

（3）试桩中间工序全过程记录。

（4）规范规定的其他资料。

8. 工作注意要点

（1）施工方提供的资料和报验文件必须有明确的依据。

（2）重视构件选择和验收、中间过程抽查和成品保护。

（3）施工方必须按照规范等法定文件的要求程序报验和确认。

12.2.2 A/B座工程桩基制桩监理细则

1. 监理依据

（1）A/B座工程监理规划；

（2）A/B座工程混凝土静压桩制桩施工组织设计；

（3）A/B座工程结构设计说明、桩基施工图；

（4）《建筑桩基技术规范》ZJZ 94—94；

（5）《建筑地基基础设计规范》GB 50007—2002；

（6）《预制钢筋混凝土方桩标准图集》97G 361；

（7）《混凝土结构工程施工质量验收规范》GB 50204—2002；

（8）《钢筋焊接及验收规程》JGJ 18—96。

2. ××大厦工程制桩特点

（1）本工程采用静压桩，桩基设计桩数共计396根，已经试压的桩有4根，其中2根可以作为工程桩使用。

（2）桩断面为400mm×400mm，桩长25m，桩型号选用JAZHb-240-1312C静压桩，焊接接桩。

（3）桩混凝土标号：C40。

3. 监理工作流程

监理工作流程如图 12-4 所示：

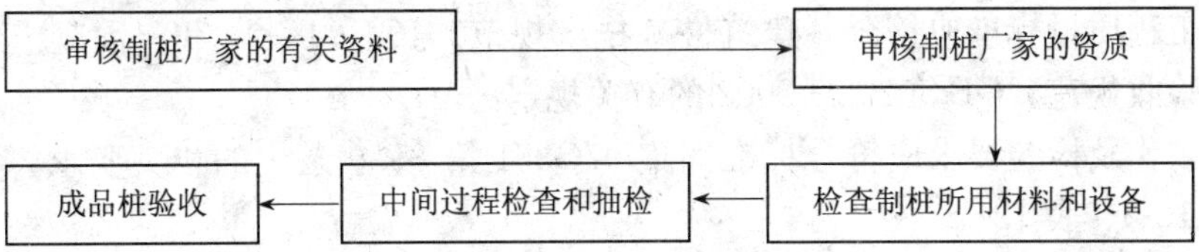

图 12-4　监理工作流程图

4. 监理工作控制要点和目标值

（1）控制要点：

1）制桩所选用的材料质量必须符合设计要求，特别是桩的强度和规格必须符合设计要求。

2）水泥、钢筋、外加剂等主材还应有主要性能的进场试验报告，粗骨料须用碎石（或破碎的卵石）。

3）制桩前首先应校核准桩模板位置尺寸、确定制桩混凝土浇筑顺序。

4）其次做好中间工序抽检（检查钢筋制作、混凝土浇筑、桩的养护等）。

5）做好制桩检查见证记录工作。

（2）监理工作控制目标值：

1）质量控制目标：合格。

2）进度控制：按已审定的制桩施工进度计划执行。

5. 监理工作程序、原则、手段、重点

（1）监理工作程序：按照监理工作流程工作，严格把关和控制、确认。

（2）监理工作原则：严格监理、热情服务、按工序进行检查，上道工序不合格，不得进入下道工序。

（3）监理工作手段：

1）采用全检、抽检和委托第三方检验的方法，按生产厂家提供的资料检查和确认；

2）采取巡视、抽查、平行检验的手段检查和控制质量；

3）利用合同管理、费用控制的方法确保质量和进度目标的实现；

4）对制好的成品桩要求检查有效的产品合格证书，不合要求的坚决不能使用。

（4）工作重点：选好材料、正确施工、坚持工序中间验收。

6. 具备的技术资料

（1）制桩厂家的资质证明和生产许可证。

（2）制桩所用主要材料性能试验报告、产品合格证。

（3）制桩方案和施工技术方法。

（4）制桩中间工序全过程记录。

（5）规范规定的其他资料。

7. 工作注意要点

（1）施工方提供的资料和报验文件必须有明确的依据。

（2）重视构件选择和验收、中间过程抽查和成品保护。

(3) 施工方必须按照规范等法定文件的要求程序报验和确认。

8. 制桩工程质量标准和检查方法

制桩工程质量标准应符合《建筑桩基技术规范》JGJ 94—94 和《混凝土结构工程施工质量验收规范》GB 50202—2002 的有关规定。

桩的制作及检验要求应符合标准图集 97G361 第 8、9 条中的相关要求。具体检验标准见表 12-5、表 12-6。

(1) 材料：

Ⅰ级钢筋“Φ”，Ⅱ级钢筋“Φ”；

吊环应采用Ⅰ级钢筋制作，严禁使用冷加工钢筋；

钢材使用 3 号钢；

混凝土强度：C40；

焊条用：Ⅰ级钢筋-E43 型，Ⅱ级钢筋-E50 型。

(2) 制作：

严格按照设计要求确定钢筋的位置；

纵向钢筋连接必须采用焊接，保持搭接长度不小于 5*d*（*d* 为钢筋直径）；

同一截面内焊接接头的截面面积不得超过主筋截面面积的 50%，在桩顶桩尖 2m 范围内主筋不得有接头；

纵筋顶部与桩顶打入面应保持 50 mm 的间距，且在此间距内须设有钢筋网片；纵筋保护层厚度为 30mm；

桩两端的加密箍筋均应采用电焊焊成封闭箍；

桩混凝土浇筑应由桩顶往桩尖进行连续浇筑，坍落度不得大于 60mm；

用重叠法浇筑桩重叠的层数不宜超过四层。

表 12-5　预制桩的钢筋骨架质量检验标准

序号	项　目	允许偏差(mm)
1	主筋距桩顶距离	±5
2	多节桩锚固钢筋位置	5
3	多节桩预埋铁件	±3
4	主筋保护层厚度	±5
5	多节桩锚固钢筋长度	±10
6	主筋间距	±5
7	箍筋间距	±20
8	桩顶钢筋网片	±10
9	桩尖中心线	10

表 12-6　钢筋混凝土实心预制桩质量检验标准

序号	项目	允许偏差	检查方法
1	砂、石、水泥、钢材等原材料	符合设计要求	查质保文件或抽样送检
2	混凝土配合比及强度	符合设计要求	检查称量及查试块记录
3	(1)横截面边长	±5	用钢尺量
4	(2)桩顶对角线差	<10	用钢尺量

续表 12-6

序号	项目	允许偏差	检查方法
5	(3)桩尖中心线	<10	用钢尺量
6	(4)桩身弯曲矢高	<1/1000L	用钢尺量
7	(5)桩顶平整度	<2	用钢尺量
8	(6)保护层厚度	±5	用钢尺量
备注：			

12.2.3A/B 座工程桩基压桩监理细则

1. 监理依据

(1) A/B 座工程监理规划；

(2) A/B 座工程静压桩施工合同和施工组织设计；

(3) A/B 座工程结构设计说明和桩基施工图；

(4) A/B 座工程岩土工程勘察报告；

(5)《建筑桩基技术规范》ZJZ 94—94；

(6)《建筑地基基础工程施工质量验收标准》GB 50202—2002；

(7)《预制钢筋混凝土方桩标准图集 》97G 361；

(8)《建筑工程施工质量验收统一标准》GB 50300—2001。

2. A/B 座工程桩基压桩特点

(1) 本工程静压施工桩的设计桩数共计 396 套，桩断面为 400mm×400mm，桩长 25m，桩型号 JAZHb-240-1312C 选用详见国标 97G361，试桩 4 套，其中 2 套可以作为工程桩使用，计划压桩数为 394 套。

(2) 根据设计要求和施工规范、岩土工程勘察报告及试桩报告结论确定静压桩施工方案及相应的操作方法。

3. 监理工作流程

监理工作流程图如图 12-5 所示：

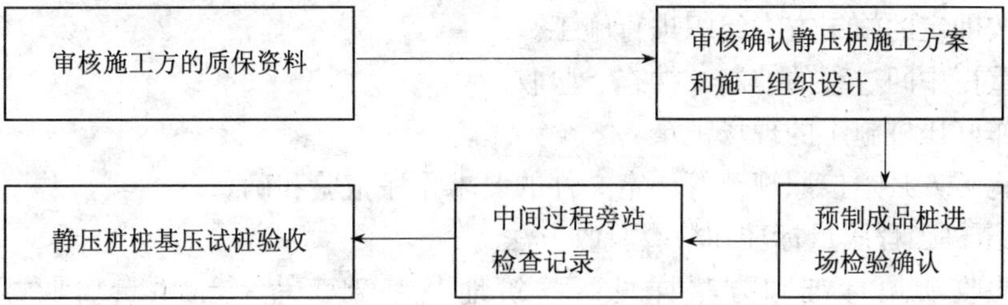

图 12-5 监理工作流程图

4. 监理工作控制要点和目标值

(1) 控制要点：

1) 进场的成品桩质量必须符合设计要求；特别是桩的强度和规格必须符合设计要求，应有产品合格证书、产品性能检测报告。水泥、钢筋、外加剂等主材还应有主要性能的复试报告；

2）运到施工现场的成品桩都必须经监理、制桩单位、压桩单位验收合格后，由压桩单位和建设单位签收。不合格的成品桩立即清除出场；

3）压桩施工前首先应校核准压桩位置放线尺寸、确定压桩顺序及规定的程序操作；

4）其次做好中间工序的检查（检查压力、桩垂直度、上下桩的对焊、焊后间歇时间、压入深度、桩顶标高等）；

5）做好成品桩进场验收记录工作和压桩施工检查记录。

（2）监理工作控制目标值：

1）质量控制目标：验收合格。

2）进度控制：按已审定的静压桩施工进度计划执行。

5. 监理工作程序、原则、手段、重点

（1）监理工作程序：按照监理工作流程工作，严格把关和控制、确认。

（2）监理工作原则：严格监理、热情服务、按验收规范要求进行工序检查，上道工序不合格，不得进入下道工序施工。

（3）监理工作手段：

1）采用全检、抽检和委托第三方检验的方法，按生产厂家提供的资料检查和确认；

2）采取旁站、巡视、平行检验的手段检查和控制质量；

3）利用合同管理、费用控制的方法确保质量和进度目标的实现；

4）对所选用的压桩成品桩要求检查有效的产品合格证书，不合要求的坚决不能使用。

（4）工作重点：成品桩进场检查、压桩过程检查、施工结束检验。

6. 具备的技术资料

（1）施工单位的质保材料、所用仪器设备的合格证书、施工人员的上岗证书。

（2）预制混凝土方桩静压桩方案和施工组织设计。

（3）压桩中间工序全过程记录。

（4）规范规定的其他资料。

7. 工作注意要点

（1）施工方提供的资料和报验文件必须有明确的依据。

（2）按即定的施工方案组织进行施工。

（3）重视中间过程的控制、抽查、验收。

（4）作好压桩施工的现场记录。

（5）施工方必须按照规范等法定文件的要求程序报验和确认。

8. 静压桩工程质量标准和检查验收方法

检查验收所用标准和方法详见《建筑地基基础工程施工质量验收规范》GB 50202—2002 及《建筑工程施工质量验收统一标准》GB 50300—2001。

1）预制成品桩进场质量检查要求做外观及强度检验。预制成品桩外观质量检验表见表 12-7。

2）压桩施工时对桩位放样、桩顶标高、桩位偏差的检查；对压桩压力、桩垂直度、接桩质量、接桩间歇时间、压入深度的检查内容见表 12-8、表 12-9。

3）其余主控项目待压桩施工完成后按规范规定进行检测。

表 12-7　钢筋混凝土预制桩进场外观质量检验表

制桩日期：　　　　　　进场日期：　　　　　　　　　第　　页共　　页

施工单位：　　　　　　　　　　　　　　　　　　工程名称：A座
制桩单位：　　　　　　　　　　　　　　　　　　混凝土强度等级：C40
检验日期：　　　　年　　月　　日

序　号								
桩　号								
一般项目	成品外观	表面平整						
		颜色均匀						
		掉角深度 ＜10mm						
		蜂窝小于总面积 0.5%						
	成品裂缝	深度＜20mm						
		宽度＜0.25mm						
		横向裂缝长度不超过边长的一半						
	成品桩尺寸	横截面边长＜5mm						
		桩顶对角线差＜10mm						
		桩尖中心线 ＜10mm						
		桩身弯曲高 ＜1/1000						
		桩顶平整度 ＜2mm						
桩长(m)								
结论								

制桩单位： 年　月　日	施工单位： 年　月　日	监理单位： 年　月　日	建设单位： 年　月　日

表 12-8　混凝土静压桩施工过程控制检查记录表

第　　页共　　页

工程名称：A/B座

施工单位：××岩土工程有限责任公司

施工日期：______年____月____日

序号								
桩号								
检查项目		允许偏差						
	桩位放样	20mm						
	桩顶标高	（中间验收）±50mm						
	电焊条质量	依设计规定						
	桩位偏差	（垂直基础梁的中心线）100＋0.01Hmm						
		（沿基础梁的中心线）150＋0.01Hmm						
	电焊接桩焊缝质量							
检查项目	1)上下节端部错口	≤3mm						
	2)焊缝咬边深度	≤0.5mm						
	3)焊缝加强层高度宽度	2 mm						
	4)焊缝质量外观	无气孔、无焊瘤、无裂缝						
	5)电焊后停歇时间	＞1min						
备注：								

现场记录：　　　　　　　　　　　　　审核：

12.2.4 A/B座工程土方工程监理细则

1. 监理依据

（1）A/B座工程监理规划；

（2）A座工程施工组织设计和B座工程施工组织设计；

（3）A座工程结构设计说明和施工图，B座工程结构设计说明和施工图；

（4）A/B座工程岩土工程勘察报告；

（5）《建筑地基基础设计规范》GB 50007—2002；

（6）《建筑地基基础工程施工质量验收标准》GB 50202—2002；

（7）《建筑工程施工质量验收统一标准》GB 50300—2001；

（8）《建筑场地墓地探查与处理暂行规程》Q/XJ 104—64；

（9）《建筑与市政降水工程技术规范》JGJ/T 111—98；

（10）《建筑基坑支护技术规程》JGJ 120—99；

（11）《工程测量规范》GB 50026—93。

2. A座工程土方施工的特点

(1) A座工程土方工程内容包括基坑、管沟的开挖与回填，场地平整和排水沟的挖填方。

(2) A座工程基础设计为预制混凝土静压桩基和1.3m厚的混凝土筏板承台，筏板下是100厚的C10混凝土垫层，基坑底标高为−6.40m（407.4m），施工场地自然地坪平均标高为−1.25m（412.55m），地下稳定水位标高为−6.10～6.40m（407.10～407.40m）。

(3) 根据设计要求、岩土工程勘察报告结论、相关规范，考虑挡土、护坡、防水、降水等问题，确定基坑的支护方案和土方开挖方案。

(4) 土方开挖的顺序、方法必须与设计工况相一致，并遵循“开槽支撑，先撑后挖，分层开挖，严禁超挖”的原则。

(5) 根据设计要求和相关规范确定回填土施工方案及相应的操作方法。

3. B座工程土方施工的特点

(1) B座工程土方工程内容包括基坑、管沟的开挖与回填。

(2) B座工程基础设计为预制混凝土静压桩基和0.5m厚的混凝土筏板，1.2～1.4m厚承台，400mm×800mm、700mm×1000mm、700mm×1200mm的基础梁，筏板下是100厚的C10混凝土垫层，基坑底标高为−5.95m，地下稳定水位标高为−6.10～6.40m（407.10～407.40m）。

(3) 根据设计要求、岩土工程勘察报告结论、相关规范，考虑挡土、护坡、防水、降水等问题，确定基坑的支护方案和土方开挖方案。

(4) 土方开挖的顺序、方法必须与设计工况相一致，并遵循“开槽支撑，先撑后挖，分层开挖，严禁超挖”的原则。

(5) 根据设计要求和相关规范确定回填土施工方案及相应的操作方法。

4. 监理工作流程

监理工作流程如图12-6所示：

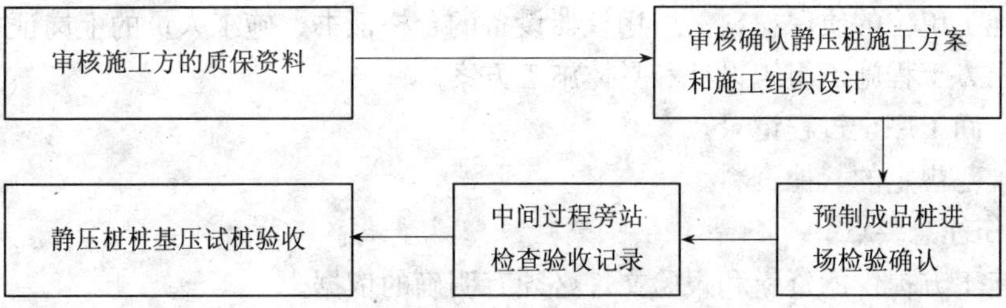

图12-6 监理工作流程图

5. 监理工作控制要点和目标值

(1) 控制要点：

1) 根据设计要求和土建施工图、岩土工程勘察报告、审核施工单位的土方工程施工组织设计和施工方案。

2) 根据施工单位施工组织设计中的安排预先划分好土方分项工程的检验批。

3) 复查定位放线控制点、水准点、标高控制点及其保护措施。

4) 土方开挖前和施工中检查排水和降低地下水位系统，地下水位控制在开挖基坑底面标高下0.5m，并随时观察邻近建筑物和周围环境的变化。

5）审查基坑支护方案的可行性，施工中随时注意基坑支护结构的牢固性。

6）土方开挖后应立即对基坑进行封闭，防止水浸和暴露，并应及时进行地下结构工程的施工；基坑土方开挖应严格按设计要求进行，不得超挖。基坑周边超载，不得超过设计荷载的限制条件。

7）基坑开挖时，注意桩顶露出的锚固筋的保护，控制开挖标高在锚固筋上端0.2m处，其余部分人工开挖至混凝土垫层底标高。开挖后，应立即进行基坑检验。同时检验静压桩质量：桩位偏移、桩顶标高及桩顶破碎情况，针对实际问题采取相应处理办法。

8）根据设计要求，基础施工结束后应立即进行回填，筏板边缘外1m范围内用2∶8灰土回填夯实（填实系数≥0.95）；筏板下土须压实（压实系数须＞0.95）。

9）土方回填前须清基，验收基底标高；并对填方料进行验收；按所报施工方案检查回填压实的质量。

（2）监理工作控制目标值：

1）质量控制目标：验收合格。

2）进度控制：按已审定的土方工程施工进度计划执行。

6. 监理工作程序、原则、手段、重点

（1）监理工作程序：按照监理工作流程工作，严格把关和控制、确认。

（2）监理工作原则：严格监理、热情服务，按验收规范要求，在施工单位已进行完自检的基础上，监理进行材料及半成品、成品和工序的检查，不符合要求的原材料坚决不允许使用。上道工序不合格，不得进入下道工序施工。

（3）监理工作手段：

1）采用全检、抽检和委托第三方检验的方法，按施工单位提供的资料检查和确认；

2）采取旁站、巡视、平行检验的手段检查和控制质量；

3）利用合同管理、费用控制的方法确保质量和进度目标的实现。

7. 具备的技术资料

（1）施工单位的质保材料、所用仪器设备的合格证书、施工人员的上岗证书。

（2）土方工程施工组织设计和具体施工方案。

（3）中间工序全过程记录。

（4）规范规定的其他资料。

8. 工作注意要点

（1）施工方提供的资料和报验文件必须有明确的依据。

（2）按既定的施工方案和施工工艺组织进行施工。

（3）按建设部要求对回填土施工过程进行全过程旁站。

（4）重视中间过程的控制、抽查、验收。

（5）做好土方施工的现场记录。

（6）施工方必须按照规范等法定文件的要求程序报验和确认。

9. 土方工程质量标准和检查验收方法

检查验收所用标准和方法详见《建筑地基基础工程施工质量验收规范》GB 50202—2002及《建筑工程施工质量验收统一标准》GB 50300—2001允许偏差或允许值。并应按照表12-9、表12-10所示做记录。

表 12-9　土方开挖工程质量检验标准记录表

项目名称	序号	检查内容	允许偏差或允许值(mm)					检查方法	备注
			柱基基坑基槽	挖方场地平整		管沟	地(路)面基层		
				人工	机械				
主控项目	1	标高	-50	±30	±50	-50	-50	水准仪	
	实测记录值(mm)								
	2	长度	+200	+30	+500	+100	—	用钢尺量	由设计中心线向两边量
		宽度	-50	-100	-150				
		实测值							
	3	边坡	设计要求					坡度尺量	
		实测值							
一般项目	1	平整度	20	20	50	20	20	靠尺量	
		实测值							
	2	基底土性	设计要求					观察	
备注：									
记录人：　　记录时间：　　审核：									

表 12-10　填土工程质量检验标准记录表

项目名称	序号	检查内容	允许偏差或允许值					检查方法	备注
			柱基基坑基槽	挖方场地平整		管沟	地(路)面基层		
				人工	机械				
主控项目	1	标高	-50	±30	±50	-50	-50	水准仪	
	实测记录值(mm)								
	2	分层压实系数	设计要求					按规定方法	
		实测值							
一般项目	1	回填土料	设计要求					取样检查	或直观鉴别
		实测值							
	2	分层厚度及含水量	设计要求					水准仪及抽样检查	
		实测值							
	3	表面平整度	20	20	30	20	20	用靠尺或水准仪	
		实测值							
施工部位：				记录人：			记录时间：		

12.2.5A/B 座工程钢筋工程监理细则

1. 监理依据

（1）A/B 座工程监理规划；

（2）A 座工程施工组织设计和和 B 座工程施工组织设计；

（3）A 座工程和 B 座工程结构设计说明和施工图；

（4）《混凝土结构设计规范》GB 50010—2002；

（5）《混凝土结构工程施工质量验收规范》GB 50204—2002；

（6）《建筑工程施工质量验收统一标准》GB 50300—2001；

（7）《高层建筑混凝土结构技术规程 》JGJ 3—2002、J 186－2002；

（8）《混凝土结构施工图平面整体表示法》2000G101、2003G101；

（9）《框架、框架—剪力墙、剪力墙结构总说明》陕 97J202；

（10）《钢筋焊接及验收规范》JGJ 18—96；

（11）《钢筋机械连接通用技术规程》JGJ 107—96；

（12）《肋钢筋套筒挤压连接技术规程》JGJ 109—96。

2. A 座工程钢筋施工的特点

（1）A 座工程钢筋工程内容包括：筏板、地下室墙板和顶板，1～23 层墙板和顶板，塔楼墙板和顶板，构造柱，室外蓄水池和化粪池。

（2）A 座工程钢筋混凝土的统一构造：

1）主筋保护层厚度：基础底板上层筋 40mm，下层筋 50mm；地下室外墙和现浇梁 25mm；现浇柱 30mm；现浇板墙 15mm。

2）梁、板、柱通常钢筋的搭接（钢筋接头宜优先采用焊接接头）：板中通长钢筋的搭接接头要相互错开，在任一接头中心至 1.3 倍搭接长度的区段范围内，有接头的受力筋截面面积不得超过该处钢筋总面积的 25%，接头要设在受力较小处，上部筋在跨中，下部筋在支座处搭接；次梁中钢筋的搭接接头应相互错开，在任一接头中心至 1.3 倍搭接长度的区段范围内，有接头的受力筋截面面积不得超过该处钢筋总面积的 25%，且上部筋在跨中附近，下部筋在支座附近，钢筋搭接长度范围内箍筋间距不应大于 100mm；地下室底板和筏板肋梁钢筋采用焊接（闪光对焊）或机械连接（套筒冷挤压连接），每一通长钢筋只能有一个套筒连接接头。受力钢筋的接头应设置在受力较小处，筏板钢筋的接头上部纵向筋要在桩中间，下部纵向筋要在桩头范围内；在同一截面处接头不能超过钢筋总面积的 25%；板中上下网片要设 $\phi8$ 间距 500 的拉筋和（Π）型 $\phi14$ 筋支撑；马凳筋以满足施工需要为准；墙体边缘构件中纵向钢筋要采用焊接（电渣焊）。

3）钢筋最小锚固长度如表 12-11 所示：

表 12-11　钢筋最小锚固长度

<table>
<tr><td colspan="10">纵向受拉钢筋的最小锚固长度 l_{ae} 及 l_a</td></tr>
<tr><td rowspan="3">钢筋种类</td><td colspan="3">二级抗震时 l_{ae}</td><td colspan="3">三级抗震时 l_{ae}</td><td colspan="3">四级抗震＝非抗震 $l_{ae}=l_a$</td></tr>
<tr><td colspan="3">混凝土强度等级</td><td colspan="3">混凝土强度等级</td><td colspan="3">混凝土强度等级</td></tr>
<tr><td>C25</td><td>C30</td><td>C35</td><td>C25</td><td>C30</td><td>C35</td><td>C25</td><td>C30</td><td>C35</td></tr>
<tr><td>Ⅰ级钢筋</td><td colspan="3" rowspan="2">$l_{ae}=1.15l_a$</td><td colspan="3" rowspan="2">$l_{ae}=1.05l_a$</td><td>$27d$</td><td>$24d$</td><td>$22d$</td></tr>
<tr><td>Ⅱ级钢筋</td><td>$33d$</td><td>$30d$</td><td>$27d$</td></tr>
</table>

钢筋最小锚固长度不小于250mm；受拉钢筋最小搭接长度为$l_l=1.2l_{ae}$，且不小于300mm；受压钢筋最小搭接长度为$0.84l_a$，且不小于200mm。

（3）梁、柱、剪力墙箍筋和拉筋的构造做法按标准图集（03G1011）第35页施工；剪力墙纵筋每排满设拉筋。

（4）楼层梁、板钢筋和剪力墙及连梁钢筋的构造措施见结构施工图总说明。

（5）根据设计要求和相关规范确定钢筋制作和安装施工方案及相应的操作方法。

（6）陆续按设计变更通知修改工程做法。

3. B座工程钢筋施工的特点

（1）B座工程钢筋工程内容包括：筏板（包括承台、基础梁），地下室墙板和顶板、柱，一至二十五层主体墙板和顶板、柱，塔楼墙板和顶板、隔墙构造柱。

（2）B座工程钢筋混凝土的统一构造：

1）主筋保护层厚度：基础底板上层筋40mm，下层有垫层的筋35mm；构造柱为20mm；板、墙为15mm；梁为25mm；柱为30mm。

2）Ⅰ、Ⅱ级纵向受拉钢筋的最小锚固长度l_{ae}及l_a，最小搭接长度l_{le}及l_l见标准图集（00G101）第25页。

3）受拉钢筋接头采用机械连接或焊接时应符合相关规范要求（对于钢筋直径≥20mm者应采用剥肋滚压直螺纹机械连接）。

（3）结构构件要求详见结构施工图总说明。

（4）钢筋的构造措施见结构施工图总说明。

（5）根据设计要求和相关规范确定钢筋制作和安装施工方案及相应的操作方法。

（6）陆续按设计变更通知修改工程做法。

4. 监理工作流程

监理工作流程如图12-7所示：

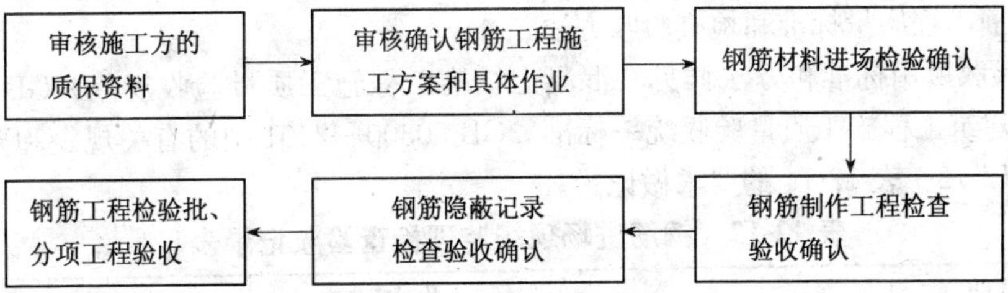

图12-7 监理工作流程

5. 监理工作控制要点和目标

（1）控制要点：

1）根据设计要求、施工图和相关规范规定审核施工单位的钢筋工程施工组织设计和施工方案；

2）检查审核有关操作人员的上岗证书；

3）钢筋进场时的检验（产品合格证、出厂检验报告、进场抽样做的复验报告）和使用前的全数检查（钢筋外观要求）；

4）钢筋制作加工检查：抽查审核施工单位钢筋下料放样计算单和放样图；

5）按验收规范要求到制作现场进行抽查；

6）在钢筋安装连接现场检查验收钢筋隐蔽工程（过程、检验批、分项）。

(2) 监理工作控制目标：

1) 质量控制目标：验收合格。

2) 进度控制：按已审定的钢筋工程施工进度计划执行。

6. 监理工作程序、原则、手段、重点

(1) 监理工作程序：按照监理工作流程工作，严格把关和控制、确认。

(2) 监理工作原则：严格监理、热情服务、按验收规范要求进行原材料和工序检查，不符合要求的材料不准使用；上道工序不合格，不得进入下道工序施工。

(3) 监理工作手段：

1) 采用全检、抽检和委托第三方检验的方法，按施工单位提供的资料检查和确认；

2) 采取旁站、巡视、平行检验的手段检查和控制质量；

3) 利用合同管理、费用控制的方法确保质量和进度目标的实现。

7. 具备的技术资料

(1) 施工单位的质保材料、所用仪器设备的合格证书、施工人员的上岗证书。

(2) 钢筋工程施工组织设计和具体施工方案。

(3) 中间工序全过程记录。

(4) 规范规定的其他资料。

8. 工作注意要点

(1) 施工方提供的资料和报验文件必须有明确的依据。

(2) 按既定的施工方案组织进行施工。

(3) 重视中间过程的控制、抽查、验收。

(4) 做好钢筋施工的现场记录和隐蔽验收检查确认。

(5) 施工方必须按照规范等法定文件的要求程序报验和确认。

9. 钢筋工程质量标准和检查验收方法

检查验收所用标准和方法详见《混凝土结构工程施工质量验收规范》GB 50204—2002 及《建筑工程施工质量验收统一标准》GB 50300—2001 中的有关规定和要求。并应按照表 12-12～表 12-14 的要求做记录。

表 12-12　钢筋进场现场监理检查验收记录表

进场日期				生产厂家			
钢筋品种		钢筋规格		钢筋数量		产品合格证及出厂检验报告	
见证取样(抽检)时间				见证取样人			
进场复验报告结果简记							
外观检查(全数检查)	钢筋应平直、无损伤、表面无裂纹、油污、颗粒状或片状老锈						
备注：							

表 12-13　钢筋加工制作现场监理检查验收记录表

<table>
<tr><td colspan="4">钢筋加工制作时间</td><td></td><td colspan="2">班次</td><td colspan="3"></td></tr>
<tr><td colspan="5">钢筋加工制作的具体工程部位</td><td colspan="5"></td></tr>
<tr><td colspan="5">钢筋加工制作是否按设计要求执行
有无钢筋代换是否办理设计变更文件</td><td colspan="5"></td></tr>
<tr><td rowspan="13">加工制作检查项目</td><td rowspan="9">主控项目</td><td rowspan="4">受力钢筋</td><td rowspan="3">弯钩</td><td>180mm</td><td></td><td></td><td></td><td></td><td></td></tr>
<tr><td>135mm</td><td></td><td></td><td></td><td></td><td></td></tr>
<tr><td>≤90mm</td><td></td><td></td><td></td><td></td><td></td></tr>
<tr><td colspan="2">每工作班同一类型
抽查不应少于 3 件</td><td></td><td></td><td></td><td></td><td></td></tr>
<tr><td rowspan="5">箍筋</td><td colspan="2">品种、规格</td><td></td><td></td><td></td><td></td><td></td></tr>
<tr><td colspan="2"></td><td></td><td></td><td></td><td></td><td></td></tr>
<tr><td rowspan="2">弯钩</td><td>135mm</td><td></td><td></td><td></td><td></td><td></td></tr>
<tr><td>平直长度</td><td></td><td></td><td></td><td></td><td></td></tr>
<tr><td colspan="2">每工作班同一类型抽查不应少于 3 件</td><td></td><td></td><td></td><td></td><td></td></tr>
<tr><td rowspan="4">一般项目</td><td>钢筋调直</td><td colspan="2"></td><td></td><td></td><td></td><td></td><td></td></tr>
<tr><td rowspan="3">钢筋加工允许偏差</td><td colspan="2">受力钢筋顺长度　方向全长的净尺寸±10mm</td><td></td><td></td><td></td><td></td><td></td></tr>
<tr><td colspan="2">弯起钢筋的弯折位置±20mm</td><td></td><td></td><td></td><td></td><td></td></tr>
<tr><td colspan="2">箍筋内净尺寸±5mm</td><td></td><td></td><td></td><td></td><td></td></tr>
</table>

表 12-14　钢筋安装连接检查验收记录表

分部工程名称						施工单位自检情况	
安装连接部位							
主控项目	1	纵向受力钢筋的连接方式					
	2	接头的力学性能					
	3	受力钢筋的品种、级别、规格、数量					
一般项目	1	接头位置和数量					
	2	接头的外观质量					
	3	接头面积百分率					
	4	绑扎搭接接头面积百分率和搭接长度					
	5	搭接长度范围内的箍筋					
	6	钢筋安装允许偏差	绑扎钢筋网	长宽		±10mm	
				网眼尺寸		±20mm	
			绑扎钢筋骨架	长		±10mm	
				宽高		±5mm	
一般项目	6	钢筋安装允许偏差	受力钢筋	间距		±10mm	
				排距		±5mm	
				保护层厚度	基础	±10mm	
					柱梁	±5mm	
					板墙	±3mm	
			绑扎箍筋、横向钢筋间距			±20mm	
			钢筋弯起点位置			20mm	
			预埋件	中心线位置		5mm	
				水平高差		+3,0mm	
备注：							

12.2.5A/B 座工程地下工程防水监理细则

1. 监理依据

(1) A/B 座工程监理规划；

(2) A 座工程施工组织设计和 B 座工程施工组织设计；

(3) A 座工程建筑设计说明和 B 座工程建筑设计说明；

(4)《地下工程防水技术规范》GB 50108—2001；

(5) 所选用材料的施工方法和技术要求。

2. A座工程地下防水施工的特点

(1) A座工程地下工程防水等级为一级，防水混凝土设计抗渗等级为S6。

(2) 地下室主体外侧、施工缝、变形缝均采用水泥基渗透结晶型防水涂料(1.5mm厚)。

(3) 地下室顶板防水基层同外墙，附加2mm丙烯酸防水涂膜一道，并加40mm厚，内配ϕ6@150细石混凝土。

(4) 根据所选材料的技术要求确定施工方案和操作方法。

3. B座工程地下防水施工的特点

(1) B座工程地下防水等级为一级，防水混凝土设计抗渗等级为S8。

(2) 防水卷材按《建筑构造通用图集》88J—8（华北地区标准化办公室，西北地区建筑标准设计协作组办公室联合编制）中的要求做。

(3) 地下防水材料应选用国家和建设部推荐的产品。

(4) 根据所选材料的技术要求确定施工方案和操作方法。

4. 监理工作流程

监理工作流程如图12-8所示：

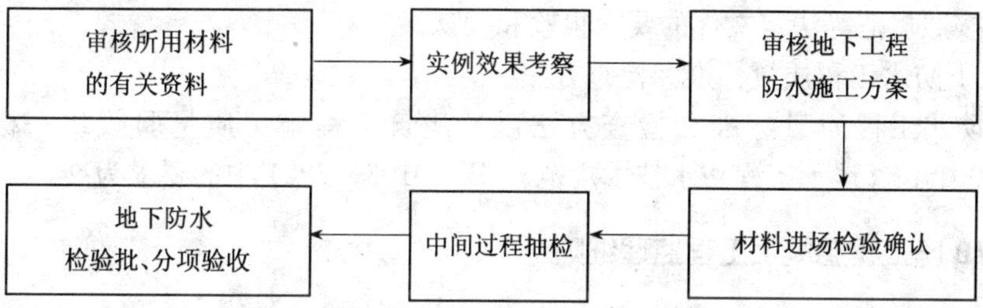

图12-8 监理工作流程图

5. 监理工作控制要点和目标值

(1) 控制要点：

1) 所选用的防水材料的质量必须符合设计要求；

2) 所选用的防水材料均应有品名、种类、制作时间、贮存有效期等使用说明和有效的产品合格证；

3) 防水材料进场必须有该批次材料的试验报告；

4) 防水基层必须按设计要求处理好；

5) 地下防水施工必须有单独的详细施工日志，并应有防水层结构、细部做法的检查记录。

(2) 控制目标值：

1) 质量控制等级：验收合格；

2) 进度控制：按已审定的施工进度计划执行。

6. 监理工作程序、原则、手段、重点

(1) 监理工作程序：按照监理工作流程工作，严格把关和控制、确认。

(2) 监理工作原则：严格监理、热情服务、按工序进行检查，上道工序不合格，不得进入下道工序。

(3) 监理工作手段：

1）采用全检、抽检和委托第三方检验的方法，按生产厂家提供的资料检查和确认；

2）采取旁站、巡视、平行检验的手段检查和控制质量；

3）利用合同管理、费用控制的方法确保质量和进度目标的实现；

4）对所用防水材料要求检查有效的产品合格证书，不合要求的坚决不能使用。

(4）工作重点：选好用料、处理好基层、正确施工、做好检查。

7. 具备的技术资料

(1）防水材料标准、性能试验报告、使用合格证。

(2）防水施工方案和技术要求。

(3）防水单独的详细施工日志和检查记录。

(4）规范规定的其他资料。

8. 工作注意要点

(1）各方提供的资料和报验文件必须有明确的依据。

(2）重视材料选择、基层处理、施工步骤、工程验收检查。

(3）加强已确定使用材料的保留封存，施工、检验和确认所需的工作依据必须齐全。

(4）按照规范等法定文件的要求报验和确认。

9. 地下防水工程质量标准和检查方法

地下防水工程质量标准和检查方法以《建筑工程施工质量验收统一标准》GB 50300—2001 和《地下工程防水技术规范》GB 50108—2001 中的要求为准。

12.2.6A/B 座工程混凝土工程监理细则

1. 监理依据

(1）A/B 座工程监理规划；

(2）A 座工程施工组织设计和 B 座工程施工组织设计；

(3）A 座工程和 B 座工程结构设计说明和施工图；

(4)《混凝土结构设计规范》GB 50010—2002；

(5)《混凝土结构工程施工质量验收规范》GB 50204—2002；

(6)《建筑工程施工质量验收统一标准》GB 50300—2001；

(7)《高层建筑混凝土结构技术规程》JGJ 3—2002、J 186—2002；

(8)《混凝土结构施工图平面整体表示法》2000G 101；

(9)《框架、框架—剪力墙、剪力墙结构总说明》陕 97J 202；

(10)《建筑抗震结构详图》97J 329（一）。

2. A 座工程混凝土施工的特点

(1）A 座工程主体是全剪力墙结构，地下一层是地下室，地上二十三层主体，塔楼三层是设备布置层。

(2）本工程混凝土工程内容包括：筏板、地下室墙板和顶板、一至二十三层主体墙板和顶板、塔楼墙板和顶板、隔墙构造柱、室外蓄水池和化粪池。

(3）本工程混凝土的强度等级：

1）基础垫层：C10

2）A 座工程基础及主体结构的混凝土的强度等级见表 12-15。

表 12-15　A 座工程基础及主体结构的混凝土的强度等级

A 座主体结构	墙	梁、板
地下室板底	—	C30
地下一至六层	C35	C30
七至十五层	C30	C25
十六层以上	C25	C25

3）各层构造柱及阳台栏板等。

(4) 地下室底板中，为减小混凝土的收缩，增加混凝土的密实性，加 8%的水泥重量替代量的“武冠”WG-HEA 牌的高效抗裂防水剂，抗渗等级不小于 S6。

(5) 全部采用商品混凝土。

(6) 根据设计要求和建设施工合同规定及相关规范选择商品混凝土生产供应厂家，并制定相应的商品混凝土质量管理控制制度和措施。

(7) 根据设计要求和建设施工合同规定及相关规范确定混凝土工程施工方案及相应的操作方法。

3. B 座工程混凝土施工的特点

(1) B 座工程主体是框架-剪力墙结构；地下一层是部分设备用房和有 22 个车位的地下车库；地上一、二层是商业用房，三至五层是办公用房，六至二十三层是一梯六户的住宅用房，塔楼两层是设备布置层。

(2) B 座工程混凝土工程内容包括：垫层、筏板（包括承台、基础梁）、地下室墙板和顶板、一至二十三层主体墙板和顶板、塔楼墙板和顶板、隔墙构造柱、一层裙房、室外蓄水池和化粪池。

(3) B 座工程混凝土的强度等级：

1）基础垫层：C10

2）B 座工程基础及主体结构的混凝土的强度等级见表 12-16。

表 12-16　B 座工程基础及主体结构的混凝土的强度等级

B 座主体结构	墙、柱	梁、板
基础及承台	—	C40
±0.000 以下	C45	C45
一层至五层	C45	C35
五层至十一层	C40	C30
十一层至十八层	C35	C30
十八层以上	C30	C30

3）各层构造柱及阳台栏板等。

(4) 根据设计要求和建设施工合同规定及相关规范确定混凝土主材和地材的质量标准，以及采购来源。

(5) 根据设计要求和建设施工合同规定及相关规范确定混凝土工程施工方案及相应的操作方法。

4. 监理工作流程

监理工作流程如图 12-9 所示：

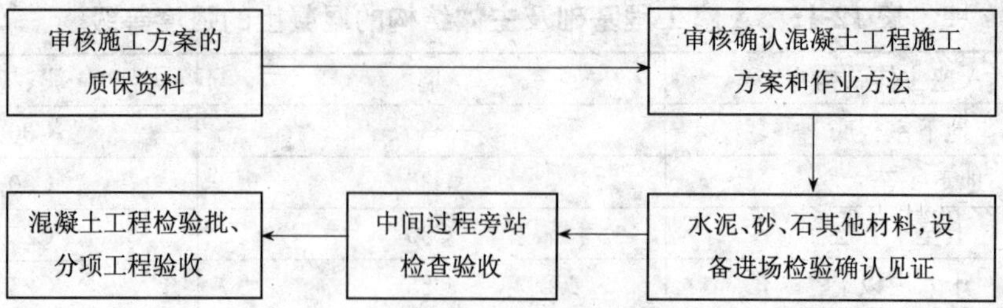

图 12-9　监理工作流程图

5. 监理工作控制要点和目标值

控制要点：

（1）根据设计要求、施工图和相关规范规定审核施工单位的混凝土工程施工组织设计和施工方案。

（2）根据施工单位的混凝土工程施工组织设计中的安排划分好混凝土工程检验批。

（3）检查审核有关操作人员的上岗证书。

（4）原材料检验：水泥进场时的检验（产品合格证、出厂检验报告、进场抽样做的复验报告）；混凝土中掺用外加剂进场时的检验（产品合格证、出厂检验报告、进场抽样做的复验报告）；混凝土中掺用矿物掺合料以及砂、石料的质量检验（出厂检验报告、进场抽样做的复验报告）。

（5）混凝土配合比设计：配合比设计资料检查；开盘鉴定；骨料含水率测定。

（6）混凝土施工：

1）混凝土试件的取样与留置（包括抗渗试件）；

2）混凝土原材料计量偏差，见表 12-17：

表 12-17　原材料每盘称量的允许偏差表

材料名称	允许偏差（%）	备注
水泥、掺合料	±2	复称抽查
砂、石	±3	复称抽查
水、外加剂	±2	复称抽查

3）连续浇筑的混凝土间歇时间；

4）混凝土施工缝和后浇带的留置及确定；

5）混凝土的养护；

（7）现浇混凝土外观质量和尺寸偏差的检查：

监理工作控制目标值：

1）质量控制目标：验收合格。

2）进度控制：按已审定的混凝土工程施工进度计划执行。

6. 监理工作程序、原则、手段、重点

（1）监理工作程序：按照监理工作流程工作，严格把关和控制、确认。

（2）监理工作原则：严格监理、热情服务、按验收规范要求进行水泥、粗和细骨料、混凝土等材料的检查，以及工序的检查，不符合要求的原材料不得使用；上道工序不合格，不得进入下道工序施工。

(3) 监理工作手段：

1) 采用全检、抽检和委托第三方检验的方法，按施工单位提供的资料检查和确认；

2) 采取旁站、巡视、平行检验的手段检查和控制质量；

3) 利用合同管理、费用控制的方法确保质量和进度目标的实现。

7. 具备的技术资料

(1) 施工单位的质保材料、所用仪器设备的合格证书、施工人员的上岗证书。

(2) 混凝土工程所用材料产品合格证、出厂检验报告、进场抽检所做的复验报告。

(3) 混凝土工程施工组织设计和具体施工方案。

(4) 中间工序全过程记录。

(5) 规范规定的其他资料。

8. 工作注意要点

(1) 施工方提供的资料和报验文件必须有明确的依据。

(2) 按既定的施工方案和生产工艺组织进行施工。

(3) 重视中间过程的控制、抽查、验收。

(4) 做好混凝土施工的现场记录。

(5) 施工单位做好自检的基础上组织混凝土工程检验批、分项工程的验收工作。

(6) 施工方必须按照规范等法定文件的要求程序报验和确认。

9. 混凝土分项工程质量标准和检查验收方法

检查验收所用标准和方法详见《混凝土结构工程施工质量验收规范》GB 50204—2002 及《建筑工程施工质量验收统一标准》GB 50300—2001。并按照表 12-18～表 12-20 的要求做记录。

表 12-18 水泥（外加剂）进场检查验收记录表

进场日期		生产厂家		品种		级别		编号	
数量		产品合格证			出厂检验报告				见证取样时间
复验报告结论									
备注									

表 12-19 砂、石进场使用质量检查表

进场日期		产地		数量	
产品合格证					
见证取样时间					
复验报告结论					
备注					

表 12-20　混凝土施工过程检查验收记录表

第　　页共　页

<table>
<tr><td colspan="3">浇筑的具体工程部位</td><td colspan="2"></td><td>班次</td><td></td><td>旁站值班人</td><td colspan="2"></td></tr>
<tr><td colspan="5">浇筑时间</td><td colspan="5"></td></tr>
<tr><td colspan="3">混凝土强度</td><td colspan="2"></td><td colspan="2">水泥标号</td><td colspan="3"></td></tr>
<tr><td rowspan="18">施工过程检查项目</td><td rowspan="10">后盘</td><td colspan="3" rowspan="2">现场砂石含水量</td><td colspan="2">砂（%）</td><td>石(%)</td><td colspan="2"></td></tr>
<tr><td></td><td></td><td></td><td colspan="2"></td></tr>
<tr><td colspan="2" rowspan="2">现场配合比每盘</td><td>水（kg）</td><td>水泥（kg）</td><td>砂（kg）</td><td>石（kg）</td><td>粉煤灰(kg)</td><td>外加剂(kg)</td></tr>
<tr><td></td><td></td><td></td><td></td><td></td><td></td></tr>
<tr><td colspan="2" rowspan="2">坍落度</td><td>次序</td><td>1</td><td>2</td><td>3</td><td colspan="2">4</td></tr>
<tr><td>实测值（mm）</td><td></td><td></td><td></td><td colspan="2"></td></tr>
<tr><td colspan="3">试样留置</td><td colspan="2">强度试件</td><td colspan="3">其他</td></tr>
<tr><td colspan="3"></td><td colspan="2"></td><td colspan="3"></td></tr>
<tr style="display:none"></tr>
<tr style="display:none"></tr>
<tr><td rowspan="4">前盘浇筑现场</td><td colspan="3" rowspan="2">浇筑时间</td><td></td><td colspan="2"></td><td colspan="2"></td></tr>
<tr><td colspan="5"></td></tr>
<tr><td colspan="8"></td></tr>
<tr><td colspan="8"></td></tr>
<tr><td rowspan="3">混凝土养护</td><td colspan="3">浇水时间</td><td colspan="5" rowspan="3">具体措施</td></tr>
<tr><td colspan="3"></td></tr>
<tr><td colspan="3"></td></tr>
<tr><td>备注</td><td colspan="9"></td></tr>
</table>

12.2.7A/B 座工程模板工程监理细则

1. 监理依据

(1) A/B座工程监理规划；

(2) A座工程和B座工程施工组织设计；

(3) A座工程和B座工程结构设计说明和土建施工图；

(4) A座工程和B座工程模板工程施工方案和施工技术交底；

(5)《建筑工程施工质量验收统一标准》GB 50300—2001；

(6)《混凝土结构工程设计规范》GB 50010—2002；

(7)《混凝土结构工程施工质量验收规范》GB 50204—2002。

2. A座工程模板工程施工特点

(1) A座工程混凝土结构现浇部分包括：筏板垫层、筏板、地下室墙和顶板、一至二十三层主体楼板和墙板、塔楼楼板和墙板、隔墙构造柱及室外零星工程。

(2) A座工程剪力墙采用的是大模板，其余采用的是组合模板。

(3) 根据设计要求和施工技术要求确定模板工程施工方案及相应的操作方法。

3. B座工程模板工程施工特点

(1) B座工程混凝土结构现浇部分包括：垫层、筏板（包括承台、基础梁），地下室墙、柱和顶板，一至二十三层主体楼板和墙板、柱，塔楼楼板和墙板，隔墙构造柱及室外零星工程。

(2) B座工程剪力墙采用的是大模板，框架柱采用的是木框竹夹板模板，其余采用的是组合模板。

(3) 根据设计要求和施工技术要求确定模板工程施工方案及相应的操作方法。

4. 监理工作流程

监理工作流程如图12-10所示：

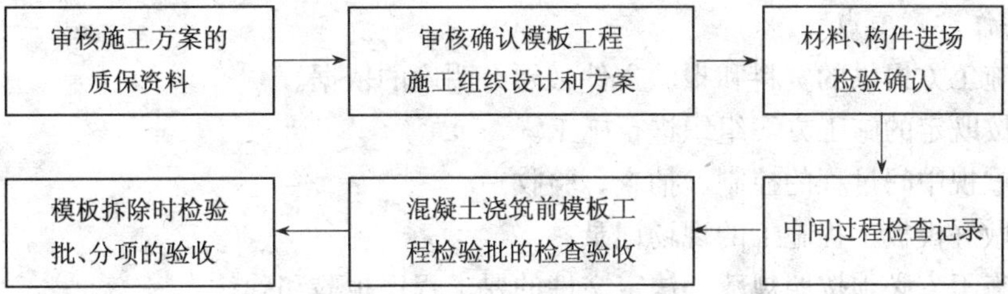

图12-10　监理工作流程

5. 监理工作控制要点和目标值

(1) 控制要点：

1) 进场的模板材料、构件质量必须符合设计要求；应有产品合格证书、产品性能检测报告；

2) 要求模板及其支架应根据工程结构形式、荷载大小、施工设备和材料供应的条件进行设计。保证模板及其支架应具有足够的承载能力、刚度和稳定性，能可靠地承受浇筑混凝土的重量、侧压力及施工荷载；

3) 在混凝土浇筑前应对安装好的模板和设计要求的所有预埋件进行检查验收。在进行安装和浇筑时，应对模板及其支架注意观察和维护。发生异常情况时，应按施工技术方案及时进行处理；

4) 按《混凝土结构工程施工质量验收规范》GB 50204—2002验收规范规定的要求进行模板制作安装检查验收；

5) 按《混凝土结构工程施工质量验收规范》GB 50204—2002验收规范规定的拆除要求、设计要求以及施工方所报的模板拆除方案进行模板拆除检查验收。

(2) 监理工作控制目标值：

1) 质量控制目标：模板安装验收合格；模板及其支架拆除安全并符合要求。

2) 进度控制：按已审定的模板工程施工进度计划执行。

6. 监理工作程序、原则、手段、重点

(1) 监理工作程序：按照监理工作流程工作，严格把关和控制、确认。

(2) 监理工作原则：严格监理、热情服务、按验收规范要求进行工序检验批检查，上道工序不合格，不得进入下道工序施工。

(3) 监理工作手段：

1) 采用全检、抽检和委托第三方检验的方法，按生产厂家提供的资料检查和确认；

2) 采取旁站、巡视、平行检验的手段检查和控制质量；

3) 利用合同管理、费用控制的方法确保质量和进度目标的实现；

4) 对所选用的模板及其配件要进行检查，不合要求的坚决不能使用。

(4) 工作重点：模板制作安装检查验收、模板拆除检查验收。

7. 具备的技术资料

(1) 施工单位的质保材料、所用仪器设备的合格证书、施工人员的上岗证书。

(2) 模板工程施工方案和施工组织设计及技术交底。

(3) 模板安装和拆除检查验收记录。

(4) 规范规定的其他资料。

8. 工作注意要点

(1) 施工方提供的资料和报验文件必须有明确的依据。

(2) 按既定的施工方案组织进行施工。

(3) 重视中间过程的控制、抽查、验收。

(4) 做好模板工程施工的现场记录。

(5) 施工方必须按照规范等法定文件的要求程序报验和确认。

9. 模板工程工程质量标准和检查验收方法

检查验收所用标准和方法详见《混凝土结构工程施工质量验收规范》GB 50204—2002 及《建筑工程施工质量验收统一标准》GB 50300—2001。并按照表 12-21、表 12-22 的要求做记录。

表 12-21 现浇结构模板安装的允许偏差及检验方法

项目		允许偏差(mm)	检验方法
轴线位置(纵、横两个方向)		5	钢尺检查
底模上表面标高		±5	水准仪或拉线、钢尺检查
截面内部尺寸	基础	±10	钢尺检查
	柱、墙、梁	+4，−5	钢尺检查
层高垂直度	≤5m	6	经纬仪或吊线、钢尺检查
	>5m	8	经纬仪或吊线、钢尺检查
相邻两板表面高低差		2	钢尺检查
表面平整度		5	2m 靠尺和塞尺检查

表 12-22 现浇结构模板安装现场检验批监理质量检查记录表

第　　页共　　页

工程名称				分项工程名称		验收部位	验收时间
施工单位			专业工长		质检员		
分包单位			施工工长				
执行标准名称及编号							
检查项目		验收规范的规定	具体误差值	监理现场检查记录			
主控项目	1						
	2						
	3						
	…						
一般项目	1						
	2						
	3						
	…						
备注：							

现场记录：　　　　审核：

12.2.8 A/B 座工程砌体工程监理细则

1. 监理依据

(1) A 座工程监理规划和 B 座工程监理规划；

(2) A 座工程和 B 座工程结构设计说明及施工图；

(3) A 座工程施工组织设计和 B 座工程施工组织设计；

(4)《砌体结构设计规范》GB 50003—2001；

(5)《砌体工程施工质量验收规范》GB 50203—2002；

(6)《建筑工程施工质量验收统一标准》GB 50300—2001。

2. A 座工程砌体工程施工的特点

(1) A 座工程砌体工程施工分四类：普通砖砌体；配筋砌体；填充墙砌体。混凝土小型加气空心砌块砌体工程。

(2) 根据不同的设计要求选择不同的材料和施工方案及相应的操作方法。

3. B 座工程砌体工程施工的特点

(1) B 座工程砌体工程施工分三类：普通砖砌体；配筋砌体；填充墙砌体。

(2) 根据不同的设计要求选择不同的材料和施工方案及相应的操作方法。

4. 监理工作流程

监理工作流程如图 12-11 所示：

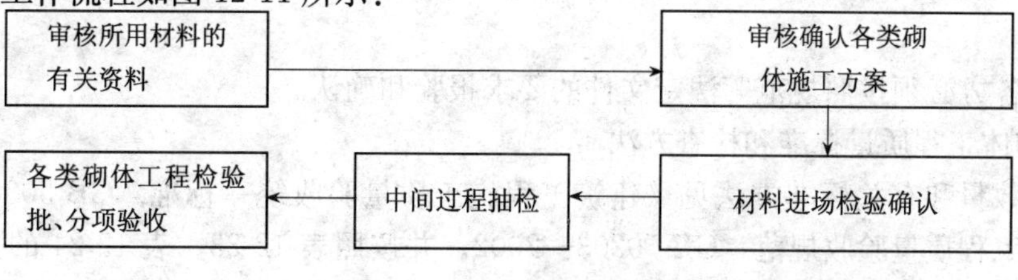

图 12-11 监理工作流程图

5. 监理工作控制要点和目标值

（1）控制要点：

1）所用材料的质量必须符合设计要求，特别是砖和砂浆的强度必须符合设计要求；

2）所用材料应有产品合格证书、产品性能检测报告。块材、水泥、钢筋、外加剂等主材还应有主要性能的进场复验报告；

3）首先应校核放线尺寸、确定砌筑顺序；

4）其次做好中间工序抽检（水平灰缝的砂浆保满度、接槎、轴线位置偏移、垂直度）；

5）做好预埋件和埋设管线的工作；

6）在施工单位自检的基础上做好检验批、分项工程的验收。

（2）监理工作控制目标值：

1）质量控制等级：验收合格。

2）进度控制：按已审定的施工进度计划执行。

6. 监理工作程序、原则、手段、重点

（1）监理工作程序：按照监理工作流程工作，严格把关和控制、确认。

（2）监理工作原则：严格监理、热情服务、按工序进行检查，上道工序不合格，不得进入下道工序。

（3）监理工作手段：

1）采用全检、抽检和委托第三方检验的方法，按生产厂家提供的资料检查和确认；

2）采取旁站、巡视、平行检验的手段检查和控制质量；

3）利用合同管理、费用控制的方法确保质量和进度目标的实现；

4）对所用材料要求检查有效的产品合格证书，不合要求的坚决不能使用。

（4）工作重点：选好用料、正确施工、坚持工序中间验收。

7. 具备的技术资料

（1）材料标准、性能试验报告、使用合格证。

（2）各类要求的砌体施工方案和技术方法。

（3）各类要求的砌体中间工序抽检记录。

（4）规范规定的其他资料。

8. 工作注意要点

（1）各方提供的资料和报验文件必须有明确的依据。

（2）重视材料选择验收、中间过程抽查和成品保护。

（3）加强已确定使用的材料的保留封存；施工、检验和确认所需的工作依据必须齐全。

（4）各方必须按照规范等法定文件的要求报验和确认。

9. 砌体工程质量标准和检查方法

检查数量和有关标准方法见《建筑工程施工质量验收统一标准》GB 50300—2001和《砌体工程质量验收规范》GB 50203—2002。并按照表12-23、表12-24的要求做记录。

表 12-23　砖砌体工程检验批现场监理检查记录表

单位工程名称			分部工程名称	
施工单位			分包单位	
检查部位			检查时间	
施工质量验收规范的规定				现场检查记录
主控项目	1	砖强度等级	MU	
	2	砂浆强度等级	M	
	3	水平灰缝灰浆饱满度	≥80%	
	4	斜槎留置		
	5	直槎拉接钢筋及接槎处理		
	6	轴线位移	≤10mm	
	7	垂直度(每层)	≤5mm	
一般项目	1	组砌方法		
	2	水平灰缝厚度	8～12mm	
	3	基础顶面、楼面标高	±15mm	
	4	表面平整度	清水:5mm 混水:8mm	
	5	门窗洞口高、宽	±5mm	
	6	水平灰缝平直度	清水:5mm 混水:8mm	
备注				

现场记录:　　　　审核:

表 12-24　填充墙砌体工程检验批现场监理检查记录表

单位工程名称				分部工程名称	
施工单位				分包单位	
检查部位				检查时间	
施工质量验收规范的规定					现场检查记录
主控项目	1	块材强度等级		MU	
	2	砂浆强度等级		M	
一般项目	1	无混砌现象			
	2	拉接钢筋网片位			
	3	错缝搭砌			
	4	灰缝厚度、宽度			
	5	梁底砌法			
	6	灰缝砂浆饱满度		≥80%	
	7	轴线位移		≤10mm	
	8	垂直度	≤3m	≤5mm	
			>3m	≤10mm	
	9	表面平整度		≤8mm	
	10	门窗洞口高、宽(后塞口)		±5mm	
	11	外墙上下窗口偏移		20mm	
备注					

现场记录:　　　　审核:

12.2.9A/B座工程内墙、顶棚饰面工程监理细则

1. 监理依据

(1) A/B座监理规划；

(2) A座和B座建筑设计说明和施工图；

(3)《建筑装饰装修工程质量验收规范》GB 50210—2001；

(4) A座和B座工程施工组织设计；

(5) A座和B座工程建筑装饰用料说明。

2. A座内墙、顶棚饰面施工的特点

(1) 本工程内墙、顶棚饰面装饰分四类：

1) 所有公共使用的内墙、顶棚饰面均为涂料；

2) 所有户内卫生间、厨房内墙面饰面做贴瓷砖的基层刮槽（细拉毛）；

3) 所有户内卫生间、厨房顶棚和其余户内墙面、顶棚饰面做涂料基层满刮腻子；

4) 一楼公共卫生间内墙面满贴陶瓷面砖。

(2) 根据不同的设计要求选择不同的材料和施工方案及相应的操作方法。

(3) A座工程内墙抹灰分为26个检验批；内墙满刮腻子分为23个检验批；公共部分内墙涂料分为26个检验批。

3. B座内墙、顶棚饰面施工的特点

(1) 本工程内墙、顶棚饰面装饰分五类：

1) 地下室及一至五层公共卫生间内墙面满贴陶瓷面砖；顶棚板底抹灰刷涂料；

2) 六至二十三层的卫生间、厨房内墙面饰面做贴瓷砖的基层刮槽（细拉毛）；顶棚板底抹灰水泥砂浆细拉毛；

3) 六至二十三层的户内墙面、顶棚饰面做涂料基层满刮腻子；

4) 所有公共使用的内墙、顶棚饰面均为涂料；

5) 地下室、管道井、设备层内墙面饰面为水泥砂浆。

(2) B座内墙抹灰分为25个检验批；内墙满刮腻子分为23个检验批；公共部分刷涂料分为5个检验批；一至五层卫生间内墙瓷砖为1个检验批。

4. 监理工作流程

监理工作流程如图12-12所示：

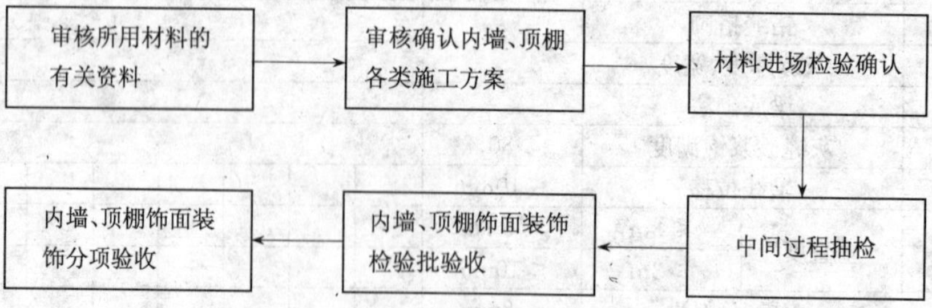

图12-12　监理工作流程图

5. 监理工作控制要点和目标值

(1) 控制要点：

1) 所选用材料的质量必须符合设计要求；

2）所用涂料和半成品（包括界面剂、腻子等）均应有品名、种类、颜色、制作时间、贮存有效期等使用说明和有效的产品合格证；

3）首先基层必须处理洁净；

4）其次做好中间工序抽检；

5）必须重视成品保护。

（2）监理工作控制目标值：

1）质量控制等级：优良。

2）进度控制：按已审定的施工进度计划执行。

6. 监理工作程序、原则、手段、重点

（1）监理工作程序：按照监理工作流程工作，严格把关和控制、确认。

（2）监理工作原则：严格监理、热情服务、按工序进行检查，上道工序不合格，不得进入下道工序。

（3）监理工作手段：

1）采用抽检检验的方法，按生产厂家提供的资料检查和确认；

2）采取巡视、平行检验的手段检查和控制质量；

3）利用合同管理、费用控制的方法确保质量和进度目标的实现；

4）对所用涂料和半成品（包括双组分材料、配套的稀释剂或掺加料、腻子等）要求检查有效的产品合格证书，不合要求的坚决不能使用。

（4）工作重点：选好用料、处理好基层、正确施工、保护好成品。

7. 内墙、顶棚饰面装饰工程质量标准和检查方法

（1）涂料工程应待涂料层完全干燥后，方可进行工程验收。

检查数量和有关标准方法见《建筑装饰装修工程质量验收规范》GB 50210—2001中的第10条的有关规定：

（2）贴瓷砖基层刮槽面按高级抹灰刮槽面要求，检查数量和有关标准方法见《建筑装饰装修工程质量验收规范》GB 50210—2001中的第4条的有关规定。

（3）涂料基层刮腻子按高级饰面要求，检查数量和有关标准方法见《建筑装饰装修工程质量验收规范》GB 50210—2001中的第4条的有关规定。

（4）贴瓷砖内墙面的检查数量和有关标准方法见《建筑装饰装修工程质量验收规范》GB 50210—2001中的第8.3条的有关规定执行。

8. 应具备的技术资料

（1）材料标准、性能试验报告、使用合格证。

（2）各类要求的内墙面、顶棚施工方案和技术方法。

（3）各类要求的内墙面、顶棚中间工序抽检记录。

（4）规范规定的其他资料。

9. 工作注意要点

（1）各方提供的资料和报验文件必须有明确的依据。

（2）重视材料选择验收、中间过程抽查和成品保护。

（3）加强已确定使用的材料的保留封存，施工、检验和确认所需的工作依据必须齐全。

（4）各方必须按照规范等法定文件的要求报验和确认。

12.2.10A/B座工程室内给排水管道安装监理细则

1. 监理依据

(1) A/B座监理规划；

(2) A/B座给排水设计说明和施工图；

(3) A/B座给排水施工方案和施工技术交底；

(4)《建筑工程施工质量验收统一标准》GB 50300—2001；

(5)《给排水工程施工质量验收规范》GB 50242—2002；

(6) ××大厦A/B座工程设计变更及其他有效文件。

2. A座工程给排水工程施工特点

(1) 生活用水采用竖向分高、中、低三个区，中低区有变频泵供水，高区由水泵加压送至高位水箱，再由水箱供水，设计为枝状供水系统。

(2) 排水系统、卫生间及厨房排水采用双立管排水，一、二层污水管道单独排出室外，地下室废水由潜水泵提升排至室外。

(3) 消防系统除每层设室内消防栓外，并在屋顶锅炉房和地下室自备发电机房内设喷雾灭火系统，消防栓竖向不分区，由设在地下室的消防栓加压泵加压供给室外设两套地上式水泵结合口，屋面设有消防稳压装置一台，室面水箱设有十分钟的消防用水量，设计为枝状供水系统。

3. B座工程给排水工程施工特点

(1) 生活用水分三个区，地区由城市管网直接供水，商场与办公系统分开供水，中区由变频泵供水，高区采用水泵至屋顶水箱供水。

(2) 排水系统：采用单立管排水，底层单独排水，地下室废水排至集水坑，再用潜水泵提升排至室外。

(3) 消防系统：地下室设两台消防泵，每层设室内消防栓屋面设生活消防水箱为网状供水系统，室外设地上式消防栓水泵接合器四套。

(4) 自动喷水系统：由地下室喷雾泵二台供水，地下一层至十二层为低区，十二层至二十三层为高区，每层设有喷雾喷头，采用自动、手动和应急三种控制方式。

4. 监理工作流程

监理工作流程如图12-13所示：

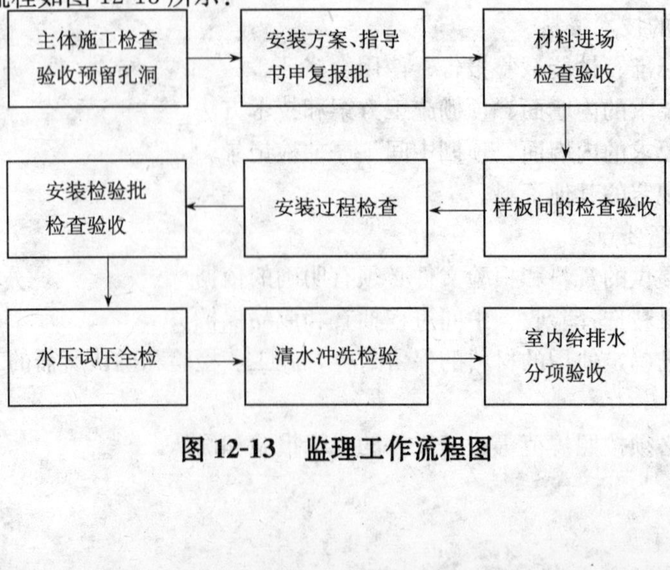

图12-13 监理工作流程图

5. 监理工作控制要点

(1) 检查认可施工单位质量保证体系、管理制度。

(2) 在施工前，检查确认进场材料所具有合格证及性能检测报告，不合格的产品和三无产品要立即退场或封存，检验合格的材料做好除锈刷油工作。

(3) 安装过程中，严格按《给排水工程施工质量验收规范》GB 50242—2002 规定的要求进行检查验收。

(4) 管道安装完毕所进行的水压试验、灌水试验和系统冲洗必须符合设计要求和施工验收规范的规定。

(5) 排水管道坡度必须符合设计要求和施工验收规范规定。

6. 监理工作控制目标值

(1) 质量控制目标：A/B 座给排水管道安装达到《建筑工程施工质量验收统一标准》GB 50300—2001 验收合格。

(2) 进度控制按已审定的给排水管道安装进度计划进行。

7. 监理工作程序、原则、手段、重点

(1) 监理工作程序按照监理工作流程工作，严格把关，控制和确认。

(2) 监理工作原则：严格监理，热情服务，按照验收规范要求进行工序检验批检查，上道工序不合格不得进入下一道工序施工。

(3) 监理工作手段：

1) 采用全检、抽检和委托第三方检验的方法，按生产厂家提供的资料检查和确认；

2) 采取旁站、巡视、平行检验的手段检查和控制质量；

3) 对水压、冲洗除检查记录外，还要按系统全过程在现场检验；

4) 截止阀、闸阀抽样检测严格按规范执行。

(4) 工作重点：材料、附件、截止阀、闸阀、管道连接的检验特别着重管道安装的分项或系统试压严格按规范执行，持续时间的压力下降确认，对阀类采取多次循环开启检验。

8. 应具备的技术资料

(1) 材料出厂合格证、施工人员上岗证书。

(2) 阀门试压记录。

(3) 管道试压记录。

(4) 隐蔽工程记录。

(5) 管道冲洗记录。

9. 工作注意点

(1) 各方提供的资料和报验文件必须有明确的依据。

(2) 重视屋顶水箱注水设备和自控设备的安装质量试验手段的可靠性。

(3) 加强已确定的材料样品的保留封存，作为分批进场检验和确认的依据。

(4) 按既定的施工方案组织进行施工。

(5) 重视中间过程的控制、抽查和验收。

(6) 做好施工的现场记录。

(7) 施工单位必须按照规范等法定文件的要求程序报验和确认。

12.2.11A/B 座工程采暖管道、散热器监理细则

1. 监理依据

(1) A/B 座工程监理规划；

(2) A/B 座采暖工程设计说明和施工图；

(3) A/B 座采暖工程施工方案、施工技术交底及其变更等；

(4)《建筑工程施工质量验收统一标准》GB 50300—2001；

(5)《给排水工程施工质量验收规范》GB 50242—2002；

(6) A/B 座暖通工程所选用的材料和散热器相应的制造和进场检验标准。

2. A 座工程采暖管道工程特点

(1) 采暖系统分上、下两区，一至十一层为下区，十二至二十三层为上区，上、下区的采暖系统均采用上供下回单管顺流式系统。

(2) 上区供水干管敷设区在二十三层顶板下，上区的回水干管敷设在十一层的顶板下。

(3) 下区供水干管敷设在十一层顶板下，下区回水干管敷设在地下室顶板下，水平干管坡度 $i \geqslant 0.003$。

(4) 本工程的采暖管道采用焊接钢管，DN＞32 采用焊接；DN≤32 采用丝接，地沟采用钢衬不锈钢管。

3. B 座采暖管道工程的特点

(1) 采暖分 R_1、R_2 两个系统，R_1 系统供一至五层公建部分采暖，R_2 系统供六至二十三层住宅部分采暖。

(2) R_1 采暖系统采用上供下回单管回程顺流式，供水干管敷设在设备层，回水干管敷设在地下室梁底。

(3) R_2 采暖系统采用上供下回单管回程顺流式，供水干管敷设在屋面上，回水干管敷设在设备层。

(4) 采暖管道 DN≤70 采用焊接钢管，DN＞70 采用无缝钢管。

4. 监理工作流程

监理工作流程如图 12-14 所示：

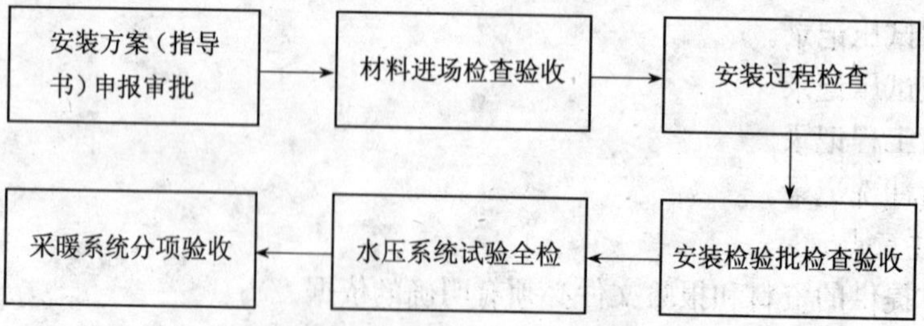

图 12-14 监理工作流程图

5. 监理工作控制要点和目标值

(1) 控制要点：

1) 检查施工单位质量保证体系、管理制度；

2) 材料进场检查验收；

3）对各类附件，特别是阀门类，止水垫圈的检查检验确认；

4）材料分类堆放的检查；

5）制作加工程序的控制抽检。

（2）监理工作控制目标值：

1）质量控制目标：A/B座采暖管道安装达到《建筑工程施工质量验收统一标准》GB 50300—2001验收合格；

2）进度控制按已审定的采暖管道安装进度计划进行。

6. 监理工作程序、原则、手段、重点

（1）监理工作程序：按照监理工作流程工作，严格把关，控制和确认。

（2）监理工作原则：严格监理，热情服务，按照验收规范要求进行工序检验批检查，上道工序不合格不得进入下一道工序施工。

（3）监理工作手段：

1）关键性材料采用全检，该进行的试验不放过；一般性材料采用抽检和委托第三方检验的方法，按生产厂家提供的资料检查和确认。

2）采取旁站、巡视、平行检验的手段检查和控制质量。

3）试压、冲洗除检查记录外，还要按系统全过程在现场检验。

4）对不合格的材料、附件按规范规定进行检验，除做好记录外，坚决清除出场或封存。

（4）工作重点：材料、附件、截止阀、闸阀、管道连接的检验，特别采暖管道安装后系统试压持续时间的压力下降值应符合规范规定。

7. 应具备的技术资料

（1）材料出厂合格证、施工人员上岗证书。

（2）阀门试压记录。

（3）管道试压记录。

（4）隐蔽工程记录。

（5）管道冲洗记录。

8. 工作注意点

（1）各方提供的资料和报验文件必须有明确的依据。

（2）重视采暖管道安装坡度。

（3）注意散热器旁通调节阀连接处丝接接头和连接垫的采购、加工和安装。

（4）加强已确定的材料样品的保留封存，做为分批进场检验和确认的依据。

（5）重视中间过程的控制、抽查和验收。

（6）做好施工的现场记录。

（7）施工单位必须按照规范等法定文件的要求程序报验和确认。

12.2.12 A/B座工程电气施工安装监理细则

为使A/B座工程建筑电气安装各分部工程在施工中达到专业化、规范化的要求，电气监理针对工程项目的特点，依据施工验评标准的规定，通过事前控制，跟踪监理，动态管理，加强验收，严格把关的有效措施，处理好“三控两管，一协调”的相互关系，特编制电气监理实则细节，以便更周密的对工程项目实施控制。

1. 监理依据

(1) A/B座监理规划；

(2) A/B座电气设计说明和施工图；

(3) A/B座电气施工方案和施工技术交底；

(4)《建筑工程施工质量验收统一标准》GB 50300—2001；

(5)《建筑电气工程施工质量验收规范》GB 50303—2002；

(6)《电气装置安装工程电气照明装置施工及验收规范》GB 50259—96；

(7)《建筑工程施工现场供电安全规范》GB 50104—93；

(8)《通风与空调工程施工质量验收规范》GB 50243—2002；

(9)《火灾自动报警系统施工及验收规范》GB 50166—92；

(10)《电梯工程施工质量验收规范》GB 50310—2002；

(11) ××大厦A/B座工程设计变更及其他有效文件。

2. A/B座工程建筑电气工程施工特点

(1) 本建筑为二类高层建筑，分别设有二类、三类防雷保护。消防系统属于二级保护对象，其中：客梯电力，消防电梯、排烟风机、正压风机等重要设备以及电梯前室、地下室照明均为二级负荷，采用两路电源供电、末端自动切换；其余负荷均为三级负荷，采用单回路供电。

(2) 本工程接地采用TN—S系统，从变配电所开始采用专门的接地保护线PE。所有正常不带电的电气设备外壳均应可靠接地。

(3) 屋顶装设避雷带，防雷引下线利用建筑物混凝土柱内钢筋，上部避雷带焊接，下部与接地体焊接，采用基础钢筋焊接成闭合联合接地系统。强弱电共用接地极，所有卫生间均应作局部等电位联接，其接地电阻不大于1Ω，否则增加辅助接地级、直到满足要求为止。

从首层起，每三层利用结构边梁水平钢筋与引下线焊接成均压环，所有引下线、建筑物内的金属物体等，应与均压环连接。

自45m以上、每三层沿建筑物四周敷设防侧击雷避雷带，采用25×4扁钢暗敷在表面抹层内，本高度以上金属栏杆，金属门窗等较大金属物体与防雷装置相连。屋面上各种金属管道应与避雷带可靠焊接，进出建筑物的各种金属及电气设备的接地装置，应在进出处与防雷装置连接。

(4) 消防系统采用分单元区域保护方式，按照建筑物的需要设置有各测控点、报警、警铃、广播、电话等环节，火灾时通过消防系统联动控制、启动各有关环节，实现火灾时自动控制并报警。

(5) 弱电系统部分：

1) 有线电视系统采用750 MHz邻频传输、用户电平要求为64±4 dB，图像清晰度要求不低于4级，每楼层设置有电视分支分配电箱，户内设置多媒体箱，每户设3个有线终端插座，放大器电源由就近照明回路引取。

2) 弱电项目另包括综合布线系统及可视对讲系统（每户1个可视对讲分机），数据布线（每户数据点1个），语言布线系统（每户语音点2个）。

(6) 其他：

1) 地下一层平时为车库、战时为二等人员掩蔽所，人防平时电源由变配电室引来，战时电源区域人防经电缆防爆波井引来。

2）电梯、风机、泵等设备均由厂家成套供应，并应符合电气与消防规范的要求（电梯定货时应考虑火灾时归底控制功能）。

3. 电气安装工程监理工艺流程

电气安装工程监理工艺流程如图 12-15 所示：

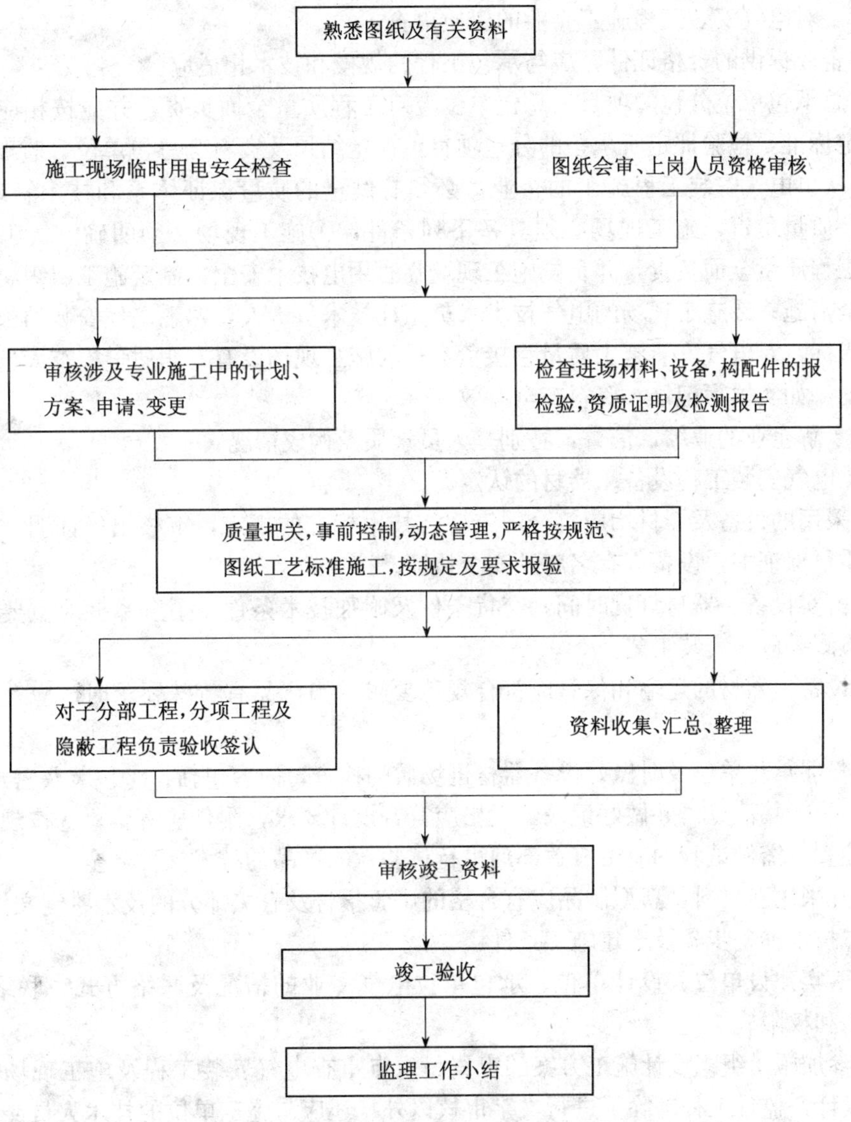

图 12-15　电气安装工程监理工作流程图

4. 电气安装工程质量预控措施

（1）设计图纸文件复核及优化，电气专业监理工程师首先应熟悉电气安装图纸、说明书、全面了解设计要求和使用要求。

1）设计文件的组成内容是否符合标准、规范。

2）设计说明、工程数量、设备和主要材料是否与施工图相符，图纸间相互有无矛盾，设计文件有无错漏。

3）室内外的设备布置和线路、路径，是否符合规定和现场实际。

4）采用新产品是否有足够的技术文件资料，加工非定型产品的图纸资料是否齐全。

5）文件中是否附有充分而完整的协议，如电源协议，外委配合工程协议，城建管理部门批准的线路路径的有关文件等。

6）结合供电方案，熟悉了解，掌握供配电系统构成及切换系统，以及重要负荷的逻辑关系，了解相关专业关系的系统功能及负载情况，重要数据应复核。

（2）对电气安装工程施工企业的资质审查：

1）企业提供的资格证件，应与承包工程的规模和技术相适应。

2）总承包单位分包的项目，总包单位应对工程质量全面负责，并应按相应的质量检验评定标准，检验评定所承担的分包项目，评定结果及资料交总包单位，监理部门。

3）从事电气安装工程施工的企业，必须有健全的质量保证体系和技术管理体系，并对安装质量负责，施工现场必须具备下列条件：①施工现场必须明确电气工程负责人，对工程质量全面负责，并负责施工现场临时用电技术安全，制定施工组织、管理措施、安全措施；②施工现场的电气技术人员担任技术负责人，熟悉电气安装的施工工艺和技术指标，对电气安装施工质量直接负责；③施工现场设有专职质量检查人员，坚持三检制度，如实填写记录，资料齐全有效。

4）了解企业的业绩，信誉，特别是人员素质及构成情况。

（3）电气安装工程设备、器材的认定：

1）采用的设备及器材均应符合国家现行技术标准的规定，审核出厂证明、技术合格证或质量保证书，设备应有名牌及安全认证。

2）落实设备、器材订货时间，交货条件及附加技术条件，了解掌握对重要的质量控制、检测手段、安装工艺。

3）设备、器材的运输和保管应符合规范要求，当产品有特殊要求时，应符合产品的要求。

4）督促承包单位及时做好设备器材进场后的检查，内容包括：①包装及密封良好，无缺损；②开箱清点，并做好记录，规格应符合设计要求，附件应齐全；③按规范要求做外观检查，需做试验的应由有关部门进行试验；④产品的技术文件齐全。

5）凡采用新材料，新型制品应有合格的试验报告及有关部分的技术鉴定文件。

（4）技术准备步骤及土建施工条件：

1）落实建设单位、设计单位、承包单位电气专业的情况及联络方式、联络渠道，明确分工和权限。

2）参加施工组织设计施工方案的审查，重点审查电气安装工程及施工现场临时用电组织设计，监理工程师除了进行文字审核以外，还应与施工单位的技术人员交谈，了解方案的真实性及可信程度。有针对性地制定监理措施，掌握具体施工方案，质最保证措施，审查相关专业工序安排及衔接、交叉关系和预留部位，预埋件的保障手段和质量措施及成品保护手段。

3）参加审核工程项目实施总进度计划，主要审查电气安装工程是否符合总工程控制目标的需要，是否合理安排了电气安装施工工期，以及施工方案的协调性及合理性。了解工程进度安排、劳动及机具情况。

4）现场临时用电是确保施工顺利进行的先决条件，施工用电确保安全、合理分配，并选用合格电气器具。

5）监理工程师组织土建与电气专业人员进行中间验收，电气设备安装前土建施工应具备下列条件：①屋顶楼板施工完毕，不得遗漏；②室内地面基层施工完毕，并在墙面上标出地面标高；③预埋件及预留孔符合设计要求，预埋件牢固；④混凝土基础及构支架达到允许安装的强度和刚度，其坐标位置、标高、外形尺寸应符合设计要求和施工规范中的有关规定，设备支架焊接质量符合要求；⑤模板、施工设备及杂物消除干净并有足够的安装用地，施工道路通顺；⑥基坑已回填夯实；⑦土建结构验收时，电气人员应按水平线、墙面线，按图查实预留施工孔洞及预埋管路、箱盒，符合要求后将箱盒稳定好。全部暗装电气工程的管路安装完毕后，将管路打通，查对位置和管路是否符合要求。

5. 电气安装工程质量控制要点

(1) 监理工程师要坚持每道工序不经验收认可不准转入下道工序的原则，对图纸、施工方案及关键数据都应熟悉，有关设计变更随时标注在图纸上，执行持证上岗制度，电气技术管理人员和操作人员应有相应的技术职称、职务证件和有效上岗证，并登记备案，对以上人员的素质及流动情况做到心中有数。

(2) 监理工程师要对施工单位报来的各项隐蔽报验单进行认真审查验收，对问题、疑点、缺陷应及时处理、重新复验，不让下道工序留下任何隐患。

(3) 监理工程师要严格执行规章制度，控制工程洽商。发生设计、工艺、材料及设备变动都应先办理工程洽商后再施工。各项手续以文字为凭，及时填写日志，掌握施工动态。

(4) 监理工程师要检查督促施工单位落实质量保证措施，落实“三检”（自检、互检、交接检）制度、“三按”（按图纸、按工艺、按标准）制度执行情况。

(5) 对供电系统，切换系统主要设备的安装调试，监理工程师要亲自监督校验，掌握详细的技术资料及真实情况。检查是否满足设计要求和施工验收规范要求，并做好记录。

(6) 对施工中的新技术、新设备、新工艺、新方法及代用器材、以及施工中必须修改的工艺和方案，监理工程师必须对照原设计要求，进行审核，并取得建设单位和设计单位的书面同意，或有关业务主管部门的认可。

(7) 监理工程师要定期参加工地例会，根据需要组织召开专业性协调会，如加工订货划项会，建设单位直接分包的项目与总承包单位之间的划项会，专业性较强的分包单位进场协调会等。

(8) 在承包单位质检人员自检合格的基础上，对承包单位报验的部位进行隐蔽工程验收。要及时全面收集相关技术资料及检验记录。按实际进度及质量情况，按期填写进度表，工程质量应符合有关技术标准、设计文件及合同规定的要求。做好中间测试和收尾调试，具有完整的技术档案和竣工图资料。

(9) 结合供用电条件，必要时可协助建设单位拟定相应的运行规章制度，为初送电试运行创造条件，顺利地转入工程保修阶段。

(10) 做好电气安装施工与其他专业施工配合及协调工作。监理工程师要在施工全过程中始终督促、检查、协调电气专业与其他专业的配合关系，明确职责分工，加快工程进度，降低消耗，确保工程质量。

1）基础施工阶段：督促土建专业施工人员按土建图注明的穿过基础的管线位置预留孔洞，电气专业人员配合土建施工，如预留土建图中未注明的应预留孔洞及需要埋入基础垫层的管线、接地装置。

2）主体施工阶段：督促电气人员与土建专业人员密切配合，对防雷设施及引下线的施工，对距地面1.8m处引出断链检查点，每三层设置一个均压带，均应提前备好预埋件，土建到位时及时埋入。

3）装饰抹灰阶段应注意控制好以下几点：①检查电气工程的箱、盒、管卡、管套是否齐全完好，不合格及时补救更换或修理；②检查轻质墙体上箱、盒、管卡和预留孔位置尺寸，如有遗漏及时补救；③电气工程的管理，配电箱贴脸面等应安装完毕，如与墙面不平或有缺口，应及时补修；④电气施工人员必须将箱，盒封堵（用纸或其他材料保护箱体，防止污染或掉进杂物）。

4）刷涂料及后期阶段应注意以下几点：①督促涂料人员保护好接线盒、开关盒、插座盒及箱、盒等；②最后照明器具及面板安装时，应保护土建成品，操作时站位正确，面板安装平整。

5）电气施工与土建配合时应掌握的几条线：①轴线：通过轴线计算出管、线、箱、盒的平面位置及相互关系；②水平线，一般称50线（或1米线），电气器具以此位置定位；③墙面线：抹灰前按土建冲筋确定墙面，电气施工应以此标准调整各种箱盒位置；④吊顶下皮线：精装修时，吊顶下皮线是调整安装嵌入式灯具或接线开关，接线盒位置的基准；⑤隔墙线及门中线：以此为据确定灯具，开关位置。

12.2.13A/B座工程旁站监理方案

1. 旁站监理依据

(1)《建设工程监理规范》GB 50319—2000；

(2) A/B座工程监理规划；

(3) 建设部《房屋建筑工程施工旁站监理管理办法》(试行)。

2. A/B座工程中须旁站监理的关键部位、关键工序范围

(1) 基础工程：

1）土方回填；

2）地下连续墙、土钉墙、后浇带及其他结构混凝土、防水混凝土浇筑；

3）卷材防水层细部构造处理。

(2) 主体结构工程：

1）梁柱节点钢筋隐蔽过程；

2）混凝土浇筑。

3. 旁站监理的内容

(1) 对本工程中需旁站的关键部位和关键工序施工质量实施全过程现场跟班监督。

(2) 旁站监理人员实施旁站监理时，应认真履行职责，及时发现和处理旁站监理过程中的质量问题，发现施工单位有违反工程建设强制性标准的行为时有权责令施工单位立即整改，发现施工单位有危及工程质量的施工活动时，应当及时向监理工程师或总监理工程师报告，由总监下达局部暂时停工令或采取其他应急措施。

(3) 监理人员如实做好旁站监理工作记录。

4. 旁站监理人员的职责

(1) 检查施工单位质检人员到岗情况，检查所旁站部位或工序的特殊工种人员上岗情况，检查施工机械完善程度，检查建筑材料准备情况。

（2）核查进场建筑材料、建筑构配件、设备和商品混凝土的质量检验报告，在现场监督施工单位质检试验人员进行工程中间检验或者为委托具有资格的第三方复验进行取样。

（3）在现场跟班监督所旁站的关键部位或工序的施工执行、施工方案及工程建设强制性标准情况。

（4）做好旁站监理记录和日记，保存好旁站监理的原始记录。

5. 旁站监理工作流程

旁站监理工作流程如图 12-16 所示：

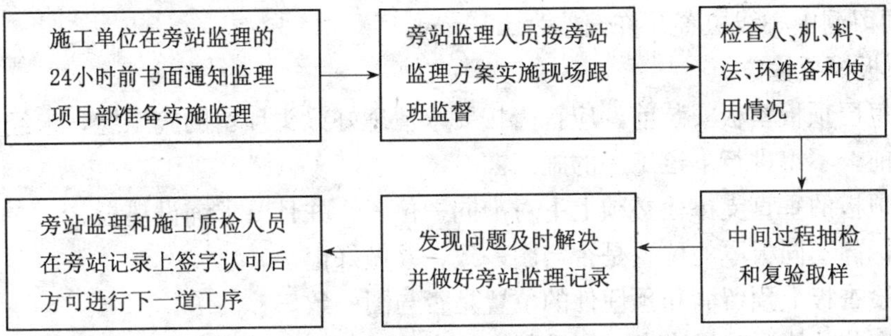

图 12-16　旁战监理工作流程图

12.2.14A/B 座工程测量放线工作现场监理管理程序及控制要点

（1）施工单位每次进行主要测量放线施工时，应提前 24 小时通知监理人员。

（2）监理人员首先应检查施工单位放线人员是否为已审批过的具有资格证和上岗证的人员。

（3）再次检查测量仪器（水准仪、经纬仪和钢尺）的校验有效期限。

（4）监理人员应在测放主控线过程中要进行全过程旁站和检查复核。

（5）主控线测放完后，监理人员应在现场做闭合差检查，复核主要轴线尺寸要求控制在施工单位所报的误差范围内。

（6）在闭合差检查和主要轴线尺寸复核符合要求后，方可同意测放小线。

（7）对小线的检验方法为抽检 10%，如果 10%中有 3%不合格（误差超过允许值）的，再抽 20%检查，如果还有不合格的，本次放线工作要求必须重新进行。

（8）标高线的检查方法为每层抽检 10%。

（9）监理人员在严格对上一道工序检查确认后，施工单位方可进行下道工序的施工。

（10）监理人员和测放人员必须做好测放过程的原始记录。

12.2.15A/B 座工程模板安装、拆除工作现场监理管理程序及控制要点

1. 剪力墙模板检查

（1）检查“位置、轴线、标高”与施工图是否一致，并做好记录。

（2）检查大模板涂刷隔离剂情况是否符合规范要求。

（3）检查剪力墙四大角和天井角的方正（轴线偏移、垂直度），误差按施工单位的标准为±2mm 的要求检查。

(4) 抽查相邻两板面的高低差。

(5) 抽查每面剪力墙的几块大模板是否在一条线上。

(6) 抽查内墙大模板垂直度。

(7) 检查模板的严密性，尤其是大模板根部的防漏浆措施是否到位和符合要求。

(8) 检查剪力墙大模板上的预留洞埋件及预埋件，并做详细记录。要求安装必须牢固，位置正确，具体要求为：

1) 预留钢板中心线位置允许偏差为3mm，检查方法为抽检10%；

2) 预留管中心线位置允许偏差为3mm；

3) 预留洞中心线位置允许偏差为±10mm。

2. 顶板模板检查

(1) 每层顶板模板安装前，应首先按要求清理好梁头预留的施工缝，未经监理人员检查确认前，不得进行下道工序的施工。

(2) 顶板的垂直支撑柱必须上下对准同一位置，并且要求铺设垫板。

(3) 标高不同板厚的位置是否与图一致，并做好记录。

(4) 检查板上预留洞和预埋件的位置是否与图一致。

(5) 安装就绪后，操作者应先进行自检，然后由施工单位管理人员进行二检，达到施工单位规定的一次合格率90%以上后，再报监理人员进行检查验收确认。

3. 框架柱、梁模板的检查

(1) 按施工图检查独立柱和梁的长、宽、高尺寸及相对位置。

(2) 模板应具有足够的承载力、刚度和稳定性。

(3) 检查模板的细部处理是否到位，检查B座工程一、二层两套系统模板的连接处框架柱根部的清理处理。

(4) 提醒施工单位对大跨度现浇板梁按规定要求起拱，起拱高度宜为跨度的1/1000～1/3000，检查方法为抽检10%。

4. 按施工单位施工组织设计中所报的拆除方案进行模板拆除检查

5. 模板过程检查

由现场监理人员进行巡视和抽检，并做好原始记录。每次检验批验收确认由专业监理工程师和现场监理人员共同进行，每次模板安装检验批验收确认和混凝土浇筑报审表在相应该次混凝土浇筑施工前必须完成签署意见工作。

12.2.16A/B座工程钢筋进场、制作、焊接、绑扎、安装等工作现场监理管理程序及控制要点

1. 进场钢材的检查

(1) 首先按A/B座工程每次甲方认价通知书规定的厂家要求进行检查，不符合规定的令其退场。

(2) 符合甲方认价要求的钢材按规定检查产品合格证、出厂检验报告，并按规定进行抽样做力学性能试验的旁证，做好每批次钢材样品的标牌留存和检查记录工作。

(3) 按规定对钢材外观质量进行全数检查，并做好记录。

2. 钢筋加工制作的检查控制

每一工作班可对同类型钢筋，对同一加工设备进行不少于3件的抽查。

（1）受力钢筋的弯钩（180°、135°、90°）是否符合设计要求。

（2）箍筋末端的弯钩及弯后平直部分的长度是否符合设计要求。

（3）受力钢筋加工的形状、尺寸应符合设计要求：受力钢筋顺长度的全长净尺寸；箍筋的外包尺寸。

3. 钢筋连接、安装控制要点

（1）全数检查纵向受力钢筋的电渣焊质量和受力钢筋的具体位置、数量。

（2）对板面梁的钢筋绑扎进行全过程跟踪检查（主筋摆放位置、数量、箍筋外包尺寸、间距、两端进入墙部分的锚固长度、保护层厚度），发现问题及时提出并做好原始记录，整改到位后再重新进行全数检查。

（3）柱、墙、梁、板受力钢筋的品种、级别、规格、数量进行全数检查。

（4）按设计要求和规范规定对墙、梁、板的受力钢筋的绑扎搭接接头、锚固长度进行检查。

（5）按设计要求和规范规定对墙、梁、柱配置箍筋、拉筋进行抽查。

（6）按设计要求和规范规定对预埋件的位置、尺寸进行抽查，对洞口加强筋进行全数检查。

（7）按设计要求和规范规定对柱、墙、梁、板的钢筋保护层厚度进行抽检。

4. 钢筋工程的程序管理内容

（1）施工结束后，由操作者进行自检，再报施工单位质量管理人员进行二检，达到施工单位规定的一次合格率90%以上后，报监理单位人员进行验收确认。

（2）在施工过程中有影响其他工种施工的操作行为及时协商处理解决，其他工种对钢筋安装、绑扎造成移位或损坏的地方，要按规范要求进行处理和修复，原则规定由操作者将其产生的建筑垃圾及时进行清理。

（3）钢筋工程过程检查由现场监理人员进行巡视和抽检，并做好原始记录，每次钢筋工程检验批验收、隐蔽工程验收确认和混凝土报审表在相应该次混凝土浇筑前必须完成签署意见工作。

12.2.17A/B座工程混凝土浇筑工作现场监理管理程序及控制要点

（1）每次进行混凝土浇筑前，监理人员应当审核施工单位以下准备工作：

1）人员：现场浇筑人员是否按照施工方案所报的情况全部到位；

2）机具完善情况：泵、振动棒、布料机、料管等各种施工设备是否准备到位和情况良好，备用电机是否备好；

3）材料：商品混凝土资料是否齐全，并已经过监理人员审核；

4）方法：浇筑方案和施工方法是否经过讨论通过；

5）环境：浇筑时间、天气和周围住户的协调情况是否考虑到位。

（2）每次进行混凝土浇筑施工前，监理人员应当首先审核施工单位所报的浇筑申请表是否符合设计要求，并签署确认意见。

（3）审核商品混凝土厂家所报的资料是否符合设计要求（混凝土配合比、砂、石、外加剂等的质量指标）。

（4）监理人员要对每次浇筑施工的过程进行全过程旁站，检查施工单位是否按其所报的施工方案进行浇筑施工。

(5) 抽查混凝土的坍落度变化是否在要求的误差范围内。

(6) 监督检查混凝土的强度试块的取样工作。

(7) 现场旁站监理人员应做好混凝土浇筑施工过程的监理记录并及时整理归档。

12.2.18A/B座工程电气、智能建筑、给排水、暖通等工作现场监理管理程序及控制要点

(1) 施工单位和相关专业监理人员根据设计要求和施工图、变更通知和施工方案等检查确认预埋管、预埋件和预留洞的位置及尺寸。

(2) 按照施工单位所报并经审核过的施工方案进行施工。

(3) 施工结束后，由操作者先进行自检，再报施工单位质量管理人员进行二检，达到施工单位规定的一次合格率90%以上后，报专业监理工程师进行验收确认。

(4) 在施工过程中有影响其他工种施工的操作行为要及时协商解决。对钢筋安装和模板安装造成移位或损坏的地方，要按规范要求进行处理和修复，原则规定由操作者将其产生的建筑垃圾及时清理。

(5) 专业监理工程师要对施工过程进行巡视和抽检并做好原始记录。每次检验批验收确认和混凝土浇筑报审表在相应该次混凝土浇筑施工前必须完成签署意见工作。

12.2.19A/B座工程现浇结构外观质量现场监理管理程序及控制要点

(1) 模板拆除后，立即对板、墙、柱、梁等现浇结构进行外观质量检查。

1) 一般缺陷：按施工单位所报《施工组织设计》中的技术处理方案处理，并全数重新进行检查；

2) 严重缺陷：经几方检查确认后，再由施工单位提出技术处理方案，并经几方认可后才能进行处理，重新处理好后应重新全数检查验收；

3) 现浇结构的尺寸偏差按施工规范要求参考施工单位的控制标准进行抽查；

4) 超过误差范围内的尺寸偏差的处理方法同下述第2条。

(2) 针对检查中存在的超过施工单位规定的控制标准的具体问题，要求施工单位找出具体原因并在下一层施工时对其整改到位。

(3) 对每次检查、验收过程和整改验收到位情况，现场监理人员要做好详细记录并整理归档。

12.3 某工程质量评估报告

12.3.1 某基础工程质量评估报告

1. 工程概况

××食宿大楼工程建筑面积为9288m^2，建筑平面呈L型，共六层砖混结构。地基处理采用粉喷桩法，满堂布设，桩顶标高−3.05m，上铺450厚砂石垫层。其基础为钢筋混凝土条型基础，下铺100厚C10素混凝土垫层与砂石垫层相接。基础墙体为MU10普通烧结砖、M10水泥砂浆砌筑。构造柱及基础圈梁为商品混凝土C25—

次浇筑施工。

2. 监理机构与监理依据

(1) 监理机构见表 12-25:

表 12-25 监理机构

监理职责	姓 名	专 业	备 注
总监理工程师	×××	土建	
专业监理工程师	×××	土建	
专业监理工程师	×××	水暖	
专业监理工程师	×××	电气	

(2) 监理依据：设计图纸及有关变更通知；建设工程施工合同、监理合同；建筑施工规范、强制性规定和有关法规文件。

3. 地基处理及基础工程的监理控制

遵照监理规范要求，全方位实施监理。工程质量是建设项目的核心，也是三大控制的重点，因此对工程质量进行全面控制。为了达到预期的控制目标，则对重点工序采取旁站、抽检等手段进行控制。

(1) 建筑物定位轴线的尺寸控制：旁站监理用红外线测距仪定位，精度达到楼长 61.4m，误差<1mm，各轴线点在拟建大楼四邻建筑物上并做了永久标记。

(2) 标高控制：以现场甲方提供并认证的±0.00 为原点（建立了永久性标记），以此作为各层次标高向上传递的依据。

以上两者建立起本建筑工程的控制网并通过市测绘院的检查验收。

(3) 地基处理工程：

1) 粉喷桩按设计施工，桩长 10.05m，有效桩身长 9.5m，桩径 500mm，按正三角形满堂布置，总桩数 1671 根。设计要求复合地基承载力标准值 fspk≥160kPa，经全方位跟班检查及控制，每米桩长水泥用量不少于 50kg，桩位偏移在规范内控制。

经××检测站对工程桩检测结果：低应变抽检 42 根，其中Ⅰ类桩 25 根，Ⅱ类桩 17 根，未出现Ⅲ、Ⅳ类桩。根据选定的 6 处（P1～P6）做静载荷试验结果，P1～P4 承载力标准值为 160 kPa，P5、P6 分别为 144 和 128kPa（其二处桩间土曾被水浸过），依据规范剔除此二处统计计算，粉喷桩工程复合地基承载力标准值符合设计要求（见检测报告）。

为了保证地基的工程质量，对 P5、P6 所处的位置桩间土质进行补强处理（选石灰、砂填孔桩共 317 根，孔深 2m，孔径 120 mm）。

2) 砂石垫层。原设计为 3∶7 灰土垫层，因桩间土含水量过大，经小面积试验无法施工，报请设计院后变更为砂石垫层，设计压实系数≥0.97，砂石配合比 4∶6。施工中基坑内满堂铺垫，12 吨压路机碾压完成。现场跟踪监理进行干密度检测结果，压实系数为 0.97～1.01。

3) 桩基工程移交。桩基工程由××岩土公司承建，于 2003 年 2 月 22 日向主体施工方××建设有限公司移交，对大楼的定位轴线、±0.00 标高及砂石垫层的上平标高、平整度等通过三方（甲、乙、监理）进行验收和移交。

(4) 基础工程：

1）素混凝土垫层：设计100厚的C10素混凝土垫层，宽度（一侧）大于条基100mm。实施中严格监理定位放线精度，实施为C15素混凝土满堂铺垫浇筑，此垫层面积加大，混凝土标号提高，保证了工程质量。

2）基础砌体：经查MU10砖、水泥进场材料的质量合格证齐全，取样试验合格，水泥砂浆按配合比搅拌，砌筑施工按规范要求巡视检查，预留洞口严格按设计校核，不符合要求的返工重做，决不姑息。

3）钢筋混凝土（条基、构造柱、基础圈梁）浇筑：甲方指定钢材购进，材质单资料齐全，取样试验合格，而且施工中钢筋加工、安装、模板安装经自检、报验和监理复查验收等工作程序，并且资料与施工同步，而后发出浇筑令方可浇筑施工，旁站监理予以保证工程质量。

4）敷设预埋：严格要求按防雷、通信、配电接地为综合接地装置，各系统接地引出线从基础底板独立引出，其中防雷引线上设16个点，分别由构造柱主筋焊接接通，符合设计要求。

4. 工程质量评定

（1）质量评定依据：

1）《建筑工程施工质量验收统一标准》GB 50300—2001；

2）《施工测量及验收规范》GB 50026—93；

3）《建筑桩基技术规范》JGJ 94—94；

4）《混凝土结构工程施工及验收规范》GB 50204—2002；

5）《建筑地基基础工程施工质量验收规范》GB 50202—2002；

6）《建筑给水、排水及采暖工程施工质量验收规范》GB 50242—2002；

7）《建筑电气工程施工质量验收规范》GB 50303—2002；

8）《施工合同》；

9）《设计图纸》。

（2）本工程在施工工艺各方面、几何尺寸、定位轴线及标高等按设计要求进行实测实量；混凝土工程的轴线位置标高、断面尺寸，钢筋配置其直径大小、数量、位置、搭接、锚固等进行检查验收；砂浆和混凝土强度现场见证做试块，砌体马牙槎、水平拉结筋均按图纸及有关规范要求巡视检查。

保证项目、基本项目和允许偏差项目：合格；混凝土28天试块强度达到设计要求：合格；水泥砂浆试块28天强度达到设计要求：合格；总体评价为：××大楼基础工程合格。

12.4 某主体工程质量评估报告

1. 工程概况

建设单位：××市××开发公司

设计单位：××设计研究院

监理单位：××建筑工程建设监理公司

承建单位：×××建筑工程公司

质检单位：市质检站

本工程为××市××开发公司南关综合楼，位于××路与××大街相交处西南角。建筑耐久年限一级；建筑分类和耐火等级为一级一类；外墙为饰面砖；该工程屋面防水等级为二级按两道防水设防。建筑物抗震设防裂度为8度；建筑面积：23600m²；建筑层数：地下一层、地上二十二层；相对标高：建筑高度78.35m；±0.000相当于黄海系绝对标高407.85m。预计造价2936万元；预计工期630天，开工日期2002年10月，主体封顶日期2004年4月2日。

本建筑结构形式为框支-剪力墙结构；结构重要性安全等级为二级；场地类别为三类；位于××市抗震设防区的A1区；框架抗震等级为一级；剪力墙抗震等级13.87m以下为一级，13.87m以上为二级；基础形式：桩基础（桩基形式：锅锥成孔灌注桩），地下一层为箱基。

本工程混凝土采用××基础有限责任公司生产的商品混凝土，标高10.72m以下混凝土标号为C50（三层梁板以下），标高10.72～31.27m（三层～十层板面）混凝土标号为C40，标高31.27～51.57m（十层～十七层板面）混凝土标号为C35，标高51.57m以上（十七层以上）混凝土标号为C30。主体分部共浇筑混凝土7985m³。本工程共制作、绑扎钢筋1482吨。

2. 工程质量评估依据

(1)《建设工程监理规范》GB 50319—2000；

(2)《建筑工程施工质量验收统一标准》GB 50300—2001；

(3)《工程建设标准强制性条文》；

(4)《建设工程质量管理条例》；

(5)《混凝土结构工程施工质量验收规范》GB 50204—2002；

(6)《施工图纸》；

(7)《施工合同》；

(8)《监理合同》。

3. 监理概况

本工程由××建设监理有限责任公司承担监理任务。本项目监理机构的组织形式根据工程特点拟定为直线形式。项目部实行在公司总经理授权下的总监理工程师负责制，全权负责项目部工作。

(1) 项目监理部人员组成结构：

总监理工程师：×××

总监代表：×××

监理人员：×××

(2) 质量保证体系，我公司已于2001年6月30日按GB/T 19001—2000 idt ISO 9001：2000标准建立了《质量管理体系》并持续有效地运行。

(3) 质量控制方法及控制要点：工程施工过程中的质量控制，采用动态控制方法：预控、检查、验收三结合（即：事前、事中、事后控制），重点在（事前）预控。

1）工程质量的事前控制：①监理工程师首先了解业主、承包方双方签订的《工程建设施工合同》的质量目标要求；熟悉图纸及设计文件；掌握规范、技术规程、质量验收评定标准。②审查承包方（分包方）的资质、技术和质量体系的组织及人员落实情况；要求承包方将技术及质保体系的人员名单及有关规章制度报监理部。③审查工程材料：主材（钢筋、商品混凝土等）生产厂家，材料性能，质量标准等；对于进场材料应验交三证（出厂合格证、材料性能、准用证）。④对于结构用主材：钢筋等所有进场材料均要求承包方抽检复试，抽样时应有监理人员见证及送样，复试报告单报监理部审查，合格材料才准用在工程上。对其他主材料进场应有相应的复试及检验。未经检验或经检验不合格的建筑材料、构配件及设备不准使用。所有原材料的取样、复试、检验监理部均有专业监理工程师预控。试验室为有 CMA 国家质检部门认定有资质的试验室。⑤审查承包方提交的施工组织设计及施工方案，是预控重要手段之一。⑥主动与政府质监站派驻本项目的监督人员联系，以便争取当地监督部门的支持，使之有效地对工程实施监理。

2）工程质量的事中控制：

施工过程中的监督检查是很重要的，虽然承包方有（自检、互检、专检）三检，但监理部还加强了事中控制。监理的控制手段是：巡视、旁站、量测、试验。

巡视：监理工程师经常在施工现场巡视，以“目视、目测”或“测量”等检查施工质量，发现质量问题及时指出纠正。

旁站：监理对于重点部位、关键工序施工，如混凝土浇筑工序等进行旁站。所谓旁站，即监理以巡视、观察及测量等方式进行检查监督施工，检查承包方是否按批准的方案、技术规范施工。

量测：监理用专用的量尺、量具、量器对已完成工序或工程的几何尺寸、位置、标高等进行检查监督。

3）工程质量的事后控制：

主体工程已完工，经承包方自检、互检、专检合格后，监理部会同业主及承包方对所报工程进行一次中间验收，对发现质量问题限期予以改正（返修），整改后再检查已达合格。

4. 质量保证资料、监理资料，分别见表 12-26～表 12-29。

表 12-26　分部工程质量评估报告

分部名称：主体

序号	分项工程名称	检验批数	合格批数	备注
1	配合比检验批	47	47	
2	钢筋工程检验批	98	98	
3	模板工程检验批	49	49	
4	模板工程拆除检验批	44	44	
5	几何尺寸偏差检验批	44	44	
6	混凝土施工记录检验批	44	44	
7	填充墙检验批	23	23	
8	合计	349	349	100%

表 12-27 工程质量控制资料

分部工程：主体

序 号	分项工程名称	报验单数	备注
1	混凝土浇筑令报审表	85 份	
2	配合比报验	47 份	
3	钢筋工程报验	86 份	
4	模板工程报验	85 份	
5	模板拆除报验	44 份	
6	几何尺寸偏差报验	44 份	
7	混凝土施工记录报验	44 份	
8	钢筋隐蔽报验	127 份	
9	测量放线报验	42 份	
10	放线测量记录	42 份	
11	测混凝土坍落度	823 份	
12	抽查商品混凝土站	22 份	
13	冬施混凝土搅拌及浇灌记录	33 份	
14	图纸会审、设计变更	12 份	
15	填充墙报验	23 份	

表 12-28 工程质量控制资料

分部工程：主体

序号	实验报告内容	分类	报告数	合格数	备注
1	钢筋原材料实验报告	原材	78 份	78 份	其中市站 6 份
2	配合比实验报告		26 套	26 套	商品混凝土站提供
3	钢筋焊接	电渣焊	100 份	100 份	其中市站 6 份
		闪光焊	35 份	35 份	其中市站 6 份
4	混凝土试块(28 天)	标养	100 份	100 份	其中市站 6 份
		同条件	30 份	30 份	其中市站 6 份
5	混凝土试块(7 天)	同条件	4 份	4 份	
6	混凝土试块(14 天)	同条件	29 份	29 份	
7	混凝土试块(18 天)	同条件	1 份	1 份	
8	混凝土试块(19 天)	同条件	1 份	1 份	
9	混凝土试块(21 天)	同条件	4 份	4 份	
10	混凝土试块(30 天)	同条件	2 份	2 份	
11	混凝土试块(35 天)	同条件	10 份	10 份	
12	混凝土试块(40 天)	同条件	15 份	15 份	
13	混凝土试块(60 天)	同条件	39 份	39 份	
14	砂浆试块	标养	20 份	20 份	
		同条件	20 份	20 份	
15	砖检验报告		4 份	4 份	
16	水泥检验报告		14 份	14 份	
17	砂检验报告		2 份	2 份	

表 12-29 主体工程质量评估报告

施工内容	主体结构施工
总体评价	符合设计及规范要求
目测外观质量	墙、柱、梁、板外形尺寸、形状、数量、垂直度、平整度符合设计及验收规范要求
保证资料	钢筋原材复试报告；钢筋焊接报告；配合比报告；同抗压强度报告 以上报告均合格
分部分项评定	监理检查 94 点：其中合格 86 分项，合格率 91.5% 评定结果：合格
存在问题及处理方法	三层墙体①～⑧周出现部分烂根问题，经检测现已在各方努力之下修补解决完毕
验收结论	主控项目合格；一般项目符合规范要求；观感好；并且符合设计及强制性条文、质量管理条例和验收规范要求，统一验收 质量评定：合格

12.5 某高层住宅楼工程质量评估报告

1. 工程建设基本概况

(1) 工程概述：

本工程为××高层住宅楼，位于××大学校内西侧，该工程建筑面积为 28540.82m²，其中地下一层，层高 3.90m，管道夹层高 1.5m，建筑面积 1115.67m²，地上二十八层，建筑面积 27425.15m²，屋面设有电梯机房、水箱间高度 9.9 m，建筑物总高度 95m。本工程地处非自重湿陷性黄土地基，地下水介于勘察现场地面下－8.06～－8.65m 处，场地土和地下水对混凝土结构和钢筋混凝土结构中的钢筋无腐蚀性。基础设计采用钢筋混凝土钻孔灌筑桩，桩径 800mm，桩顶标高－7.3 m（局部桩顶标高－10.0 m)，共计 241 根桩，基础筏板厚 1.8m（局部 3.6 m)。

该工程主楼分地上、地下两部分，地下设人防兼自行车库，配电室及附属设计用房，有效建筑面积 988.04 m²。耐火等级一级，地上部分为住宅用房，每层 6 户，共计 168 户。共设两部生活电梯，其中一部兼做消防电梯通至地下室。工程结构采用全现浇剪力墙结构，工程设计抗震结构等级为一级，地下室筏板、基础梁混凝土强度等级为 C35，地下室至十一层混凝土等级为 C40，十二层至二十一层混凝土强度等级为 C35，二十二层以上混凝土强度等级为 C30。筏板基础下及地下室外墙采用聚氨脂防水层防水。地上部分采用外墙内保温，外墙窗采用双层真空玻璃的塑钢窗，外墙面采用三种不同色彩的水性（外墙）涂料分段涂饰，楼地面装饰除公用部分为地面砖，其余房间均为水泥砂浆找平，门厅、公用走廊顶为轻钢龙骨吊顶。

本工程合同造价 3328.98 万元（不含桩基础、土方、钢结构、塑钢窗等)。该工程于 2002 年 10 月 28 日由××工程建设有限责任公司正式开始桩基施工，2003 年 3 月 13 日结束。该子分部经××建设工程人工地基工程质量直属检测站检测，质量符合要求。2003 年 3 月 28 日××建筑工程公司正式开始主体施工，同年 7 月 14 日完成±0.000 以下工程施工，并于 2003 年 10 月 12 日进行验收，主体工程 2004 年 3 月 24 日圆满封顶。

2004年3月1日对十八层以下进行验收，2004年8月3日对十八层以上进行验收。基础及主体经××建设工程质量检测中心进行现场检测认为：地上和地下结构构件满足设计要求，符合相应规范、标准。

给排水系统：给水系统共分两个区，地下一层～七层为底区，由城市给水管网供给，八层～二十八层为高区，由水泵加压供给；热水系统共分两区，地下一层～七层为底区，由校区热水管网直接供水，八层～二十八层为高区，由水泵加压供给；给、排水管材主管采用钢塑复合管，支管采用铝塑复合管。

排水系统：除排出管，地下室潜污泵排水管采用机制铸铁管外，其余排水管均采用UPVC排水管及配件。

消防系统：该建筑物设独立的室内消防栓系统，该系统由储水池、消防泵、消火栓、屋顶水箱及管网组成。管材采用焊接钢管；消火栓采用减压、稳压消火栓；灭火器每个消防柜内设置灭火器两具，采用手提磷酸铵盐干粉灭火器。

采暖系统及通风系统：采暖热源由2#楼地下室内换热站供80～60℃热水；每户分环，分室控温，由户外管道井内单独控制；敷设在管道井，管道层的供暖管均采带铝铂贴面的玻璃棉管壳进行保温；管材明管为镀锌钢管，垫层内为交联聚乙烯管；所有埋管在管下敷设10厚聚苯板进行保温。

通风系统：卫生间采用专用通风器，由土建通风道排至大气；地下室设备用房均设机械进（排）风系统；地下室人防设一套滤毒通风和清洁通风合用的通风系统。人防备用一套电动脚踏两用风机，以备战时之用。

电气设备较齐全，其工程主要分：照明及动力系统，高、低压变电系统、电梯、消防系统、弱电系统（对讲、电信、网络、电视）等几个（子）分部与主体工程全面配合施工。

（2）责任主体单位名称：

建设单位：×××

设计单位：×××设计研究院

质量、安全监督单位：××建筑工程质量安全监督站

检测单位：××建设工程人工地基质量直属检测站（桩基）

××建筑工程质量检测中心（基础、主体）

试验单位：××建筑工程公司试验室

沉降观测单位：××综合勘察设计研究院

监理单位：××建设监理有限责任公司

施工单位：××建筑集团（基坑开挖）

××综合勘察设计研究院（边坡）

××工程建筑有限责任公司（桩基）

××建筑工程公司（基础、主体、装饰、安装）

××机械施工公司（钢结构）

××电气有限公司（电梯）

××消防保安工程器材有限责任公司（消防）

××电信服务中心（电视、电话、网络）

图审机构：××建设委员会设计抗震管理处

（3）监理部概况：

根据本工程特点，我公司组建了技术实力较强的监理班子（人员名称和分工情况见表 12-30），在实施过程中，根据工程进展情况，对监理人员作了适当的补充和调整；考虑到该工程的复杂程度，根据工程特点，我们为监理部配备了常用的检测工具，以满足监理工作需要：经纬仪一台，水准仪一台及配套设备；以及相应的各种施工及验收规范、标准图集等。

表 12-30　人员名称和分工情况

序　号	担任职务	姓　名	职　称	专　业	备　注
1					
2					
3					
…					

（4）施工单位概况：

施工单位对本工程按项目法组织施工，组建了××项目经理部，全面负责本工程的施工管理工作，建立、建全项目质量管理体系、技术管理体系、质量保证体系、在工程施工过程中，××建筑工程公司为主的各施工单位均付出了辛勤的努力，尤其是承担土建施工任务的××项目部，他们组成了 20 余人的项目经理部。从生产、质量、材料、安全、合同、后勤等多个方面配备了强有力的人员。在主体施工阶段根据工程特点，制定了不同的相应施工方案和施工计划，合理组织、调配施工机械、材料和劳动力。计量、测量仪器设备先进、可靠。在施工高峰期累计劳动力 200 余人/日。主体施工进度四层/月，使工程在 2004 年 10 月底圆满完成。施工过程中采用了多项新技术，主要有：深基坑支护技术；钢筋直螺纹连接技术；新型模板和脚手架应用；建筑节能、保温技术；计算机管理等十项新技术运用。同时采用 ASA 轻质隔墙板、聚氨脂发泡剂、复合铝塑管、TC 卡水表等十余项新材料使用。

其他分包单位也均能服从统一安排，配合总包单位按各自的进度进行施工。

至 2004 年 10 月 31 日基本达到竣工验收条件。

2. 施工前的质量控制

（1）项目监理部依据施工图纸和监理合同编制了《监理规划》、《监理细则》、《监理工作指导书》、《旁站方案》，确定了质量控制目标，明确了质量控制重点，制定了质量控制方法、控制措施、控制程序等。根据监理合同，本工程监理范围为：施工阶段的投资、质量、进度控制。控制目标为：工程质量合格；进度和投资目标按合同规定。

（2）组织各方参加设计图纸技术交底及会审，形成图纸会审纪要、会签。

（3）对施工单位的资质、三大体系建立、特殊工种上岗证书、管理制度进行了审核。

（4）审核了各施工单位报送的施工组织设计、施工方案、作业指导书等，核实检查现场各种安全保护措施，均落实到位、牢固可靠、能发挥作用。

（5）对施工单位所用机械设备、测量仪器等进行审核，出厂合格证、操作手册齐全；机械设备经主管部门检验鉴定，合格有效；操作人员证件有效，操作规范。

3. 监理过程中工程质量控制

（1）单位工程分部工程划分：

××高层住宅楼依据规范规定，可划为地基与基础工程，主体工程，装饰装修工程，层面工程，采暖、给、排水工程，通风与空调工程，电气安装工程，电梯安装工程，智能建筑等9个分部工程。

（2）事前质量控制：

监理要求施工单位用于工程的钢筋、水泥及设备等材料，在使用前先将产品出厂合格证、检验报告等书面报监理审核。对符合要求的由监理、施工方共同到现场抽取试样，送试验室进行复试，检测合格后用于工程。对特殊设备材料，监理进行见证检测，合格后同意用于工程。

（3）施工过程质量控制：

施工过程，监理工程师按照施工图、施工工艺和规范规定，要求施工单位在每道工序验收前，首先进行自检，合格后再报监理验收，要求资料与工程同步，内容填写正确，签字真实。对不符合质量要求的项目能够随时给予指正，要求施工单位进行修整，直到符合设计规范要求。经监理检验合格后，方可进入下一道工序施工。

施工过程中监理采用巡视、平行检查、旁站方法对各项施工工序进行检查随机控制，把不合格项目消除在施工过程中，同时按照规范对分部、分项成品分层分阶段按比例抽查，平行检测产品质量。在监理过程中，注重建立自己的质保体系，按照公司要求规范监理行为。按规定填写监理资料，保证监理工作质量，确保监理结果的正确和真实性。

1）现场原材料质量控制及试验见证情况。

地基基础分部工程。桩基工程使用钢筋为85.852吨，出厂报告18份，全部合格；使用自拌混凝土3799.99m^3；水泥出厂合格证、复试报告、安定性报告43份，全部合格；砂检验报告9份，全部合格；现场制作混凝土试块241组，经试压强度全部合格，混凝土强度试锚桩C35；工程桩C25。①±0.00以下分部工程：a. 涉及钢材2个等级，11个规格，总计现场供应量675.85吨。见证取样20次；闪光对焊3807个头，见证取样14次；电渣压力焊5070个头，见证取样6组；复试报告、试验报告、原材料质量证明共计70份，全部合格。b. 筏板进场C35 P6商品混凝土2500m^3。商品混凝土厂家资质及试验室计量认证均合格有效，资料齐全。现场取样17组，试压强度全部合格。筏板完成后，施工方在施工现场设置混凝土搅拌站，生产C40混凝土516.22m^3、C40 P6混凝土533m^3，现场取样26组，试压强度全部合格。c. 防水材料聚氨脂进场5.5吨，见证取样2次，复试报告2份，材料质量合格。d. ××PO42.5R散装水泥319.59吨，见证取样9次，抽检复试全部合格。e. 混凝土各种掺和料，××二电粉煤灰90吨，见证取样2次；××泵送剂9.8吨见证取样1次，××膨胀剂3.7吨，见证取样1次。以上材料抽检结果合格。②主体分部工程：a. 涉及钢材2个等级，11种规格。总计现场供应量约2278吨。见证取样168组，闪光对焊2744个头，见证取样14组。电渣压力焊49840个头，见证取样168组。以上材料经抽查复试全部合格。b. 现场设置混凝土搅拌站，生产C40混凝土3410m^3；C35混凝土3100m^3；C30混凝土2294m^3；现场见证取样228次，经试压全部合格。c. 散装PO42.5R水泥总计供应量3000余吨，现场见证取样124次，经复试水泥安定性、强度符合要求。d. 混凝土各种掺和料、粉煤灰、泵送剂、膨胀剂、防冻剂、砂石筛分析、含泥量、压碎指标及砖抗压、抗折强度检测，全部合格。e. 钢结构对钢材及焊接材料、高强度螺栓预应力、扭距系数及摩擦面抗滑移系数等。见证取样 2 次，复试报告 5 份。检测结果合格。焊缝质量经××施工公司试验室检测符合规范要求。③装饰装修分部工程：a. 对塑钢窗型材、拼樘料内衬增强型钢以及窗抗风压、空气渗透和雨水渗漏见证取样 2 次，复试报告 5 份，检测结果合格。b. 卫生间对聚氨脂、TFS-1 型星斗牌防水剂见证取样 2 次，复试报告 2 份，检测合格。④屋面分部工程：对 3mm 厚 SBS 改性沥青防水见证取样 1 次，复试报告 1 份检查结果合格。

2）施工工序的控制。

基础、主体质量的好坏，直接影响整个建筑物是否安全可靠，是关系到人民生命财产的大事。因此，要求施工单位必须对各分项严格按照设计图、施工验收规范、国家强制性条文、以及设计文件要求进行施工。对重要部位和关键工序要求施工单位对操作工人必须进行严格的交底，并按照工序控制的要点、办法、要求去操作，在施工过程中监理工程师坚持工序产品检查，工序交接检查和工程隐蔽检查，上道工序未经检查或检验不合格决不允许进行下道工序施工。①钢筋分项工程：进场钢筋需有出厂证明，并及时取样试验。合格后，方可用于工程上。为了保证结构安全，监理工程师对钢筋分布工程采取全数检验法，依据施工图、设计变更，按照施工规范、要求对工程上所用的钢筋的规格、间距、数量、位置、受力钢筋的焊接接头位置、搭接长度、构造筋、钢筋锚固长度及搭接率、加密区域、焊接质量等进行严格检查，对不符合质量要求的，能够随时给与指正，要求施工单位立即进行修整，直到符合设计、规范要求，才能进行下道工序。②模板分项工程：在监理工程师对模板支撑方案可行性审核的基础上，着重检查施工人员是否按方案去操作，检查模板是否具有足够的强度、刚度和稳定性，模板的相对位置、轴线、底模上表面标高、层高垂直度、相邻两板高低差、表面平整是否正确，安装的标准是否在规范允许偏差之内。同时要求模板接缝应严密，不得漏浆，模板的拆除要求严格执行拆模制度，梁、板模板的拆除必须根据混凝土强度报告，达到设计要求时方能拆模，对于拆模后出现的混凝土质量问题不能随意修补，必须经监理检验后，根据具体情况做处理。③混凝土工程：混凝土搅拌前，监理工程师先检查水泥的出厂证明书、复试报告及混凝土的现场级配调整报告，检查现场石、砂的质量，对达不到要求的杜绝用于工程之上。对进场混凝土、现场拌制混凝土严格控制计量和坍落度，在混凝土浇筑过程中，监理人员执行旁站巡视制度，跟踪检查混凝土的浇捣，查看施工缝设置位置，对灌筑过程中出现的问题，随时要求施工单位进行修整。通过以上环节对工程质量的有效控制，使基础与主体结构分部工程得到有效保证，此外，在抓好质量的同时，要求施工单位按照安全操作章程文明施工，到目前为止工地未发现重大安全事故，赢得了各方好评。④建筑装饰装修：内填充墙抹灰要求严格按照设计要求进行。砂浆配合比应按设计要求配制。大面积粉刷前，应使用与抹灰层相同标号的砂浆设置灰饼和冲筋，检查垂直度，待冲筋达到一定强度后，即可大面积抹灰。公用部分走廊及楼梯间墙面涂料要求将基层清理干净、基层不平时需用水性腻子嵌平并打磨。涂刷要求按设计要求分层进行。公用部分、走廊地砖铺设前，要求挑砖。将砖充分浸水湿润阴干后使用，按常规铺设，边角处整块砖应用机具裁割。塑钢窗窗框安装必须牢固，预埋件数量、位置正确，埋设连接方法及防腐处理必须符合设计要求。且现场取样做“三性”试验。⑤屋面分部工程：施工过程中监理要求施工单位严格按屋面施工方案和规范规定施工。各分项施工完成，按规定程序报监理进行隐蔽验收，经检查验收合格。屋面防水分项工程施工完后，监理见证做蓄水试验，保证蓄水深度，持续48小时后未发现渗漏现象。屋面保温层，采用憎水珍珠岩进行保温，保护层采用40厚细石混凝土上铺100×100地砖，监理按规定进行质量控制。⑥建筑采暖、给、排水分部工程：各种设备、附件、管道出厂合格证和供货单位资料齐全。监理要求施工单位根据各分项工程，按系统进行安装报验，经专业监理工程师检查合格后，进行系统相应的打压、通水、灌水、通球等各项检测试验，监理见证测试过程。对系统测试不合格项目，要求施工单位检修整改，完成后重新进行系统试验，直到符合要求。⑦建筑电气安装分部工程：各分项工程所使用的电线电缆、配管、桥架、配电箱、电表等设备、部件、仪表和管线出厂合格证，供货厂家资料齐全，部分材料见证抽检复试合格，鉴定资料有效。施工过程中，监理依据电气施工图和规范规定，对报验项目进行检查验收，合格后方可进行下道工序施工。电气安装分部工程系统调试、测试和试运转过程中，监理现场监督进行，分项读取测试结果，直到合格为止。⑧电梯安装分部工程：电梯出厂合格证，操作手册等资料齐全，安装单位资质资料齐全有效。高层住宅楼二部电梯均按规范进行安装调试、试运转。各分项工程经检查均符合规范规定。

4. 工程质量评估

(1) 质量评估依据：

1) ××高层住宅楼工程设计图纸及图纸会审纪要、设计变更、施工合同、工程地质勘察报告、地基检测报告和沉降观测记录等。

2)《建筑工程施工质量验收统一标准》GB 50300—2001；
《施工测量及验收规范》GB 50026—93；
《建筑桩基技术规范》JGJ 94—94；
《混凝土结构工程施工及验收规范》GB 50204—2002；
《建筑地基基础工程施工质量验收规范》GB 50202—2002；
《地下防水工程质量验收规范》GB 50208—2002；
《砌体工程施工质量验收规范》GB 50203—2002；
《钢结构工程施工质量验收规范》GB 50205—2001；
《屋面工程质量验收规范》GB 50207—2002；
《建筑地面工程施工验收规范》GB 50209—2002；
《建筑装饰工程施工验收规范》GB 50210—2001；
《建筑给水、排水及采暖工程施工质量验收规范》GB 50242—2002；
《通风与空调工程施工质量验收规范》GB 50243—2002；
《建筑电气工程施工质量验收规范》GB 50303—2002；
《电梯工程施工质量验收规范》GB 50301—2002；
国家强制性条文及陕西省现行有关建筑工程质量管理性条例规定等。

(2) 竣工资料核查情况：经核查该工程资料基本准确、完整。竣工图同建筑实体相符。

(3) 分部工程质量验评：

1) 地基与基础分部工程（含桩基）已于2003年3月28日和2003年10月12日分两次通过验收，被评定为合格；

2）主体分部工程已于2004年3月1日和2004年8月3日分两次进行验收，被评定为合格；

3）装饰装修分部工程共计分13个分项工程，300个检验批，工程评定为合格；

4）建筑屋面分部工程共计7个分项工程，13个检验批，工程评定为合格；

5）建筑给水、排水及采暖分部工程共计18个分项工程，210个检验批，工程评为合格；

6）建筑电气分部工程共计18个分项工程，324个检验批，工程评为合格；

7）智能建筑分部工程共计1个分项工程，36个检验批，工程评为合格；

8）通风与空调分部工程共计3个分项工程，6个检验批，工程评为合格；

9）电梯分部工程共计1个分项工程，1个检验批，该工程评为合格。

（4）工程项目沉降观测情况

××高层住宅楼沉降观测任务由××综合勘察设计研究院承担，自2003年9月10日至2004年10月26日共进行观测16次，除个别点因施工影响而使观测无法连续外，其他点均进行了连续观测，1号楼平均沉降为－12.06mm，最大的累计差异沉降为－9.43mm，符合规范要求。故可认为“××高层住宅楼”在施工期间运营正常。

5. 单位工程质量评定意见

依据国家《建筑安装工程质量检验评定统一标准》GB 50300—2001，××建设监理公司第八项目部对××高层住宅楼单位工程质量评定结论为“合格”，建议申报“雁塔杯”。

××建设监理有限责任公司第八监理部

2004年11月4日

参考文献

[1] 中国建设监理协会．建设工程监理概论．北京：知识产权出版社，2003.

[2] 中国建设监理协会．建设工程质量控制．北京：中国建筑工业出版社，2003.

[3] 中国建设监理协会．建设工程监理相关法规文件汇编．北京：知识产权出版社，2005.

[4] 肖维品．建设监理与工程控制．北京：科学出版社，2001.

[5] 韩明．土木工程建设监理．天津：天津大学出版社，2002.

[6] 苏振民．工程建设监理百问．北京：中国建设工业出版社，2001.

[7] 邓铁军．土木工程建设监理．武汉：武汉理工大学出版社，2003.

[8] 崔朝栋．建筑工程监理实例应用手册．北京：中国建筑工业出版社，2002.

[9] 熊广忠．工程建设监理实用手册（第二版）．北京：中国建筑工业出版社，1999.

[10] 胡志根，黄建平．工程项目管理．武汉：武汉大学出版社．2004.

[11] 杨晓林，刘光忱．建设工程监理．北京：机械工业出版社．2004.

[12] 徐伟等．土木工程项目管理．上海：同济大学出版社．2000.

[13] 杨忠直．工程监理学引论．北京：科学出版社．2004.

[14] 都贻明，何万钟．建设监理概论．北京：地震出版社．1997.

[15] 徐帆．监理工程师手册．北京：中国建筑工业出版社．2004.

[16] 陈建国．工程计量与造价管理．上海：同济大学出版社．2001.

[17] 杨效中．建设工程监理基础知识．北京：中国建筑工业出版社．2003.

[18] 北京土木建筑学会．建筑工程监理资料．北京：经济科学出版社．2003.

[19] 全国一级建造师执业资格考试用书编写委员会．建设工程项目管理．北京：中国建筑工业出版社．2004.

[20] 詹炳根，殷为民．工程建设监理（第二版）．北京：中国建筑工业出版社．2003.

[21] 张劲，马友应．房屋建筑保修阶段监理实践与探讨．深圳监理：2002，4